우리가 정말 알아야 할
우리 꽃 백가지 1

초판 발행 | 1990년 10월 15일
개정 초판 발행 | 2005년 9월 5일
개정 6쇄 발행 | 2021년 1월 25일

지은이 | 김태정
펴낸이 | 조미현

펴낸곳 | (주)현암사
등록 | 1951년 12월 24일 · 제10-126호
주소 | 04029 서울시 마포구 동교로12안길 35
전화번호 | 365-5051 · 팩스 | 313-2729
전자우편 | editor@hyeonamsa.com
홈페이지 | www.hyeonamsa.com

ⓒ 김태정 2005

* 지은이와 협의하여 인지를 생략합니다.
* 잘못된 책은 바꾸어 드립니다.

ISBN 978-89-323-1321-4 03480

우리가 정말 알아야 할

우리 꽃 백가지 1

우리가 정말 알아야 할

우리 꽃 백가지 1

김태정 지음

현암사

머리말

눈부신 태양이 솟아오르면 밤사이 싱그러운 풀잎마다 꽃잎마다 맺혔던 이슬방울은 더욱더 영롱하게 빛난다.
　지금도 자연에 묻혀 살고, 자연을 먹고 사는 나는 그 순간들을 생각하면 새로운 힘이 샘솟는 듯하다.
　나는 봄이면 오랑캐꽃 민들레꽃이 옹기종기 피어나고, 여름이면 뭉게구름 아래로 동자꽃과 들장미가 뒷동산 언덕을 수놓고, 가을이면 바로 그 언덕에 갈대가 하늘거리고, 겨울이면 집 뒤뜰의 앙상한 감나무 가지마다 소복히 눈꽃이 피는 아름다운 농촌 마을에서 자랐다. 그곳에서 야생초와 야생화들을 아주 가까운 곳에서 때로는 무심하게 지켜보며 자란 셈이다.
　사실 나처럼 천혜의 농촌에서 자라지 않았다 하더라도 도시 문명이 덜 발달했을 때는 어디서나 쉽게 이런 대자연의 경이를 맛볼 수 있었다. 요즈음은 그것이 퍽 어려운 일이 되고 말았다. 그러나 대도시를 벗어나 찾아보면 아직도 삼천리 금수강산 곳곳에 야생화가 피어 우리를 유혹한다.

　우리나라는 사계절이 뚜렷하여 식물이 살기에 알맞아 수천 가지의 식물이 자라고 꽃이 피어 금수강산을 이뤄왔다. 그러나 우리의 무관심 속에서 선조들의 정서에 영향을 끼쳐 왔던 이 땅의 야생화들이 점차 잊혀져 가고 있다. 이것이 너무도 안타까워 이 야생화들을 길이 우리의 것으로 남아 있게 하고 싶어서 옛 문헌들을 찾아 가며 우리가 접해 온 우리의 야생화 100가지를 소개하고자 한다.

야생화의 생태와 용도, 제각기 불리는 속명을 가능한 한 자세히 조사해 놓았고, 이름의 유래, 분포 지도, 전해지는 이야기까지 덧붙였다. 기타 알아두면 좋은 학명, 생약명, 꽃말 등은 도표로 만들어 보았다.

다른 책에서 볼 수 없는 분포도는 식물도감의 분포도를 토대로 만들었지만 필자가 전국을 누비며 눈으로 확인하여 분포 지역이 달라진 것은 수정하여 새롭게 만들었다.

우리나라 식물 분포 지역은 제주도·울릉도·남부 지방·중부 지방·북부 지방으로 나누어 소개하였다. 남부 지방은 충청남도 서해안 태안반도와 경상북도의 영일만을 연결하는 선 이남 지역을 말하고, 중부 지방은 황해도의 장산곶과 함경남도의 원산만을 연결하는 선 이남 지방을 말하며 그 이북 지방을 북부 지방이라 한다.

이 책이 처음 나오고 어언 십여 년이 지나는 동안 나는 각 해안지의 외로운 섬과 가지 못했던 지역 그리고 우리 땅 최북단의 제일 높은 산 백두산과 금단의 땅으로 여겼던 북한 지역의 고원지 백두고원까지 장기간 탐사하였다. 따라서 충분하지 못했던 야생화 사진들을 전면 증보하고 식물의 학명 등을 통일했으며 미비했던 문헌을 보충하는 등 『우리 꽃 백가지』를 새단장했다.

2005년 9월 김태정

봄에 피는 꽃

1. 민들레 12
2. 씀바귀 16
3. 매화 20
4. 황매화 24
5. 왕벚꽃 28
6. 자두 32
7. 살구 36
8. 복숭아 40
9. 참배 44
10. 능금 48
11. 조팝나무 52
12. 솜양지꽃 56
13. 할미꽃 60
14. 노루귀 64
15. 작약 68
16. 모란 72
17. 보춘화 76
18. 목련 80
19. 참오동 84
20. 오동 88
21. 붓꽃 92
22. 금붓꽃 96
23. 개나리 100
24. 미선나무 104
25. 제비꽃 106
26. 진달래 110
27. 처녀치마 114
28. 금낭화 120
29. 은방울꽃 124
30. 현호색 128
31. 산괴불주머니 132
32. 등 136
33. 수양버들 140
34. 삼지구엽초 144
35. 산수유 148
36. 까치박달 152
37. 인삼 156
38. 소나무 162
39. 서향 166

우리가 정말 알아야 할 우리 꽃 백가지 **차 례 · 1**

여름에 피는 꽃

1. 해바라기 172
2. 엉겅퀴 176
3. 솜다리 180
4. 장미 184
5. 해당화 188
6. 사위질빵 192
7. 패랭이꽃 196
8. 동자꽃 200
9. 며느리밥풀꽃 204
10. 연 208
11. 수련 212
12. 칡 216
13. 자귀 220
14. 참나리 224
15. 옥잠화 228
16. 무궁화 232
17. 목화 236
18. 나팔꽃 240
19. 석류 244
20. 참외 248
21. 수박 252

22. 부들 256
23. 봉선화 260
24. 솔체꽃 264
25. 치자 268
26. 약모밀 272
27. 노인장대 276
28. 분꽃 280
29. 바위취 284
30. 꿀풀 288
31. 익모초 292
32. 능소화 296

33. 참깨 300
34. 질경이 304
35. 인동 308
36. 도라지 312
37. 잔대 316
38. 닭의장풀 320
39. 꽈리 324
40. 달맞이꽃 328
41. 맨드라미 332
42. 채송화 336
43. 왕대 340

44. 선인장 344
45. 천남성 348
46. 감나무 352
47. 밤나무 356
48. 붉나무 360

우리가 정말 알아야 할 우리 꽃 백가지 **차례 · 2**

가을에 피는 꽃

1. 국화 366
2. 구절초 370
3. 과꽃 374
4. 쑥부쟁이 378
5. 참취 384
6. 갈대 388
7. 용담 392
8. 마타리 396
9. 상사화 400
10. 은행 404
11. 단풍 408

겨울에 피는 꽃

1. 동백 416
2. 차나무 422
3. 팔손이 426
4. 수선화 430

가나다순 꽃이름 434
참고문헌 436

봄에 피는 꽃

1. 민들레
2. 씀바귀
3. 매화
4. 황매화
5. 왕벚꽃
6. 자두
7. 살구
8. 복숭아
9. 참배
10. 능금
11. 조팝나무
12. 솜양지꽃
13. 할미꽃
14. 노루귀
15. 작약
16. 모란
17. 보춘화
18. 목련
19. 참오동
20. 오동
21. 붓꽃
22. 금붓꽃
23. 개나리
24. 미선나무
25. 제비꽃
26. 진달래
27. 처녀치마
28. 금낭화
29. 은방울꽃
30. 현호색
31. 산괴불주머니
32. 등
33. 수양버들
34. 삼지구엽초
35. 산수유
36. 까치박달
37. 인삼
38. 소나무
39. 서향

민들레

전국의 산과 들이나 길가 밭둑 등에서 흔히 자라는 국화과의 여러해살이풀이다.

원래는 포공영(蒲公英)·포공초(蒲公草)·지정(地丁)·금잠초(金簪草) 등으로 불렸다. 속명으로는 안진방이·안질방이·미음들레·무슨들레·문들레 등으로 각 지방에 따라 다르게 부른다. 미음들레, 무슨들레 등은 함경도 지방의 방언이며 문들레는 경상도 지방의 속명이다. 대개의 지방에서는 민들레로 부른다.

우리나라에서 자라는 민들레속(屬)은 세 종류였다. 요즘에는 민들레·흰민들레·산민들레·좀민들레 유럽원산의 서양민들레 등 여러 종류의 민들레가 전국에서 자라고 있다.

서양민들레

흰민들레

민들레는 키가 큰 풀이 자라는 데에서는 자라지 못하고 키가 작은 풀들이 있는 길가에서 잘 자란다.

키는 30센티미터 정도까지 자라며 잎은 원줄기가 없고, 뿌리에서 잎이 나와 옆으로 퍼지는 근생엽(根生葉)이다. 풀잎 모양은 로우젯 형으로 매우 아름답다. 잎은 둥글게 배열되며 대개 땅에 누워서 자란다. 3~5월에 풀잎 사이의 중심부에서 꽃대가 올라와 4~5월에 그 끝에서 하늘을 향하여 꽃이 한 송이씩 피게 되는데 꽃의 색깔은 밝은 노란색이고 꽃의 지름은 3.5~4.5센티미터쯤 된다.

민들레의 재미있는 특징은 풀잎의 숫자만큼 꽃대가 올라온다는 것이다. 풀잎이 열 개가 나오면, 잎과 길이가 거의 비슷한 꽃대도 열 개가 나와 꽃이 핀다. 그러나 이 꽃들은 한꺼번에 모두 피는 게 아니고 얼마간의 간격을 두고 차례로 핀다.

잎의 줄기를 자르면 흰색 유액이 나오는데 이 액을 손등의 사마귀에 바르면 효과가 있다고 한다.

5~6월이 되면 꽃이 시든 자리에서 씨앗의 날개가 돋아나 하얗고 둥근 모양으로 부푼다. 민들레 씨앗인 이 날개들은 2~3일 지나면 바람을 타고 하늘 높이 날아가는데 이 날개 덕분에 멀리까지 가서 번식한다. 낙하산 모양의 민들레 씨앗은 매우 가벼워서 약한 바람에도 잘 날아간다.

이 풀은 식용·관상용·밀원용·약재용 등에 다양하게 쓰인다.

이른봄의 어린 잎은 나물로 먹으며 뿌리는 기름에 튀겨서 영양 강정식으로 먹거나 김치를 담가 먹기도 한다. 또 잎은 삶아서 된장국 등에도 넣어 먹는다.

민들레는 추위를 잘 견뎌 낼 뿐더러 생명력이 매우 강해서 뿌리를 토막 내어 땅에 묻으면 거기서 다시 새싹이 트기 때문에 길가나 화단·화분 등에 기르기가 쉽다.

또 민들레에는 꿀이 많아 이른 봄 양봉 농가의 봄철 양봉에 도움을 준다.

민들레는 흔히 한방 및 민간에서 포

공영(蒲公英), 지정(地丁)이라 하여 완하제·창종(瘡腫, 부스럼)·정종(疔腫, 화농균에 의한 부스럼)·진정(鎭靜)·유방염·강장·악창(惡瘡, 부스럼)·건위 등에 다른 약재와 더불어 처방하여 약으로 쓰기도 한다.

민들레가 잘 자라는 토양은 화강암계·현무암계·화강편마암계·반암계·편상화강암계·변성퇴적암계·경상계 등이다. 그러나 어떤 토양이나 가리지 않고 잘 자라는 편이다.

번식 방법은 종내잡종법(種內雜種法)·근재생법(根再生法)·실생법(實生法, 씨앗으로 번식시키는 방법)·분주종묘법(分株種苗法) 등이 있는데 대개는 실생법으로 번식된다. 그러나 번식을 빨리 시키려면 뿌리를 캐내어 몇 토막을 내어 땅에 각각 심는 근재생법으로 번식시키는 것이 좋다.

민들레는 자생력이 강한 식물이며 한겨울의 추위도 잘 견디는 강인한 풀이다. 강인한 사람을 민들레에 비유하여 말하는 이도 있는데 그것은 이렇듯 민들레의 생명력이 강한 데서 비롯된 말이다.

세계 도처에 200~400가지의 민들레가 자라고 있다. 길가에 흔히 자라기 때문에 사람의 발길에 밟혀 수난을 당하기도 하지만 그래도 여전히 꽃을 피우고 씨앗을 맺어 번식한다.

우리나라에서는 섬 지방을 제외한 전국의 산과 들에 흰민들레가 자란다. 이는 조선포공영(朝鮮蒲公英)·백화포공영(白花蒲公英) 등으로 불리며 노란색 민들레만큼 흔히 눈에 띄지는 않지만 대개 전국 각지에 걸쳐 자라고 있다.

민민들레는 섬 지방을 제외한 내륙의 산과 들에서 자라고 있다. 민민들레는 한국 특산 식물(韓國特産植物), 즉 우리나라 고유의 풀이며 포공영 또는 황화지정(黃花地丁)·메민들레 등으로 불린다.

큰민들레는 우리나라 제주도 및 남부 지방의 산이나 들에서 자라고 있다. 별다른 속명이 없으며 키도 보통 민들레와 비슷하다. 그러나 학술적으로 볼 때는 그 분포지가 다르고 모양의 차이가 있기 때문에 이름이 다르다.

한라민들레도 우리나라 고유의 민들레이며 제주도의 산에서만 자라는 한국 특산 식물이다. 한라산에 자란다 하여 한라민들레라고 부르게 되지 않았나 생각한다. 서양민들레는 남부 지방 및 중부 지방의 들에서 자라고 있다.

노랑민들레는 섬 지방을 제외한 내륙의 들에만 자라고 있으며 다른 종류보다 꽃이 약간 일찍 핀다.

약재

북녘민들레는 중부 지방과 북부 지방의 높은 산이나 들에서 자란다.
고무민들레도 북녘 민들레와 같은 지역에서 자라고 있다. 또 한국 특산 식물로 제주도의 산과 들에서만 자라고 있는 탐라민들레도 있다.

이렇듯 우리나라에는 여러 종류의 민들레가 자라고 있다. 그러나 풀의 크기와 꽃이 피는 시기, 풀이 지니고 있는 성분 등은 거의 비슷한 편이다.

민들레가 피는 시기는 대개 3~6월이지만 그 이후에도 종종 꽃이 피기도 한다.

어떤 이야기가 숨어 있을까?

옛날 한 나라에 임금이 있었다. 그런데 그 임금은 무슨 일을 하든지 평생에 단 한 번만 명령을 내릴 수 있는 운명을 타고났다. 그 임금은 자기의 운명을 그렇게 만들어 준 별에게 항상 불만을 품고 있었다.

어느 날 임금은 자기의 운명을 그렇게 결정한 별을 향하여 처음이자 마지막인 명령을 내렸다.

"별아! 내 운명의 별아! 모두 하늘에서 떨어져 이 땅 위에 꽃이 되어 피어 나거라. 나는 너를 기꺼이 밟아 주리라."

하고 그 임금은 별을 향해 외쳤다. 그러자 하늘의 모든 별들은 임금의 명령대로 땅에 떨어져 노란색의 작은 꽃이 되었다. 그러자 임금은 갑자기 양치기로 변하였다. 그래서 그 노란 민들레꽃 위로 양떼들을 몰고 다니게 되었다.

분포도

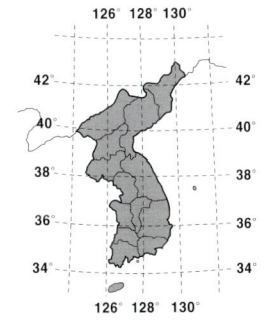

식물명	민들레(蒲公英)
과 명	국화과(Compositae)
학 명	*Taraxacum platycarpum* Dahlst.
생약명	포공영(蒲公英) · 지정(地丁)
속 명	무슨들레 · 금장초 · 안진방이 · 믜음둘레
분포지	전국의 산과 들
개화기	3~4월
결실기	5~6월
높 이	30센티미터
용 도	식용 · 관상용 · 약용 · 밀원용
생육상	여러해살이풀(多年生草本)
꽃 말	신탁(神託)

씀바귀

우리나라 제주도를 비롯한 거의 모든 지역의 들이나 논둑, 길가 등 습기가 있는 곳이면 어디에서나 흔히 볼 수 있는 국화과의 여러해살이풀이다.

원래는 황과채(黃瓜菜)·고채(苦菜)·고고채(苦苦菜)·씀배나물 등으로 불렸는데, 만주 등지에서도 같은 이름으로 불렀다.

우리나라와 기후가 비슷한 만주 지방의 산과 들, 밭이나 길가 등에서도 여러 포기가 무리를 지어 자란다. 씀바귀의 뿌리와 풀잎은 나물로 먹는데 그 맛이 무척 쓰다.

뿌리와 뿌리 사이에 붉은빛이 도는 풀잎도 식용하고 생약(生藥)의 약재로 쓰이는데 특히 위장(胃腸) 치료에 효과가 있다고 『만선식물(滿鮮植物)』에 기록되어 있다.

만주 지방에서는 목초(牧草)로 소나 말의 사료로 쓰였다고 한다.

이 풀은 높이가 25~30센티미터 정도까지 자라고 윗부분에서 가지가 갈라진다. 뿌리에서 나온 붉은색의 잎은 꽃이 필 때까지 남아 있는데 모양이 긴 타원형이며 끝이 뾰족하고 밑부분은 좁아져서 긴 잎자루와 연결된다. 가장자리에는 이빨 모양의 톱니가 나 있거나 결각이 생기기도 한다. 줄기의 잎은 대개 두세 개로 모양은 긴 타원형이고 길이는 4~9센티미터 정도이다. 이 씀바귀의 줄기나 잎을 자르면 흰색의 유액이 나온다.

꽃은 5~7월에 피는데 가지 끝과 원줄기 끝에 달리며 지름은 1.5센티미터 정도로서 흰색 또는 노란색이다. 흰색 꽃이 피는 것은 흰씀바귀라 하고 노란색 꽃이 피는 것을 씀바귀라고 한다.

씨앗은 검은색으로 8월에 익는데 끝에 날개가 달려 있어 바람에 날아가 번식을 한다.

식용, 약용 외에도 관상용으로 쓰이는 씀바귀는 화단에 심으면 잘 자란다. 예로부터 민간에서는 풀 전체를 진정·최면·건위·식욕 촉진 등에 다른 약재와 같이 처방하여 사용하였다.

이 풀이 잘 자라는 토질은 화강편마암계·현무암계·편상화강암계·경상계·반암계·분암계 등이다.

번식법으로는 분주법(포기나누기)·종간 잡종법·실생법·생태육종법 등이 있지만 대개는 분주나 실생법에 의하여 번식한다.

우리나라에는 여러 종류의 씀바귀가 자란다. 이들 씀바귀는 모양은 비슷하지만 잎 모양이나 줄기의 높이가 모두 다르다.

선씀바귀는 전국의 산과 들, 햇볕이 잘 드는 곳에서 30센티미터 정도 자라고 5~6월에 자주색의 꽃이 핀다.

흰씀바귀는 남부·중부 지방의 들이나 길가 및 밭둑 등에서 15센티미터 정도 자라는 1~2년 생의 풀이다. 5~7월에 피는 꽃은 흰색이고 9월에 씨앗이 여문다.

벋음씀바귀는 제주도 및 내륙 지방의 들이나 습한 밭둑 등에서 자라고 5~7월에 노란색 꽃이 피고 높이 20센티미터 정도까지 자란다.

벌씀바귀는 전국의 산과 들에서 볼 수 있는 것으로 15센티미터 정도 자라고 5~7월에 꽃이 핀다.

가새씀바귀는 남부 지방의 들이나 밭가에서 자라는 1~2년생의 풀로 15센티미터 정도까지 자라고 역시 5~7월에 꽃이 핀다.

갯씀바귀는 제주도와 각 해안의 모래땅에서 10센티미터 높이로 자라고 6~7월에 꽃이 핀다.

좀씀바귀는 제주도 및 울릉도의 길가, 논

둑이나 밭둑에서 60센티미터 정도로 자라고 5~9월에 꽃이 핀다.

모래씀바귀는 남부 지방 및 중부 지방의 하천변과 모래땅에서 30센티미터 정도 자라고 5~9월에 꽃이 핀다.

산씀바귀는 전국의 산에서 자라며 두해살이풀로서 높이는 1~1.5미터쯤 자라고 8월에 노란색의 꽃이 핀다.

이들 여러 종류의 씀바귀 어린 잎과 뿌리는 모두 나물로 먹는다. 이른 봄에 씀바귀 나물을 많이 먹으면 남자의 정력이 좋아진다고 하여 옛날부터 많이 먹어 왔으며 입맛이 없을 때 식욕을 돋우어 주는 역할도 한다.

흔히 고들빼기를 씀바귀로 잘못 알고 있는 경우가 종종 있는데 고들빼기는 씀바귀와 같은 과에 속하는 식물이지만 씀바귀와는 다르다.

고들빼기는 식용으로 씀바귀와 같이 나물로 먹거나 김치를 담가 먹는데 씀바귀처럼 쓴맛이 난다. 그리고 뿌리가 좀 크게 자라는데 이것도 먹을 수 있다.

고들빼기 종류에는 왕고들빼기·가는잎고들빼기·자주고들빼기·두메고들빼기·까치고들빼기·이고들빼기·깃고들빼기·왕씀바귀·개씀바귀·방가지똥 등이 있는데 모두 쓴맛이 많이 나고 줄기나 풀잎을 자르면 흰색의 유액이 나오며 씀바귀보다 높이 자란다.

이중 왕씀바귀·개씀바귀·방가지똥 등은 가축의 사료로서 영양가가 매우 높다.

이 고들빼기는 초여름부터 가을에 이르기까지 노란색·연한 노란색·흰색의 꽃이 피는데 꽃 피는 기간이 대단히 길다.

꽃이 피는 동안에 가지가 계속 벋으면서 새로운 꽃이 자꾸 피어나는데 씨가 땅에 떨어지면 바로 싹이 튼다. 번식력이 대단히 좋은 풀이다.

이들 씀바귀나 고들빼기들은 요즈음에 와서 아주 많이 재배하고 있는데 특히 겨울에는 온실재배까지 해서 식용으로 판매한다.

씀바귀와 고들빼기를 조직 배양하여 새로운 품종을 만든 개량종은 상추 대용으로 이용되는데 고들빼기나 씀바귀 잎보다 더 크고 부드러워 인기가 있다.

이 개량종의 뿌리는 아주 커서 웬만한 무우만 하다.

어느 곳에서나 흔히 구할 수 있는 야생초의 이러한 개량은 우리와 같이 야채를 즐기는 민족에게는 바람직한 현상이라고 할 수 있다. 고들빼기를 비롯한 이들 씀바귀 종류는 우리들이 즐겨 먹는 상추보다도 영양분이 많아 건강에 도움을 주는 풀들이다.

길가의 잡초로만 여기는 이 풀을 옛 선조들은 다른 나물보다도 많이 이용했다.

화초로서는 그다지 좋지 않은 풀이지만 한 곳에 집중적으로 심어놓으면 여름 내내 노랗고 흰 꽃들이 올망졸망 어우러지는 운치를 볼 수 있다.

민간에서는 씀바귀 줄기의 흰 유액을 손등의 사마귀를 없애는 데 효험이 있다고 한다.

이른 봄 씀바귀 뿌리를 초장에 찍어 먹으면 여름에 더위를 타지 않는다고 한다.

얼음이 녹을 즈음의 초봄에 논둑이나 길가에서 누렇게 죽은 풀잎 사이에서 자줏빛이 도는 여린 풀잎을 서너 개 정도 내놓고 살아 있는 풀, 씀바귀. 겨울에서 봄으로 바뀔 즈음이야말로 씀바귀를 나물로 해 먹기에 가장 적당한 때라 하겠다. 이때의 씀바귀 뿌리는 겨울 동안 영양분이 축적되어 커질대로 커져서 그 하얀 빛깔이 유난히 돋보인다.

분포도

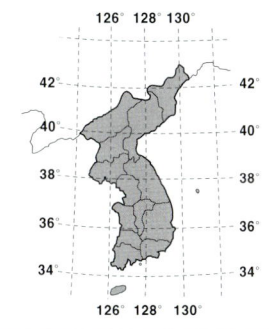

식물명	씀바귀(黃瓜菜)
과 명	국화과(Compositae)
학 명	Ixeridium dentatum Tzvelev
생약명	황과채(黃瓜菜)
속 명	씸배나물 · 고채(苦菜) · 씀바구나물
분포지	제주도를 비롯한 전국
개화기	5~7월
결실기	10월
높 이	30센티미터
용 도	식용 · 관상용 · 약용
생육상	여러해살이풀(多年生草本)

매화

원산지가 중국 남부 지방이며 관상용으로 쓰인다.

원래는 매목(梅木)이라 했으나, 다시 매화(梅花)·매자(梅子)로 불렸다.

고려시대(高麗時代)와 조선 시대(朝鮮時代) 중엽경에 개성(開城)·경성(京城) 등의 양반집 정원에 심었다는 기록이 있다.

그 이후 여러 가지 종(種)을 개량하여 분양하기 시작했다.

우리나라 남부·중부 지방 일부에서 관상수 및 과수로 심는 매실나무는 5~6미터 정도까지 자라며 특히 작은 가지가 많이 생긴다. 가지 끝을 잘라 주면 잘라 줄수록 가지가 더 많이 돋아나며 꽃도 더 많이 핀다.

이른 봄 3~4월께 잎보다 꽃이 먼저 핀다. 꽃은 흰색, 담홍색(淡紅色), 홍색(紅色) 등이며 대개는 홑겹으로 피지만 겹꽃으로 피는 종류도 있다.

이 나무는 지역에 따라 매(梅)·매화수(梅花樹)·천지매(千枝梅)·산매(酸梅)·홍매화(紅梅花)·품자매(品字梅)·고매(古梅)·조매(早梅)·홍매(紅梅)·중엽매(重葉梅)·야매(野梅)·조수매(照水梅)·오매(烏梅)·매실(梅實)·매실나무·매인매(梅仁梅)·청매(靑梅)·청매당(靑梅糖)·호문목(好文木)·화형(花兄)·춘고초(春告草)·설중매(雪中梅) 등 수많은 이름으로 부른다.

겨울 추위가 채 가시기도 전에 꽃이 피는 매화가 있는데, 바로 설중매(雪中梅)이다. 매화를 기르는 사람들이 매우 아끼는 종이다. 원예종으로도 약 300여 종류가 개발되어 있다.

매화 꽃에는 고고하고 은은한 향기가 있고 수십 년 된 나무의 둥치에서 잔가지가 나와 그 가지 끝에 몇 송이의 꽃이 피면 더욱 운치가 돋보인다 해서 이것을 고매(古梅)라 부르기도 한다.

예전부터 매화(梅花)는 난·국·죽(蘭·菊·竹)과 더불어 사군자(四君子)로 손꼽히고 있다. 또 호문목(好文木)·화형(花兄)·춘고초(春告草) 등의 이름으로 문인(文人), 묵객(墨客)들의 사랑을 받고 있다.

오래된 매실나무로 분재를 만들면 고매분재(古梅盆栽)라 하여 더욱 그 가치가 높다.

매실나무는 6월에 열매를 맺는데 이를 매실이라 하며 식용·약용 등에 널리 쓰인다. 식용으로는 덜 익은 매실을 높이 친다. 덜 익은 매실을 청매(靑梅)라 하며, 매실의 껍질과 씨를 발라 내고 볏짚을 태운 연기에 그을려 만든 것을 오매(烏梅)라 한다. 이들 청매와 오매는 한방이나 민간에서 약재로 쓰고 있는데, 기침·구토·회충 구제 등에 효과가 있다. 이 청매를 빻아서 짠 즙을 햇볕에 말리면 검은 엿같이 되는데 이 매육(梅肉) 엑기스는 소화 건위·정장 등에 효과가 있다.

청매에 소주와 설탕을 함께 넣어 술을 담그면 매실주(梅實酒)가 된다.

매화의 한방 생약명은 오매(烏梅)인데 각기·건위·회충·거담·구역질·주독·해열·발한 등에 다른 약재와 함께 처방하여 쓴다.

매화나무의 껍질은 매피(梅皮)라 하며, 물감의 원료로 쓴다.

설중매

매실나무가 터널을 이루었다.

약재와 씨

질기고 단단한 재목은 장식용, 가내 세공 용품의 재료로 많이 쓴다.

매화나무는 비옥한 토양에서 잘 자라며 번식 방법에는 생리적육수법·종간잡종법·삽목법·접목법 등이 있는데 대개는 종간접목법으로 번식된다. 특히 이 매화나무는 해마다 과실이 많이 열리는 게 아니라 해거리를 하여 한 해는 많이 열리고 다음해에는 적게 열린다.

요즈음에는 이 매화나무를 정원수로 많이 심는다. 그러나 기후 조건상 제주 지방 및 남부 지방이 매화를 키우기에 적당하다. 매화나무는 원래 따뜻한 고장에서 자라는 나무라서 추위에 약하기 때문이다.

충청 지방 이북, 경기·서울·강원 지방 등에서 이 나무를 정원에 심으려면 나무 등치에 볏짚 등을 둘러서 추위를 막아 주어야 한다. 요즈음에는 서울에서도 종종 볼 수 있으며 봄이 왔음을 알려주는 봄꽃 나무 중의 하나이다.

제주 지방에서는 2월 말께면 꽃이 피고 목포 지방이나 완도 등지에서는 3월 초순에 핀다.

3월 중순에는 충청 지방, 3월 하순이나 4월 초엔 경기·서울 지방에서도 꽃을 볼 수 있다.

어떤 이야기가 숨어 있을까?

옛날 일본 대바(出羽) 지방의 어느 부자 상인이 전국의 명산 대찰을 순례하다가 마쓰시마(松島)에 사는 한 사람을 만나 함께 동행하게 되었다.

어느덧 두 사람은 전국 순례를 무사히 마치고 석별의 정을 나누게 되었다. 오랫동안 다정히게 지냈던 그들은 헤어지는 것이 아쉽기만 했다. 그래서 앞으로도 서로 형제같이 지낼 것을 다짐하고 그 증표로 대바의 상인은 자기의 딸을 마쓰시마 사람의 아들에게 시집 보내기로 약속했다. 그러나 마쓰시마 사람이 집에 돌아와 보니 애통하게도 아들은 병들어 죽고 없었다.

날마다 눈물 속에서 지내고 있던 어느 날,

아들과 딸의 혼인을 약속하고 헤어졌던 대바 사람의 딸이 찾아왔다. 당황한 마쓰시마 사람은 자초지종을 모두 말해 준 뒤 찾아온 그 소녀에게 되돌아가라고 했다. 그러나 난 소녀는 이렇게 말하는 것이었다.

"이것은 이 세상에서의 인연입니다. 이제 소녀는 다른 데에 마음 두지 않고, 가신 낭군을 그리며 정성껏 부모님을 섬기겠습니다."

소녀는 그날부터 시부모를 정성껏 봉양했다. 그러나 오래지 않아 시부모마저 세상을 떠나 어느 곳 하나 의지할 곳 없는 쓸쓸한 세월을 보내게 되었다. 그래서 그녀는 머리를 삭발하고 중이 되어 연니(連尼)라 이름을 짓고, 죽은 낭군이 살아 있을 때 심었던 한 그루의 매화나무 곁에 암자를 짓고 죽은 낭군의 혼을 위로하며 살았다.

그러던 어느 봄날 연니는 화사하게 꽃이 피는 매화를 보며 슬픔을 가누지 못하여 탄식했다.

"심은 꽃의 주인은 이미 가고 없는데 꽃만이 향기를 품고 피었구나. 그것을 보니 슬퍼서 견딜 길 없네. 이제는 피지 않아도 좋으련만."

그러자 다음해 봄에는 웬일인지 매화나무에 꽃이 피지 않았다. 그러나 꽃이 피지 않으니 연니는 그것도 슬펐다. 그래서 그녀는 또 울며 탄식했다.

"꽃을 피우시라. 이제는 낭군님으로 여겨 바라볼 터이니."

그리고 나니 다음해 봄부터는 다시 꽃이 피었다 한다.

분포도

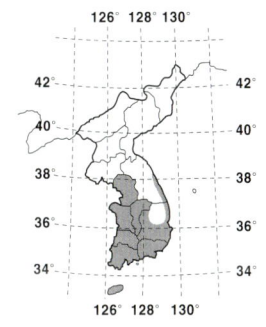

식물명	매실나무
과 명	장미과(Rosaceae)
학 명	*Prunus mume* Siebold & Zucc. for. mume
생약명	오매(烏梅)
속 명	매목(梅木)·매자(梅子)·매화(梅花)
분포지	제주·남부·중부 지방
개화기	3~4월
결실기	6월
높 이	5~6미터
용 도	식용·관상용·약용·공업용
생육상	낙엽 교목(갈잎 큰키나무)
꽃 말	결백·미덕

열매

황매화

우리나라 중부 이남 지방에서 잘 자라며 흔히 관상용으로 심고 있는 장미과의 낙엽 관목(갈잎 좀나무)이다. 원래는 출장화(黜牆花)라 불렸다.

오래전에 일본의 내륙 지방에도 분포되어 관상용 이외에도 특용작물(特用作物)로 재배하였는데 꽃을 그늘에 말려서 지혈제로 이용하였다고 『만선식물』은 전하고 있다. 또 번식이 매우 잘 되며 높이도 알맞고 꽃 모양이 아름다워 관상용으로 더할 나위 없는 나무라 하겠다.

전남 지방에서는 이 황매화를 체당화(棣棠花)·단판체당(單瓣棣棠)·금완(金碗)·황매(黃梅)·수중화·죽도화라고도 불렀고 중국에서는 세잎황매화 등으로도 불렀다.

줄기

이 나무는 약간 습한 곳에서 잘 자라는 특성이 있는 반면 그늘에서는 잘 자라지 못한다. 높이는 2미터 정도 자라며 총생(叢生), 즉 모든 줄기가 뿌리에서 모여 난다.

가지는 줄기와 같은 녹색이며 털이 없다.

긴 타원형의 잎은 어긋나고 길이가 3~7센티미터 정도로 결각상의 톱니가 있다. 표면에는 털이 없고, 잎새의 맥이 오목하게 들어가 있다. 잎 뒷면은 맥이 튀어나와 있는데 맥 위에 털이 자란다.

잎은 끝이 뾰족하고 잎자루가 짧은데 탁엽(托葉)은 좁고 길어서 일찍 떨어져 버린다.

4~5월에 꽃이 피는데 지름은 3~4센티미터 정도로 노란색이며 옆가지 끝에서 잎과 함께 핀다.

작은 꽃자루는 길이가 2센티미터 정도이며 꽃받침잎은 다섯 장으로 털은 없고 잔톱니가 나 있으며 수술은 많이 달려 있는데 암술대와 길이가 비슷하다.

9월이 되면 씨앗은 남아 있는 꽃받침잎 안에서 흑갈색으로 여문다.

황매화나무와 비슷한 종으로는 꽃잎이 겹으로 많이 달리는 것이 있는데 중부·북부 지방은 물론 서울 근교에서도 많이 심고 있으며 특히 고궁에서 많이 볼 수 있다.

이 나무는 충남 지방에서는 죽단화라고 부르기도 하고 겹죽도화라고 하기도 하지만 죽단화가 타당성이 있는 이름이다.

황매화나무와 비슷한 죽단화는 5월에 피는데 황매화보다 훨씬 많은 꽃을 피워 푸른 5월의 고궁이나 공원 등지의 울타리 가에서 푸른 나뭇잎과 더불어 장관을 이룬다.

이 나무는 식질양토에서 잘 자라며 삽목법, 분주접목법 등으로 번식된다.

나무를 통으로 자르면 가운데 흰 스티로폼 같은 것이 많이 들어 있다. 옛 충청 지방 등지에서는 이 나무의 속을 막대기로 밀어 내어 속을 뽑은 후에 아이들의 장난감으로 사용하였다.

어떤 이야기가 숨어 있을까?

옛날 어느 조그마한 어촌에 황부자라고 하는 이가 살고 있었는데 그 집의 무남독녀 외딸은 아무 부러울 것 없이 행복한 생활을 하

꽃

고 있었다.

그러던 어느 날 이 황부잣집 외딸에게 처음으로 사랑을 심어준 청년이 나타나게 되었다. 그러나 황부자는 그 청년의 집안이 가난하다는 이유로 이 두 사람을 서로 만나지 못하게 하였다.

바닷가에서 몰래 만난 그 청년과 낭자는 낭자의 손거울을 반으로 나누어 가진 뒤 후일에 꼭 다시 만나자는 약속을 하고는 헤어졌다.

이때 황 낭자의 아름다운 모습에 반한 도깨비가 나타나 황부잣집을 단숨에 망하게 한 후 돈 많은 사람으로 둔갑하여 황부잣집으로 찾아가서는 황 낭자를 외딴섬에 있는 도깨비 굴로 데려가 버렸다.

도깨비는 황 낭자가 도망치지 못하도록 섬 주위에 온통 가시가 돋힌 나무들을 잔뜩 심었다. 그러나 황 낭자는 온갖 위기 때마다 지혜롭게 피하면서 장래를 약속한 그 청년이 나타나서 도와주기만을 기다렸다. 이윽고 청년은 수소문 끝에 황 낭자가 있는 섬을 알아내게 되었다. 그러나 청년에게는 낭자를 구출할 수 있는 방법이 없었다. 청년이 안타까운 마음으로 가시나무 주위를 돌고 있을 때 황 낭자는 헤어질 때 나누어 가진 거울을 맞추어 도깨비를 대적하라고 알려주며 거울을 청년에게 던져 주었다.

청년은 거울 반쪽을 자기가 가지고 있던 것과 맞춘 뒤 높은 바위 위로 올라가 거울로 햇빛을 반사시켜 도깨비에게 비추었다.

도깨비는 밝은 빛을 보자마자 얼굴을 감싸면서 괴로워하다 그 자리에서 죽어 버리

겹죽도화

꽃

고 말았다.

  도깨비가 죽자 그때까지 가시투성이였던 섬 주변의 나무 줄기는 갑자기 부드럽고 미끄럽게 변하는 것이었다.

  황 낭자와 청년은 함께 고향으로 무사히 돌아와 행복하게 여생을 보내며 잘 살았다. 그리고 그때 도깨비섬 주위의 가시나무가 바로 황매화나무로 변했던 것인데, 꽃 모양이 매화꽃을 닮았고 노란색이어서 황매화라 부르게 되었다 한다.

분포도

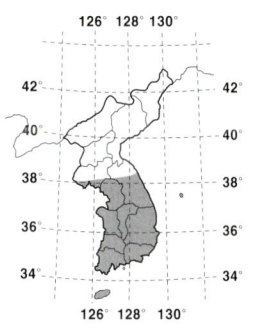

식물명	황매화(黃梅 · 棣棠)
과 명	장미과(Rosaceae)
학 명	*Kerria japonica* DC. for. *japonica*
속 명	죽도화 · 채당화 · 금완 · 수중화
분포지	중부 지방 · 남부 지방
개화기	4~5월
결실기	9월
높 이	1~2미터
용 도	관상용
생육상	낙엽 관목(갈잎 좀나무)

왕벚꽃

　제주도 한라산과 전남 해남의 두륜산이 원산지(原産地)인 장미과의 낙엽 활엽 교목(갈잎 넓은잎 큰키나무)이다.
　이 왕벚나무는 지역에 따라 앵화(櫻花)·앵(櫻)·대앵도(大櫻桃)·일본앵화(日本櫻花)·염정길야앵(染井吉野櫻)·왕벚나무·제주벚나무·큰꽃벚나무·사쿠라나무·사쿠라 등 여러 이름으로 부르고 있다. 지금도 제주도의 한라산 해발 600미터 산록에 수백 년 묵은 왕벚나무가 꽃을 피우고 있다. 또한 해남군의 두륜산에도 두 그루의 왕벚나무가 자태를 뽐내고 있다.
　그런데도 벚나무를 국화(國花)로 삼고 있는 일본은 벚나무의 원산지가 일본인 것처럼 주장하고 있는데, 일제 강점 시절 미국에서 독립운동을 하던 이승만 박사는 이를 시정하기 위해 미국 국회에 진정도 했었다고 한다. 당시는 일본의 힘이 컸던 때인지라 결국은 일본벚꽃도 한국벚꽃도 아닌 동양벚꽃이라고 부르게 되었다 한다.

양인석 선생이 지은 『백화전서(百花全書)』에 의하면 일본 사람들은 벚나무를 소메이요시노(染井吉野)라고 부르는데 이 이름은 도쿄(東京)의 소메이(染井)에 있던 한 꽃집에서 벚나무의 묘목이 퍼져나갔기 때문에 붙여진 것이라고 한다.

처음에는 벚꽃의 명소인 요시노를 따서 요시노(吉野)라고 했다가 1872년 '소메이요시노'라 이름짓고 일본의 도쿄가 벚나무의 본고장이라고 주장하기에 이르렀다.

그러다가 1930년, 서울대 강사(石戶谷勉)에 의하여 제주도 한라산에 일본 벚나무보다 훨씬 오래된 왕벚나무의 원시림이 있는 것이 발견되었다. 또한 그 뒤로 우리나라 학자들에 의하여 그것이 틀림없는 사실로 확인되었다.

우리나라 왕벚나무가 바다를 건너간 것인지 일본인들이 말하는 대로 도쿄에서 인공적으로 잡종을 만들었는지는 알 수 없는 일이다.

어쨌든 이 왕벚나무는 일본 전국에 퍼져 일본 벚나무의 약 80퍼센트를 차지하고 있다고 한다. 이렇듯 이 벚나무는 번식력이 아주 강하다.

일본이 한국을 점령했을 때 가장 먼저 한 것이 한국인의 혼을 빼 버리는 일이었다. 이때 그들은 이 왕벚꽃을 이용했다. 창경궁을 비롯한 우리의 고궁에 왕벚꽃을 가득 심었으며 심지어 학교에까지 왕벚꽃 일색을 만들었던 것이다.

우리나라에 자라고 있는 벚꽃나무는 여러 종류가 있다.

제주도의 산지에 자라는 제주산벚, 거문도 및 중부 평야에 자라는 거문도벚, 제주 및 중부 지방의 평야와 산지 그리고 북부 지방의 산지와 해변 등에 자라는 왕산벚이 있나. 또 중부지방 평야 및 산시, 북부 지방 산지 등에 자라는 가는잎벚이 있다.

그 밖에도 원예 농가에서 재배하는 잔털벚·분홍벚·중국벚·올벚·빨강올벚나무 등이 있으며, 울릉도에 자라는 섬벚나무, 중부 지방 산지와 북부 지방 산지에서 자라는 좀벚나무 등이 있다.

벚나무의 껍질은 회색빛이 돌고 나뭇가지는 각 사방으로 퍼져 자란다.

4월 초순부터 우리나라 남쪽 지방에서 잎보다 먼저 꽃이 피면서 북상하여 경기·서울 지방에는 4월 중순 또는 늦어도 하순께 피며, 해발 600미터 정도의 강원도 산간 지방에서는 5월 중순쯤에야 꽃이 핀다.

꽃은 담홍색(淡紅色)으로 여러 개씩 모

벚나무 단풍잎   수피

여 피며 매우 아름답다. 꽃이 한창일 때면 온통 꽃으로 나무를 뒤덮어 일대 장관을 이룬다.

이 꽃은 꽃받침 및 암술 꽃대에 가는 털이 있는 것이 특징이며, 6월에 흑자색 둥근 열매가 열린다. 이것을 버찌라고 부른다. 벚나무는 꽃이 한꺼번에 활짝 피었다가 불과 5~6일 만에 한꺼번에 모두 떨어지는 것이 특징이다. 일본은 벚꽃의 이러한 특성을 단결력과 희생 정신의 표상으로 삼았다. 전장에 나가 희생될 청년들을 동원하는 데에 이 '왕벚꽃 정신'을 앞세우곤 했던 것이다.

여름에 흑자색으로 익은 버찌를 먹을 수 있으며, 꿀이 많아 양봉농가에 도움을 주는 꽃이기도 하다. 향수의 원료로도 쓰이며 재목은 가내 용품의 재료로 사용되고 나무껍질은 민간에서 진통·통경·변비 등에 다른 약재와 같이 처방하여 쓴다.

벚나무가 잘 자라는 토질은 현무암게 토질이며 번식법은 종자발아법·삽목법·종내잡종법·접목법 등이 있는데 주로 삽목법에 의해 번식된다.

어떤 이야기가 숨어 있을까?

일본의 승려이며 가인(歌人, 우리나라의 시조와 비슷한 일본 노래를 즐기는 사람)으로 명성이 높았던 서행(西行)은 벚꽃을 남달리 좋아했다. 어느 날 서행은 수년 동안 계획해 온 요시노의 벚꽃 구경을 위해 길을 나섰다.

길을 가다 중간쯤에 접어들었을 때였다. 어느 두메산골 가난한 집에 어버이가 병들어 자리에 누워 있었으나 집이 워낙 가난하여 어린 자녀들은 약 한 첩 쓰지 못해 안절부절 못하고 있었다.

서행은 이를 딱하게 여겨 어린 아이들을 위로하고 벚꽃 구경할 여비를 몽땅 털어 주고 훌쩍 자신의 암자로 되돌아 왔다.

마을 사람들은 꽃구경 간다더니 왜 벌써 돌아왔느냐고 의아해하며 물었다. 서행은 자초지종을 말하고 다음과 같이 말을 이었다.

"요시노 꽃구경은 다음에도 갈 기회가 있을 것이나 남의 어려움은 지금 도와 주지 않으면 영영 기회를 놓치게 될 것 아닌가?"

서행의 자비로운 보살행에 모두들 감격하지 않을 수 없었다.

서행은 어린 시절 수행을 하기 위해 여러 지방을 돌아다닌 적이 있었다. 그때 그는 자신의 노래 재주를 마음껏 뽐내고 다녔다.

그러던 어느 날 가이(甲斐) 지방의 잿마

벚나무

루에서 한 나무꾼을 만났다.

서행은 나무꾼에게 이 지방에도 노래를 읊을 줄 아는 사람이 있느냐고 물었다. 그러자 나무꾼은 빙그레 웃으며 말했다.

"당신은 가인인 모양이구려. 보잘것 없는 실력이지만 노래라면 나도 한 수 하지요."

나무꾼은 곧 목청을 가다듬었다.

"갈 때는 움쳐 있던 꽃이 돌아올 때는 벌써 피었구나 벚꽃."

나무꾼은 그 지방 사투리로 노래를 읊었다. 이에 서행은 아무리 생각해 보아도 노래의 뜻은 알 수가 없었다. 서행은 곧 가이 지방에는 나무꾼조차 노래를 읊조리니 마을에 들어가서 잘못하다간 큰코다치겠다 싶어 얼른 발길을 되돌렸다.

자신의 공부가 부족한 것을 알고 서행이 돌아섰던 그 잿마루를 서행잿마루라고 부르게 되었다고 한다.

이 전설은 과즉필개(過則必改), 즉 자기의 불찰은 재빨리 고치는 것이 수행하는 사람에게는 무엇보다도 중요하다는 것을 가르쳐 주고 있다.

분포도

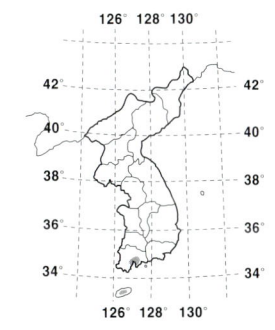

식물명	왕벚나무
과 명	장미과(Rosaceae)
학 명	*Prunus yedoensis* Matsum.
속 명	제주벚나무 · 큰꽃벚나무 · 왕벚꽃 · 사쿠라 · 앵화(櫻花)
분포지	제주 · 남부 · 중부지방
개화기	4월
결실기	6월
높 이	7~15미터
용 도	식용 · 밀원용 · 관상용 · 공업용 · 약용
생육상	낙엽 활엽 교목(갈잎 넓은잎 큰키나무)
꽃 말	뛰어난 미인

자두

중국 원산인 장미과 낙엽 활엽 교목(갈잎 넓은잎 큰키나무)으로 관상용 및 농가의 과수용으로 전국 각지에서 심는 나무이다.

원래는 자리(紫李)·자도(紫桃)라 했으며 구미(歐美) 쪽에서 들어온 것은 구리(歐李) 또는 서양자두라고 불렀다.

이자(李子)·이실(李實)·적리자(赤李子)·추리나무·참추리나무·오얏나무·자두·오얏·이화(李花)·이수(李樹) 등으로 불렀으며, 아시아 지방에서는 구리자(歐李子)라고도 했다.

연대는 확실하지 않지만 퍽 오래전부터 만주 지방 및 우리나라 각지에서 많이 심기 시작했으며 서울과 개성에 가장 먼저 심었다는 기록도 있다.

자두나무는 높이 3~10미터정도까지 자라는데 보통 5미터 정도 되며 4월에 나뭇잎보다 꽃이 먼저 핀다.

나뭇가지는 적갈색이며, 털이 없고 윤기가 도는 잎은 마주 난다.

꽃은 지름이 2~2.2센티미터 정도이며 한 군데서 세 송이 정도 피는데 꽃잎이 다섯 장이다.

7월에 열매가 익는데 모양은 둥글고 밑부분이 약간 깊이 들어가 있다. 야생 상태로 자란 열매는 지름이 2.2센티미터 정도지만 구미에서 들어온 재배종은 이보다 훨씬 크다. 열매는 노란색 또는 자적색(紫赤色)이다. 과육(果肉)은 연한 노란색이며 씨는 양 끝이 약간 좁고 겉면은 거칠다.

한방에서 욱리인(郁李仁) 또는 이핵인(李核仁)이라는 약명으로 부르며, 진통·해소·신장염·유종(乳腫)·통경·각기·통변·수종(水腫, 물종기)·피로·치통·대하증·경풍(驚風, 어린아이의 경련) 등에 다른 약재와 같이 처방하여 약으로 쓴다.

이 나무가 잘 자라는 토질은 화강암계·현무암계·화강편마암계·변성퇴적암계·경상계·반암계·편상화강암계 등이며 대개는 인가 주변의 유휴지나 텃밭에서 잘 자란다.

번식법에는 종간잡종법·접목법(接木法)·삽목법(揷木法, 꺾꽂이) 등이 있는데 주로 삽목법에 의하여 번식된다.

열녀수(烈女樹) 또는 연리목(連理木)은 자두나무에서 생긴 변종이다.

열녀수의 나뭇잎도 자두나무와 비슷하지만 자두나무는 가지가 옆으로 퍼지는 데 비해 열녀수는 곧게 서고 가지가 많이 나 멀리서 보면 꼭 빗자루 같이 보인다. 이 나무도 4월에 흰색 꽃이 피며 열매는 긴 타원형이다.

밤이 되면 어린 가지는 수면(睡眠)운동을 하는 것처럼 큰 줄기 쪽으로 모이고 낮에는 모두 퍼진다. 마치 정다운 부부가 나란히 동금(同衾)하는 모양과 닮았다 하여 열녀수(烈女樹) 혹은 열녀목(烈女木)이라는 이름이 붙여진 것 같다.

자두나무는 재목의 질이 단단해서 가내용

열매

품, 장식용구 등 세공용으로 많이 쓰인다.

어떤 이야기가 숨어 있을까?

옛날 중국에 동방삭이라는 재치 있는 사람이 있었는데 이 사람은 복숭아 세 개를 먹고 무려 3,000년을 살았다는 전설 속의 인물이다.

어느 날 동방삭이 제자를 데리고 길을 가다가 갑자기 목이 말라 옆에 있던 제자에게 길가 자두나무 곁에 있는 민가에 가서 물을 얻어 오라고 시켰다.

제자가 그 집에 가기는 하였으나 주인의 이름을 몰라 주인을 불러 보지도 못하고 되돌아왔다. 그러자 동방삭은 그 집주인의 이름이 이박(李博)이라고 가르쳐 주고 다시 물을 얻어 오라고 하였다. 제자는 바로 그 집 대문 앞에 가서 주인을 불렀다. 주인은 동방삭 일행을 반갑게 맞아들이며, 어떻게 알고 왔느냐고 물었다. 동방삭은 서슴지 않고 때까치들이 자두나무 아래로 많이 날아와 앉은 것을 보고 알았다고 대답하였다.

원래 때까치의 다른 이름이 박로(博勞)인 것에서 박(博) 자를 따고, 때까치가 자두나무 아래에 날아온 것을 보고 이(李) 자를 따서 이박(李博)이라고 한 것이다. 우연의 일치라고 할 수도 있겠으나 어쨌든 동방삭의 놀라운 재치에 모두들 감탄하지 않을 수 없었다.

열녀수에 대한 무속을 하나 들어보자.

열녀수(烈女樹)로 소박을 막는다는 무속이 있다. 소박은 부부 사이에 불화가 생겨서 여자가 쫓겨나는 것을 말하는데 이는 부부 사이의 애정을 방해하는 마귀가 있기 때문이라 하여 이 마귀를 퇴치해야 부부 사이의 금실이 좋아진다고 했다.

옛날에 이 마귀를 퇴치하는 방법의 하나

꽃

로 열녀수 나무로 도끼나 칼 등의 흉기 모형을 만들어 여자가 남몰래 늘 치마 속에 차고 다녔다고도 한다. 지성이면 감천이라고 아무리 목석 같은 남편이라도 아내의 그와 같은 정성에 감동하지 않을 수 없었을 것이다.

열녀목이나 자귀대를 일명 사랑나무라고도 부른다.

분포도

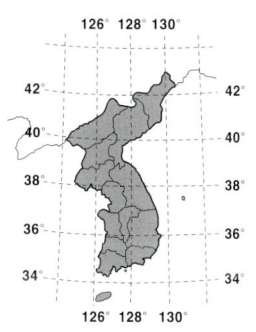

식물명	자두나무(紫桃)
과 명	장미과(Rosaceae)
학 명	*Prunus salicina* Lindl. var. salicina
생약명	욱리인(郁李仁), 이핵인(李核仁)
속 명	추리나무 · 오얏나무 · 참추리나무 · 적이자 · 이실 · 자이(紫李)
분포지	전국
개화기	4~5월
결실기	7월
높 이	3~10미터
용 도	식용 · 관상용 · 약용
생육상	낙엽 활엽 교목(갈잎 넓은잎 큰키나무)
꽃 말	곤란

살구

산에서는 생강나무가 노란 꽃으로 봄을 알리고, 인가 부근에서는 살구꽃·매화꽃·산수유꽃들이 제일 먼저 꽃소식을 전한다. 봄소식을 먼저 전해 주는 탓인지 예로부터 많은 사람들의 사랑을 받아온 살구꽃은 우리나라 각 지방의 인가(人家)에서 과수(果樹)로 재배하는 나무이다.

행자목(杏子木)·행목(杏木)·행수(杏樹)·행자(杏子)·행화(杏花)·감행(甘杏)·대백행(大白杏)·백행(白杏)·은백행(銀白杏)·행인(杏仁)·감행인(甘杏仁)·행인유(杏仁油)·행송진(杏松津)·살구·살구나무·회령백살구·구라파살구나무·

참살구나무 등으로 불렸으며, 아시아에서는 대개 행자목(杏子木)·행화(杏花)·행자(杏子)·감행인(甘杏仁)·행지(杏脂) 등으로 부른다.

살구나무는 크게 자라며 재목이 단단하기 때문에 건축용으로 많이 쓰이고, 농기구(農器具) 재료로도 쓰인다. 옛날 북부 지방에서는 관재(棺材)로 사용했고, 마차 바퀴 제조에도 쓰였다.

살구 열매는 날것으로 먹고, 제과 원료나 약제(藥劑), 요리에 사용한다. 열매는 작은 것이 더 단데, 그 중 밀행자(蜜杏子, 밀살구)의 단맛은 일품이다.

살구나무는 관상용으로 심기도 하는데 꿀이 많아 양봉 농가에서 선호한다.

약제(藥劑)는 풍열이나 해소 등에 내복약으로 쓰인다. 자양 강장(滋養强壯)에도 효험이 있다고 한다. 또 나무의 근피(根皮, 뿌리껍질)는 해열·거담 등에 효과가 큰 것으로 알려져 있다.

살구나무는 5~15미터 정도의 높이까지 자라는데 가지가 많다. 나무껍질에 코르크질이 발달하지 않은 것이 특징이며, 나뭇잎 양면에 털이 없고 잎 가장자리에는 불규칙한 톱니가 있다.

나뭇잎에 잎자루가 짧게 나 있으며 4월에 꽃이 잎보다 앞서 핀다. 꽃의 지름은 25~35밀리미터 정도이며 연분홍색이다. 꽃받침은 다섯 장인데 색깔은 약간 진한 홍자색이다. 꽃잎의 모양은 둥글며 수술도 여러 개이고 암술은 하나이다.

6~7월에 익는 핵과(核果, 열매)는 거의 둥글고 털이 많이 나있다. 지름이 3센티미터 정도이며 색깔은 노란색이거나 황적색(黃赤色)이다.

씨는 거칠고 딱딱하다. 이 씨를 행인(杏仁), 꽃을 행화(杏花), 나무를 행자목(杏子木) 또는 행자수(杏子樹), 과실을 행자(杏子), 씨앗의 기름을 행인유(杏仁油)라 하는데 한방과 민간에서 행인(杏仁)과 행인유(杏仁油)를 해열·견독·보익·진해·두통·중풍·각기·편도선염·진정 등에 다른 약재와 함께 처방하여 약으로 쓴다.

살구나무가 잘 자라는 토질은 화강암계·화강편마암계·반암계·편상화강암계·경상계·현무암계·변성퇴적암계 등인데 인가

살구 열매

시베리아살구 열매

부근의 비옥한 토질이면 잘 자란다.

종자육묘법(種子育苗法)·접목법·취목법(取木法, 휘묻이) 등에 의하여 번식된다.

우리나라 산야에 자라는 변종 살구나무로는 털개살구·털북산 살구나무 등이 있다.

이 나무들은 우리나라 중부 지방과 북부 지방의 산에서 자라는데 대개는 낮은 지역에서 잘 자란다. 이 나무들 역시 4월에 꽃이 피고 6월에 열매가 열리며, 살구처럼 먹을 수 있다. 약재로도 쓰인다.

참개살구나무는 우리나라 중부 지방과 북부 지방의 산간에 자라며 4월에 꽃이 피고 7월에 열매가 열린다.

이와 비슷한 것으로는 개살구(狗杏)·산행자(山杏子)·산행(山杏)·야행(野杏)·대황행(大黃杏)·산살구나무·개살구나무 등으로 불리는 종류가 있는데 이 나무들은 우리나라 중부 지방과 북부 지방의 산간이나 촌락 부근에 많이 자란다. 4~5월에 연분홍 꽃이 피는데 흰색에 가까운 편이다. 암술과 수술의 길이가 같으며 암술의 머리 모양이 꼭 술잔처럼 생겼다. 암술대 아래쪽에 털이 있는 게 특징이다.

과실은 둥글고 노랗다. 7~8월에 익는데 털이 많이 나 있다. 익으면 과육(果肉)이 벌어져 잘 떨어지며 약간 떫은 맛이 있다. 나뭇잎의 맥에 털이 나 있는 것으로 털개살구와 구별한다.

시베리아살구는 우리나라 중부 지방의 광릉 및 북부 지방의 산간에 자라는 나무로 높이는 3~4미터 정도 된다. 가지에 털이 없고 어린 가지는 회색이며 아랫부분은 자줏빛이 도는 갈색이다. 잎 뒷면 맥에 털이 나 있으며 잎자루의 길이가 1~3센티미터 정도로 붉은빛이 나는 것이 특징이다.

4~5월에 연분홍색의 꽃이 피며 꽃받침

씨

약재

이 뒤로 젖혀져 있다. 또 털이 나 있지 않으며 수술은 25~30개이고 암술의 길이와 같다. 과실은 7월에 익으며 붉은빛이 도는 노란색으로 털이 많이 나 있다.

살구나무는 야생(野生)하는 것과 과수로 재배되는 것 모두 꽃 모양이나 색깔이 비슷하며, 열매의 모양과 색깔도 비슷하다. 다만 과일의 맛이 더 달거나 떫은 데 차이가 있을 뿐이다.

각종 식물 도감에는 모두 4~5월에 피는 것으로 기록되어 있으나 요즘에는 3월에도 살구꽃을 볼 수 있다. 이것은 예전과 기상 조건이 달라져 대기의 공기가 더워진 탓이 아닐까 한다.

분포도

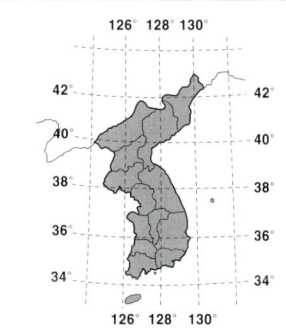

식물명	살구나무
과 명	장미과(Rosaceae)
학 명	*Prunus armeniaca* var. *ansu* Maxim.
생약명	행인(杏仁)·행자(杏子)·행인유(杏仁油)
속 명	행자옥·개살구·밀살구·행화(杏花)·행(杏)·살구
분포지	전국
개화기	3~5월
결실기	6~7월
높 이	10~15미터
용 도	식용·관상용·밀원용·공업용·약용
생육상	낙엽 활엽 교목(갈잎 넓은잎 큰키나무)
꽃 말	처녀의 수줍음

복숭아

 중국이 원산인 장미과의 낙엽 활엽 교목(갈잎 넓은잎 큰키나무)으로 농가의 과수(果樹)로 심기 위해 들어와, 전국 각지에 심었다.
 우리나라에서 심고 있는 복숭아나무의 품종은 매우 다양하여 과일 이름에 따라 수밀도(樹密桃)·번도(蟠桃)·유도(油桃)·모도(毛桃)·승도(僧桃) 등 여러 가지가 있다.
 원래는 도(桃)라고 했다가 복사나무·복숭아·복사 등으로 부르게 되었다. 도화(桃花)·벽도화(碧桃花)·백화(白花)·도인(桃仁)·도송진(桃松津)·도교(桃膠)·도모(桃毛)·도효(桃梟) 등 열매 및 약재의 쓰임에 따라 달리 표기한다.

만주 등에서도 복숭아를 도(桃)·선과수(仙果樹)·도화(桃花)·선과(仙果)·도인(桃仁)·도지(桃枝) 등으로 부르고 있다. 우리나라에서는 여러 종류의 복숭아나무를 통틀어 복숭아나무라고 하거나 혹은 도(桃)·모도(毛桃)·모도수(毛桃樹)·백도(白桃)·야도(野桃)·화도(花桃)·도수(桃樹)·선과수(仙果樹)·복사나무·복숭아 등으로 구분하여 부르고 있다.

그 중에 물이 많고 단맛이 풍부한 것은 수밀도(水密桃)라 하여 사랑을 받았으며, 도인탕(桃仁湯)을 만들어 해소 치료제로 먹기도 한다.

뿌리껍질, 즉 근피(根皮)는 어린 접목의 겨울옷으로 쓰며, 복숭아나무의 잎인 도엽(桃葉)으로 목욕물을 만들어 어린 아이의 피부병 치료에 이용했다는 기록이 있다.

그 밖에 복숭아 씨로 약재를 만들어 임질·하리(下痢) 등에 썼다. 또 복숭아를 통째 말린 것을 도효(桃梟)라고 하는데, 이것을 정신병(精神病) 질환의 약재(藥材)로 썼다고 한다.

복숭아는 여름 과일 중의 제일 가는 양과(良果)로 취급되었는데 지역에 따라 그 맛이 달랐다. 천진산(天津産)의 병도(甁桃)가 유명했는데 이 복숭아는 수밀도(水密桃)였고, 산동산(山東産) 백도(白桃)도 마찬가지였다고 한다.

중국인이나 만주 지방에 살고 있는 한국인들은 복숭아꽃이나 배꽃을 무척 좋아했는데 개성(開城) 등지에서는 복숭아꽃을 술로 담가 도화주(桃花酒)라 하여 약주(藥酒)로 애용하였다 한다.

상후도(霜後桃)라고 하는 복숭아는 추석이 지난 후 서리가 내릴 무렵에 익는 개성산(開城産) 복숭아로 크기가 아주 작은데 맛은 아주 좋았다고 한다.

모다도(毛多桃)라는 털복숭아는 일찍 익는다 하여 유월도(六月桃)라고도 불렀다. 울릉도 지방에서 많이 나서 울릉도복숭아라고 부르기도 했다. 복숭아의 크기도 대단히 커서 인기가 있었다고 한다.

『만선식물』의 기록을 보더라도 복숭아는 옛날부터 명과(名果)로 애용되었음을 알 수 있다. 복숭아나무는 높이가 6~10미터 정도까지 자라며 가지가 많이 갈라지는 것

열매

씨

약재

이 특징이다. 가지에는 털이 없는 반면 겨울에 생기는 동아(冬芽), 꽃망울에는 털이 나 있다. 나뭇잎의 길이는 8~15센티미터 정도이며 가장자리에는 둔한 톱니가 나 있다.

수피

4~5월에 잎보다 먼저 꽃이 핀다. 꽃은 지름이 3센티미터 정도이고 연한 홍색이며 한 곳에 한두 개씩 달린다.

꽃받침잎에는 털이 많으며 다섯 개의 꽃잎이 수평으로 활짝 펴진다. 수술은 많고 7~8월에 열매가 익으며 지름은 5센티미터 정도이다. 이때 씨는 과육(果肉)으로부터 잘 떨어지지 않는다.

현재 우리나라에서 자라고 있는 복숭아는 백도(白桃)·만첩홍도(紅桃)·만첩백도(白桃)·바래복사·감복사·용인복사 등이 있는데 거의 같은 시기에 꽃이 핀다. 매화꽃이 떨어지고 나면 뒤이어 피는데 빛깔은 담홍색이나 흰색이다.

백도는 흰 꽃이 핀다. 만첩백도도 흰 꽃이 피는데 꽃잎이 더 많다. 만첩홍도는 붉은 꽃이 피는데 꽃잎이 많고, 바래복사는 붉은 빛이 도는 흰 꽃이 핀다.

또 감복사는 감 모양으로 평평하며, 승도는 열매에 털이 없다. 용인복사는 과육(果肉)과 씨가 잘 떨어지며 열매 밑부분이 움푹 들어가고 끝이 뾰족하며 둥글다.

복숭아는 식용·관상용·공업용·약용으로 두루 쓰인다. 열매는 먹고 씨는 도인(桃仁)이라 하여 한방 및 민간에서 어혈·통경·진통·해소·심장염·양모·발모·유종·통변·각기·감기 등에 다른 약재와 처방하여 쓴다.

복숭아나무는 식질 양토에서 잘 자라며 대개는 인가 부근의 텃밭 등에서 잘 자란다.

번식법으로는 접목법·종간육종법·종자법 등이 있는데 복숭아나무는 주로 종간육종법으로 번식된다.

승도(僧桃)라는, 털 없는 복숭아는 옛날 개성(開城)에서 많이 재배했다 하는데 지금은 각지에서 많이 심고 있다.

예로부터 복숭아나무의 곧은 가지는 마귀를 쫓는 위력이 있다 하여 민속(民俗)에서 애용되었으며, 복숭아의 씨에서 채취한 편도유(扁桃油)라는 담황색의 지방유는 약이나 비누 제조에 쓴다. 또 복숭아나무는 그 질이 연하여 농기구나 세공품의 재목으로 많이 쓴다.

어떤 이야기가 숨어 있을까?

중국 한무제(漢武帝, 기원전 140~87)는 복숭아를 무척 좋아하여 뒤뜰에 복숭아나무를 많이 심어 봄이면 아름다운 꽃을 즐기고 여름이면 그 열매를 즐겨 먹었다 한다.

그런데 어느 해인가는 때가 되어도 복숭아가 열리지 않았다(복숭아도 해거리 하는 것이 있음). 무제는 은근히 마음 아파하였다.

그러던 어느 날 한 마리의 파랑새가 날아와 무제 앞에 날개를 접고 앉는 게 아닌가! 무제는 이상하게 여겨 신하인 동방삭을 불러 그 이유를 물었다. 동방삭은 무제에게 공손히 아뢰었다.

"그것은 장차 서왕모(仙女)가 복숭아를 가지고 오실 징조입니다."

동방삭의 말대로 얼마 후에 서왕모가 잘 익은 복숭아 27개를 가지고 와서 무제에게 바쳤다. 그 때 동방삭은 서왕모의 얼굴을 보더니 얼른 병풍 뒤로 숨었다.

무제는 그 복숭아의 맛을 보고는 매우 기뻐하며 뒤뜰에 심겠다고 했다. 그러자 서왕모는 이를 극구 말리면서 말했다.

"이것은 하늘의 복숭아로서 땅에다 심을 수 없습니다. 그리고 한 개를 먹으면 천 년을 더 살 수 있습니다."

서왕모가 가져온 복숭아는 30개였다. 그런데 그 중 세 개를 동방삭이 훔쳐먹고 병풍 뒤에 숨었던 것이다. 그리하여 동방삭은 삼천 년을 살았다고 한다.

이러한 전설 외에도 복사꽃에 대한 아름다운 시가 수없이 많다. 이를 볼 때 선인들은 복사꽃을 즐겨 감상하고 아껴 가꾸었음을 알 수 있다.

서울 근교 부천의 옛 명칭도 복사골이었다.

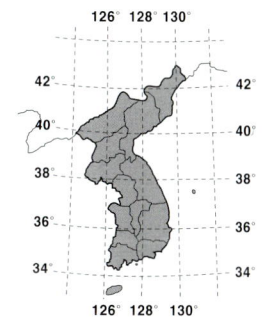
분포도

식물명	복사나무
과 명	장미과(Rosaceae)
학 명	*Prunus persica* Batsch for. persica
생약명	도인(桃仁) · 편도유(扁桃油)
속 명	복사꽃 · 복송아 · 선과수 · 도화모도수 · 백도화(桃花) · 복숭아
분포지	전국
개화기	4~5월
결실기	7~8월
높 이	10미터
용 도	식용 · 관상용 · 공업용 · 약용
생육상	낙엽 활엽 교목(갈잎 넓은잎 큰키나무)
꽃 말	희망 · 용서

참배

배나무에는 우리나라와 만주 지방에서 자라는 재래종(在來種) 이 있다. 그 밖에 서양에서 개량된 것, 일본에서 개량된 것, 중국에서 개량된 것 등 그 종류가 여러 가지이나 종(種)과 종끼리의 교접으로 계속 품종이 개량되고 있다.

첫 개량종으로 농가에서 과수(果樹)로 심은 나무는 장미과의 낙엽 교목(갈잎 큰키나무)이다. 원래는 이목(梨木)이라 했으며, 딱딱하다 하여 경리(硬梨)라고도 했다. 또 참배나무·참배·푼전배·이화(梨花)·배(梨)로 일컫기도 했다.

대개 접목하여 생긴 종(種)을 심어 재배하기도 하는데 참배도 이 과정에서 나온 것으로 짐작된다.

보통 재배하는 것들을 통틀어 배(梨)라고 부른다.

우리나라의 황해도 봉산(鳳山), 황주(黃州) 등 2개 군에서 나는 배, 함경남도 함흥배(咸興梨)·원산배(元山梨)·안변배(安邊梨)·평안북도 의주배(義州梨)·가산배(嘉山梨) 등이 우수 품종으로 알려져 있다.

이 평원 지대에서 나는 우량종은 수향리(水香梨)·청리(靑梨)·황리(黃梨)·술네·병리(甁梨)·거살기·목이배 등으로 불렸다.

봉산(鳳山)·함흥(咸興) 배는 모양이 둥글고 익으면 노란색으로 되며 붉은색의 아름답고 미세한 반점이 띠처럼 나 있다.

청술네(靑梨)의 모양은 큰 타원형이며 과일이 무르익으면 황록색의 띠반점이 있고 약간의 신맛이 나며 맛이 좋다.

황술네(黃梨)는 커다랗게 뒤틀린 원형으로 익으면 적갈색으로 되고 세포가 석세포(石細胞)같아서 과육(果肉)이 단단하지만 맛이 좋다.

술네류는 같은 속(屬)의 배 중에서 과일이 가장 크게 열리며, 이것은 봉산·함흥배와 병리 등에서 개량되어 나온 것이다. 병리는 배 모양이 약간 길어 서양배(西洋梨)를 닮았다. 일본의 나카이(中井) 박사의 연구 문헌을 보면, 천진배(天津梨)는 무르익으면 황록색이 되어 속칭 거살기라고 부르기도 했다고 나와 있다. 또 목이배는 신맛이 약간 나며 저장하여 두면 단맛이 더해 간다. 만주의 고대·광영·요양·천산산(産) 등은 기후에 따라서 그 맛이 달라지며, 태악성(態岳城) 지방에서 재배한다고 한다.

우리나라의 병리(甁梨)류는 시장(市場)에서 양과(良果)로 취급되었으며, 토산품(土産品)으로는 천진산(天津産) 백리(白梨)가 으뜸으로 꼽혔다 한다.

산동성(山東省) 내양현산(來陽縣産) 내리(來梨)도 알아주는 배라고 문헌에는 적혀 있다.

그 뒤로 만주 지방 및 몽고 지방 등에서 겨울에 흑색의 변종이 나왔다고도 한다. 이

열매

강고(梨薑膏)라 불리기도 하는 이 배는 신맛이 많이 나며, 양봉용으로 심고 술을 만들기도 했다 한다.

이러한 과정에서 지금의 맛 좋고 모양 좋은 배(梨)가 나왔으며 품종이 개량되고 있다.

나무의 높이는 15센티미터쯤 되며 어린 가지는 흑갈색이다. 나뭇잎은 넓고 둥근데 모양이 심장 아랫부분과 같고, 길이는 5~11센티미터이다.

잎의 가장자리에는 가늘고 예리한 톱니 같은 것이 나 있으며, 잎자루의 길이는 2~5센티미터 정도이다.

5월에 잎과 더불어 백설같이 흰 꽃이 모여 핀다.

10월에 익는 배는 모양이 둥글고 양쪽 끝이 오므라지며, 크기는 지름이 5~6센티미터 정도로 끝에 짧은 꽃받침이 남아 있으며 황록색으로 익는다.

과실은 당분이 많아 생으로 먹기에 알맞고 통조림·과실주로도 만들어진다.

꿀이 많아 양봉 농가에 큰 도움을 주며, 재목은 단단하고 매끄럽고 질겨서 염주·주판알·지팡이·가구 등의 가공용재로 많이 쓰인다.

과실은 한방 및 민간에서 통변·이뇨·강장·해열·풍열·금창 등에 다른 약재와 함께 처방하여 쓴다.

배나무가 잘 자라는 토질은 화강암계·화강편마암계·편상화강암계·현무암계·반암계·경상계 등이며, 인가 부근의 비옥

밭

한 텃밭 등에서 특히 잘 자란다.

번식 방법에는 종자재배법·종내잡종법·접목법·분주삽목법(分株揷木法) 등이 있지만, 대부분 분주삽목법이 이용되고 있다.

서울 근교에도 배나무밭이 많이 있었는데, 수십 년 전에는 지금의 강남구 압구정동 부근에 배밭이 있었으며, 태능의 불암산 입구 등에는 아직까지 먹골배, 혹은 먹꿀배가 남아 있다.

어떤 이야기가 숨어 있을까?

촉촉이 내리는 봄비를 맞고 고개를 푹 숙인 채 청아하게 핀 배꽃은 무엇인가 근심을 품고 생각하는 애틋한 연민의 여인 같기도 하다.

당나라 현종(713~756)은 음률과 가곡에 능란하였고, 또 이를 즐겨서 배밭(梨園)에서 제자 3백 명을 모아 가르쳤는데, 그 제자들을 배밭 제자라고 하였다 한다.

까마귀 날자 배 떨어진다는 오비이락(烏飛梨落)이란 말도 있다.

분포도

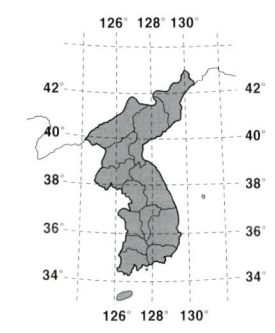

식물명	참배
과 명	장미과 (Rosaceae)
학 명	*Pyrus ussuriensis* var. *macrostipes* T.B.Lee
속 명	참배나무·이화·배·이목·문전배
분포지	중부·북부 지방
개화기	5월
결실기	10월
높 이	15미터
용 도	식용·관상용·밀원용·공업용·약용
생육상	낙엽 교목(갈잎 큰키나무)
꽃 말	위로

능금

우리나라의 중부·북부의 산지와 만주 지방에서 잘 자라는 낙엽 교목(갈잎 큰키나무)이다.

원래 임금나무(林檎木)·능금나무·홍화(紅花)·야평과목(野苹果木)·평과목(苹果木)·내금(來檎)·향과(香果)·사과(沙果)·조선림금(朝鮮林檎)·능금나무 등으로 불렸으며, 중국 등지에서는 임금(林擒)이라고 부른다.

옛 문헌에는 산에서 자라는 재래종(在來種)은 꽃의 화분(花粉)이 붉은 색이었다는 기록이 보인다. 홍화(紅花)란 이름은 여기에서 따온 듯하다.

홍화는 우리나라의 기후(氣候)와 풍토(風土)에 잘 견뎌서인지 무척 흔한 편이다. 우량 품종과 교배시킨 개량종도 많다. 이 개량종은 대구(大邱)·밀양(密陽)·삼랑진(三浪津)·중부 지방 등에서 많이 재배하여 과수 농가의 수입원이 되기도 한다.

우리나라에는 1900년경 유럽·미국 등지에서 개량한 품종을 들여왔다. 이 개량종은 과일이 굵고 맛도 좋은 품종으로 홍화 개량종과 함께 재배되고 있다.

능금은 높이 10미터 가량 자라며 어린 가지에 털이 많이 나 있다. 잎은 타원형이고, 잎 표면에도 잔털이 있으나 점차 없어지며, 가장자리에 가는 톱니가 나 있다. 잎자루는 길이 1~4센티미터쯤이며 털이 나 있다.

5월에 연한 홍색의 꽃이 새로 나온 잎과 같이 피어 새색시 마음을 부풀게 한다. 꽃받침통에 털이 나 있고 꽃받침잎은 뒤로 젖혀진다.

수술은 한 개이고, 암술대는 다섯 개인데 밑부분이 합쳐져 있으며 털이 나 있다.

열매는 7~10월에 익어 우리들의 입맛을 돋우는데, 과일의 크기는 지름이 4~4.5센티미터쯤 되고 꽃받침잎의 가운데 부분이 혹처럼 부풀어 볼록 나와 있다.

열매는 황홍색(黃紅色)이 돌며 겉이 흰분 같은 것이 덮여 있다.

능금은 식용·관상용·공업용·약용 등으로 쓰인다.

과실은 단맛과 신맛이 알맞게 어우러져 생으로 먹어도 맛이 좋고 잼이나 주스를 만들어 먹기도 한다. 제과로도 만들며 정원에 관상용으로도 많이 심는다.

능금은 방향성(芳香性)나무이므로 향료만 뽑아 화장품의 원료로 쓰기도 한다. 한방 및 민간에서는 임금(林檎)이라 하여 강장·청혈·진해·이뇨 등에 다른 약재와 함께 처방하여 약으로 쓴다.

재목은 단단하고 아름다운 광택을 지니고 있어 조각용으로 인기가 높다. 능금이 잘 자라는 토질은 화강암계·화강편마암계·변성퇴적암계·경상계 등이며 번식법은 종내육종법·종자번식법·접목법 등이 있으나 주로 접목법에 의하여 많이 번식된다.

흔히 능금을 사과(沙果)와 같은 것으로 여기기 쉽지만 사과와는 다르다.

사과나무는 키가 10미터 정도로 능금과 거의 같으나 작은 가지에 동아(冬芽)가 있고 이와 더불어 처음에는 털이 나며 자줏빛이 돈다. 잎의 모양도 비슷하지만 길이는 7~12센티미터 정도이다.

잎 가장자리에 얇고 둔한 톱니가 있으며 어린 잎은 가는털로 덮여 있다가 곧 없어진다. 잎 표면은 짙은 녹색이고 잎자루의 길이는 2~3센티미터 정도이며 털이 있다.

꽃은 4~5월에 흰 꽃이 피며 지름은 4센티미터 정도이다. 다섯 내지 일곱 개가 한곳에 모여서 피는데 꽃자루의 길이는 2~3센티미터 정도이며 털이 나 있다.

꽃받침잎은 다섯 개로 뒤로 약간 젖혀져 있으며 연한 붉은빛이 돈다. 암술대에 털이 있으며 열매는 둥글고 지름은 3~10

능금 열매　　　　　　　　　　　　　사과 열매

센티미터 정도로 양쪽 끝이 들어가 있다.

　과일 껍질의 색깔은 노란색 바탕에 붉은 빛이 돌고 8~9월에 익는다. 여러 종류의 재배종이 있는데 종류에 따라 꽃이 피는 시기와 열매가 익는 시기가 다르다.

　열매의 모양도 둥근 원형, 약간 긴 모양, 둥글넓적한 것 등 여러 가지이다. 열매의 빛깔도 청색·노란색·붉은색 등 다양한데 가을과일 중에서 으뜸으로 치고 있다.

　현재는 저장 기술의 발달로 사시사철 모든 품종의 맛을 즐길 수 있게 되었다. 그 가운데 홍옥과 국광을 제일로 치는데 이들은 모두 붉은색으로 익어 맑고 푸른 우리나라의 가을 하늘과 어우러져 한 폭의 그림을 연상시키기도 한다.

　봄에 피는 꽃도 아름답지만 가을에 주렁주렁 열리는 과실도 운치가 있어 그림의 소재로 많이 애용되고 있다.

　대구(大邱)는 우리나라 능금 재배의 개척지나 다름없는 곳으로 그 어느 곳보다도 많은 능금을 생산하고 있다. 거창, 함양이 새로운 산지로 이름나 있으며, 특히 맛이 좋기로 유명하다.

어떤 이야기가 숨어 있을까?

어느 날 헤라클레스가 좁은 들길을 걷다가 길에 떨어진 능금을 밟았다.

　그런데 그 능금은 헤라클레스가 밟았는데도 부서지기는커녕 오히려 원래 크기에서 두 배나 커졌다.

　헤라클레스는 호기심이 생겨 능금을 다시 밟아 보았다. 그러자 능금은 다시 그 두 갑절로 커지는 것이었다.

　헤라클레스는 그만 화가 치밀었다. 그래서 이번에는 가지고 있던 지팡이로 힘껏 내리쳤다. 그러나 능금은 점점 커질 뿐이었다.

　헤라클레스가 지팡이를 내리치면 칠수록 능금은 점점 더 커지더니 나중에는 아예 길을 막을 정도로 커졌다.

　그때 지혜의 여신(女神) 미네르바가 나타나 충고하였다.

　"이 능금은 싸움의 능금입니다. 섣불리 손을 대면 점점 커질 뿐이니 그대로 놓아두는 것이 좋을 것입니다."

　이 이야기는 쓸데없는 일로 힘자랑을 하거나 짜증을 부리지 말라는 교훈을 주고 있다.

다음에 김춘수(金春洙)의 능금이란 시를 옮겨 본다.

그는 그리움에 산다.
그리움은 익어서
스스로도 견디기 어려운
빛깔이 되고 향기가 된다
그리움은 마침내
스스로의 무게로
떨어져 온다.
떨어져 와서 우리들 손바닥에
눈부신 祝祭의
비할 바 없이 그윽한
餘韻을 새긴다.

이미 가 버린 그날과
아직 오지 않은 그날에 머물은
이 아쉬운 자리에는
時時刻刻 그의 充實만이
익어간다.
보라
높고 맑은 곳에서
가을이 그에게
한결같은 愛撫의
눈짓을 보낸다.

놓칠 듯 놓칠 듯 숨가쁘게
그의 꽃다운 微笑를 따라가며는
歲月도 알 수 없는 거기
푸르게만 고인
깊고 넓은 感情의 바다가 있다.
우리들 두 눈에
그득히 물결치는
시작도 끝도 없는
바다가 있다.

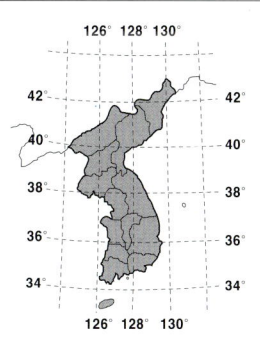

분포도

식물명	능금(林檎)
과 명	장미과(Rosaceae)
학 명	*Malus asiatica* Nakai
생약명	임금(林檎)
속 명	능금나무 · 임금 · 야평과목 · 향과 · 평과목
분포지	중부 · 북부 지방
개화기	5월
결실기	8~10월
높 이	10미터
용 도	관상용 · 식용 · 공업용 · 약용
생육상	낙엽 교목(갈잎 큰키나무)
꽃 말	유감

조팝나무

 전국의 산과 들, 특히 낮은 산이나 산골 지방의 논둑 및 밭둑 등지에서 많이 자라는 장미과의 낙엽 관목(갈잎 좀나무)이다.

 원래는 수절국(綉絨菊)·조팝, 한방 약명은 목상산(木常山) 등으로 불리는 나무이다. 높이 1.5~2미터 정도 자라며 줄기의 색깔은 밤색이고 약간의 윤기도 난다.

 나뭇잎은 어긋난 상태로 타원형인데 잎 가장자리가 잔 톱니 모양이며 잎 양면에 털은 없다.

 줄기 윗부분에 달린 측아(側芽)는 모두 꽃으로 피어 4~5월에 줄기 윗부분의 짧은 가지에서 네 개 또는 여섯 개의 꽃이 달린 우산형의 화서가 나온다. 소화경(小花梗, 작은 꽃대)은 길이 1.5센티미터 정도가 나오며 털은 없다.

꽃받침잎은 다섯 장이며 아래쪽에는 가는 선모가 있고, 꽃잎은 흰색으로 다섯 장이며 타원형이다.

　암술대는 수술대보다 짧으며 씨앗에는 털이 없고 9월에 여문다.

꽃은 흰색으로 꽃잎이 겹으로 되어 있는 기본종(基本種)은 일본산으로 관상용으로 많이 심고 있다.

이 조팝나무는 꽃이 핀 모양이 튀긴 좁쌀을 나뭇가지에 붙인 것처럼 보이기 때문에 조팝나무 혹은 조밥나무라고도 부른다.

식용·관상용·밀원용·약용으로 쓰이며 어린순은 나물로도 먹는다. 최근에는 흔히 관상용으로 화단이나 공원 혹은 고속도로변 등지에 많이 심고 있다.

이 꽃은 꿀이 많아 봄에 꿀을 치는 양봉 농가에 큰 도움을 주기도 하며, 한방 및 민간에서는 줄기와 뿌리를 약으로 쓰기도 한다.

꽃에는 향기가 있어 꽃이 필 때면 가지를 잘라서 꽃꽂이에 많이 쓴다.

이 나무와 거의 비슷한 종으로는 넓은잎산조팝나무가 있다. 조팝나무는 원래 짧은잎조팝나무라고 불리기도 한다.

이 나무가 잘 자라는 토질은 화강암계·경상계·반암계 등이며, 번식은 생태육종법·삽목법 등에 의해 이루어지며 종자 번식은 연구 중에 있다. 대개는 삽목법이나 분주법에 의하여 번식이 된다.

이른 봄, 우리나라의 낮은 산지에서 흔히 볼 수 있으며 강원도의 깊은 산간 지역에서도 볼 수 있다. 대개는 군락을 이루어 자생하고 있으며, 꽃이 활짝 핀 모습을 멀리서 보면 하얀 가지들이 위로 뻗으려는 것처럼 보인다.

남부 지방 등에서는 3월 하순이면 꽃이 피기 시작하지만 북쪽 지방으로 올라갈수록 조금 늦어져 강원 산간의 높은 지대에서는 5월에 그 청아하고 아름다운 꽃망울을 터트린다.

이 꽃은 가까이 보면 무수히 많은 작은 흰 꽃들이 가지를 덮고 있지만 멀리서 보면 마치 흰 구름덩이로 보인다.

4월에 이 꽃을 많이 볼 수 있는 곳은 대둔산의 낮은 지역과 덕유산·지리산 등지이며, 5월에는 치악산·용문산·경기도 각 지방의 산과 강원 산간의 평창 지방 등지에서도 많이 볼 수 있는데 진달래·개나리와 더불어 봄의 색깔을 더욱 아름답게 느낄 수 있다. 우리나라 각지의 산과 들에는 많은 종의 조팝나무가 있다.

북부 지방의 산간 바위틈에서 꽃을 피우는 둥근잎조팝나무는 3미터 정도까지 자라며 8월에 꽃이 핀다.

중부 평야 및 흑산도에서 자라는 떡잎조팝나무는 높이 3미터 정도까지 자라

꽃

고 8월에 꽃이 핀다.

중부 지방 및 북부 지방의 산간에서 피는 당조팝나무는 8월에 꽃이 피며 3미터 정도 자란다.

중부 지방과 북부 지방의 산에서 자라는 참조팝나무와 왕조팝나무는 5~6월에 꽃이 피며 3미터 정도 자란다.

중부 지방의 산 능선에서는 털조팝나무가 5월에 꽃을 피우며, 북부 지방의 백두산 능선에서는 긴잎조팝나무가 4월에 꽃을 피운다.

4월에는 전국의 산에서는 높이 1.5미터 정도 되는 좀조팝나무가 꽃을 피우며, 중부 지방과 북부 지방의 산에서는 바위조팝나무가 꽃을 피운다.

중부 지방의 평지나 산에서는 4월에 남해조팝나무가 꽃을 피우며, 중부 지방의 평야와 산간 북부 지방의 산간 및 울릉도의 산간 바위에서는 산조팝나무가 꽃을 피운다.

같은 4월에 북부 지방의 산바위 틈에서 긴잎조팝나무가 꽃을 피운다.

중부 지방 및 북부 지방의 산간에서, 또는 산지의 양지쪽에서는 초평조팝나무가 5월에 꽃을 피우며 3미터 정도 자란다.

중부 지방의 산간 및 평야나 북부 지방의 산간 계곡 낮은 지대 및 초원 등지에서는 꼬리조팝이 2미터 정도까지 자라며, 8월부터 꽃을 피운다. 꽃은 연한 분홍색으로 여러 개가 한데 모여 꽃방망이같은 모양을 이루며 피는데 꽃이 매우 아름답기 때문에 관상용으로 많이 심고 있다. 흔히 낮은 지역의 산이나 계곡, 초원 등지에서도 여름에 흔히 볼 수 있으며, 벌과 나비가 항상 찾아드는 꽃이다.

북부 지방의 깊은 계곡 등지에는 4월부터 덤불조팝나무의 연한 홍색 꽃이 핀다. 이 꽃은 대단히 아름답다.

중부 지방과 북부 지방의 산에서는 4월에 갈퀴조팝나무가 꽃을 피우며 중부 지방 및 북부 지방의 깊은 산 숲 속에서는 8월에 인가목조팝나무가 매우 아름답게 꽃을 피운다.

중부 지방의 평택 부근과 산간에서는 털인가목조팝나무와 일본조팝나무가 7~9월에 꽃을 피운다.

그 외에도 원예종으로 공조팝 · 능수조 팝 · 꽃조팝나무가 있으며, 산조팝나무 같은 경우는 꽃의 모양이 마치 공을 반으로 자른 듯한데 여러 개가 한데 모여 가지마다 매우 아름답게 핀다.

당조팝 · 바위조팝나무 등도 비슷하다.

이 조팝나무들은 4월부터 8월 하순 혹은 9월까지 각 지방의 산과 들에서 꽃을 많이 피운다. 대개는 중부 지방에 많이 분포되어 있으며 그 다음으로는 북부 지방에 많이 분포되어 있고 남쪽으로 갈수록 적은 편이다. 이것으로 미루어 볼 때 이 나무는 서늘한 곳을 좋아한다는 것을 알 수 있다. 꿀이 많아서 양봉 농가 및 자연봉(自然蜂) 농가에 많은 도움을 주고 있다.

한여름, 뜨거운 태양의 열기를 피하려고 사람들은 산과 바다로 나간다. 이즈음에 그 화려한 꽃망울을 터트리는 초원(草原)의 조팝나무는 사람들의 경탄을 자아내기에 충분하다. 붉은빛 꽃무리를 가만히 들여다보면 수백 개의 꽃들이 한데 엉겨 꽃송이를 이루고 있음을 알 수 있다.

꽃잎은 잘 보이지 않지만 실오라기 같은 꽃술이 밖으로 삐죽 나와 매우 특이한 모양을 하고 있는 꽃이다.

그런데 이와는 달리 5~6월에 강원도의 깊은 산간에서 피는 덤불조팝나무의 꽃은 같은 연한 홍색이지만 수백 개의 꽃이 모여 쟁반 같은 모양을 이룬다. 이 꽃은 정돈이 잘 되어 있으며 꽃술이 역시 위로 솟아 있어 잘 보인다.

이 꽃에도 온갖 나비와 벌들이 꽃을 뒤덮을 정도로 많이 찾아든다.

꽃의 모양은 거의 비슷하지만 꽃자루 모양이 다르므로 꽃이 핀 모양도 모두 다르다. 그리고 나뭇잎이나 분포지, 꽃이 피는 시기 등도 모두 다르다.

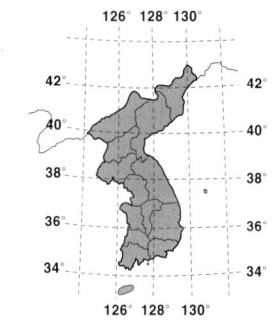

분포도

식물명	조팝나무(繡線菊)
과 명	장미과(Rosaceae)
학 명	*Spiraea prunifolia* for. *simpliciflora* Nakai
생약명	목상산(木常山)
속 명	조밥나무 · 수절국 · 조팝
분포지	전국의 산과 들
개화기	4~5월
결실기	7월
높 이	1~2미터
용 도	식용 · 관상용 · 약용 · 밀원용
생육상	낙엽관목(갈잎 좀나무)

솜양지꽃

전국의 들이나 길가 구릉지의 양지 쪽에서 이른 봄에 일찍 꽃을 피우는 장미과의 여러해살이풀이다.

원래는 번백초(翻白草)·계퇴근(鷄腿根)·계퇴자(鷄腿子)·번백위능채(翻白萎陵菜)·결리근(結梨根)·백두옹(白頭翁)·노아과(老雅瓜)·뽕구지·번백초·칠양지꽃 등으로 불리었다.

겨울에는 풀잎이 말라 죽고 뿌리만 남아 동면하고, 풀잎에 흰색의 가는 털이 많이 나 있으며 설백(雪白) 혹은 번백(翻白)이라 부르기도 했다 한다.

괴근(塊根) 뿌리는 껍질이 붉은빛을 띠고 있으며 소아(小兒)병에 약으로 쓰기도 하고 날로 먹기도 했다.

보식용(補食用)으로 먹기도 하였는데 이를 계퇴자(鷄腿子)라 하여 약으로 썼다고도 한다.

풀잎 표면은 털이 적은 편이나 줄기·잎자루·꽃대·꽃받침 등에는 털이 많이 나 있다.

뿌리는 몇 개로 갈라져서 굵어지며 원줄기의 높이는 15~40센티미터 정도로 옆으로 비스듬히 자란다. 뿌리에서 나온 잎(根生葉)은 여러 개이며 잎자루가 길고 길이는 8~20센티미터 정도로 아카시아 잎 모양이다. 잎은 어긋나고, 작은 잎은 긴 타원형이며 길이는 2~5센티미터 정도이다. 잎 표면에는 털이 거의 없으나 뒷면에는 털이 많이 나 있다.

잎 가장자리에는 가는 톱니가 나 있으며 3~8월까지 꽃이 핀다. 꽃은 지름이 1.2~1.5센티미터 정도로 밝은 노란색이고 가지 끝에 달린다.

꽃받침잎은 둥근 피침형으로 겉에 털이 있고 수술과 암술이 많다.

꽃잎은 다섯 장이며 5월부터 씨가 여문다.

이 풀이 잘 자라는 토질은 화강암계·화강편마암계·반암계·경상계 등이며, 번식은 종자재배법·분주법·종내잡종법·계통분리법 등에 의하여 이루어지지만 대개는 종자에 의하여 번식된다.

우리나라의 각 지방 산이나 들에는 수십 종의 양지꽃이 자라고 있다.

중부 지방의 산과 들의 습기가 많은 지역 또는 북부 지방의 습한 곳에는 물양지꽃(狼犽)이 자라며 7~8월에 노란색 꽃이 핀다.

돌양지꽃(바위양지꽃)은 중부 지방의 산과 들 및 북부 지방 산지의 바위에서 많이 자라며 6~7월에 꽃이 핀다.

참양지꽃은 전국 산지의 바위가 많은 곳에서 자라며, 7월에 꽃이 핀다. 울릉도의 산에는 섬양지꽃이 자라며 6~7월에 꽃이 핀다.

애기양지꽃은 중부 지방 및 북부 지방의 산에서 많이 자라며, 4월에 꽃이 핀다.

양지꽃은 전국의 산에서 많이 자라며 4월에 꽃이 핀다.

왕양지꽃은 중부 지방의 산과 들에서 많이 자라며 4월에 꽃이 핀다.

세잎양지꽃은 제주도 및 중부 지방의 산과 들에서 많이 자라고 있으며 4~5월에 꽃이 핀다.

우단양지꽃은 중부 지방의 산과 들에서 많이 자라고, 4~5월에 꽃이 핀다.

제주양지꽃은 제주도의 산과 들에서 많이 자라며, 9월에 꽃이 핀다.

좀양지꽃은 제주도 및 중부 지방의 높은 산 바위틈에서 자라며 7~8월에 꽃이 핀다.

은양지꽃은 북부 지방의 고산(高山)에서 7월에 꽃을 피운다. 멧은양지꽃은 북부 지방의 고산(高山)의 초원(草原)에서 7월에 꽃이 핀다.

누운양지꽃은 북부 지방의 바닷가에서 8월에 꽃이 핀다.

개양지꽃은 중부 지방의 산과 북부 지방의 산 낮은 지역에서 8월에 꽃이 핀다.

당양지꽃은 중부 지방의 산과 북부 지방의 산 바위 틈에서 6~7월에 꽃이 핀다.

민눈양지꽃은 제주도 및 중부 지방의 산과 들의 낮은 지역에서 5~6월에 꽃이 핀다.

이와 같은 양지꽃들은 꽃 색깔이 노란색이며 높이는 대개 15~30센티미터 정도로 비슷한 점이 많다.

양지꽃과 매우 닮은 딱지꽃이 있는데 이 꽃은 풀잎의 모양이 양지꽃과는 다르고 키도 훨씬 크다.

딱지꽃은 전국의 하천변이나 초원에서 높이 60센티미터쯤 자라며 6~7월에 노란색 꽃이 핀다.

털딱지꽃은 중부 지방 및 북부 지방의 하천가에서 7~8월에 꽃이 핀다.

갯딱지꽃은 7월에 중부 및 북부 지방의 해변가에서 꽃이 피며, 좀딱지꽃은 중부 지방의 산에 있다.

당딱지꽃은 중부 지방의 산간 냇가에서 7~8월에 꽃이 피며 푸른 딱지꽃은 북부 지방의 들에서 핀다.

끈끈이딱지꽃은 북부 지방의 산에서 7~8월에 꽃이 핀다. 이들 딱지꽃 종류는 모두 노란색이며 높이 30~60센티미터 정도까지 자란다.

풀잎은 뿌리에서 모여 나고 뿌리가 대단히 굵고 줄기와 잎자루, 풀잎 등에 흰색 털이 아주 많이 나 있다.

또한 이와 비슷한 종류로 쇠스랑개비라고 하는 풀이 있는데 양지꽃과 생김새가 비슷하다.

쇠스랑개비·가는잎쇠스랑개비·애기쇠스랑개비·개쇠스랑개비 등은 전국의 들과 밭의 습기가 있는 곳에 흔히 자라며 9월에 노란색 꽃이 핀다.

높이 50센티미터 정도까지 자라며 밑부분이 옆으로 비스듬히 누워서 자라다가 곧게 일어선다.

풀잎은 어긋나고 양끝이 좁으며 잎 가장

해 원줄기가 잘려 나가면 잘려진 부분에서 곧 뿌리가 나와 자라며 줄기가 끊겨 나가면 곧 새순이 나와서 늦게나마 다시 꽃을 피우고 씨를 맺는다.

일찍이 화초로서 채택되지도 못했고 지금까지도 산과 들에서 잡초로만 자라고 있지만, 이것을 화단이나 화분에 가지런히 심어 놓으면 봄부터 가을까지 계속 볼 수 있는 아름다운 꽃이 될 것이다.

자리에 톱니가 나 있다.

이들 쇠스랑개비 어린순을 나물로 먹기도 하는데 이것이 쇠스랑개비나물이다.

양지꽃류나 딱지꽃류·쇠스랑개비류는 꽃의 크기가 거의 비슷하여 일반인들은 구별하기가 대단히 어렵다. 더욱이 양지꽃이나 쇠스랑개비는 꽃의 색깔도 노란색이며 풀잎의 모양도 같다.

이들 양지꽃은 생명력이 대단히 강하다.

흙 한 줌 없는 높은 산의 바위 틈에서도 뿌리를 내려 혹한을 이겨내고 봄이면 어김없이 꽃을 피운다.

솜양지꽃은 이른 봄 산간의 눈이 채 녹지 않은 때부터, 누렇게 말라죽은 다른 풀잎들을 헤치고 연약한 꽃대를 올리고 노란 꽃을 피운다. 양지 바른 쪽에 노랗게 피어 있는 이들 꽃들은 마치 봄볕을 쬐고 있는 병아리떼들과 같아 귀엽기 짝이 없다. 그러나 길가에 피었다가 사람의 발길에 짓밟히거나 농가의 소먹이나 돼지먹이로 잘려 나가기 일쑤이다.

그래도 생명력과 재생력(再生力)이 강

분포도

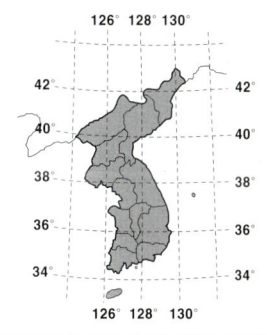

식물명	솜양지꽃(翻白草)
과 명	장미과(Rosaceae)
학 명	*Potentilla discolor* Bunge
생약명	번백초(翻白草)·계퇴자(鷄腿子)
속 명	양지꽃·칠양지꽃
분포지	전국의 들과 구릉지
개화기	3~4월
결실기	5월
높 이	15~30센티미터
용 도	식용·약용
생육상	여러해살이풀(多年生草本)

할미꽃

　우리나라 중부 지방의 들과 야산의 양지 바른 곳에서 잘 자라는 미나리아재비과의 여러해살이풀이다. 이 풀은 약간 건조하고 척박한 산의 양지쪽에서 잘 자란다.
　이른 봄 다른 풀잎이 아직 누렇게 죽어 있는 풀밭 사이에서 우리에게 봄 소식을 먼저 전해 주는 꽃이다.
　할미꽃을 바라보며 고향을 생각하지 않는 사람은 없을 것이다. "뒷동산의 할미꽃 호호백발 할미꽃 젊어서도 할미꽃 늙어서도 할미꽃" 하는 동요를 즐겨 부르던 우리의 마음속에 소박한 정서를 불러일으켜 주기 때문이다.

이 풀은 지방에 따라 이름을 제각기 다르게 불렀다.

원래 노고초(老姑草)라 불렸던 이 꽃은 후에 백두옹(白頭翁)·호왕사자(胡王使者) 등으로 불리기도 했다. 그리고 다시 이 꽃을 할미씨까비·조선백두옹(朝鮮白頭翁)·할미꽃·가는할미꽃·주리꽃 등으로 불렀는데 아시아 지역에서는 노고초(老姑草), 백두옹(白頭翁)등으로 부른다.

할미꽃의 종류로, 우리나라의 제주도 산지에서만 자라는 가는할미꽃, 북부 지방 산지 양지바른 쪽에서 자라는 분홍할미꽃, 북부 지방 고산지(高山地)와 백두산 등지에서만 자라는 산할미꽃이 있다.

할미꽃은 유독성 식물(有毒性植物)인데 특히 뿌리에 강한 독성이 있다.

우리나라 중부 지방의 낮은 산지와 양지바른 잔디밭, 또한 남쪽을 바라보고 있는 묘 등성이에서 흔히 자란다.

꽃잎 안쪽을 제외한 모든 곳에 흰색 털이 많이 나있는 게 특징이다.

뿌리는 비대한 편이며 곧게 땅 속으로 벋어 내린다. 색깔은 암갈색이다.

잎은 뿌리에서 모여서 나며 잎자루가 길고 날개 모양으로 갈라져 있다. 4~5월 흰털을 듬뿍 뒤집어 쓴 꽃대와 잎이 땅 속에서 나와 꽃대가 한쪽으로 기울어지며 꽃이 핀다. 한 꽃대에 한 송이씩 땅을 향하여 피는데 색깔은 검은 자주색이고 꽃잎의 뒷면은 희고 긴 털로 덮여 있다.

꽃잎은 여섯 장이며 꽃대 중간에 꽃받침잎이 달려 있다. 키는 약 40센티미터 정도까지 자란다. 꽃이 피고 나서 약 한 달 후면 꽃잎이 떨어진 자리에 암술의 날개가 긴 은발(銀髮)처럼 아래로 축 늘어진다.

며칠이 지나면 이 늘어뜨린 날개가 하얗게 부풀어 백발(白髮)의 할아버지가 머리칼을 풀어헤친 모양처럼 둥글게 부푼다. 이것이 할아버지의 흰 머리칼 같아서 할미꽃을 백두옹(白頭翁)이라 부르게 되었다고 한다.

다시 며칠이 지나면 이 날개들은 까만 씨앗을 하나씩 달고 바람에 멀리 날아가 양지바른 잔디밭에 떨어지게 된다. 그러면 곧 싹을 틔워 한 송이의 할미꽃을 만드는 것이다.

요즈음에는 관상용으로 정원의 뜰이나 화분에 심는 이가 많아졌는데 되도록 뿌리를 다치지 않도록 조심해서 심어야 한다.

5월에 하얗게 부푼 씨앗을 채집하여 화분에 심는 방법이 좋다. 비옥한 땅에 심거나 거름을 주면 꽃도 많이 피고 할미꽃의 뿌리도 더 잘 자란다.

분홍할미꽃

진통·지혈·소염·건위 등에 다른 약재와 함께 처방하여 쓴다.

옛날에 소독 약품이 귀할 때는 시골의 농가에서 이 할미꽃 뿌리를 재래식 변기 속에 집어 넣어 여름철에 벌레가 생기는 것을 예방했다고 한다. 그만큼 이 뿌리에는 강한 독성이 있다.

꽃과 꽃가루에도 독성이 있어 옛 어른들은 아이들에게 이 꽃을 만지지 못하도록 했다.

어떤 이야기가 숨어 있을까?

옛날 어느 산골 마을에 한 늙은 할머니가 두 손녀를 키우며 살고 있었다. 큰 손녀는 얼굴이나 자태는 예뻤지만 마음씨가 아주 고약했으며, 둘째 손녀는 비록 얼굴은 못생겼으나 마음씨는 비단결처럼 고왔다.

어느덧 두 손녀는 결혼할 나이가 되었다. 그래서 얼굴이 예쁜 큰 손녀는 가까운 이웃 마을 부잣집으로 시집을 갔다. 그러나 얼굴이 못생긴 둘째 손녀는 고개 너머 마을의 아주 가난한 집으로 시집을 가게 되었다.

둘째 손녀는 먼 데로 시집을 가게 되자 홀로 남게 된 할머니를 자기가 모시고 가겠다고 했다. 그러나 큰 손녀는 남의 눈도 있으니 가까이에 사는 자기가 할머니를 돌보겠노라고 말했다. 그러나 시집간 지 얼마 지나지도 않아, 큰 손녀는 홀로 계신 할머니를 소홀히 대하게 되었다.

마침내 할머니는 끼니조차 이을 수 없는 형편이 되었다. 그래도 가까이 살고 있는 큰 손녀는 모른 체 하며 지냈다.

할머니는 마음씨 고운 둘째 손녀가 그리웠다. 그래서 할머니는 둘째 손녀를 찾아 산 너머 마을을 향해 길을 떠났다. 그러나 식사도 제대로 하지 못한 할머니가 어떻게 그 높은 고개를 넘어 갈 수 있었으랴.

가파른 산길을 오르던 할머니는 기진맥진하여, 둘째 손녀가 살고 있는 마을이 가물가물 내려다 보이는 고갯마루에서 쓰러져 버렸다. 그러고는 말 한마디 못한 채 그 자리에서 세상을 떠나고 말았다.

뒤늦게야 이 사실을 알게 된 둘째 손녀는 허겁지겁 달려와서 할머니를 부둥켜안고 통곡했지만 돌아가신 할머니는 아무 말이 없었다. 둘째 손녀는 시집의 뒷동산 양지바

노랑할미꽃

씨 맺힌 할미꽃 군락

른 곳에 할머니를 묻고 늘 바라보며 슬퍼했다.

그런데 이듬해 봄이 되자 할머니의 무덤가에 이름 모를 풀 한 포기가 나왔다. 그 풀은 할머니의 허리 같이 땅으로 굽은 꽃을 피웠다.

둘째 손녀는 이때부터 할머니가 죽어 꽃이 되었다고 믿고, 이 꽃을 할미꽃이라 불렀다.

분포도

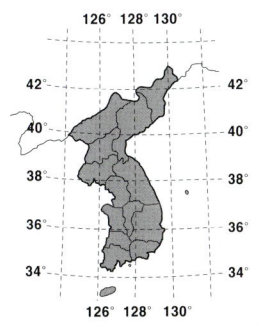

식물명	할미꽃(白頭翁)
과 명	미나리아재비과(Ranunculaceae)
학 명	*Pulsatilla koreana* Nakai ex Mori
생약명	백두옹(白頭翁)·노고초(老姑草)
속 명	할미씨까비·주리꽃·가는할미꽃
분포지	중부 지방의 산과 들
개화기	4~5월
결실기	5월
높 이	40센티미터
용 도	관상용·약용
생육상	여러해살이풀(多年生草本)
꽃 말	슬픔·추억

노루귀

　우리나라 각 지방의 산지 습기 많은 숲 속에서 흔히 자라며 꽃이 먼저 피는 미나리아재비과의 여러해살이풀이다.
　원래는 장이세신(獐耳細辛)·파설초(破雪草) 등으로 불렀다.
　꽃이 필 때면 줄기에 긴 흰 털이 많이 나 있는 것을 볼 수 있는데 그 모양이 노루의 귀와 비슷하다 하여 노루귀라고 불렀다고 한다.
　이 풀은 대개 햇볕이 없는 그늘진 숲 속 근처에 많이 자라며 뿌리와 줄기가 옆으로 비스듬히 누워 자란다. 뿌리에는 마디가 많으며 이 마디마다 잔뿌리가 사방으로 뻗어 있다. 풀잎은 모두 뿌리에서 모여 나며 긴 잎자루는 심장 모양으로 가장자리가 깊게 세 개로 갈라진다. 갈라진 잎은 달걀 모양이며 끝이 뭉뚝하고 뒷면에 솜털이 많이 나 있다. 풀잎은 이른 봄에 나온다.

3~4월에 꽃이 피며 풀잎이 나오기 전에 꽃대가 먼저 나오고 꽃은 지름 1.5센티미터 정도로 흰색이나 연한 분홍색이다.

꽃대의 길이는 6~12센티미터 정도이며 긴 털이 있고 그 끝에 한 개의 꽃이 하늘을 향하여 핀다. 꽃받침잎은 여섯 내지 여덟 개인데 긴 타원형으로 꽃잎같이 보이지만 꽃잎은 아니다. 수술과 암술이 많고 씨방에는 털이 나 있다. 8월에 종자가 여무는데 종자는 여러 개이고 털이 있다.

노루귀는 관상용·약용으로 쓰이는데 화단이나 화분에 관상용으로 심으면 좋은 화초가 된다. 민간에서 진통·충독·장치료 등에 다른 약재와 같이 처방하여 쓴다. 그러나 유독성 식물(有毒性植物)이라서 함부로 먹지 못한다.

이 풀이 잘 자라는 토질은 현무암계·화강암계·화강편마암계·변성퇴적암계 등이며 분주법·종자재배법·종간잡종법·생태육종법 등으로 번식이 되지만 주로 분주(分株, 포기나누기)로 번식된다.

우리나라에는 세 가지 종류의 노루귀가 자라고 있다.

전국의 숲 속 음지 특히 남쪽의 섬 지방에 많이 자라는 새끼노루귀는 높이 5~10센티미터까지 자라며 잎이 나오기 전 3~4월에 꽃이 피고 잎은 모두 뿌리에서 모여 난다. 잎은 짙은 녹색으로, 노루귀와 달리 흰색 얼룩 무늬가 있으며 양면에 털이 있다.

잎자루는 3.5~7센티미터 정도이며 털이 있고 심장 모양으로 길이는 1~2센티미터 정도이다. 가장자리가 세 개로 갈라지며 끝이 둥글거나 둔하다.

꽃은 길이 7센티미터 정도의 꽃대에서 하늘을 향해 한 송이가 피며 꽃대에 털이 있다.

왕노루귀(섬노루귀)는 울릉도의 숲 속에서 자라며 뿌리와 줄기는 옆으로 비스듬히 자라고 마디가 많으며 잔뿌리는 사방으로 퍼진다.

풀잎은 심장 모양으로 길이가 8센티미터 정도인데 모두 뿌리에서 모여 나고 사방으

섬노루귀

로 퍼진다. 풀잎 표면은 짙은 녹색으로 약간의 윤기가 나고 잎 가장자리에는 털이 있으며 세 개로 갈라진다. 잎은 계란처럼 둥근형이고 가장자리는 서로 겹치고 앞뒷면 모두 털이 있다. 잎자루는 길이 14~28센티미터 정도이며 긴 털이 나 있다.

3~4월에 꽃이 피는데 지름은 1.5센티미터 정도로 흰색이며 풀잎이 나오기 전에 꽃대가 먼저 나와 꽃이 핀다. 포엽은 세 개이고 계란 같은 긴 타원형이며 큰 것은 길이와 너비가 각각 3센티미터 정도로서 가장자리와 뒷면에 털이 있다. 꽃받침잎은 여섯 내지 여덟 개이며 긴 타원형인데 마치 꽃잎같이 보인다. 꽃잎은 없으며 많은 수술과 암술이 있다.

왕노루귀는 노루귀와 달리 포엽이 큰데 꽃받침잎보다 훨씬 큰 편이다.

이상 세 종류의 노루귀는 그들 나름대로 제각기 특징을 가지고 있으나 그 쓰이는 용도는 모두 비슷한 유독성 식물이다.

잎

이른 봄 남쪽에서부터 낮은 산 수림지 그늘진 곳에서 그 작은 꽃을 피운다. 꽃이 일찍 피고 아주 작아서, 매우 아름답지만 잘 알려지지 않은 꽃이기도 하다. 이른 봄 제비꽃, 현호색 등과 더불어 가랑잎 사이로 조그맣고 예쁜 꽃을 내밀고 방긋 웃는 듯하다.

특히 많이 나는 지역은 제주도 삼굼부리, 한라산 지역 및 전라남도 해남 두륜산·남

꽃

해금산·지리산·선운사지역·덕유산·가야산·대둔산·치악산·오대산·설악산 등지의 높고 낮은 산이다.

이른 봄, 얼음이 녹지 않은 추운 날씨에도 꽃을 피우는 노루귀는 야생화의 강인한 생명력을 과시하기라도 하듯 많은 곳에서 밤하늘의 은하수처럼 피어난다.

분포도

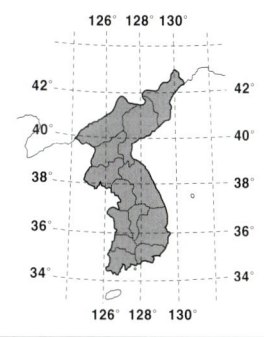

식물명	노루귀(獐耳細辛)
과 명	미나리아재비과(Ranunculaceae)
학 명	*Hepatica asiatica* Nakai
속 명	장이세신(獐耳細辛)
분포지	제주·중부 지방
개화기	3~5월
결실기	8월
높 이	10 센티미터
용 도	관상용·약용
생육상	여러해살이풀(多年生草本)

작약

작약은 모란과 함께 푸른 5월의 하늘 아래서 크고 화려한 꽃을 피워 보는 이로 하여금 황홀함을 느끼게 한다. 중국이 원산지라고 알려져 있는데 우리나라와 만주 지방 산지에 흩어져 자라던 것을 집안에서 재배하여 가꾸었다.

원래 작약(芍藥)·작약화(芍藥花)·함박꽃·홍약(紅藥)·적작(赤芍)·백작(白芍)·산적작(山赤芍)·작약근(芍藥根)·도지(刀枝) 등으로 표기하였으며 중국 등지에서도 같은 이름으로 불렀다.

작약과 모란(牡丹)은 닮은 점이 많지만 모란은 나무이고 작약은 풀이라는 점이 다르다. 즉, 모란은 다른 나무와 마찬가지로 줄기가 땅 위에서 자라서 겨울에도 죽지 않고 남아 있지만 작약은 겨울이 되면 땅 위의 줄기는 말라 죽고 뿌리만 살아남아 이듬해 봄에 뿌리에서 새싹이 돋아 나온다.

하지만 작약을 나무로 취급하는 경우도 있다.

모란과 작약의 또 하나 재미있는 점은 꽃이 피는 순서이다. 모란이 피었다 진 후에야 비로소 작약이 피기 때문이다.

작약은 높이 50~80센티미터 정도까지 자라며 뿌리가 굵다.

뿌리에서 나는 잎은 새의 날개 같은데 윗부분의 것은 세 개로 깊게 갈라진다. 잎 양면에 털이 없으며 윤기가 나고, 표면은 짙은 녹색으로 가장자리가 밋밋하다.

잎자루는 잎의 맥과 더불어 붉은색이 돌며 꽃대줄기도 붉은색이다.

5~6월에 꽃이 피는데 흰색·붉은색·담백색(淡白色)·담적색(淡赤色)·농홍색·흑홍색 등 여러 가지 색깔로 피며 꽃잎은 겹으로 피는 게 많다.

꽃은 줄기 끝에 한 개씩 피며 꽃받침잎은 다섯 개이다. 꽃받침잎의 가장자리는 밋밋

하며 녹색인데 꽃이 진 후에도 남아 있다.

꽃잎은 열 개 정도로 길이는 5센티미터 가량 되며 수술은 여러 개인데 노란색이다.

8월에 씨앗이 여물고 관상용, 또는 약용으로 약초 농가에서 재배한다.

작약의 뿌리를 작약근(芍藥根)이라 하여 한방 및 민간에서 약재로 쓴다.

작약의 종류에는 호작약·참작약·적작약·백작약 등 여러 가지가 있는데 잎 뒷면의 맥(脈) 위에 털이 나 있는 것을 호작약이라고 하며 자방(子房)에 털이 밀생해 있는 것을 참작약이라고 한다.

백작약(白灼藥)은 높이 40~50센티미터쯤 자라며 밑부분이 비늘 같은 잎으로 싸여 있다. 뿌리는 육질(肉質)이고 마디가 있으며 굵은 것이 특징이다. 이 뿌리는 보혈·진정·부인과·외과의 약재로 쓰인다.

백작약의 잎은 잎자루가 길고 세 개씩 두

새싹

번 갈라지고 작은 잎은 타원형이며 양끝이 좁고 길이는 5~12센티미터쯤 된다. 가장자리는 밋밋하고 뒷면은 흰빛이 도는데 털이 없다. 꽃은 흰색으로 6월에 피며 지름이 4~5센티미터 정도이며 줄기 끝에 한 개씩 달린다.

꽃받침잎은 세 개이며 달걀형이고 크기가 서로 다르다. 꽃잎은 다섯 내지 일곱 개이며 수술은 많다. 자방(子房)은 세 개 내지 네 개이고 암술대는 뒤로 젖혀져 있고 10월에 씨앗이 흑색으로 여문다.

적작약은 방추형의 뿌리를 갖고 있으며, 절단면은 적색을 띤다. 줄기의 높이는 90센티미터 정도이며 초여름에 흰 꽃이 가지 끝에 하나씩 핀다.

잎 뒷면에 털이 있는 것을 털백작약이라 하며, 잎 뒷면에 털이 있고 암술대가 길게 자라서 뒤로 말려 있으며 꽃이 붉은색인 것을 산작약이라고 한다.

그 밖에 잎 뒷면에 털이 없는 민산작약이 있으며, 중부 산지에서 자라는 흰산작약, 북부 산지에서 자라는 청진작약 등이 있다.

이 작약들은 모두 부인병·복통·진경·두통·해열·지혈·대하증·진통·각혈·하리·이뇨 등에 다른 약재와 같이 처방하여 약으로 쓰인다. 하지만 작약은 유독성 식물(有毒性植物)이므로 함부로 먹어서는 안 된다.

작약이 잘 자라는 토질은 화강편마암계·대동계·반암계·변성퇴적암계 등이며 번식법으로는 종내육종법·종자재배법·분주법·종묘법 등이 있는데 주로 분주법에 의하여 많이 번식된다.

어떤 이야기가 숨어 있을까?
작약에는 슬픈 사연이 있다.

옛날 파에온이라는 공주가 사랑하는 왕자를 먼 나라의 싸움터에 보내고 혼자서 살고 있었다.

공주는 이제나저제나 하고 왕자가 돌아오기만 기다리며 살았다. 그러나 왕자는 좀처럼 돌아오지 않았다.

약재

그로부터 수많은 세월이 지난 어느 날이었다. 눈먼 악사 한 사람이 대문 앞에서 노래를 불렀다.

공주는 그 노랫소리가 하도 구슬퍼 귀를 기울여 자세히 듣다가 깜짝 놀라고 말았다. 그 노래는 왕자가 공주를 그리워하다가 마침내 죽었다는 사연이었기 때문이다. 왕자는 죽어서 모란꽃이 되어 머나먼 이국 땅에서 살고 있다는 것이었다.

공주의 슬픔은 이루 헤아릴 수 없이 컸다. 공주는 굳게 마음먹고 악사의 노래 속에서 가리키는 대로 머나먼 이국땅을 찾아가 모란꽃으로 변해 버린 왕자 곁에서 열심히 기도를 드렸다. 사랑하는 왕자의 곁을 떠나지 않게 해달라고.

공주의 정성은 마침내 하늘을 감동시켰다. 그리하여 공주는 함박꽃(작약꽃)으로 변하여 왕자의 화신인 모란꽃과 나란히 같이 지내게 되었다는 이야기다.

모란이 피고 나면 으레 작약이 따라 피는데 전설을 생각해 보면 일리가 있는 듯도 하다. 또 일설에 의하면 모란꽃과 작약꽃의 학명 중 속명이 같은 이유는 여기서 비롯된 것이라고 한다.

모란이 남성적이라면 작약은 여성적인 꽃이라 할 수 있다.

분포도

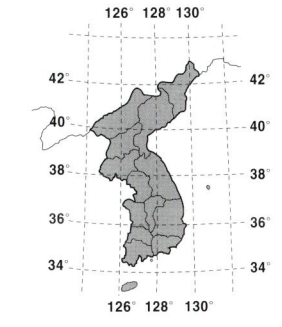

식물명	작약(芍藥)
과 명	작약과(Paeoniaceae)
학 명	*Paeonia lactiflora* Pall.
생약명	작약(芍藥)
속 명	함박꽃
분포지	전국
개화기	5~6월
결실기	10월
높 이	50~80센티미터
용 도	관상용 · 약용
생육상	여러해살이풀(多年生草本)
꽃 말	부끄러움

모란

원래 중국에서 자라던 것이었으나 우리나라에서도 어디서나 잘 자란다.

중국 당(唐)나라 시절에는 궁중(宮中)에서나 높은 벼슬을 하던 사람들만 이를 심고 감상할 수 있었다고 하며 나중에 지나(支那), 고구려 등으로 퍼져 나갔다.

만주의 목단강(牧丹江) 부근이 원산지라는 설과 북간도(北間島) 서북(西北) 경계 지점의 목단령(牧丹嶺)에서 처음 자라기 시작하였다는 설이 있으며, 원산지가 북류(北流)의 송화강(松花江)이라는 설도 있다.

모란을 꽃 중의 왕(王)이라고 하기도 했고, 특히 지나인(支那人)들이 즐겨 심었다. 우리나라에서는 사찰이나 부잣집 정원에 많이 심다가 나중에는 분양(盆養)하여 널리 보급했다고 한다.

뿌리줄기의 껍질을 단피(丹皮)라 하여 약재(藥材)로 많이 썼는데 심은 지 3년 이상 되어야 질 좋은 뿌리를 얻을 수 있다. 또 외피(外皮, 줄기껍질)는 음지에 말려 월경불순·토혈 등에 쓰면 효험이 있다는 기록이 있다.

처음에는 목단(牧丹)·무단 등으로 부르다가 다시 모란·모란화(牡丹花)·모란꽃 등으로 불렀다.

지나(支那)에서는 무단·무단화·무단피 등으로 부른다.

중국의 수양제(605~616)가 처음으로 이 꽃을 세상에 전했다고 하며, 중국의 국화(國花)가 지금은 매화지만 그 이전에는 모란꽃이었다고 한다.

우리나라 각 지방에서 자라고 있는 모란은 200여 종이 있는데 그 가운데는 겨울에 꽃이 피는 겨울모란(寒牡丹)도 있다.

모란의 키는 180~200센티미터 정도이며 가지는 굵고 털이 없다. 세 개의 잎으로 되어 있으며 각각 세 개 내지 다섯 개로 갈라지고 잎 표면에는 털이 없으나 뒷면에는 잔털이 나 있다.

늦은 봄 5월에 새로 나온 가지 끝에서 꽃이 피기 시작하여 초여름까지 핀다.

꽃은 매우 크고 아름답다. 꽃의 지름은 15센티미터가 넘으며 꽃잎은 안쪽으로 약간 휘어져 있다.

꽃받침잎은 다섯 개이고 꽃잎은 여덟 개 이상인데 크기와 모양이 서로 다르며 꽃잎의 가장자리에 불규칙한 톱니가 나 있다. 수술은 많고, 암술은 두 개 내지 여섯 개이며 털이 있다.

꽃의 색깔은 흰색·붉은색·담홍색(淡紅色)·자색(紫色) 등인데 간혹 노란색도 볼 수 있다.

9~10월에 둥근 씨앗이 맺히는데 색깔은 까맣다.

관상용으로 정원이나 화단 등에 심고 꽃꽂이용으로도 인기가 높다.

뿌리껍질을 목단피(牡丹皮)라 하여 민간 및 한방에서 지혈·창종·대하증·진통·각혈·하리·이뇨·진경(鎭經)·부인병·두통·복통·소염·정혈 등에 다른 약재와 같이 처방하여 약으로 쓴다.

흰꽃모란

모란이 잘 자라는 토질은 현무암계·화강암계·화강편마암계·변성퇴적암계 등인데 비옥한 토양이면 어디서든 잘 자란다.

번식법에는 종내육종법·종자재배법·분주법·종묘법 등이 있는데 주로 분주법에 의하여 많이 번식된다.

예로부터 꽃 중의 왕이라고 칭할 만큼 모란꽃은 웅장하고 화려하다. 또한 은은한 운치가 있으며 귀인의 상을 지니고 있어 뭇사람들의 사랑을 받았다.

당나라 고종(650~683)이 나라를 다스리던 때에는 모란가꾸기가 크게 유행했다.

그 당시 천하의 부호로 유명한 장자공(張滋功)이란 사람이 있었다.

그는 무엇인가 온 천하를 깜짝 놀라게 할 수 있는 큰 잔치를 벌이기로 했다. 그는 묘수를 짜낸 다음 많은 사람들에게 초대장을 보냈다.

드디어 초대를 받은 사람들이 장자공의 집으로 몰려들었다. 그런데 어찌된 영문인지 연회장에는 주인도 없을 뿐 아니라 아무런 준비도 되어 있지 않았다.

사람들이 영문을 몰라 의아해하고 있을 때 발(주렴)이 오르더니 그윽한 향기가 연회석을 가득 메웠다. 이어 아름다운 여인들이 술과 안주를 가지고 나타났다.

모든 여인들은 목걸이며 귀걸이며 옷 할 것 없이 모두 흰색의 모란꽃으로 치장하고 있었는데 모란의 요정이라도 되는 것처럼 아름다웠다.

멋진 음악이 흐르는 가운데 여인들이 술시중을 들었다. 사람들이 흥겨워하고 있는데 한차례의 잔치가 끝났다.

다시 발이 내려졌다가 올랐을 때 여인들의 치장은 모두 바뀌어 있었다.

흰색 모란을 비녀로 꽂은 여인, 자줏빛 모란으로 옷을 해 입은 여인 등 온통 각양 각색의 모란꽃으로 치장을 하고 있었는데 부르는 노래도 모두 모란에 대한 노래였다.

이에 초대된 사람들은 한결같이 과연 천하의 부호로 그 취미와 범절이 대단하다고 탄복하였다.

어떤 이야기가 숨어 있을까?

옛날에 중국에서 모란의 모종을 사들여 온

새순

꽃

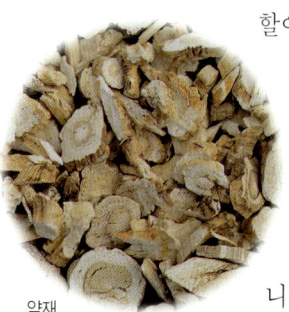
약재

할아버지가 꽃의 그림을 어린 손자에게 보였다. 손자는 그 그림을 유심히 들여다보더니 탄식하였다.

"꽃이 곱기는 하지만 향기가 없는 것이 흠이군요."

할아버지가 고개를 갸웃하며 그 이유를 묻자 손자는 서슴지 않고 대답했다.

"탐화봉접(探花蜂蝶)이라 했습니다. 즉, 꽃에는 으레 벌과 나비가 따르기 마련인데 이 그림에는 벌과 나비가 그려져 있지 않으니 향기가 없는 것을 알 수 있습니다."

할아버지는 이런 손자의 기지에 탄복하며 모종을 심고 꽃이 피기를 기다렸더니 과연 향기가 없었다.

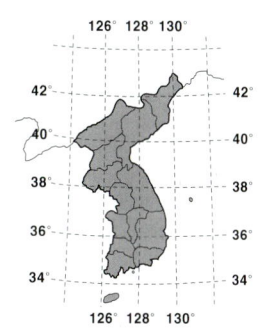

분포도

열매

식물명	모란(牡丹)
과 명	작약과(Paeoniaceae)
학 명	*Paeonia suffruticosa* Andr.
생약명	목단피(牧丹皮), 단피(丹皮)
속 명	목단 · 모란꽃 · 목단꽃 · 무단 · 무단화
분포지	전국
개화기	5~6월
결실기	9~10월
높 이	1.8~2미터
용 도	관상용 · 약용
생육상	낙엽 관목(갈잎 좀나무)
꽃 말	부귀(富貴) · 장려(壯麗)

보춘화

전국의 숲 속 그늘진 곳에서 많이 자라는 난초과의 늘푸른 여러해살이풀이다.

이름도 여러 가지여서 춘란(春蘭)·녹란(綠蘭)·초란(草蘭)·이월화(二月花)·산란(山蘭)·난화(蘭花)·한란(寒蘭) 등으로 부른다.

우리나라에도 여러 종류의 야생 난초가 있는데 보통 난초과의 식물들을 통틀어 난초라고 일컫는다.

춘란(春蘭)·한란(寒蘭)·풍란(風蘭)·나도풍란·석곡(石斛) 등으로 나누며 외국에서 들여온 종류에는 동양란(東洋蘭)과 서양란(西洋蘭)이 있다.

보춘화라고 하는 춘란은 우리나라 전국에 걸쳐 잘 자라지만 주로 중부·남부 지방에 널리 분포한다. 특히 서해안 지방에서 더 잘 자라는 것으로 알려져 있다.

난초 잎은 추운 겨울 눈 속에서도 날렵하고 푸르다. 겨울이 지나고 이른 봄인 2월 경부터 뿌리에서 꽃대가 나와 꽃이 핀다.

전체 높이는 약 21~25센티미터 정도까지 자라며 땅속뿌리는 대단히 굵고 길게 발달해 있다. 식물도감에는 4~5월에 꽃이 핀다고 기록되어 있지만 실제로는 2월부터 남쪽 전남·해남 지방 및 완도 지방 등지를 중심으로 꽃이 핀다. 북쪽으로 올라오면서 전라북도 내장산이나 고창 지방의 산야에서도 꽃을 볼 수 있으며 충청 지방에서도 늦어도 5월쯤이면 꽃을 볼 수 있다.

봄에 꽃대가 올라올 때는 얇은 비늘과 같이 희거나 투명한 막을 뒤집어쓰고 올라온다. 자라면서 곧 그 엷은 막이 터지는데 그 속에서 녹색의 꽃잎이 세 갈래로 나온다. 위로 한 개, 양 옆으로 두 개가 펴지며 가운데 부화관 사이에 암술과 수술이 달린다. 가운데 부화관 아래쪽에는 분홍색의 무늬가 약간 있다. 무늬가 없는 것도 더러 있다. 이것을 소심이라고 부르는데 아주 귀한 종류이다.

7월에 꽃이 피었던 자리에 타원형의 종자 열매가 열리는데 이듬해 봄에 그것이 벌어져 씨가 땅에 떨어진다.

난초는 관상용·약용·식용으로 두루 쓰인다. 화분에 심어 거실이나 방에 놓고 보기도 하며 뿌리와 줄기는 민간이나 한방에서 다른 약재와 처방하여 지혈제·이뇨제 등으로 쓴다.

봄에 꽃잎을 소금에 절여 두었다가 차(茶)를 끓여 마시기도 하는데 향기가 은은하여 옛 선인들이 즐겨 애용하였다.

난초가 잘 자라는 토질은 화강편마암계·편상화강암계·경상계·반암계·변성퇴적암계 등이며, 주로 분주법(分株法)으로 번식되지만, 생태육종법·종간잡종법·계통분리법 등으로도 번식된다.

꽃은 춘란(보춘화)과 같이 일경일화(一莖一花, 꽃대 하나에 꽃이 한 송이 피는 것)인 것과 일경다화(一莖多花, 꽃대 하나에 여러 송이의 꽃이 피는 것)가 있는데 앞에 말한 것을 난(蘭), 뒤에 말한 것을 혜(蕙)라 하여 구별한다.

일반적으로 묵화(墨畵)에 흔히 등장하는 것들은 다화형(多花型, 꽃이 여러 송이 달린 것)인 건란(建蘭)과 금릉변(金稜邊, 또는 일경

꽃봉오리

구화(一莖九花, 꽃대 하나에 아홉 송이의 꽃이 피는 것) 등이다.

이러한 여러 가지의 난초들은 꽃의 모양이나 색깔이 아름답고 향기가 좋아 사람을 매료시키기에 충분하다. 사람뿐 아니라 벌이나 나비 등 곤충들의 좋은 안식처가 되기도 한다.

열매

난초는 예로부터 문인(文人)·선비들의 사랑을 받아 오기도 했다.

난초류 중 석곡(石斛)은 꽃이 피기 전에 풀 전체를 잘 말려서 음위(陰痿)와 허한(虛汗)의 치료에 썼다 한다.

꽃의 모양도 여러 가지지만 꽃의 색깔도 가지각색이다. 흰색·녹색·노란색·자주색·붉은색 그 밖에 중간색도 많다.

외래종도 예외는 아니다. 그러나 우리나라 야생종에 비하여 꽃이 상당히 큰 편이다.

최근에는 난초를 개량하고 육종 배양하여 다량으로 재배·생산하고 있다. 따라서 개량종의 수가 상당히 많아 이름을 헤아릴 수가 없을 정도이다.

우리나라 남부 해안 섬 지방의 바위 틈에는 풍란(風蘭)이 많았다.

이 풍란이야말로 다른 것과 비교할 수도 없을 만큼 아름다우며 향기도 으뜸이다. 그러나 마구잡이 채취로 인해 이제는 찾아보기조차 어려울 지경이 되어 버렸다. 참으로 안타깝고 가슴 아픈 일이 아닐 수 없다.

제주도 한라산에는 춘란(春蘭)·한란(寒蘭)·금란(金蘭)·새우란·금새우란 등 여러 종류의 야생(野生) 난초가 이른 봄부터 여름까지 핀다.

제주 한라산의 난초와 더불어 내륙 지방의 산과 들에도 개불난초·보춘화·방울새란·타래난초·닭의난초·잠자리난초·옥잠난초·진해발난초·석곡 등이 이른 봄부터 여름 내내 아름다운 자태를 뽐낸다.

꽃

우리는 이 아름다운 자연을 길이 보존하여 자자손손 후대에 꼭 물려주어야 한다. 자연은 자연 그대로 있을 때 더 아름다우며 그 가치도 더 높지 않겠는가!

분포도

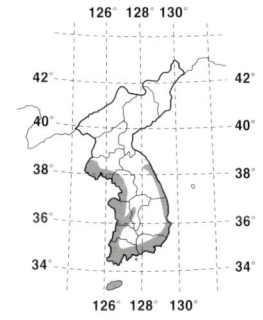

식물명	보춘화(報春花, 春蘭)
과 명	난초과(Orchidaceae)
학 명	*Cymbidium goeringii* Rchb.f.
속 명	녹란(綠蘭) · 초란(草蘭) · 이월화(二月花) · 산란(山蘭) · 난화(蘭花)
분포지	제주 · 남부 · 중부 지방
개화기	2~4월
결실기	7~8월
높 이	21~25센티미터
용 도	식용 · 관상용 · 약용
생육상	여러해살이풀(多年生草本)
꽃 말	미인(美人)

목련

우리나라 제주도의 한라산 숲 속에서 자라는 목련과의 낙엽교목(갈잎 큰키나무)이다.

처음에는 신이(辛夷)라고 부르다가 나중에 목필(木筆)·신이포(辛夷苞)로 부르게 되었다. 아시아의 일부 지방에서는 신이(辛夷)·영춘화(迎春花)·신이포(辛夷苞) 등으로 부르고, 목련(木蓮)·목란(木蘭)·목연·두란이라고 부르기도 한다.

식물명으로는 목련, 생약명(生藥名)은 신이(辛夷)이다.

목련과(木蓮科) 목련속(木蓮屬)에는 몇 가지가 있는데 대개 같은 이름으로 부르지만 모두 다른 나무들이다. 백목련(白木蓮)은 목란화(木蘭花)·목련화(木蓮花)·옥란(玉蘭) 등으로

꽃

부르는 관상수로 중부 지방 등지에서 많이 심는다. 봄 소식을 가장 먼저 전한다고 하여 백목련을 영춘화(迎春化)라고도 한다.

또 태산목(太山木)은 일본목련(日本木蓮) 또는 양옥란(洋玉蘭)이라고도 부르며 고궁 등지에서 흔히 볼 수 있다.

봄이 끝나는 4~5월에 핀다고 하여 망춘화(亡春花)라고도 부르는 자목련은 가지꽃 신이(辛夷)로서 약명은 목련과 같으며 목필(木筆)도 마찬가지다. 꽃 색깔이 자주색이어서 구별하기가 쉽다. 이 나무도 관상용으로 많이 심고 있다.

떡갈후박나무는 태산목과 비슷하며 일본후박(日本厚朴)이라 불린다. 태산목의 열매, 종자가 든 열매를 약명(藥名)으로 후박(厚朴)이라 한 데서 비롯된 이름이다. 고궁 등지에서 흔히 볼 수 있는 나무이다.

함박이라 부르는 산목련(山木蓮)은 우리나라 곳곳의 깊은 산 계곡이나 정상 부근에서 많이 자란다. 야생목련(野生木蓮)·산목란(山木蘭)·천녀화(天女花)·천녀목란(天女木蘭)·옥란(玉蘭)·함박꽃나무 등으로도 부르는 이 나무는 높이가 3~5미터쯤 된다. 다른 목련은 대개 꽃이 핀 다음 나뭇잎이 나오지만 함박은 줄기와 나뭇잎이 나온 후에 꽃봉오리가 맺힌다.

산목련은 꽃의 모양이 매우 아름다우며 향기도 좋다. 우리가 산에서 흔히 볼 수 있는 목련 중의 하나이다.

또 얼룩함박이꽃나무가 있는데 이 나무는 중부 지방이나 지리산 등지에서 자란다.

그 밖에도 여러 가지 목련이 있다. 순수한 우리의 목련(木蓮)은 한라산에서 자라는데, 꽃은 약간 작은 편이고 약 8미터 높이까지 자란다.

목련은 가지와 잎이 많고 잎 표면에 광택이 난다. 4월 중순경에 잎보다 먼저 꽃이 피는데 꽃은 흰색이며 꽃의 기부는 담홍색이다.

꽃의 지름은 10센티미터쯤 되며, 꽃잎은 대개 여섯 내지 일곱 장이다.

씨앗은 꽃이 지고 난 후 9~10월경에 여문다. 옥수수 모양의 열매 속에 여러 개의 씨앗이 들어 있다.

백목련 꽃눈

목련은 방향성(芳香性) 식물로 향기가 좋아 나무 껍질에서 방향제의 원료를 뽑기도 한다. 씨, 뿌리, 나무껍질 등을 다른 약재와 함께 처방하여 한방에서 구충제·양모제·두풍(頭風, 머리가 아프고 부스럼이 나는 병) 등에 쓴다. 꽃봉오리도 약재로 쓴다.

목련은 현무암계 토양에서 잘 자라며 번

줄기

식 방법으로는 실생법·생리적육수법·접목법·삽목법·분주법 등이 있다.

오래된 목련나무 밑을 보면 떨어진 씨앗이 싹을 틔워 자그마한 새끼그루로 자란 것을 보게 되는데 이것을 옮겨 심으면 아주 잘 자란다.

목련·백목련·태산목·함박꽃·일본목련 등을 한곳에 심어 놓으면 봄부터 여름 내내 아름다운 꽃과 더불어 그윽한 향기를 맛볼 수 있다.

잎과 열매

어떤 이야기가 숨어 있을까?

아주 먼 옛날 옥황상제에게 귀여운 공주가 있었다. 그 공주의 얼굴은 백옥(白玉)같이 희고 아름다웠으며 마음씨도 비단결같이 고왔다. 그래서 많은 청년들이 공주를 사모하고 있었는데, 공주는 오직 저 북쪽 바다의 무섭고 사나운 신(神)을 사모할 뿐이었다.

임금은 그런 공주를 못마땅하게 여겼다.

그러던 어느 날, 이 어여쁜 공주는 아무도 몰래 왕궁을 빠져나가서 북쪽 바다의 신을 찾아갔다.

그런데 신에게는 아내가 있었다. 먼 곳까지 찾아간 공주는 실망을 한 나머지 검푸른 바닷물 속에 몸을 던지고 말았다.

바다 신은 공주를 가엾게 여겨 양지바른 곳에 묻어 주었다. 그러고는 죽은 공주의 명복을 빌어 주는 뜻에서 자기 아내에게 극약을 먹여 죽게 한 후 공주의 무덤 옆에 나란히 묻어 주었다. 멀리서 이 사실을 알게 된 임금은 너무나 슬프고 어처구니가 없어서 가엾은 두 사람의 무덤에 목련꽃이 피어나게 했다.

이때 공주의 무덤에서는 백목련(白木蓮)이 피어나고 신의 아내 무덤에서는 자목련(紫木蓮)이 피어났다

약재

백목련

한다.

　이때 공주의 무덤가에 핀 목련꽃은 모두 북쪽을 바라보고 있었는데 사랑을 이루지 못하고 죽어간 공주의 넋이 꽃으로 피어났다 하여 공주의 꽃이라고도 부른다.

분포도

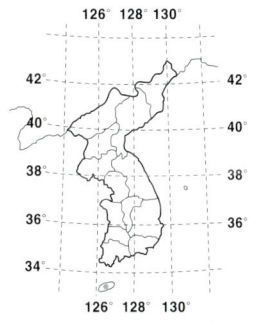

식물명	목련(木蓮, 辛夷)
과 명	목련과(Magnoliaceae)
학 명	*Magnolia kobus* DC.
생약명	신이(辛夷)
속 명	백목련 · 가지꽃 · 목란 · 영춘화
분포지	제주도 한라산
개화기	3~4월
결실기	10월
높 이	8미터
용 도	관상용 · 공업용 · 약용
생육상	낙엽 교목 (갈잎 큰키나무)
꽃 말	숭고한 정신

참오동

우리나라 각 지방에서 흔히 재배용(栽培用)으로 심고 있는 나무이다. 원래는 울릉도의 산간 지방 계곡에서 자라는 나무였다.

이 나무는 백동목(白桐木)·백동나무·머귀나무·오동나무 등으로 부르긴 하지만 사실 오동(梧桐)은 따로 있다.

오동에 대하여는 뒤에 자세하게 비교를 해서 설명을 하겠지만, 참오동(白桐)과 오동(梧桐)은 구별해서 보아야 한다.

참오동(白桐)은 높이가 15미터쯤 되며, 가지는 굵은 편이다.

어린 가지에는 뿌연 털이 빽빽이 나 있으며, 나뭇잎은 마주 나고 잎자루가 길다. 나뭇잎의 지름은 30~50센티미터쯤으로 표면에는 가는 털이 많이 나 있다. 잎 뒷면의 잎자루 줄기에도 연한 갈색의 털이 나 있으며, 잎자루의 길이는 8~20센티미터쯤 된다.

5~6월에 꽃이 피고 줄기의 길이가 약 20~30센티미터 되는 꽃차례에 여러 개의 꽃이 고루 매달려 핀다.

꽃받침은 다섯 장으로 갈라져 있으며, 갈색 털이 많이 나 있다.

꽃은 종같이 생겼으며 화관(花冠) 꽃잎의 끝부분이 넓게 퍼진다.

꽃잎의 색깔은 연한 자주색이며 꽃잎 안쪽으로 자주색 반점의 선이 나 있다.

오동(梧桐)은 대개 참오동과 같이 섞여서 자란다.

둘은 겉모양이 비슷하여 구별하기가 매우 힘들다. 오동은 나뭇잎 뒷면의 잎자루 줄기에 녹황색이 도는 털이 없고, 꽃잎 안쪽에 자줏빛이 도는 점선도 없다.

나무의 높이도 참오동과 같은 15미터쯤 되며, 나뭇잎의 크기나 꽃이 피는 시기도 같다. 꽃잎은 연한 자주색이고 꽃잎 뒷부분은 노란색이 난다. 참오동은 뒷면에만 털이 있는 데 비해 오동은 안쪽과 바깥쪽에도 털이 많이 나 있다. 오동은 한국 특산 식물이다.

이 외에도 미국오동·중국오동·브라질오동 등이 들어와 자라고 있기는 하다.

오동나무는 봄에는 가장 늦게 새싹이 나며, 가을에는 가장 일찍 낙엽이 진다.

또 여름에 꽃봉오리가 맺혀 가을이면 콩알만큼 커지며 그 상태대로 앙상한 나뭇가지에서 겨울을 나고, 5월 나뭇잎이 나기 전에 꽃이 핀다. 꽃의 향기는 그리 좋지 않지만 꽃은 퍽 아름답다.

꽃

수피

열매

　10월이 되면 꽃이 피었던 자리에 알밤만 한 열매가 주렁주렁 매달려 벌어지며 그 속에서 여러 개의 씨앗이 떨어진다.

　나무는 결이 연하여 손톱으로 누르면 이 그러질 정도이지만 뒤틀리지 않는다. 또 가볍고 습기나 열에도 잘 견디고 무늬와 광택이 아름다워 장롱·상자·병풍살·금고내부상자·악기·실내 장식품·세공용품 등에 많이 사용된다.

　나무의 껍질은 물감의 원료로 쓰이고 다른 약재와 함께 처방하여 한방 및 민간에서 구충제·두풍제 등을 만드는 데 쓰기도 한다. 나뭇잎은 살충제 등의 원료로 쓰인다.

　한편 오동나무꽃에는 꿀이 많아서 양봉농가에 큰 도움을 준다.

　참오동(白桐)은 현무암계 토질에서 잘 자라며, 오동(梧桐)은 화강암계·화강편마암계·변성퇴적암계 등에서 잘 자란다. 비옥한 땅에 심으면 아주 빨리 자라는 나무이다.

　번식법에는 수목육종법·생리적육종법 등이 있다. 대개는 삽목법으로 번식되며 포기나누기(분주)도 잘 된다.

　오동나무는 자라면서 나무줄기 속 중심부에 구멍이 생겨 속이 빈다.

새순

어떤 이야기가 숨어 있을까?

옛날엔 딸을 낳게 되면 집 가까이의 텃밭 가장자리에 오동나무를 심었다 한다. 그 딸이 자라서 시집 갈 나이가 되면 그 때 심은 오동나무로 장롱을 만들어 혼수로 보낸다고 했을 만큼 오동나무는 아주 빨리 자란다.

다른 나무들에 비해 나뭇잎이 늦게 나오고 일찍 지는데 나무줄기와 나뭇잎은 그 어떤 나무보다도 크다. 잔털이 많아 빗방울이 잘 굴러 떨어지는 이 큰 나뭇잎을 어린이들은 우산 대용으로 쓰기도 한다.

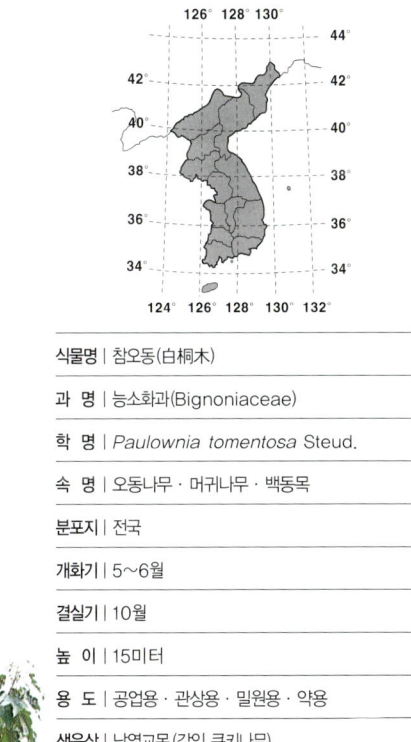

분포도

식물명	참오동(白桐木)
과 명	능소화과(Bignoniaceae)
학 명	*Paulownia tomentosa* Steud.
속 명	오동나무 · 머귀나무 · 백동목
분포지	전국
개화기	5~6월
결실기	10월
높 이	15미터
용 도	공업용 · 관상용 · 밀원용 · 약용
생육상	낙엽교목(갈잎 큰키나무)
꽃 말	외로움

오동

우리나라의 특산 식물로 전국 어디서나 잘 자라는 현삼과의 낙엽 활엽 교목(갈잎 넓은잎 큰키나무)이다. 원산지가 불분명한데 참오동나무의 원산지가 울릉도인 것에 비추어 볼 때 오동나무도 울릉도나 그와 가까운 지역이 아닌가 한다.

원래는 오동나무(梧桐木)·백동나무(白桐木)·머귀나무·조선오동나무(朝鮮梧桐木) 등으로 불렸으며 중국 등지에서도 같은 이름으로 부른다.

나무의 높이는 10~15미터쯤이고 나뭇가지는 굵고 옆으로 퍼지는데 어린 가지에는 털이 많이 나 있다.

잎은 마주 나는데 넓고 둥글며 세 개 내지 다섯 개로 약간씩 갈라져 있다. 모양은 사람의 심장과 비슷하고 길이는 15~23센티미터쯤으로, 긴 것은 50센티미터나 되는 것도 있다.

잎 표면에는 털이 거의 없는데 뒷면에 갈색 털이 나 있고 가장자리는 밋밋하다. 잎자루의 길이는 9~21센티미터쯤이고 잔털이 나 있다.

5~6월에 담자색 꽃이 피는데 모양은 5열편이 있는 종형이다. 참오동과 달리 꽃잎(화관)에 자줏빛이 도는 점선이 없다.

꽃받침은 다섯 개이고, 꽃잎의 길이는 6센티미터쯤이며 자주색이지만 꽃잎 뒤편은 노란색이 돌고 안쪽과 바깥쪽에 털이 많이 나 있다.

여름에 꽃봉오리를 맺고 이듬해 5~6월이 되면 꽃이 핀다.

5월의 푸른 하늘 아래 연한 자주색의 오동나무 꽃들이 활짝 피면 흔히들 계절을 느끼지 못하게 된다. 꽃이 봄과 여름의 중간에 피기 때문이다.

오동나무는 나뭇잎이 가장 늦게 돋아나고 가을에도 다른 나무들보다 먼저 진다. 그래서 오동나무를 가리켜 가을을 몰고 오는 나무라고도 한다.

오동나무와 참오동나무는 얼른 보아서는 구별하기 힘들다. 잎 뒤의 잔털이 갈색으로 통꽃 안쪽에 진한 자주색 점선 무늬가 있는 것이 참오동이고, 그러한 점선이 없는 것은 오동이다.

10월에 열매가 익는데 열매의 길이는 3센티미터쯤이고 벌어지면 그 속에서 여러 개의 씨앗이 쏟아진다.

공업용 · 관상용 · 밀원용 · 약용 등으로 쓰인다.

재목은 무늬가 아름답고 광택이 난다. 또한 연하면서도 뒤틀리지 않고 가벼우며, 습기가 차지 않고 열에도 잘 견디는 특성을 지니고 있다.

이러한 특성으로 인해 우리나라의 고유 현악기인 거문고나 가야금 제작에 쓰이며, 장롱 · 병풍살 · 금고 내부의 상자 · 실내장식 · 각종 세공용 등으로 인기를 끌고 있다.

새순

또한 껍질은 물감의 원료로, 잎은 살충제 등으로 쓰이며, 꽃에는 꿀이 많아 양봉 농가의 밀원(蜜源)으로 가치가 높다.

오동유(梧桐油)와 나무껍질, 나뭇잎 등은 구충·두풍·종창 등에 다른 약재와 처방하여 약으로 쓴다.

오동나무가 잘 자라는 토질은 화강암계·화강편마암계·변성퇴적암계 등이며, 번식법에는 삽목법·수목육종법 등이 있는데 주로 삽목법에 의해 번식된다.

우리나라에는 오동나무와 참오동나무 외에도 미국오동·중국오동·브라질오동 등 외래종도 잘 자라고 있다.

오동나무와 같은 종인 참오동나무는 높이가 15미터쯤 되며 가지는 굵은데 어린 가지에는 털이 많이 나 있다.

잎은 마주 나고 길이는 15~30센티미터쯤이며 잎 표면에 털이 많이 나 있다. 잎 가장자리는 밋밋하다. 잎자루의 길이는 8~20센티미터 정도이며 잔털이 나 있다.

꽃은 5~6월에 피며, 꽃줄기의 길이는 약 20~30센티미터 정도이다. 꽃받침은 넓은 종형이며 다섯 개로 갈라지고 작은 꽃자루와 더불어 갈색 털이 많이 나 있다.

꽃잎은 깔때기 모양이며 길이는 5~6센티미터쯤이고 연한 자주색이다. 많은 점선이 평행으로 나 있으며 겉에 가는 털이 있고 씨방은 둥근형으로 털이 나 있다.

10월에 둥근 열매가 익으며 용도는 오동나무와 같다.

옛날에 딸을 낳으면 마당에 오동나무 한 그루를 심었다고 한다.

딸이 시집을 갈 때 그 오동나무를 베어 장롱 등의 가구를 짜서 보냈다고 한다. 그만큼 오동나무는 땅만 기름지면 대단히 빨리 자란다.

꽃봉오리

오동나무로 만든 장구통

나뭇잎은 어린 아이들이 비 오는 날 우산대용으로 장난을 할 만큼 넓다. 단지 만지면 고약한 냄새가 나는 것이 흠이라고 할 수 있다.

분포도

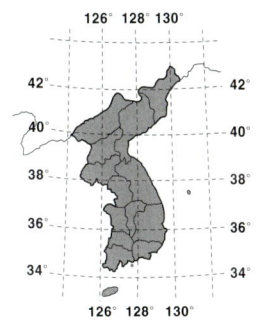

식물명	오동
과 명	능소화과(Bignoniaceae)
학 명	*Paulownia coreana* Uyeki
속 명	머귀나무 · 백동나무 · 조선오동나무 · 오동나무(梧桐木)
분포지	전국
개화기	5월
결실기	10월
높 이	15미터
용 도	공업용 · 밀원용 · 관상용 · 약용
생육상	낙엽 활엽교목 (갈잎 큰키나무)

붓꽃

전국의 산이나 들·냇가·둑·산 계곡 등 습기가 있는 초원에서 흔히 볼 수 있으며 원예 농가에서 심는 붓꽃과의 여러해살이풀이다.

원래는 계손(溪蓀)·수창포(水菖蒲) 등으로 불리었으며, 창포붓꽃으로 불리기도 한다.

붓꽃은 땅 밑에 있는 근경(根莖, 뿌리줄기)에서 난초 잎과 비슷한 긴 잎이 나오는데 그 잎 사이에서 꽃줄기가 나와 높이 60~80센티미터까지 자란다.

5~6월에 지름이 7~10센티미터 정도 되는 자주색 꽃이 핀다. 꽃대 맨끝에 두세 개씩 피는데 수술은 세 개, 꽃밥의 색깔은 짙은 자주색이며 암술대는 가지가 두 개로 갈라진다.

꽃잎처럼 보이는 꽃받침잎 안쪽으로 담자색의 아름다운 무늬가 있으며 7월에 씨앗이 여문다.

관상용으로 화단에 심기에 알맞으며, 한방 및 민간에서는 뿌리줄기를 조제한 것을 계손(溪蓀)이라 하여 인후염·주독·폐렴·촌충·편도선염·백일해·해소 등에 다른 약재와 함께 처방하여 쓰기도 한다.

붓꽃

흰붓꽃

붓꽃이 잘 자라는 토질은 화강암계·반암계·화강편마암계·변성퇴적암계·경상계, 현무암계 등이며 대개는 습기가 있는 곳이면 어디서든 잘 자란다.

주로 분주법(포기나누기)에 의하여 번식되고 있다.

저지대는 물론 습도가 적당하면 고산 지대에서도 잘 자라는 이 붓꽃은 세계 각지에 분포되어 있는데 야생 상태로 자라는 종류만도 200여 종이 되고, 원예종으로 개발된 종(種)도 수백 종에 이른다.

원예종은 크게 스페인계·영국계·네덜란드계로 나눌 수 있으며, 그 중에서도 네덜란드계 더치아이리스가 중심이 되고 있다.

우리나라의 산과 들에 자라는 붓꽃만 하더라도 들꽃창포·노랑붓꽃·노랑무늬붓꽃·제비붓꽃·애기붓꽃·타래붓꽃·솔붓꽃·부채붓꽃 등 수없이 많다. 여러 붓꽃들의 특징을 살펴보면 다음과 같다.

들꽃창포는 높이 70센티미터 정도까지 자라는데 6~7월에 꽃이 핀다.

우리나라 특산 식물인 노랑붓꽃·노랑무늬붓꽃 등은 섬 지방을 제외한 전국의 산이나 들에서 자란다. 5~6월에 노란색 꽃이 피는데 노랑무늬붓꽃은 무늬가 있는 것이 특징이다.

지리산에서 자라는 제비붓꽃은 70센티미터 정도쯤 자라며 5~6월에 보라색 꽃이 핀다.

중부 지방 및 북부 지방의 산과 들에 자라는 만주붓꽃은 높이 70센티미터쯤 되며 5~6월에 보라색 꽃이 핀다.

남부 지방의 무등산과 중부·북부 지방의 낮은 산지 습지에 자라는 애기붓꽃은 높이 15센티미터 정도로 작은 편인데 5~6월에 연한 보라색 꽃이 핀다.

타래붓꽃은 전국의 산과 들에 자라며 높이는 40센티미터쯤 되며 5~6월에 꽃이 피는데 약간 건조한 땅에서 잘 자란다.

보라색의 각시붓꽃과 흰각시붓꽃 등은 높이 10~15센티미터 정도까지 자라며 꽃은 4~5월에 핀다.

중부 지방의 산지에서 자라는 솔붓꽃은 높이 6~10센티미터로 꽤 작은 편이며 4~5월에 연한 보라색 꽃이 핀다.

우리나라 특산 식물인 금붓꽃은 중부 지방 산지의 약간 습한 음지에서 볼 수 있다. 높이 10센티미터 정도 자라는 것으로 희귀종이다.

중부 및 북부 지방의 고산지대에서 볼 수 있는 부채붓꽃은 높이 70센티미터쯤 자라고 6~7월에 꽃이 핀다.

중부 및 북부 지방의 산과 들에 자라는 난쟁이붓꽃과 사간붓꽃은 높이가 5~10센티미터쯤 되며 5~6월에 꽃이 핀다.

원예종으로 우리나라에서 많이 재배하고 있는 것으로는 미국 원산의 등심붓꽃과 꽃창포 등을 들 수 있다.

이 붓꽃들은 꽃이 대체로 큰 편이다. 꽃 색깔도 흰색·청자색·홍자색·노란색 등이며 대개는 습기가 많은 곳에서 자란다.

예로부터 붓꽃은 그 모습이 청초하고 기품이 있어 많은 사랑을 받아 왔다. 또한 우리 선조들은 연못이나 개울가에 심어서 물에 비치는 꽃을 감상하기도 했다.

어떤 이야기가 숨어 있을까?

중세 이탈리아의 수도 피렌체에 아이리스라고 하는 미인(美人)이 있었다. 그녀는 명문의 귀족 출신으로 마음씨도 착했으며 고귀한 성품을 가지고 있었다. 그래서 사교계에서 가장 돋보이는 여인이었다.

아이리스는 어린 시절 양친의 권유를 이기지 못해 로마의 한 왕자와 결혼했다.

그런데 결혼 생활 10년째에 접어들어 왕자가 그만 병으로 죽고 말았다.

아이리스는 홀로 되었지만 그녀의 미모나 교양은 한층 더 무르익었다. 그래서 그녀에게 결혼을 청하는 사람이 많았다. 그러나 아이리스는 그 누구의 청혼에도 응하지 않고 항상 푸른 하늘만 마음 속으로 동경하며 지냈다.

그러던 어느 날, 아이리스는 산책 도중에 젊은 화가 한 사람을 만나게 되었다. 두 사람은 서로 말벗이 되어 많은 이야기를 주고받았다. 이 날을 계기로 두 사람 사이는 가까워졌고 마침내 젊은 화가는 아이리스를 사랑하게 되었다.

화가는 열심히 결혼을 청해 보았지만 아

이리스는 좀처럼 응하지 않았다. 그래도 화가는 계속해서 구혼했다.

결국 아이리스는 화가의 열정에 감동할 수밖에 없었다.

"정 그렇게 결혼을 원하신다면 조건을 붙여서 받아들이지요."

아이리스가 제시한 조건이란, 살아 있는 것과 똑같은 꽃을 그리라는 것이었다. 더군다나 나비가 날아와서 앉을 정도의 생동감 넘치는 그림이어야 한다는 것이었다.

그때부터 화가는 온 정열을 기울여 그림을 그리고 또 그려 마침내 그림을 완성하였다.

아이리스는 그림을 본 순간 자기가 오랫동안 갈망해 오던 꽃 그림이라서 마음 속으로 은근히 기뻐하였다. 그러나 짐짓 못 마땅한 투로 말하였다.

"이 그림에는 향기가 없네요."

그때였다. 어디선가 노랑나비 한 마리가 날아와 그림 꽃에 살포시 내려앉았다. 그러고는 날개를 차분히 접고 꽃에 키스를 하는 것이었다.

'드디어 성공했구나.'

화가는 이렇게 생각하며 옆에 있는 아이리스의 눈치를 가만히 살폈다. 아이리스는 감격에 찬 눈을 반짝이면서 화가의 품에 안기며 키스를 했다.

그리하여 아이리스(붓꽃)의 향기는 화가와 아이리스가 처음 나누었던 키스의 향기를 그대로 간직하여 지금도 꽃이 필 때면 은은하고 그윽한 그 향기를 풍긴다는 것이다.

백합이 순결과 평화의 상징이라면 붓꽃은 멋과 풍류의 상징이라고 할 수 있다.

붓꽃은 프랑스의 국화(國花)이기도 하다.

분포도

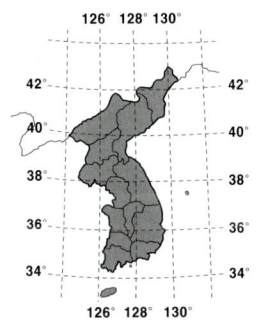

식물명	붓꽃(溪蓀)
과 명	붓꽃과(Iridaceae)
학 명	*Iris sanguinea* Donn ex Horn
생약명	계손(溪蓀)
속 명	들꽃창포 · 창포붓꽃
분포지	전국
개화기	5~6월
결실기	7월
높 이	60~80센티미터
용 도	관상용 · 약용
생육상	여러해살이풀(多年生草本)
꽃 말	기쁜 소식 · 슬픈 소식(노란색 꽃) · 사랑(흰 꽃)

금붓꽃

우리나라 남부 지방과 중부 지방의 산에서 자라는 붓꽃과의 여러해살이풀로 원래는 소연미(小鳶尾)·누른붓꽃 등으로 불렸다. 많은 종류의 붓꽃이 세계 각처에 있으나 이 종(種)은 오직 우리나라에서만 자라는 식물이다.

현재 경기 지방과 강원 지방의 산에서 자라고 있는 것으로 확인된 바 있다.

산의 아래쪽 양지바른 곳에서 자라며 근경(根莖)이 옆으로 퍼진다. 풀잎은 세 개 내지 네 개의 뿌리에서 모여 나서 높이 30센티미터 정도까지 자란다. 원줄기 밑에 달려 있는 잎은 꽃이 필 때는 길이 13~20센티미터 정도로 거의 곧게 선다.

4~5월에 꽃이 피고, 꽃의 지름은 2센티미터 정도로 밝은 노란색이다. 꽃대 줄기의 길이는 10~13센티미터 정도이며, 줄기 끝에 한 개의 꽃이 달린다.

바깥 꽃잎은 세 개로 긴 달걀 모양이며 길이는 2.5센티미터 정도로 끝이 약간 패여 있다. 안쪽 꽃잎은 길이 1.8센티미터 정도로, 좁고 길죽한 타원 모양의 도피침형이고 곧게 선다.

7월에 씨가 여물고 암술대는 세 개로 갈라지는데 이것이 또 각각 두 개로 갈라진다. 뒷면에는 암술 머리가 있고 수술은 세 개이다.

금붓꽃은 공업용·관상용·약용으로 쓰이며, 특히 관상용으로 적합하다. 한방 및 민간에서 편도선염·인후염·주독·폐렴·백일해·해소·절상(折傷, 뼈가 부러짐), 토혈 등에 다른 약재와 같이 처방하여 약으로 쓴다.

이 풀이 잘 자라는 토질은 화강암계·화강편마암계·변성퇴적암계 등이며 번식은 분주법·실생법·생태육종법·종간잡종법, 계통분류법 등에 의하여 이루어진다.

이와 비슷한 우리 고유 식물로 노랑무늬붓꽃이 있는데 이 풀은 우리나라 식물학자 이영노 박사에 의하여 오대산에서 발견되어 기록되었다.

이 노랑무늬붓꽃은 강원 지방의 대관령 및 오대산·태백산·소백산·팔공산 일대에까지 분포되어 있으며, 높이 10~15센티미터 정도까지 자라고 풀잎은 뿌리에서 모여 나는데 이 식물이 금붓꽃과 다른 점은 풀잎이 분처럼 흰색을 띤다는 것이다.

4~5월에 피는 노랑무늬붓꽃은 흰색 바탕에 노란색의 무늬가 안쪽으로 나 있다.

이 풀이 잘 자라는 토질은 화강암계·반암계·화강편마암계·변성퇴적암계·경상계 등이며, 번식은 분주법·실생법·종간잡종법·생태육종법·계통분류법 등에 의하여 이루어진다.

우리나라에는 여러 종류의 붓꽃이 자라고 있다.

재배하는 식물로 꽃창포가 있는데 6~7월에 꽃이 핀다.

들꽃창포는 70센티미터 정도로 자라는데, 6~7월에 꽃이 피고 9월에 씨가 여문다.

노랑붓꽃도 있는데 금붓꽃과는 다른 종이며 희귀종이다. 남부 지방과 중부 지방, 북부 지방 등지의 산에서 자라는데 우리 고유의 식물로 5~6월에 꽃이 핀다.

제비붓꽃은 남부 지방의 지리산에서 자라는데 연자화라고 불리기도 한다. 70센티미터까지 자라고 꽃은 5~6월에 핀다.

만주붓꽃은 중부 지방과 북부 지방의 산에서 자라며 5~6월에 꽃이 핀다.

남부 지방의 무등산, 중부 지방과 북부 지방의 들녘이나 낮은 산간의 습기가 많은 곳에 자라고 있는 애기붓꽃은 5~6월에 꽃이 피고 15센티미터 정도까지 자란다.

이 밖에도 전국의 산과 들, 또는 습기가 많은 지역의 길가 언덕 등에서 많이 자라는 종으로 붓꽃(溪蓀·菖蒲)·난초 등으로 불리는 것과 각시붓꽃 등이 있는데 붓꽃 중에서 전국적으로 제일 많이 피는 종이다.

높이 60센티미터 정도까지 자라며, 풀잎은 뿌리에서 모여 난다. 여러해살이풀로서 5~6월에 꽃이 피고, 꽃은 보라색 바탕인데 어떤 것은 하늘색을 띠는 것도 있고 안쪽에는 벽자색의 아름다운 무늬가 나 있다.

7월에 종자가 익으며, 관상용·약용으로 많이 쓰는 풀이다.

민간에서는 계손(溪蓀)이라 하여 근경(根莖)을 인후염·토혈·주독·폐렴·촌충·편도선염·백일해·해소 등에 다른 약재와 같이 처방하여 약으로 쓴다.

이 풀은 특히 화강암계·반암계·화강편마암계·변성퇴적암계·경상계·현무암계 등에서 잘 자라며, 번식은 분주법·실생법·종간잡종법·생태육종법·계통분리법 등에 의하여 이루어지지만 대개는 분주법에 의하여 번식된다.

타래붓꽃과 서양창포는 전국의 산과 들의 약간 건조한 땅에서 잘 자라며 높이 40센티미터까지 자라고 5~6월에 꽃이 핀다.

타래붓꽃은 중국 및 한국이 원산지이며 마란(馬蘭)이라고도 부른다.

각시붓꽃과 흰각시붓꽃은 전국의 산과 들에서 자란다.

높이는 10~15센티미터 정도 자라며 4~5월에 보라색과 흰색의 꽃이 피는데 키가 작은 이 꽃은 관상용으로 각광을 받고 있다.

중부 지방의 수림 속에서는 솔붓꽃 자석포(紫石蒲)라고 하는 붓꽃이 많이 자라고 있는데 높이는 6~10센티미터 정도까지 자라며 4~5월에 보라색 꽃이 핀다.

중부 지방과 북부 지방의 백두산·장진·원산 등지의 깊은 산 습지에서 잘 자라는 부채붓꽃은 6~7월에 꽃을 피우고, 70센티미터까지 자란다.

중부 지방 및 북부 지방의 산과 들에는 난쟁이붓꽃과 사간붓꽃이 5~10센티미터 정도로 자라고 있으며 5~6월에 꽃을 피운다. 꽃은 보라색이며 높이는 낮지만 매우 아담하고 아름다운 풀이다.

원예종으로 재배하여 관상용으로 심는

등심붓꽃과 몬트부레치아는 약재로도 많이 쓰는데 원산지는 미국이다.

우리나라 산과 들에서 자라는 붓꽃은 그 모양과 색이 매우 아름답다.

그러나 현재 우리 주위에서 흔히 볼 수 있는 원예종은 외국으로부터 들어온 것이 대부분이다. 그러므로 개발할 가치가 많은 종이라 하겠다.

앞에서 거론된 노랑무늬붓꽃과 금붓꽃은 세계적으로 우리나라의 산에서만 볼 수 있는 희귀종인데, 그 외에도 몇 종이 더 있다. 이들은 우리가 가장 자랑할 만한 꽃으로, 철저하게 보호되어야 할 것이다.

5월의 푸른 하늘 아래 드넓은 초원이나 들길, 특히 열차가 많이 다니는 철둑길 근처를 자세히 살펴보면 다른 풀들보다 키가 약간 크고 군데군데 모여 자란 붓꽃의 화사한 모습을 발견할 수 있다. 아침 이슬이라도 듬뿍 머금고 있을라치면 과연 아름다운 꽃임을 실감하게 된다. 특히 나비가 많이 찾아드는 꽃이라서 화려함을 더해 주기도 한다.

이 꽃이 필 무렵이면 다른 꽃들도 갖가지 색으로 다투어 피어 더욱 아름다운 조화를 이룬다. 특히 엉겅퀴의 붉은색과 연한 흰색이 도는 꽃말이, 붓꽃과 거의 같은 색깔의 꿀풀이, 노란색의 씀바귀, 연한 붉은색의 지칭개나물, 조뱅이나물, 벌깨덩굴 등은 붓꽃과 한데 어울려 아름다움을 더한다.

5월과 6월의 산과 들에는 초여름에 피는 야생화가 한데 어우러져 피어나는 계절로서 전국 어디를 가든 화려하게 꽃을 피운 우리의 풀과 나무를 볼 수 있다. 이때쯤이면 길가 언덕의 토끼풀도 하얀 꽃을 피우고 그 아름다움을 뽐낸다.

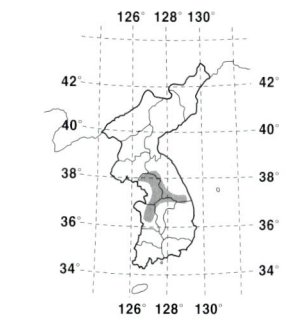

분포도

식물명	금붓꽃(鳶尾)
과 명	붓꽃과(Iridaceae)
학 명	Iris minutiaurea Makino
속 명	노랑붓꽃 · 소연미(小鳶尾)
분포지	중부 지방의 산과 들
개화기	4~5월
결실기	7월
높 이	10센티미터
용 도	관상용 · 약용
생육상	여러해살이풀(多年生草本)
꽃 말	슬픈 소식

개나리

우리나라 특산 식물로 우리 주변에서 흔히 볼 수 있는 물푸레나무과의 낙엽 관목(갈잎 좀나무)이다.

원래는 신리화(辛夷花)·개나리나무·금강방울개나리·연교·개나리꽃나무 등으로 불렀으며, 집 주변에 울타리 대용으로 많이 심어 왔다.

나무의 높이는 2~3미터쯤이며 줄기는 곧게 서지만 끝이 밑으로 처지는 것이 특징이다. 어린 가지는 녹색이지만 점차 회갈색으로 변한다.

나뭇잎의 길이는 3~12센티미터 정도로 긴 타원형이고 잎 표면에 약간의 윤기가 나며 잎 중앙부 위에 톱니가 있는 것도 있고 밋밋한 것도 있다.

잎자루 길이는 1~2센티미터 정도이며, 4월에 잎보다 먼저 밝은 노란색의 꽃이 핀다. 꽃받침은 네 개로 갈라지고 녹색이며 털은 없다.

꽃잎은 길이가 1.5~2.5센티미터이며, 네 개로 갈라지고 긴 타원형이다. 수술은 두 개로 보통 암술보다 긴데 암술대가 수술보다 긴 것도 있다.

6월에 열매가 열리는데 씨앗의 색깔은 갈색이며 날개가 있다.

꽃은 나뭇가지마다 많이 피어 노란 꽃구름을 연상케 하는데 봄을 알리는 대표적인 꽃이다.

개나리는 관상용이나 약용으로 쓰인다. 정원이나 길가 공원 등지에 울타리용으로 심어 운치를 돋보이게 하며 한방 및 민간에서 열매를 연요 또는 연교(連翹)라 하며 종창·임질·통경·이뇨·치질·결핵·나력(癩癧, 만성 부스럼)·옴·해독 등에 다른 약제와 처방하여 쓴다.

개나리가 잘 자라는 토질은 화강암계·화강편마암계·변성 퇴적암계 등이지만 대개 토질을 가리지 않고 어디서나 잘 자란다.

번식법은 계통분리법·종자재배법·삽목법·취목법 등이 있는데 주로 삽목법(꺾꽂이)에 의하여 많이 번식된다.

개나리는 생명력이 대단히 강한 식물로 가지가 땅에 닿기만 하여도 곧 뿌리를 내리고, 가지를 잘라 놓으면 그 마디에서 뿌리가 나온다.

우리는 주변에서 개나리를 흔히 볼 수 있어서 그런지 개나리를 그렇게 귀하게 여기지 않는다. 하지만 이 개나리야말로 우리나라 원산인 식물로 우리나라에 가장 많이 나고 그래서 우리가 자랑할 수 있는, 우리 고유의 특산 식물인 것이다.

이른 봄이면 온 세상을 꽃물결로 만들어

열매

겨울눈

아름다운 봄이 왔음을 제일 먼저 알리는 식물로 휘늘어진 가지마다 청아한 자태를 풍기는 개나리.

개나리는 사람들에게 어린 시절을 회상케 하는 꽃이기도 하다.

우리나라에는 몇 종(種)의 개나리가 자라고 있다. 중부 지방의 장수산 계곡에 자라는 장수개나리, 중부 지방 산속 깊은 곳에 피는 만리화(萬里花), 역시 중부 지방의 산간 지방에서 자라는 산개나리, 경상북도 의성 지방에서 피는 의성개나리 등이 있는데 모두 3~4월에 꽃이 핀다.

이렇듯 전국 각지에서 봄이면 어김없이 피는 개나리는 분홍색 진달래와 더불어 우리의 봄을 색색으로 화려하게 수놓는 꽃이다.

어떤 이야기가 숨어 있을까?

옛날 인도에 아름다운 공주가 있었다.

이 공주는 새를 무척 사랑하여 세계 각국의 예쁘고 귀여운 새들을 모두 사들여 직접 길렀다.

신하들은 새를 좋아하는 공주에게 잘 보이려고 아첨하기에 눈이 어두웠다. 시장에 나가 예쁜 새를 구해 바치기도 하고 이웃 나라에서 귀한 새를 구해 바치기도 했다. 공주야 예쁘고 귀한 새에 정신이 팔렸다지만 대신들까지 정치를 돌보지 않아 백성들의 원성이 대단했다.

공주에게는 비어 있는 새장이 하나 있었다. 공주는 그 새장에 예쁜 새를 가져다 놓는 사람에게 후한 상을 내리겠다고 하였다.

어느 날, 한 노인이 세상에서 가장 아름다운 새를 가져왔다면서 공주를 만나기를 청했다. 이에 공주가 반가워하며 나가 보니 과연 처음 보는 아름다운 새였다. 공주는 매우 기뻐하며 그 노인에게 큰 상을 내렸다.

그 후부터 공주는 다른 새들은 거들떠 보지도 않고 오직 그 새만을 사랑하였다.

그러나 웬일인지 그 새는 하루가 다르게 보기 흉해져 갔다. 모습뿐 아니라 새소리도 점차 듣기 싫어져 갔다. 알고 보니 그것은 공주에게 아첨하는 대신들을 못마땅하게 여긴 노인이 까마귀에게 화려한 색칠을 하

잎

고 목에 은방울을 달아 예쁘게 꾸민 새였다.
  이 사실을 안 공주는 몹시 분하고 화가 났다. 결국 공주는 화를 못이겨 그만 죽고 말았다.
  그 이후 공주의 무덤가에 한 그루의 나무가 자라나더니 노란색의 꽃이 피었다. 이 꽃이 바로 개나리꽃이라고 한다.

분포도

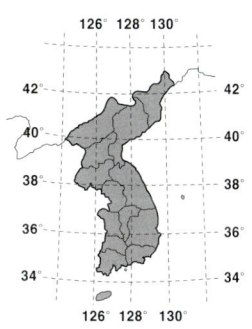

식물명	개나리(連翹)
과 명	물푸레나무과(Oleaceae)
학 명	*Forsythia koreana* Nakai
생약명	연요 · 연교(連翹)
속 명	개나리꽃나무 · 신리화 · 금강방울개나리
분포지	전국
개화기	3~4월
결실기	5~6월
높 이	3~5미터
용 도	관상용 · 약용
생육상	낙엽 관목(갈잎 좀나무)
꽃 말	희망

미선나무

고목에 기대선 미선나무 꽃

온 세계에 단 1속 1종밖에 없는 희귀 식물로, 천연기념물 제 220호로 지정되어 보호받고 있는 물푸레나무과의 낙엽 관목(갈잎 좀나무)이다.

원래는 조선육도목(朝鮮六道木) 등으로 불렸으며, 우리나라 충청북도 괴산군 장연면 추점리 일대와 진천군 등지에서만 자라고 있다.

높이는 약 1~5미터 정도이며 가지 끝은 개나리와 비슷하게 땅으로 처져 있으며 색깔은 자줏빛이 돌고 작은 가지는 4각형으로 되어 있다. 잎의 길이는 3~8센티미터이며 가장자리가 밋밋하고 잎자루는 짧다.

꽃은 개나리와 마찬가지로 가을에 형성되었다가 다음해 3월에 잎보다 먼저 핀다. 꽃은 흰색이며 모양은 개나리와 거의 비슷한데 처음에 꽃이 필 때에는 연한 자줏빛을 띤다. 꽃받침은 4각형이며 네 개로 갈라지고 자줏빛이다. 수술도 개나리와 마찬가지로 두 개이다.

기본종(基本種)은 꽃이 흰색이며, 변종으로는 분홍미선·상아미선·푸른미선·둥근미선 등이 있는데 꽃의 색깔이나 모양이 조금씩 다르다. 5월에 씨앗이 여물고 열매 한 개에 씨앗이 두 개씩 들어 있다.

이 나무는 관상용이며 희귀종이므로 그다지 많이 보급되지 않은 실정이다. 하지만 최근에는 대도시에서도 가끔 볼 수 있다.

열매

개나리보다 10~15일 앞서서 꽃이 피는 것이 특징이며, 이른 봄 꽃샘추위에도 아랑곳하지 않는 강인한 꽃이기도 하다.

이 나무가 잘 자라는 토질은 화강암계·화강편마암계·변성퇴적암계 등이며, 번식법에는 계통분리법·종자재배법·삽목법·취목법 등이 있는데 주로 삽목법에 의하여 번식된다.

분홍미선은 우리나라 특산 식물로 충북 괴산·진천 지방에 자라는데 주로 낮은 지역의 산모롱이 양지바른 곳에서 잘 자란다.

미선나무는 우리나라 특산종일뿐만 아니라 세계적인 희귀 식물이므로 보호와 번식에 더욱 신경을 쏟아야 할 것이다.

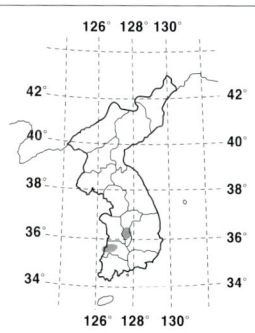
분포도

식물명	미선나무(翅果六道木)
과 명	물푸레나무과(Oleaceae)
학 명	*Abeliophyllum distichum* Nakai
속 명	개나리꽃나무·신리화·금강방울개나리
분포지	충북 괴산·진천
개화기	3~4월
결실기	5~6월
높 이	3~5미터
용 도	관상용
생육상	낙엽 관목(갈잎 좀나무)

제비꽃

 이른 봄 전국의 들이나 길가 언덕, 빈 터 양지바른 곳에서 흔히 볼 수 있는 여러해살이풀이다.
 민들레와 함께 우리나라 봄의 들꽃을 대표하는 이 꽃은 많은 다른 이름을 가지고 있다.
 조선의 각 고을에서는 이 꽃이 필 때 북쪽의 오랑캐 무리들이 쳐들어왔다 하여 오랑캐꽃이라 불렀으며, 꽃 모양이 씨름할 때의 자세 같다고 하여 씨름꽃 혹은 장수꽃이라 부르기도 했다. 이른 봄 갓 부화된 병아리같다고 해서 병아리꽃이라 부르기도 하고, 어린 잎은 나물로 먹기 때문에 외나물이라고도 불렀다. 지금도 산간 지방에서는 오랑캐꽃·병아리꽃·장수꽃·씨름꽃·외나물 등으로 부른다. 만주 지방에서는 여의초(如意草)·전두초

(箭頭草)·개자화(開紫花) 등으로 부르며, 자화지정(紫花地丁)·근근채(菫菫菜) 등으로도 부른다.

동속(同屬)으로는 20여 가지가 있다고 전해지며, 꽃으로 분류하면 60여 가지가 넘는다.

제비꽃은 풀잎이 작은 대신 꽃대가 길게 나와 꽃이 핀다. 이른 봄 3월 하순께부터 한 포기에서 여러 개의 꽃대가 올라오기 시작하는데, 꽃대는 높이 5~20센티미터 정도로 자란다. 4~5월에 꽃대 하나에 한 송이씩 꽃이 피며, 꽃 빛깔은 대개 짙은 자주색이다.

간혹 흰색 바탕에 자주색의 줄무늬가 있는 꽃도 핀다. 겹꽃으로 피는 것도 있다.

꽃잎은 넓적하며 기다란 꿀주머니가 약간 휘어져 위로 올라온다.

제비꽃은 원줄기가 없고 뿌리에서 잎자루가 긴 풀잎이 돋아난다. 잎의 모양은 심장 아랫부분 모양과 같으며 길이는 3~8센티미터 정도이다. 잎 가장자리는 얕고 둔한 톱니 모양이다. 잎자루의 길이는 3~15센티미터 정도이며 잎자루 윗부분에 날개가 달린다.

제비꽃은 꽃이 지면 꽃대도 함께 없어진다. 6~8월이 되었을 때 자세히 보면 끝에 보리알 모양의 꽃망울이 달려 있는 것을 볼 수 있다. 이것이 바로 씨앗이 든 열매인데 씨앗이 여물어 감에 따라 열매 색깔은 녹색에서 황록색으로 변하게 되며 세 갈래로 벌어진다. 이 속에 검은 갈색의 아주 작은 씨앗이 여러 개 들어 있다.

이 씨앗주머니는 늦가을까지 마치 꽃이 활짝 핀 것처럼 남아 있게 된다.

이 풀이 잘 자라는 토질은 화강암계·반암계·화강편마암계·변성퇴적암계 등이며, 집 주변이나 둑에서도 흔히 볼 수 있다. 번식방법에는 분주법·종자발아법·종간잡종법 등이 있는데 대개는 종자발아법으로 번식된다.

제비꽃은 종류에 따라서 풀잎 모양이 콩팥 꼴인 것·피침형·심장형 등 여러 가지가 있다. 꽃의 색깔도 자주색·보라색·흰색·노란색·청색을 띤 보라색·붉은색·연한 분홍색 등 여러 가지이다.

제비꽃은 초본류(草本類) 중에선 제일 먼저 피어 우리에게 봄소식을 전해 준다.

대개는 여럿이 모여서 군집하여 자라는데

열매 꽃 잎

호제비꽃

서울제비꽃

꽃이 핀 모양이 마치 밤하늘의 작은 별 같다.

원예 품종으로 개량된 제비꽃도 많이 있다. 이들 중 향기가 많이 나는 종류는 사향제비꽃과 삼색제비꽃이다. 꽃이 매우 크고 아름다우며 색깔도 진한 자주보라색·노란색·회갈색·흰색 등이 섞여 피어 요즈음에는 화단에 심기도 한다.

이른 봄 새싹이 나올 때의 어린 잎은 나물로 먹을 수 있다. 민간에서는 이 풀을 약재로 쓴다. 뿌리는 지혈·치통·악창 등에 효과가 있으며, 전초(全草)는 근근채(菫菫菜)라 하여 태독(胎毒, 피부병의 일종)·중풍·설사·통경·발한·부인병·간장 기능 부진·발육 부진 등에 다른 약재와 함께 쓰이고 있다.

우리나라에서 자라고 있는 제비꽃에는 여러 가지가 있다. 졸망제비꽃은 전국 초원지에서 자라며 꽃의 색깔은 흰색과 보라색이 섞여 피는데 그 모양이 매우 귀엽다.

남산제비꽃은 잎이 코스모스 잎같이 생겼으며 이른 봄에 피는데 꽃은 제법 큰 편이며 색깔은 처음 필 때는 붉은빛이 돌지만 얼마 후면 흰색으로 변한다. 관상용으로 좋은 풀이다.

큰노랑제비꽃은 서울의 북한산과 김제의 모악산에만 자라는 희귀종으로 꽃의 빛깔은 노란색이며 꽃잎은 약간 두텁고 큰 편이다.

갯제비꽃은 제주도 및 울릉도의 해변가에서 자란다.

북부 지방의 깊은 산에서 자라는 노랑털제비꽃은 노란색 꽃이 피는데 줄기에는 털이 많이 나 있다.

낚시제비꽃과 흰낚시제비꽃은 제주도와 전국의 초원지에서 자란다. 광릉제비꽃은 광릉 지방에서 자라는 꽃이며 갑산제비꽃은 인가 주변의 텃밭 등에서 흔히 볼 수 있다.

아욱제비꽃은 울릉도 지방에서 자라며 고깔제비꽃은 전국의 산속 음지에서 잘 자란다. 꽃의 빛깔은 연한 분홍색이며 꽃에는 가는 털이 많이 나 있다. 고깔제비꽃이라는 이름은 풀잎이 아기들의 고깔 모양으로 오그라든다 하여 붙여진 이름이다.

털이 많은 털제비꽃·민둥제비꽃 등도 전국에서 자라고 있다.

메제비꽃은 전국의 산속 음지에서 많이 자란다. 메제비꽃 종류로는 흰메제비꽃·얼룩메제비꽃·서울메제비꽃·거친털메제비꽃 등이 있으며 왜졸망제비꽃·양지제비꽃 등은 중부 지방에서 자라고 섬제비꽃은 울릉도 섬에서 자란다.

알록제비꽃은 전국의 산에서 자라며 꽃은 붉은색이다. 풀잎은 둥근형이고 풀잎에 흰색의 알록달록한 무늬가 나 있어 꽃도 예쁘지만 풀잎의 모양도 아름답다. 청알록제비꽃은 풀잎의 뒷면에 녹색이 돈다.

콩제비꽃은 전국에 걸쳐 자라고, 왕제비꽃·호제비꽃·노랑제비꽃 등도 봄이 되면 아름다운 꽃을 피운다. 그 밖에 단풍잎을 닮은 단풍잎제비꽃, 백두산 등지에서 피는 장백산제비꽃, 북부 지방 고산지(高山地)에서 자라는 구름제비꽃, 전국에 고루 분포하는 긴잎흰제비꽃·흰제비꽃 등이 있다. 봄이면 산의 양지와 그늘진 수림 속에서 혹은 길가 언덕에서 제각기 다른 모양과 색깔로 푸른 초원을 아름답게 수놓는다.

제비꽃은 그리스의 국화(國花)이다.

어떤 이야기가 숨어 있을까?

해의 신(神) 아폴로는 이아라는 아름다운 소녀와 양치기 소년 아치스의 사랑을 매우 질투하여 이아를 꽃으로 만들어 버렸는데 이 꽃이 바로 제비꽃이다.

또 다른 이야기로는 주피터 신이 아름다운 소녀인 이아를 은근히 사랑하고 있었는데 이 사실을 알게 된 주피터의 아내가 몹시 분개하여 이아를 소로 만들어 버렸다. 한편으로는 소가 된 이아를 가엾게 여긴 주피터의 아내가 소가 먹을 풀을 만들었는데 그것이 바로 제비꽃이라 한다. 제비꽃을 그리스 말로 이오라 하는 것은 여기서부터 비롯된 것이라고 전해진다.

분포도

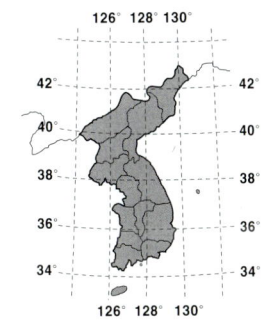

식물명	제비꽃(菫菜)
과 명	제비꽃과(Violaceae)
학 명	*Viola mandshurica* W.Becker
생약명	근근채(菫菫菜)
속 명	오랑캐꽃·병아리꽃·장수꽃·외나물·반지꽃·씨름꽃·앉은뱅이꽃·봉기풀
분포지	전국
개화기	4~5월
결실기	6~8월
높 이	10센티미터
용 도	식용·관상용·약용
생육상	여러해살이풀(多年生草本)
꽃 말	사고(思考)·나를 생각해 주오

진달래

 우리나라 산에서 흔히 볼 수 있는 진달래과의 낙엽 활엽 관목 (갈잎 넓은잎 좀나무)이다.

 원래는 산척촉(山躑躅)·산철쭉·참꽃나무 등으로 표기하다가 진달래·두견화(杜鵑花)·홍두견(紅杜鵑)·백두견(白杜鵑)·영홍두견(迎紅杜鵑)·영산홍(迎山紅)·백화두견(白花杜鵑) 등으로 불렀으며, 강원·경남 지방에서는 진달래나무·참꽃나무·백두견화 등으로 불렀다. 그 밖의 지방에서는 보통 진달래라 부르는데 중국 등지에서는 지금도 산척촉(山躑躅)·두견화

(杜鵑花) 등으로 칭하고 있다. 일반적으로는 진달래라는 명칭이 많이 쓰인다. 이와 비슷한 것으로 참꽃나무 영산홍(迎山紅) 등이 있는데 이는 종(種)이 다른 것이다.

우리나라 및 만주 지방의 산간 양지 바른 곳에 잘 자라는 진달래는 이른 봄부터 온 산을 붉게 수놓아 봄의 정취를 한층 돋보이게 하는 꽃이다.

옛 문헌에 보면 우리나라 산에는 홍두견(紅杜鵑)과 백두견(白杜鵑) 두 종류가 자라고 있었는데 백두견(흰진달래)은 매우 희귀한 진달래이다.

흰진달래는 나뭇잎에 털이 나 있다고 하며 꽃잎을 따서 먹기도 했다고 한다. 꽃잎은 초산미(稍酸味), 즉 약간 신맛이 나는데 우리나라에서는 이 꽃을 각종 음식에 넣어 맛을 내는 풍습이 있었다.

꽃으로 기름을 짜기도 하고 탕을 만들어 먹었다고도 한다. 또 화전(花煎)을 부치거나 나물로 무쳐 먹기도 했다.

3월 3일에는 진달래꽃으로 각종 음식을 만들어 먹었다고 하는데 이 날만은 특별히 진달래꽃으로 만든 음식을 일반인도 먹을 수 있도록 했다는 기록으로 보아 양반집에서만 진달래 음식을 먹었던 모양이다.

진달래로 만든 음식 중 특히 유명한 것으로는 진달래꽃과 뿌리를 섞어 빚은 두견주(杜鵑酒)를 들 수 있다. 이 술은 약주(藥酒)로 취급되어 인기가 매우 높았다고 한다.

진달래는 낙엽이 떨어지는 낙엽 활엽 관목이지만 반상록성(半常綠性)으로 겨울에도 잎이 살아 있는 경우가 있다. 또 대개는 꽃이 잎보다 먼저 피지만, 이따금 나뭇잎이 먼저 나고 꽃이 피기도 한다.

우리나라 북쪽 지방과 만주 지방에 자라는 것은 대개 가을에 잎이 모두 떨어지지만 남부 지방에서 자라는 것은 겨울에도 잎이 남아 있는 게 있다고 한다.

진달래나무는 높이가 2~3미터 정도까지 자라며 작은 가지는 연한 갈색이다. 잎에는 톱니가 없고 잎 뒷면에 비늘 모양의 조각이 많으며 잎자루는 짧다.

단풍잎, 겨울눈, 열매

꽃은 3~4월에 잎보다 먼저 피고 각 가지 끝에 두 개 내지 다섯 개가 모여 핀다. 꽃잎은 벌어진 깔때기 모양으로 지름이 3~4.5센티미터 정도이며 색깔은 약간 짙은 자줏빛이 도는 붉은색, 또는 아주 연한 붉은색 등이다. 꽃잎 겉에는 털이 나 있다.

수술은 열 개이며 수술대 기부에 털이 나 있다. 암술대는 수술보다 조금 길며 위로 약간 휘어져 있다. 씨앗은 7월에 여무는데 둥근 통 속에 들어 있다.

진달래의 종류도 여러 가지인데 흰진달래는 흰 꽃이 피는 것을 말하며, 작은 가지와 잎에 털이 난 것은 털진달래라 한다.

잎이 넓고 타원형 또는 둥근 것을 왕진달래라 하며, 나뭇잎 표면에 윤기가 나고 양면에 사마귀 같은 돌기가 있는 것을 반들진달래라 한다.

종자의 열매가 다른 것보다 가늘고 긴 것은 한라산진달래이며, 그 밖에도 제주도와 중부 지방에 자라는 산진달래가 있다.

진달래는 식용·관상용·약용 등에 쓰인다.

나무의 뿌리와 꽃을 먹기도 하며 관상수로 정원에 심기도 한다. 민간 및 한방에서 나뭇잎을 강장·이뇨·건위 등에 다른 약재와 같이 처방하여 약으로 쓴다.

진달래가 잘 자라는 토질은 화강암계·화강편마암계·변성퇴적암계·반암계·경상계·현무암계 등인데 양지바른 곳이면 어디에서든 잘 자란다.

번식법에는 계통분리법·종내잡종법·삽목법·분주법 등이 있는데 주로 분주법에 의하여 번식되는 경우가 많다.

진달래는 봄이면 온 산하를 붉게 물들이는데 그 모습이 마치 수줍은 봄색시를 연상케 한다.

그리고 모진 바람과 추위를 이겨내 가면서 우리와 같이 해 온 우리의 꽃이기도 하다.

분포도

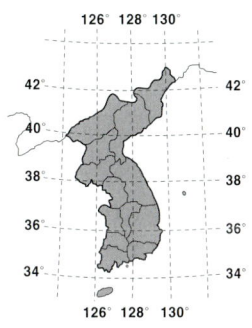

식물명	진달래(杜鵑葉)
과 명	진달래과(Ericaceae)
학 명	*Rhododendron mucronulatum* Turcz. var. mucronulatum
속 명	두견화 · 홍두견 · 백두견 · 참꽃나무 · 백화두견 · 영호두견 · 산철쭉
분포지	전국
개화기	3~4월
결실기	7월
높 이	2~3미터
용 도	식용 · 관상용 · 약용
생육상	낙엽 관목(갈잎 좀나무)
꽃 말	절제

처녀치마

섬 지방을 제외한 전국의 산속 음지의 습기 많은 곳에 잘 자라는 백합과의 여러해살이풀이다.

원래는 자화동방호마화(紫花東方胡麻花) 또는 치마풀이라 했으며 함경도 지방에서는 성성이치마라고 불렀다 한다.

처녀치마는 근경(根莖)이 짧고 곧게 자라는 것이 특징이다.

풀잎은 방석처럼 사방으로 퍼지는데 도피침형이고 길이는 6~20센티미터 정도로 끝이 뾰족하며 털은 없다.

4~6월에 꽃이 피고 높이는 30센티미터 정도이다.

꽃대가 올라와 그 끝에 총상(總狀)으로 달리며 처음에는 적자색(赤紫色)으로 피지만 조금 지나면 자록색(紫綠色)이 돌고 화경(花莖, 꽃줄기)에 포(苞) 같은 잎이 달린다.

꽃이 피고 난 후에 새로운 풀잎이 돋아나는데 방석처럼 사방으로 둘러 난다.

열매가 익을 때 꽃줄기의 길이는 1.5~2센티미터 정도이고 꽃의 열편은 여섯 개로서 도피침형이며 길이는 1~1.5센티미터 정도이다.

수술은 여섯 개이고 수술대는 화피(花被, 꽃덮이)보다 길며 꽃은 고개를 숙인 듯이 아래를 향하여 핀다.

꽃이 활짝 피었을 때의 모양이 마치 처녀들이 입는 치마 같다하여 처녀치마란 이름이 붙은 모양이다.

8월에 씨가 여물고 삭과(蒴果)는 마른 화피로 싸여 있는데 꽃잎과는 반대로 위를 향한다. 세 개의 능선(稜線)이 있고 네 조각으로 벌어져 있다.

씨앗은 선형이며 양 끝이 좁다.

관상용으로 심는데 이 풀이 잘 자라는 토질은 화강암계·반암계·화강편마암계·편상화강암계·분암계·경상계 등이며 번식법은 분주법·종간잡종법·계통분류법·생태육종법 등이 있다.

아주 오래전에는 처녀들이 분홍색이나 자주색의 여섯 폭 치마를 즐겨 입었던 모양이다. 꽃이 피고 고개를 숙이고 있을 때에는 동그란 여섯 폭의 치마 모양을 보이는데 마치 처녀가 여섯 폭 치마를 입고 있는 모습과 흡사하다.

이 풀은 생명력이 아주 강하여 가을에 풀잎이 죽지 않고 겨울에 푸른 잎이 땅바닥에 퍼져 누워서 산속의 추위와 눈보라에도 끄덕하지 않고 겨울을 난다.

처녀치마와 마찬가지로 같은 지역에서 겨울을 나는 것에는 노루발풀이 있다. 겨울에 이들을 바위 곁이나 소나무 밑동에서 볼 수 있다.

이른 봄 얼음과 눈이 채 녹기도 전에 얼음과 눈을 뚫고 굵은 꽃대가 대개 10~30센티미터 정도 올라온다. 나무 밑에 쌓인 낙엽 사이에서 꽃대가 나와서 그 끝에 치마 같은

고운 꽃을 피우고 무엇이 수줍은지 고개를 들지 못하고 봄눈에 젖어 있는 모양은 마치 한맺힌 처녀의 눈물이 방울방울 흐르는 것처럼 보인다.

가랑잎에 묻혀 있는 꽃이 눈에 띄지 않아서 겨울 산행하는 사람의 발길에 밟혀 수난을 당하는 꽃이기도 하다.

분포 지역은 낮은 지대의 산에서부터 높은 산과 골짜기까지 아주 넓다. 꽃이 지고 난 후 새로 나온 풀잎은 땅에 깔리지 않고 자란다.

씨앗이 익어 가도 씨앗 끝에 암술대가 길게 남아 있으며, 꽃받침도 길게 남아 있어 언뜻 보기에는 또 하나의 꽃이 핀 것처럼 보인다.

요즈음에는 이 풀을 화단에 가지런히 심어 관상용으로 키우는 사람들이 늘어나고 있다.

백합과에 속해 있는, 처녀치마와 비슷한 풀들을 살펴 보자.

높은 산에서는 7월에도 처녀치마꽃을 볼 수 있는데 그것은 흰치마풀로 섬 지방을 제외한 전국의 산지에서 같은 시기에 같은 모양의 꽃이 핀다.

한라산의 해발 1,700미터 정도되는 높은 지대에는 한라꽃창포·꽃바위창포·애기바위창포 등이 바위틈에서 자란다. 높이는 6~20센티미터 정도이며 6~8월에 걸쳐 아주 작은 꽃이 핀다.

같은 시기에 산 아래 낮은 지대에서는 뻐꾹나리가 아름다운 꽃을 피운다. 뻐꾹나리 꽃은 연한 홍색 바탕에 자주색 점이 나 있으며 거미 모양이다.

전국의 고산 지대와 한라산 등지에는 박새라고 하는 꽃이 핀다. 박새는 전국의 깊은 산 초원에서 6~8월에 피는 흰 꽃이다.

두메박새는 7월에 북부 지방의 산간 초원에서 흰색 꽃을 피운다. 또한 같은 시기 같은 장소에서 흰색 큰박새 꽃이 많이 핀다.

이보다 약간 앞서서 5~7월에는 제주도를 비롯한 전국의 깊은 산 초원에서 여로라는 풀이 짙은 자주색 꽃을 피운다. 여로는

열매

꽃

높이 50센티미터에서 1미터 정도까지 자라는데 작은 꽃이 많이 핀다.

전국의 높은 산 초원에는 파란여로 및 두메여로가 1미터 정도까지 자라는데 5~6월에 같은 색깔의 꽃이 핀다.

한라산에서는 20~30센티미터 정도의 한라여로가 7~8월에 꽃이 피고 제주도 및 중부와 북부 지방의 깊은 산에는 1.5미터 정도의 참여로가 자라는데 6월에 꽃이 핀다. 또 흰여로꽃도 7~8월에 핀다.

제주도 및 전국의 산지나 초원에서 자라는 색여로는 높이가 1미터 정도이며 7~8월에 꽃이 핀다. 북부 지방의 백두산 및 장백산에서 자라는 나도여로는 높이 15~30센티미터 정도이며 6월에 꽃이 핀다.

이들 박새류 및 여로류는 모두 유독성 식물(有毒性植物)이므로 함부로 먹을 수 없다.

식용 및 자양 강장약으로 많이 쓰이는 백합과의 풀 중 대표적인 것으로 나리류와 원추리류가 있다.

골잎원추리·원추리·들원추리·각시원추리·왕원추리·백운원추리·큰원추리·황원추리 등은 남부 지방과 제주도, 그리고 중부 지방과 섬 지방에까지 널리 분포하고 있다.

전국의 산과 들에서 흔히 볼 수 있는 달래류는 우리가 야채로 즐겨 먹고 있는 야생종으로 백합과 식물 중의 하나이다.

실달래는 제주도를 비롯한 중부와 북부 지방의 산과 들 또는 밭에 많이 자라는데 높이 30센티미터 정도로 7~8월에 꽃이 핀다.

노랑달래는 중부와 북부 지방의 산과 들에 나며 7~8월에 꽃이 피고 30센티미터 정도까지 자란다.

또한 중부의 가평·통천 지방의 산과 들에는 산달래가 자란다. 높이는 60센티미터 정도로 5~6월에 꽃이 핀다.

북부 지방의 산과 들에 자라는 들달래는 높이 20센티미터 정도로 5~6월에 꽃이 핀다. 또 속명은 같은 들달래이지만 학명이 다른 들달래가 있다. 이는 전국의 들에서만 볼 수 있는 꽃으로 높이 25센티미터 정도까지 자라고 5월에 꽃이 핀다.

같은 백합과이면서 달래와 비슷한 것으로 부추류가 있다. 왕부추는 50센티미터 정도까지 자라는데 제주도의 산과 들에서 볼 수 있으며 한국 특산 식물로 7~9월에 꽃이 핀다.

북부 원산(元山) 지방에 자라는 원산부추는 높이 50센티미터 정도이며 7~9월에 꽃이 피는데 이것 역시 한국 특산종이다.

전국의 산에 자라는 산부추는 높이 60센티미터 정도까지 자라고 7~10월까지 꽃이 핀다.

울릉도 성인봉과 북부 지방 고산지 초원에는 두메부추가 자라는데 높이는 60센티미터 정도이고 8~9월에 꽃이 핀다.

제주도 한라산과 남부 지방의 지리산, 중부 지방의 고산 초원에는 한라부추가 자란다. 높이 20센티미터 정도까지 자라고 8~9월에 꽃이 핀다.

이 밖에 애기중의무릇·중무릇·고려중무릇·무릇·산자고 등이 식용으로 쓰인다. 또 전국의 심산지 및 울릉도의 산지에서 자라는 산마늘(山蒜)이 있다. 이는 마늘처럼 식용할 수 있다.

산마늘은 자양 강장 식품 및 구충제·건위 등에 쓰이는 풀로 잎이 넓고 크며 높이 30~60센티미터 정도까지 자란다. 5~7월에 꽃이 피고 9월에 양파 모양의 씨앗이 여문다.

요즈음에 들어와 이 산마늘이 건강에 좋다 하여 많이 채취하는데 이와 모양이 비슷한 풀이 앞서 말한 박새류이다. 잘못 알고 이 독초를 먹게 되면 생명을 잃을 수도 있으

새잎

므로 주의해야 한다.

산마늘은 희귀한 식물로 그 수도 많지 않다. 또 먹는 시기도 5월 한 달 정도일 뿐이다.

분포도

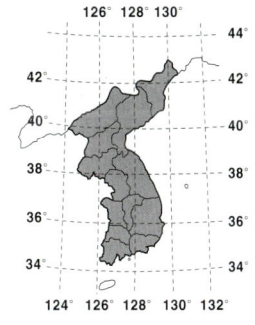

식물명	처녀치마(紫花胡麻花)
과 명	백합과(Liliaceae)
학 명	*Heloniopsis orientalis* Tanaka
속 명	성성이치마 · 치마풀
분포지	섬지방을 제외한 전국의 산
개화기	4~6월
결실기	7~8월
높 이	10~30센티미터
용 도	관상용
생육상	여러해살이풀(多年生草本)

금낭화

　중국이 원산이라고 하나 우리나라 남부 지방과 중부 지방의 산 바위틈 등에서 많이 자라는 양귀비과의 여러해살이풀이다.
　금낭화(金囊花)·등모란·며누리주머니·며느리주머니·며늘취 등으로 불리는 풀이며, 남부 지방이나 중부 지방의 깊은 산에 있는 사찰의 화단 등지에서 종종 볼 수 있는 꽃이기도 하다.
　학설에 의하면 중국이 원산이라고 하지만 우리나라의 고산지에서 흔히 볼 수 있는 야생식물(野生植物)이었을 가능성이 크다.
　높이는 40~60센티미터 정도까지 자라고, 몸 전체가 분백색이 도는 녹색이다. 잎은 어긋나고 잎자루가 길며 세 개씩 두 번에 걸쳐 깊이 갈라진다. 작은 잎은 길이 3~6센티미터 정도로서 세 개 내지 다섯 개로 깊게 또는 완전히 갈라진다.

열편은 거꾸러진 계란 모양의 쐐기형이고 끝에 결각이 있다.

4~6월에 연한 붉은색의 꽃이 피는데 길이는 2.7~3센티미터 정도이다. 밑부분은 심장의 밑부분 모양이며, 꽃은 원줄기 끝 총상화서(總狀花序)에 한쪽으로 치우쳐서 주렁주렁 매달린다. 화서(花序)는 길이 20~30센티미터 정도로 원줄기 끝에서 발달하며 꽃이 피면 활처럼 구부러진다.

꽃받침잎은 두 개인데 피침형이며 끝이 둔하고 빨리 떨어진다. 꽃잎은 네 개가 모여서 편평한 심장형을 이룬다.

바깥 꽃잎 두 개는 길이가 2센티미터 정도로 밑부분이 주머니 같은 거(距)로 되며 끝이 좁아지면서 밖으로 젖혀진다. 안쪽의 꽃잎 두 개는 합쳐져서 돌기처럼 되어 있으며 길이는 2.5센티미터 정도이다.

수술은 여섯 개가 두 몸으로 갈라지고 암술은 한 개이다.

꽃의 모양이 다른 꽃에 비하여 매우 특이하게 생겼는데 마치 남자의 성기를 닮은 듯하다.

6월에 씨가 익으며 식용·관상용·약용으로 쓰인다.

이 풀은 유독성 식물(有毒性植物)이어서 함부로 먹을 수 없지만 독성을 없애고 먹기도 한다.

강원 지방에서는 봄에 어린순을 물에 담가 독성을 제거한 뒤에 나물로 먹는데 이를 며눌취나물이라 한다.

화분이나 화단에 심으면 훌륭한 관상초가 되어 봄부터 여름까지 특이한 꽃을 볼 수 있으며 민간에서는 전초(全草)를 탈홍 등에 다른 약재와 같이 처방하여 약으로 쓴다.

이 풀은 화강암계·현무암계·화강편마암계·편상화강암계 등에서 잘 자라며, 번식은 분주법·종내육종법·실생법 등에 의하여 이루어진다.

예로부터 중국 등지에서 관상초로 들여와 관상용으로 많이 심었다고 하는데 우리나라 남부 지방의 지리산(智異山) 깊은 골짜기와 속리산·가야산·주왕산·태백산·치악산·오대산·설악산 등지의 골짜기 바위틈 등에서 야생하는 것을 흔히 볼 수 있다.

북부 지방의 깊은 산에도 많이 있다 하는데 이러한 사실로 미루어 보아 우리의 산에 있는데도 미처 발견하지 못하고 중국에서 들여오지 않았나 추측된다.

강원 설악산 지역의 산간 마을에 살고 있는 나이 많은 노인들은 이 풀을 잘 알고 있다. 그러나 금낭화 혹은 하포목단이라 하면 모르고 며눌취·며느리주머니·덩굴모란이라 하면 단번에 알아차리고 이 금낭화를 가리킨다.

잎과 씨

　노인들의 말에 의하면 옛날부터 이 나물을 며눌취라 하여 즐겨 먹었다고 한다.

　이른 봄에 돋아 나오는 연한 새싹을 채취하여 삶은 다음 며칠동안 담가 놓았다가 말려서 나물로 먹는다. 지금도 강원 지방에서는 취나물(밥나물)·얼레지나물 등과 더불어 이 며눌취나물이 맛있는 나물로 손꼽힌다.

　이 풀은 남부 지방의 따뜻한 곳에서는 3월 하순경부터 꽃이 피기 시작한다. 풀잎이 모란의 풀잎을 닮았고 꽃은 덩굴에 매달린 듯이 핀다 하여 등모란·덩굴모란이란 이름도 가지고 있는데 치마 속에 매달고 다니던 주머니와 닮아서 며느리주머니라고 부르기도 한다.

　간혹 며느리밥풀꽃과 같은 것으로 취급하는 이도 있으나 며느리밥풀꽃과는 전혀 다른 식물이다.

　이 풀이 속해 있는 양귀비과 식물들은 아름다운 꽃을 피우는 것이 대부분이며 대개는 유독성분이 있어 함부로 먹지는 못하지만 한방의 중요한 약재로 쓴다.

　꽃의 크기는 각각 다르나 꽃잎은 4개로 노란색이며 모양이 같은 꽃들도 있다.

　애기똥풀(白屈菜)·매미꽃·금영화·피나물·흰양귀비·두메양귀비·양귀비·노랑매미꽃 등이 그들이다. 풀잎의 모양이나 크기는 모두 같지 않지만 꽃잎의 색깔이나 모양이 거의 비슷하다. 다만 흰양귀비·양귀비꽃은 흰색이다.

　애기똥풀은 전국의 들이나 길가나 구릉지, 인가 부근의 울타리 등에서 흔히 볼 수 있으며 4~7월에 꽃을 피우고 한방의 약재로도 쓰인다.

　매미꽃이나 피나물 등은 중부 지방과 남부 지방의 규모가 큰 산의 음습한 곳에서 모여 자라며 5~6월에 밝은 노란색 꽃을 피운다.

　흰양귀비와 두메양귀비는 북부 지방 백두산(白頭山) 등지의 높은 초원지(草原地)에서 7~8월에 많은 꽃이 피는데 이들은 군락을 이루어 자생한다.

　또한 같은 양귀비과에는 꽃의 생김새가 특이한 꽃이 있다. 현호색류의 꽃이 그것인데 이들은 남부 지방과 중부 지방, 북부 지방의 들이나 산지 음습한 곳에서 무리를 지어 자라는데 지방에 따라 각각 그 종이 다르다.

　중부 지방과 북부 지방의 산에는 산현호색·애기현호색·눈괴불주머니·가는괴불주머니·괴불주머니·큰현호색·들현호색·현호색·댓잎현호색·빗살현호색 등이 자라고 있으며 들이나 밭에서도 발견할 수 있다.

산괴불주머니·염주괴불주머니·이삭현호색 등은 전국의 들이나 산지에서 자라고 있으며 제주도와 울릉도 및 남부 지방의 섬, 그리고 해변과 산의 음습한 지역에서는 좀현호색·섬현호색·갯현호색·괴불주머니·갯괴불주머니 등이 자란다.

큰현호색·들현호색·현호색·세잎현호색 등은 북부 지방과 중부 지방의 산과 들에서 많이 자라고 있으며, 이들은 이른 봄 2월 하순부터 5월에 이르기까지 꽃을 피운다.

이른 봄 얼음이 녹기 시작하면 남부 지방에서는 이들의 연약한 줄기가 나기 시작하는데 그 높이가 10센티미터도 채 되지 않는다. 꽃의 길이는 2~2.5센티미터 정도로 통으로 되었으며 옆으로 누워 있다. 넓은 꽃잎과 꽃술은 마치 물고기 입과 같은 모양으로 매우 특이하다.

꽃의 색깔은 다른 꽃들에 비하여 매우 다양하여 담청색·보라색·자주색·노란색·붉은색·흰색·연한 녹색·연한 노란색·청색 등이 있다.

이 식물들은 토양에 대단히 예민한 반응을 보이는데, 즉 알칼리성 토질에서는 보통 그 식물이 가지고 있는 색깔의 꽃을 피우지만 토양이 산성인 땅에서는 붉은색이나 흰색 꽃이 핀다.

토질에 민감한 식물들은 현호색 계통의 식물 이외에도 꿀풀과의 금창초, 달개비과의 달개비 등이 있는데, 이들은 산성화된 토양에서 붉은색의 꽃을 피운다. 이들 꽃의 원래 색깔은 보라색이나 담청색, 자줏빛이 도는 보라색 등이지만 토질에 따라 그 색깔이 변한다.

열매

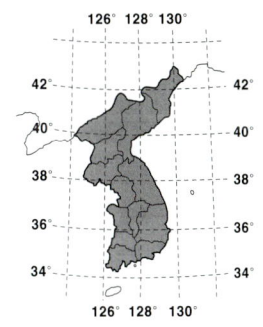

분포도

식물명	금낭화(荷包牡丹)
과 명	양귀비과(Papaveraceae)
학 명	*Dicentra spectabilis* Lem.
속 명	며느리주머니·며눌취
분포지	남부·중부 지방
개화기	4~6월
결실기	6월
높 이	60센티미터
용 도	식용·관상용·약용
생육상	여러해살이풀(多年生草本)

은방울꽃

우리나라 섬 지방을 빼고 중부 및 북부 지방의 산과 들에서 흔히 볼 수 있는 백합과의 여러해살이풀이다. 남부 지방의 무등산에서도 자라고 있다.

원래는 영란(鈴蘭)·군영초(君影草)·오월화(五月花)·초옥란(草玉蘭)·녹령초(鹿鈴草)·향수화(香水花)·녹령(鹿鈴)·초옥령(草玉鈴)·녹제초(鹿蹄草)·콘발라이아 등으로 불리었으며, 지금도 일본 등지에서는 영란(鈴蘭)·녹령초(鹿鈴草) 등으로 부르고 있다.

은방울꽃이 잘 자라는 지역은 높은 산 정상(頂上) 부근이나 낮은 지역이라도 바람이 사방으로 통하는 곳이면 대개 군집하여 잘 자란다.

높이는 18센티미터 정도이고 꽃줄기와 15~25센티미터 가량의 잎으로 이루어져 있다.

털이 없으며 지하경(地下莖, 땅속 뿌리줄기)이 옆으로 길게 벋어 나가고 그 뿌리의 군데군데 마디에서 새순이 나온다.

아랫부분에는 막질로 된 탁엽이 있는데 그 속에서 두 개의 잎이 나와 밑부분을 얼싸안고 있는 것처럼 보인다.

잎의 모양은 긴 타원형으로 가장자리가 밋밋하며 넓이는 3~7센티미터 정도이다. 끝이 뾰족하고 표면은 짙은 녹색인데 뒷면은 연한 흰빛이 돌며 잎자루가 길게 나 있다.

4~5월에 잎줄기 사이에서 꽃대가 올라와 흰색 꽃이 피는데 길이는 6~8밀리미터쯤 된다. 마치 종처럼 생겼으며 꽃잎 끝이 여섯 갈래로 갈라져 뒤로 말려 있다. 모양이 어린아이들이 차고 다니는 은방울과 비슷해서 은방울꽃이란 이름이 붙여진 듯하다.

꽃대는 잎보다 짧게 올라오는데 넓은 잎에 가려 잘 보이지 않는다. 한 포기에서 대개 열 송이 정도 핀다.

화서(花序, 꽃이 줄기나 가지에 배열되는 모양, 또는 그 줄기나 가지)에 5~10센티미터 정도의 길이로 이어서 피면 반달같이 휘어져 매우 보기 좋다. 수술은 여섯 개이고 꽃잎 안쪽에 붙어 있다. 7월에 붉은색의 씨앗이 여문다. 은방울꽃은 방울 모양의 작고 흰 꽃인데 향기가 좋아 향수화(香水花)라고도 한다. 이른 여름의 꽃으로 간주되는데 유럽 등지에서는 이것을 오월의 꽃이라고 한다. 프랑스에서는 5월 1일에 은방울꽃으로 만든 꽃다발을 보내면 그 사람에게 행운이 찾아온다는 이야기가 전해지기도 한다. 그래서 이 날이 다가오면 젊은이들이 산으로 은방울꽃을 꺾으러 올라가 거리가 한산할 정도라고 한다. 그러다가 5월 1일이 되면 은방울꽃 다발을 들고 길가는 사람들에게 권하는 모습을 흔히 볼 수 있으며, 은방울꽃을 가슴에 꽂고 다니는 것도 습관으로 되어 있다 한다.

은방울꽃은 관상용·약용·화장품 원료 등으로 쓰인다.

도시에서도 이 꽃을 정원에 심어 즐겨 감상하기도 하는데 낮은 지대에 심으면 잎은 보기 좋게 잘 자라지만 꽃은 잘 피지 않는 경우가 많다고 한다.

한방 및 민간에서는 영란(鈴蘭)이라 하여 강심제 및 이뇨제 등으로 쓴다.

은방울꽃이 잘 자라는 토질은 화강암계·반암계·화강편마암계·변성퇴적암계·경상계 등이며, 번식법에는 분주법·삽목법·종간잡종법·계통분리법·생태육종법 등이 있는데 주로 분주법에 의하여 번식되고 있다.

잎

생명력이 대단히 강하고 번식력도 뛰어난 풀로 대개는 산등성이나 나무가 없어 태양을 많이 받을 수 있는 곳에서 다른 풀과 어울려 자란다. 곧 그 일대를 모두 자기들의 영역으로 넓혀 나갈 만큼 번식력이 강하다.

우리나라에서 은방울꽃이 집중적으로 많이 자라고 있는 곳은 광주의 무등산·충북의 소백산·강원의 은두령 등으로 대개 군락을 이루고 있다. 그 밖의 여러 곳에서도 간간이 군락을 이루며 자라는 것을 볼 수 있다. 은방울꽃은 영롱한 아침 이슬처럼 졸랑졸랑 매달려 숨듯이 핀다. 이때의 모습은 꼭 숲 속에서 뛰노는 어린아이같이 귀엽게만 보인다. 하지만 등산객의 발길에 수난을 당할 때도 많다.

이러한 수난을 당하면서도 수줍은 미소를 잃지 않는 것이 은방울꽃이다. 또 정상 부근에 옹기종기 모여 피는 것은 그들 나름대로 높은 곳이 낮은 곳보다 더 안전하다고 생각하기 때문일지도 모른다.

백합과에는 은방울꽃 이외에도 그 잎이나 꽃이 아름다운 것들이 많다. 은방울과 거의 같은 지역에서 자라는 것으로 애기나리·큰애기나리·윤판나물·금윤판나물 등이 있는데 역시 모여 자란다. 또한 꽃이 피는 시기도 거의 같은데 애기나리 등은 풀잎의 모양도 은방울꽃과 비슷하다.

윤판나물도 은방울꽃과 많이 닮았다. 하지만 꽃대가 길게 자라고 나리꽃처럼 피는 점이 다르다.

이 꽃들은 매우 작아 꽃이 피어 있는지도 모르고 그냥 지나칠 정도이다. 그러나 자세히 보면 청정함을 수줍게 드러내고 피어 있는 것을 발견하게 된다.

어떤 이야기가 숨어 있을까?

그리스 신화에 의하면 은방울꽃은 용사의 핏자국에 핀 꽃이라고 한다.

옛날 그리스에 레오나르드라는 용감한 청년이 있었다. 어느 날 이 청년이 깊은 산길을 걷다가 그만 길을 잃고 말았다. 청년은 낮에도 동서를 구별하기 어려울 정도의 깊은 숲 속으로 빠져들고 말았던 것이다.

그때 청년은 숲 속에서 무시무시한 화룡(火龍)을 만났다. 화룡은 눈이 무척 크고 날카로웠으며 입에서는 불을 뿜고 혓바닥은 붉은 용암같이 이글거렸다. 화룡은 길을 막고 청년을 집어삼킬 듯이 노려보았다.

잎

꽃

새싹

이야기를 뒷받침이라도 하듯 4월에 은방울꽃의 싹이 돋아날 때는 불그레한 포막을 쓰고 있다. 이 포막은 곧 갈라지는데 그 속에서 푸른 잎이 나온다.

아무리 담이 크고 용감한 청년이라지만 그는 화룡을 본 순간 당황하고 놀라지 않을 수 없었다. 하지만 청년은 정신을 가다듬고 화룡을 노려보며 호통을 쳤다.

"썩 비키지 못하겠느냐!"

그러나 화룡은 입에서 불을 뿜으며 덤벼들 기세였다. 청년도 싸울 태세를 취했다.

청년과 화룡은 밤을 세워 가며 싸웠다. 그러나 좀처럼 승부가 나지 않았다. 다음날도 청년과 화룡은 격렬하게 싸웠지만 역시 승부는 나지 않았다.

그리고 나서 4일째 되는 날이었다. 마침내 화룡은 지쳤는지 힘을 쓰지 못하였다. 이 틈을 이용하여 청년은 마지막 일격을 가해 화룡을 쓰러뜨렸다.

그러나 청년의 몸도 상처투성이였다. 상처를 입은 자리에서 붉은 피가 흘러 땅에 떨어졌다. 그때였다. 피가 떨어진 땅에서 이름 모를 꽃이 피어났다. 향기가 뛰어난 작고 아름다운 꽃이었다.

이 꽃이 바로 은방울꽃이다.

분포도

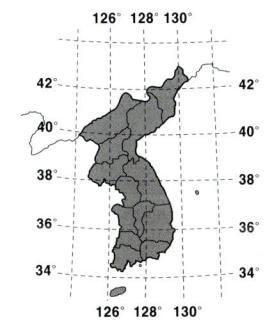

식물명	은방울꽃(鈴蘭)
과 명	백합과(Liliaceae)
학 명	*Convallaria keiskei* Miq.
생약명	영란(鈴蘭)
속 명	오월화(五月花)·향수화·초옥란(草玉蘭)
분포지	중부 및 북부 지방
개화기	4~5월
결실기	7월
높 이	25~35센티미터
용 도	관상용·약용
생육상	여러해살이풀(多年生草本)
꽃 말	장쾌(壯快)·쾌락(快樂)·행복의 복귀

현호색

우리나라 중부 지방의 산과 들, 북부 지방의 산과 들 음습한 곳에서 많이 자라며 봄에 일찍 꽃을 피우는 양귀비과의 여러해살이풀이다.

원래는 연호삭(延胡索)·현호삭(玄胡索)·치판현호색(齒瓣延胡色)·연황삭(延黃索)·남작화(藍雀花)·남화채(藍花菜)·가는잎현호색 등으로 불리었으며, 이웃 나라에서는 연호삭(延胡索)·현호색(玄胡索) 등으로 불린다.

문헌에 의하면 원래 우리나라 중부 이북 지방에서 많이 자랐는데 일부 만주 지방에까지 분포하였으며, 이들 모두는 동속수종(同屬數種)이다.

『만선식물』에 의하면 이 풀의 구근(球根)을 말려서 약재(藥材)로 사용하면 특히 부인혈(婦人血)을 원활하게 하는 데 효과를 볼 수 있다 한다.

이 풀은 대개 습기가 있는 산속에서 높이 20센티미터 정도까지 자라는데 땅속의 괴경(塊莖) 지름은 1센티미터 정도이다. 괴경의 속은 노란색이고 밑부분에 포(苞) 같은 잎을 달고 있으며 그 엽액(잎겨드랑이)에서 가지가 갈라진다.

잎은 어긋나고 잎자루(葉柄)가 길며 세 개씩 두 번 갈라진다. 열편은 거꾸러진 계란형으로서 윗부분이 깊게 또는 결각상으로 갈라지며, 잎의 표면은 녹색이고 뒷면은 분백색(粉白色)을 띤다.

3~5월에 길이 2.5센티미터 정도 되는 연한 홍자색 꽃이 피는데 원줄기 끝의 총상화서(總狀花序)에 다섯 내지 열 개씩 달린다. 꽃은 한쪽으로 넓게 퍼지며 거(距)의 끝이 약간 밑으로 굽는다.

밑부분의 포(苞)는 길이 1센티미터 정도로서 타원형이고 끝이 빗살처럼 깊게 갈라지며 위로 올라갈수록 작아진다.

소화경(小花梗)은 길이 2센티미터 정도로서 역시 윗부분의 것이 짧다.

7월에 씨가 여물고 삭과(蒴果)는 콩꼬투리 모양의 긴 타원형으로 한쪽이 편평하고 양끝이 좁으며 끝에 암술의 머리가 달려 있다.

이 풀은 유독성 식물(有毒性植物)이므로 함부로 먹을 수 없다.

땅속의 괴경(塊莖)은 한방 및 민간에서 현호색(玄胡索)이라 하여 약재로 사용하며, 동속수종 모두 괴경(塊莖)을 달고 있는데 모두 현호색이라 불리고 약재로 쓰인다.

한방에서 진경(鎭痙, 경련을 진정시킴)·진통·조경·타박상·두통·월경통 등에 다른 약재와 같이 처방하여 약으로 쓴다.

이 풀은 화강암계·화강편마암계·변성퇴적암계 등에서 잘 자라며, 번식은 분주법·실생법·종간잡종법 등에 의하여 이루어진다.

우리나라에 자라고 있는 현호색의 종류에는 들현호색·댓잎현호색·빗살현호색·세잎현호색·둥근잎현호색·이삭현호색·큰현호색·갯현호색·애기현호색·섬현호색·좀현호색·산현호색 등이 있으며, 이들을 다시 풀잎의 모양에 따라 구분한다.

풀잎이 빗살 모양이면 빗살현호색, 댓잎 모양이면 댓잎현호색, 풀잎이 큰 것은 큰현호색, 잎이 가늘게 갈라진 것은 세잎현호색 등이라 한다.

꽃의 모양은 거의 비슷하나 색깔은 각각 다르다.

이른 봄, 남부 지방에서는 2월 하순경부터 꽃이 피기 시작하여 중부 지방, 북부 지

꽃

꽃

덩이줄기

방으로 올라오면서 3월에서 5월까지 꽃이 핀다.

　우리나라의 깊고 높은 큰 산 지역의 약간 습한 곳에는 여러 종류의 현호색이 모여서 자라며 꽃을 피우는데 대부분 청색 계통의 꽃으로 자세히 살펴보면 조금씩 색깔이 다르다는 것을 알 수 있다.

　이 풀은 작고 꽃이 일찍 피기 때문에 사람들의 관심을 그리 끌지는 못하지만 예로부터 중요한 약재로 사용되었다. 대추알만 한 둥근 괴경을 물에 씻은 다음 생으로 말리거나 쪄서 말려 약재로 많이 사용하였다.

　여러 가지 현호색들은 모두 그 성분(成分)이 같아 같은 약재로 사용된다.

　들현호색은 15센티미터 정도까지 자라고 3~4월에 꽃이 피며 중부 지방 및 북부 지방의 산과 들에서 볼 수 있다.

　댓잎현호색과 빗살현호색은 20센티미터 정도까지 자라며 4~5월에 꽃이 피고 중부 지방 및 북부 지방의 산과 들에서 볼 수 있다.

　세잎현호색과 둥근잎현호색은 15센티미터 정도 자라며 5월에 꽃이 피고 북부 지방의 산에서 자란다.

　이삭현호색은 60센티미터 정도 자라고 5월에 꽃이 피며 전국의 해변지에서 볼 수 있다.

　산현호색은 15센티미터 정도 자라고 4~5월에 꽃이 피고 중부 지방 및 북부 지방의 산에서 볼 수 있는 풀이다.

　좀현호색은 17센티미터 정도 자라며 5월에 꽃이 피고 제주도의 들에서 자란다.

　울릉도의 산에서 볼 수 있는 섬현호색은 40센티미터 정도 자라고 5월에 꽃이 핀다.

　애기현호색은 25센티미터 정도 자라고 4월에 꽃이 피며 중부·북부 지방의 산에서 자란다.

　갯현호색은 50센티미터 정도까지 자라며 5월에 꽃이 피고 남부 지방의 해변에서 자라는 풀이다.

　큰현호색은 20센티미터 정도 자라고 4~5월에 꽃이 피며 중부 지방의 산과 들, 북부 지방의 산지에서 자란다.

　이들은 모두 줄기와 잎이 연약하여 곧잘 부러진다.

　꽃은 머리 위에 올려 놓은 듯이 2~8개까지 피며 화관(花冠) 부분이 대단히 기묘하게 생겼다. 그러나 맨눈으로는 보기 어렵다.

　꿀주머니 같은 거(距)가 아래로 약간 구

부러진 듯이 있으며, 꽃은 두 송이가 같은 방향으로 피는 것과, 좌우로 방향을 달리하여 많은 꽃을 피우는 것 등이 있다.

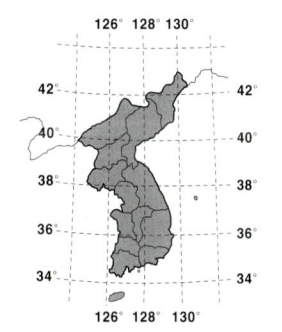
약재

현재까지 붉은색이나 흰 현호색이 발견되었다는 사실은 확인된 바 없고 문헌에도 없는 일이다. 그러나 필자는 해남의 두륜산 지역과 선운사 지역에서는 붉은색 꽃이 핀 현호색을, 대전 지역과 금산 지역에서는 흰색의 현호색 꽃을 발견한 적이 있다. 토양이 산성으로 변해서 꽃 색깔이 변한 것이 아닌가 추측된다.

이른 봄 다른 꽃들보다 앞서서 꽃을 피우고, 곧 며칠 만에 시들어 버리기 때문에 이른 봄에 산과 들을 자주 찾지 않으면 좀처럼 현호색꽃들의 오묘한 자태를 감상하기 어렵다.

이들 현호색꽃이 지고 나면 같은 양귀비과의 매미꽃과 피나물·애기똥풀·노랑매미꽃 등이 피어난다. 현호색보다는 훨씬 큰 푸른 잎과 샛노란 꽃들이 점차 남청색(藍靑色)의 현호색 꽃물결을 밀어내고 밝은 노란색의 꽃물결로 서서히 가득 채운다. 이때부터 초원에는 수많은 야생화들이 분홍색, 보라색 등의 아름다운 꽃망울을 터뜨리기 시작한다. 그 중에서도 피나물류의 꽃들은 아주 아름다운 모습으로 피어나는데 큰 무리를 지어 숲 속을 온통 황금벌판으로 만들곤 한다.

꽃이 대단히 아름다워 양귀비라는 이름이 붙기도 하였다.

양귀비과의 풀들은 한결같이 양귀비꽃의 형태를 그대로 유지하는데 그 아름다움을 모두 소중히 간직하려는 것 같다.

그런데 양귀비과의 꽃은 오직 백두산 지역의 두메양귀비가 8~9월에 꽃을 피울 뿐, 가을에 피어나는 것이 하나도 없고, 모두 8월 이전에 꽃이 핀다.

분포도

식물명	현호색(玄胡索)
과 명	양귀비과(Papaveraceae)
학 명	*Corydalis remota* Fisch. ex Maxim.
생약명	현호색(玄胡索)·연호삭(延胡索)
분포지	중부 지방의 산과 들·북부 지방의 산지
개화기	3~5월
결실기	7월
높 이	20센티미터
용 도	약용
생육상	여러해살이풀(多年生草本)

산괴불주머니

전국 산지의 습한 곳에서 흔히 자라며 특히 중부 지방의 산간에서 많이 자라는 양귀비과의 두해살이풀이다.

곧게 서서 자라는 풀로서 가지가 갈라지고 높이는 50센티미터쯤 자란다.

몸 전체에 분백색(粉白色)이 돌고 줄기의 속은 비어 있다.

잎은 어긋나고 날개 모양으로 두 번 갈라지며 길이 10~15센티미터, 너비는 4~6센티미터 정도된다. 열편(裂片)은 난형이며 다시 날개 모양으로 갈라지고 최종 열편(最終裂片)은 선상(線狀)의 긴 타원형이며 끝이 뾰족하다.

4~6월에 길이 3~10센티미터 정도의 꽃이 피는데 원줄기와 가지 끝에 꽃이 피는데 총상화서(總狀花序)에 노란색이다. 포(苞)는 난상 피침형이며 때로는 갈라진 것도 있다.

화관(花冠)은 길이 2센티미터쯤 되며 한쪽으로 벌어지고 다른 쪽은 다소 구부러진 거(距)가 된다. 여섯 개의 수술은 각각 두 개로 갈라진다.

8월에 씨가 여물고 삭과(蒴果)는 길이 2~3센티미터 정도로 선형(線形)이고 염주같이 잘록잘록한 모습이다. 씨는 검은색으로 둥글며 오목하게 파인 점이 있다.

이 풀은 유독성 식물(有毒性植物)이라서 함부로 먹을 수 없으며 약용으로 쓴다. 전초(全草)를 민간에서는 진경(鎭痙)·조경(調經)·진통·타박상 등에 다른 약재와 같이 처방하여 약으로 쓴다.

이 풀은 관상용으로 적합하여 도로변이나 화단 등지에 모아 심으면 이른 봄에 노란색의 옷감을 펼쳐 놓은 듯한 꽃들을 볼 수 있다. 봄에 숲 속의 습기 많은 곳에서도 커다란 무리를 이루어 자라고 있는 모습을 볼 수 있다. 특히 경기·강원 지방 등에서 많이 자라고 있으며 높은 지대의 것이 더 고운 색깔의 꽃을 피운다.

이 풀은 화강암계·화강편마암계·반암계·편상화강암계·변성퇴적암계 등에서 잘 자라며 대개는 습기가 있는 곳이면 가리지 않고 잘 자란다.

이른 봄 얼음이 채 녹기도 전인 2월 하순경에 새싹이 돋아나며, 일찍 꽃을 피우는 식물이다.

종자재배법·생태적육종법·무성번식법 등에 의하여 번식된다.

이른 봄 대관령이나 강원 지방의 높은 지대에 있는 도로를 달리다 보면 노란 개나리와 더불어 피어난 많은 꽃들을 볼 수 있으며 분홍색의 진달래꽃과 어우러진 모습은 그야말로 일대 장관을 이룬다.

이 식물은 붙여진 이름만큼이나 꽃의 모양이 오묘하다.

현호색꽃을 닮았으나 현호색보다는 꽃이 약간 가늘고 거(距)가 위쪽으로 약간 휘어져 있다. 꽃은 노란색이나 연한 노란색, 자주색, 붉은빛이 도는 노란색 등으로 핀다.

우리나라에는 몇 종류의 괴불주머니가 자라고 있다.

큰괴불주머니는 중부 지방과 북부 지방의 산에서 1.5미터 정도로 자라고 6~8월에 노란색의 꽃이 피며 9월에 씨가 여문다.

자주괴불주머니는 제주도와 남부 지방의 평야 및 중부 지방의 평야와 산지 등 습기가 많은 곳에서 50센티미터 정도로 자라며, 2~5월에 자줏빛을 띤 꽃이 핀다. 6월에 열매가 익으며 특히 남부의 지리산(智異山) 지역에 많이 분포하고 있다. 관상용으로 알맞은 풀이다. 꽃의 화관(花冠)은 자줏빛이 돌지만 꽃의 거(距)는 희다.

눈괴불주머니는 중부 지방의 평야와 산간 또는 북부 지방의 산지 습기가 있는 곳에서 60센티미터쯤 자라고 7~9월에 꽃이 피며 10월에 씨가 익는다. 눈괴불주머니는 괴불주머니 중에서도 가을에 맨 마지막으로 꽃을 피우는 종이며 봄에 꽃을 피우는 괴불주머니보다는 꽃의 숫자가 적다. 그러나 이들도 군락을 이루어 많은 꽃이 한꺼번에 핀다.

꽃의 화관(花冠)은 노란색이 섞인 붉은색이며, 완전히 벌어지지 않기 때문에 마치 물고기의 주둥이와 같다. 꽃의 거(距)가 있는 쪽은 흰빛이 돌며 약간 위쪽으로 휘어져 있다.

이 꽃도 한쪽으로 치우쳐서 핀다.

꽃은 벼이삭이 누렇게 익어갈 즈음에 산 아래쪽의 논둑이나 밭둑에서 흔히 볼 수 있으며 찬바람이 불고 찬서리가 내릴 때까지 계속 꽃을 피운다. 날씨가 한결 쌀쌀해진 늦가을에 피는 눈괴불주머니는 퍽 애처롭게 보이는 야생화이다. 10월에 씨가 익어 벌어져 쏟아진다.

이보다 조금 일찍 중부·북부 지방의 산습지에서는 가는괴불주머니가 60센티미터쯤 자라며 8월에 꽃을 피운다. 관상용으로 많이 심는 종으로 10월에 씨가 여문다.

괴불주머니는 제주도와 울릉도 중부 평야, 중부 지방 산지의 습한 곳에서 50센티미터쯤 자라며 8월에 연한 황록색 꽃을 피우고 씨는 9월에 여문다. 관상용으로 간간이 심는 종이며 그 분포 지역이 대단히 넓다.

갯괴불주머니는 제주도와 울릉도의 해안 지역에서 50센티미터 정도로 자라며 4~5월에 꽃을 피운다. 갯괴불주머니도 관상용으로 심고 있는 종이며 7월에 씨가 익는다.

또한 염주괴불주머니는 전국의 바닷가 모래땅에서 자라며 두해살이풀로 몸 전체는 분록색(粉綠色)이다. 높이 40~60센티미터까지 자라며 줄기를 자르면 고약한 냄새가 난다. 잎은 어긋나고 넓은 계란형 삼각형(三角形)이며 길이와 넓이가 각각 10~25센티미터로서 대개 잎자루가 달려 있다. 2~3회의 삼출 우상엽(三出羽狀葉)이며 열편은 계란형 쐐기 모양이고 결각이 있다.

4~5월에 길이 5~20센티미터 정도의 노

란색 꽃이 피는데 한쪽으로 벌어지며 다른 한쪽은 거(距)가 된다. 총상화서(總狀花序)는 길이 5~10센티미터 정도이며 가지 끝에 달린다.

포(苞)는 피침형으로서 소화경(小花梗)과 길이가 거의 비슷하고 수술은 6개이며 두 개로 갈라진다.

7월에 씨가 익으며 삭과(蒴果)는 넓은 선형(線形)으로 길이 2.5~3.5센티미터, 지름 3~4밀리미터이고 염주처럼 볼록볼록한 형태를 이룬다. 씨는 검은색이고 한 줄로 배열되어 있으며 돌기가 밀생한다.

이와 비슷하지만 삭과의 형태가 약간 다른 모습의 갯괴불주머니도 있다. 갯괴불주머니의 삭과는 길이가 2센티미터 정도이고 지름이 3~4밀리미터인데 염주괴불주머니와는 달리 씨가 두 줄 또는 두 줄에 가까운 형태로 배열되어 있다.

이와 같은 여러 종의 괴불주머니가 산과 들, 바닷가 등지에서 자라며 꽃도 핀다.

이들 모두는 유독성 식물(有毒性植物)이므로 함부로 먹을 수 없으나, 관상용으로 잘 골라서 심으면 이른 봄부터 가을까지 계속해서 꽃을 볼 수 있을 것이다.

꽃이 많이 피는 종은 한 줄기의 화서에 수십 송이가 피는데 멀리서 보면 마치 노란 꽃방망이같이 보이기도 한다.

우리가 쉽게 접할 수 있는 양귀비과의 꽃이지만 향기는 생각만큼 좋지는 않다. 그러나 생명력이 대단히 강하여 옮겨 심어도 잘 죽지 않으며, 비옥한 땅에 심으면 큰 포기로 자라고 가지도 많이 갈라져서 많은 꽃을 볼 수 있는 풀이다.

분포도

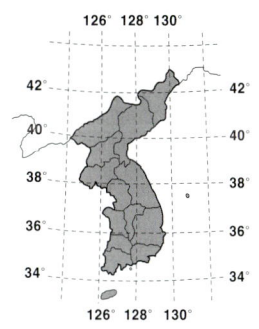

식물명	산괴불주머니
과 명	양귀비과(Papaveraceae)
학 명	*Corydalis speciosa* Maxim.
속 명	괴불주머니
분포지	전국의 산 습지
개화기	4~6월
결실기	8월
높 이	50센티미터
용 도	약용·관상용
생육상	두해살이풀(二年生草本)

등

전국의 산과 들에서 흔히 볼 수 있으며 꽃이 아름답고 향기가 좋아 관상용으로 인기가 높은 콩과의 낙엽 만목(갈잎 덩굴나무)이다.

재래종은 만주 남쪽 지방과 우리나라 중부 이남 지방에서 많이 자랐으며 학명은 종류에 따라 구분하지 않고 등(藤) 한 가지를 썼는데, 지금은 등·흰등 등 모두 다르게 쓴다.

산과 들에 흩어져 자라는 덩굴 식물로 꽃이 아름다워 관상용으로 재배하기 시작했는데 외지에서 들어온 종에 접을 붙여 개량종을 만들어 재배하고 있다.

원래 등나무라고 불렀으며 우리나라와 중국을 비롯한 아시아 지방의 산에서 야생하는 것은 산등(山藤)이라 불렀다. 그 밖에도 다화자등(多花紫藤)·자등(紫藤)·등(藤)·여라(女羅)·등라(藤羅)·등라화(藤羅花)·주등(朱藤)·연한붉은참등덩굴·등덩굴·참등덩굴 등으로 부른다.

등은 보라색 꽃이 피며 흰색 꽃이 피는 것을 흰등이라 한다.

등은 길이가 10~20미터 정도까지 뻗어나가며 작은 가지는 밤색이나 회색의 얇은 막(膜)으로 덮여 있다.

잎은 어긋나고 작은 잎이 열셋 내지 열아홉 개이다. 잎의 모양은 긴 타원형이며 잎자루가 있다. 이 줄기 덩굴은 우측으로 감기는데 주변의 물체(지주목)를 타고 올라간다.

나뭇잎의 길이는 4~8센티미터쯤 되며 양면에 털이 있는데 점차 없어진다. 그러나 작은 잎자루에는 털이 있다.

꽃자루는 줄기와 잎의 겨드랑이에서 나며 가지줄기 끝에도 달린다. 길이는 30~40센티미터 정도 되는데 여기에 많은 꽃이 달린다. 4~5월에 나비 모양의 자줏빛 꽃이 모여서 피는데 나뭇잎도 이때 같이 핀다. 꽃의 지름은 2센티미터 정도이며 꽃받침잎에는 털이 나 있다.

9~10월에 씨앗이 익으며 열매의 꼬투리 길이는 10~15센티미터쯤이다. 털이 많이 나 있으며 기부(基部) 쪽으로 갈수록 좁아진다.

등은 식용·밀원용·관상용·사료용 등으로 쓰인다.

정원수로 인기가 좋으며 가축의 사료로도 쓰인다. 꿀이 좋아 양봉 농가에 도움을 주며 오래된 등줄기를 잘 다듬고 윤기를 내어 실내장식용 가재도구를 만들기도 한다.

등이 잘 자라는 토질은 화강암계·반암계·화강편마암계·편상화강암계·변성퇴적암계·현무암계·경상계 등인데 대체로 어디서나 잘 자라는 편이다.

번식법은 생리육종법·접목법·취목법·실생법 등이 있는데 주로 취목법으로 많이 번식이 된다.

등은 보통 줄기가 약간 가는 것, 줄기가 왼쪽으로 감겨 올라가는 것, 6월에 흰색 꽃이 피는 것 등으로 구별한다.

우리나라에는 곳곳에 유명한 등이 많다.

지리산 화엄사 부근에 오래 묵은 등덩굴이 있는데 높이가 20미터 이상 되는 것으로 꽃이 필 때면 그 모습이 아름다워 사람들의 발길이 끊기지 않는다.

근자에는 도시나 농촌 할 것 없이 많이 심고 있다.

나무가 쉽게 자라기 때문에 지주목만 잘 세워 주면 몇 년 되지 않아 시원한 그늘을 만들어 준다.

등은 꽃도 아름답지만 그 향기도 일품이

꽃

줄기　　　　　　열매

다. 정원에 심었을 때 집안 가득 메우는 그 은은한 향기는 사람들로 하여금 잠시나마 세속의 잡념을 잊게 해준다.

경북 월성군 건곡면 오류리에 있는 네 그루의 등은 각각 두 그루씩 가까이 서 있다. 밑동에서부터 150센티미터 되는 곳의 지름이 각각 20~40센티미터, 60센티미터 정도인데 팽나무를 감고 올라가 있다. 높이는 17미터 정도이며 동서(東西)로 20미터, 남북(南北)으로 50미터가량 자란다.

신라 시대에는 이곳을 용림(龍林)이라고 했는데 그 유래는 다음과 같다.

숲이 울창하고 등이 있는 곳에 깊은 못이 있었다. 이곳은 임금이 신하들과 함께 사냥을 즐기던 곳이라고 한다.

여기에 있는 등을 용등(龍藤)이라고도 하는데 등 줄기가 용이 승천하는 것처럼 나무를 감고 올라간다는 뜻에서 비롯되었다고도 하며 또 용림에서 자라기 때문에 용등이라는 이름이 붙여졌다고도 한다.

예로부터 이 등의 꽃을 말려서 신혼부부의 이불 속에 넣어 두면 부부의 금실이 좋아진다고 했고, 부부 사이에 갈등이 있어 사이가 벌어진 사람들이 이 나뭇잎을 삶은 물을 마시면 애정을 다시 회복할 수 있었다고도 한다. 이런 연유로 지금도 오류리를 찾는 사람이 많다고 한다.

이러한 이야기는 다음의 전설에서 비롯된 것이라 한다.

어떤 이야기가 숨어 있을까?

신라 시대 한 농가에 열아홉 살과 열일곱 살 된 두 처녀가 있었는데 바로 그 옆집에는 씩씩한 청년이 살고 있었다.

이들 자매는 얼굴도 예쁘고 복스러웠을 뿐 아니라 마음씨도 착해서 마을 사람들의 칭찬과 부러움을 한몸에 받고 있었다.

나이가 들어 혼삿말이 자주 오갔다. 그러나 자매는 모두 내로라하는 신랑감들을 거들떠보지도 않았는데 거기에는 그럴 만한 사연이 있었다.

두 자매는 마음속으로 각기 옆집 청년을 사랑하고 있었던 것이다. 그러나 자매끼리도 서로 비밀로 하고 있었기 때문에 이 사실을 아는 사람은 아무도 없었다.

그러던 어느 날, 옆집 청년이 싸움터로 떠나게 되었다. 청년이 떠나는 날 언니는 장독대에 숨어서 눈물을 흘렸다. 동생도 담 밑에서 흐느껴 울다가 언니와 마주치게 되었다.

흰등

그때서야 비로소 자매는 한 남자를 둘이서 사랑하고 있음을 깨달았다.

남달리 다정한 자매였기 때문에 이들은 서로 양보하기로 결심하였다. 그러나 뜻하지 않게 청년이 싸움터에서 전사했다는 통보가 왔다.

청년의 전사 소식을 들은 두 자매는 용림의 연못가로 달려가 얼싸안고 울었다. 그러고는 둘이 꼭 껴안은 채 물 속에 몸을 던지고 말았다.

그 후 연못가에는 두 그루의 등나무가 자라기 시작하였다고 한다.

그로부터 얼마 후 죽은 줄로만 알았던 옆집 청년이 훌륭한 화랑이 되어 돌아왔다. 청년은 자기 때문에 세상을 등진 자매의 애달픈 이야기를 들었다.

'나로 인해 세상을 떠났다니. 아! 내가 몹쓸 짓을 했구나. 앞으로 그 정도로 나를 사랑해 줄 사람은 나타나지 않을 것이다.'

청년은 마침내 결심을 굳히고 연못 속에 몸을 던져 죽고 말았다.

그 후 연못가에는 한 그루의 팽나무가 자라났는데 사람들은 이것이 청년의 화신이라 했다.

봄이면 두 그루의 등나무가 탐스러운 꽃을 터뜨려 그윽한 향기를 풍기며 팽나무를 힘껏 껴안듯이 감고 올라갔다.

이 전설에 의하여 사랑이 식은 사람들이 이곳에 오면 다시 가까워진다는 이야기가 나온 듯하다.

분포도

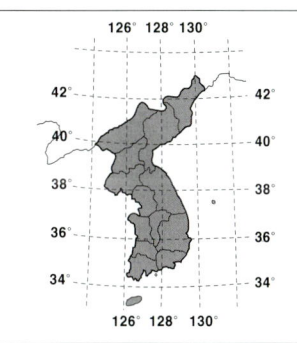

식물명	등
과 명	콩과(Leguminosae)
학 명	Wisteria floribunda A.P. DC.
속 명	등나무 · 자등(紫藤) · 등덩굴
분포지	전국
개화기	5월
결실기	9월
높 이	20미터
용 도	식용 · 밀원용 · 공업용
생육상	낙엽 만목 (갈잎 덩굴나무)
꽃 말	환영

수양버들

전국의 인가 부근에서 잘 자라는 버들과의 낙엽 활엽 교목(갈잎 넓은잎 큰키나무)으로 멋들어지게 늘어진 가느다란 가지마다 푸른 새싹과 더불어 꽃이 많이 피어 봄의 풍치를 한층 더 돋보이게 하는 나무이다.

원래는 유수(柳樹)·수양(垂楊)·수류(垂柳)·버드나무·버들나무·유서(柳絮)·버들·버들개지 등으로 불렸으며 양류(楊柳)라고 부르는 지방도 있다.

옛 문헌에는, 우리나라는 물론 일본과 만주 지방에 걸쳐 많이 심는 나무로 물과 습지(濕地)를 좋아한다고 기록되어 있다.

만주나 일본에서는 이 나무를 조선류수(朝鮮柳樹), 버드나무 또는 버들이라 불렀다 한다. 또 우리나라에서는 만주나 일본의 것을 만주류수나 조자(條子)라고 부르기도 했으며 큰 나무는 34척, 작은 것은 12척 정도로 나무의 굴곡이 심하다고 기록되어 있다.

수양버들이 잘 자라는 토질은 습기가 풍부한 식질 토양이며, 주로 삽목법에 의하여 번식된다.

버드나무정자나 버드나무골 등 지역의 이름을 이 나무의 이름을 따서 짓기도 하였으며, 버드나무 목재 중 밑부분은 건축용 및 각종 기구(器具), 또는 받침목으로 쓰였으며, 만주 지방의 서민들은 버드나무로 죽은 사람의 관을 만들었다고 한다. 또 가지는 잘게 쪼개어 발 등을 만들었다.

유서(柳絮)는 생약명이다. 민간에서는 이것을 지혈제로 썼고 버들가지는 중풍·거담·종기·소염·통경 등에 효과가 있다고 한다.

수양버들은 높이가 15~20미터 정도까지 자란다. 가지는 밑으로 길게 늘어지며 작은 가지는 적갈색이다.

잎은 좁은 피침형이며 길이는 3~6센티미터 정도로 가장자리에 잔톱니가 있거나 밋밋하며, 잎 양면에 털은 없다. 잎 뒷면은 흰빛이 돌고 잎자루는 짧다.

꽃

꽃은 황록색으로 4월에 잎과 함께 피며 길이는 2~4센티미터 정도이고 털이 나 있다. 수술은 두 개이며 수술대에는 털이 있다.

암술대는 약간 길고 암술머리는 두 개로 오목하게 들어가 있다.

씨방에는 털이 없으며 씨앗은 8월에 여문다.

능수버들은 개울가나 들에 잘 자라며 잎은 피침형이고 가지의 줄기가 매우 길게 늘어진다.

암수 딴그루인 버드나무의 씨는 긴 타원형으로 많은 솜털이 나 있어 바람에 잘 날린다. 이것이 바람에 날릴 때는 흡사 눈보라가 날리는 것처럼 보이는데 옛 문인들은 이것을 유서(柳絮)라 하여 그 운치를 즐겼다고 한다. 하지만 이 버드나무의 씨앗이 사람의 눈이나 콧속으로 들어가면 염증을 일으키는 화분병(花粉病)의 원인이 되기도 한다.

한편 버드나무는 진딧물이 잘 붙는데 진딧물의 진액이나 오줌 등으로 쉽게 더러워져서 여름이면 보기 흉해지곤 한다.

우리나라에는 60여 종류의 버들이 자라고 있다. 왕버들과 같이 나뭇잎이 넓고 타원형인 종류를 양(楊)이라 하며, 수양버들과 같이 잎이 좁고 가지가 밑으로 처지는 종류를 유(柳)라 하는데 사시나무나 양버들 종류도 양(楊)으로 분류한다. 양류(楊柳)라 하면 버들 종류를 통틀어 일컫는 말이다.

사시나무는 잎줄기가 가늘고 약해서 실바람에도 잘 흔들린다. 특히 가을 바람에 흔들릴 때는 우수수 소리가 나는데, 이로 인해 이 나무를 바람나무, 산울림이라고 부르기도 한다. 또 겁에 질린 사람이 와들와들 떠는 모습을 사시나무 떨듯 한다고 비유하기도 한다.

노류장화(路柳墻花)란 말은 길가에는 버들을 심고 울타리에는 꽃을 심은 풍치를 말한 것인데, 흔히 창녀(기생)를 가리키기도 한다. 또 노류부장(路柳不長)이란, 사람들이 길을 걷다가 버드나무 가지를 꺾기 일쑤여서 나무가 제대로 자라지 못한다는 말이다.

　버드나무는 관상용·약용으로 쓰인다.

　운치가 있어 가로수로나 뜰에 심기도 하며 잎과 껍질을 지혈·각기·이뇨·해열·치통·황달 등에 다른 약재와 같이 처방하여 쓴다.

꽃

분포도

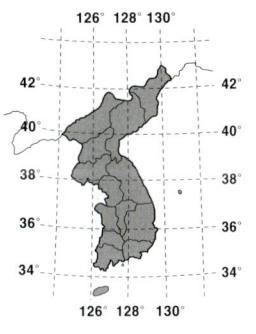

식물명	수양버들(垂柳)
과　명	버드나무과(Salicaceae)
학　명	*Salix babylonica* L.
생약명	유서(柳絮)
속　명	버드나무·버들개지·버들나무·버들·양유
분포지	전국
개화기	4월
결실기	8월
높　이	15~20미터
용　도	관상용·약용
생육상	낙엽 활엽 교목(갈잎 넓은잎 큰키나무)

삼지구엽초

우리나라 중부·북부 지방, 곧 경기도 이북 지역의 깊은 계곡이나 나무가 울창한 데서 많이 자라는 여러해살이풀이다. 원래는 음양곽(淫羊藿)·선령비(仙靈脾)로 불렀으며 삼지구엽풀·삼지구엽초(三枝九葉草) 등으로도 불렀다. 중국 등지에서도 음양곽(淫羊藿)·선령비(仙靈脾)·삼지구엽초(三枝九葉草) 등으로도 부른다.

옛 문헌에 의하면 깊은 산속 나무 밑에 군락을 이루며 자라는데 만주(滿洲) 지방에도 널리 분포되어 있다고 한다. 그러나 예로부터 조선(朝鮮)에서 자라는 것이 유명했고 만주 지방의 것보다 더 빨리 자라서 일찍 먹을 수 있었다고 기록되어 있다. 또한 잎을 말려서 약용(藥用)으로도 썼다고 한다.

나무 그늘이나 바위틈에 잘 자라며 줄기의 가지가 세 개로 갈라져 있고 그 가지 끝에 잎이 각각 세 개씩 달려 잎은 모두 아홉 개가 된다. 이렇게 가지가 셋, 잎이 아홉 개라 하여 삼지구엽초(三枝九葉草)라 부른다.

뿌리줄기는 옆으로 기어나가고 울퉁불퉁하며 단단하고 색깔은 갈색이 돈다.

줄기의 높이는 15~30센티미터쯤 자라며 한 포기에서 여러 개의 줄기가 나와 곧게 자란다. 원줄기 맨 밑부분에 비늘 같은 잎이 둘러싸고 있으며 뿌리 부분에서 나온 잎은 잎자루가 길다.

원줄기에서 한두 개의 잎이 어긋나며 그 이후에 가지가 갈라진다.

작은 잎은 계란형이고 끝이 뾰족하며 밑부분의 형태가 심장의 아랫부분과 비슷하다.

또 잎자루의 길이는 3~10센티미터 정도이며 줄기 끝에 나는 잎은 잎자루가 짧다. 잎의 길이는 5~13.5센티미터 정도이며 가장자리에 털과 비슷한 잔톱니가 있다.

4~5월에 담자색 또는 황백색의 꽃이 피며 원줄기 끝에서 아래를 향하여 매달려 핀다.

꽃받침잎은 여덟 개인데 바깥 부분의 네 개는 작으며 크기가 서로 다르다. 바깥쪽의 꽃받침잎은 일찍 떨어지지만 안쪽의 네 개는 잎도 크고 계속 붙어 있다. 꽃잎은 네 개이며 긴 꿀주머니가 있고 한 개의 암술과 네 개의 수술이 있다.

삼지구엽초의 꽃 모양은 고깃배에서 쓰는 닻(錨)같이 생겼는데 일본에서는 이를 닻풀(錨草)이라고 하기도 한다.

씨앗은 7월에 익으며, 관상용이나 약용으로 쓰인다.

한방 및 민간에서는 이 풀을 음양곽(淫羊藿)이라 하여 강장·이뇨·창종·장절골·건망증·음위 등에 다른 약재와 같이 처방하여 쓴다.

삼지구엽초가 잘 자라는 토질은 화강암계·화강편마암계·변성퇴적암계 등이며, 번식법에는 종자재배법·삽목법·분주법·생태육종법·접목법 등이 있는데 주로 분주법이나 종자번식법에 의하여 번식된다.

삼지구엽초는 일반인에게 강장(强壯) 및 강정제(强精劑)로 널리 알려져 있는데 요즘에는 삼지구엽차로도 많이 애용되고 있다.

삼지구엽초는 우리나라 강원 지방의 산간에 많이 자라는데 4~5월에 꽃이 필 무렵에 그 약효가 더욱 좋다고 한다. 그리고 중국 지방의 것보다 우리나라 중부 지방에서

꽃

꽃

약재

나는 것이 약효가 더 좋다 한다.

삼지구엽초와 비슷하게 생긴 것으로 꿩의다리아재비가 있다.

풀을 말려 잘게 썰어 놓으면 쉽게 구분이 안되는데 음양곽을 많이 본 사람이라야 식별이 가능하다.

삼지구엽초와 같은 과에 속하는 것으로 깽깽이풀이라는 것이 있다. 이것은 삼지구엽초와 같은 지역에서 자라며 같은 시기에 꽃이 피는 것으로 속명은 조선황련(朝鮮黃蓮)이다. 깽깽이풀은 지상경(地上莖, 땅 위로 나온 줄기)이 없는 것이 특징이며 뿌리에 잔털이 많이 나 있다. 또 잎이 나기 전에 자홍색의 꽃이 줄기 끝에 한 송이씩 피는데 연꽃 모양이다.

삼지구엽초는 잎을 말려 약용하는데 깽깽이풀은 뿌리를 약용한다.

삼지구엽초는 가지가 갈라진 후에 꽃이 피는데 깽깽이풀은 뿌리에서 불그레한 풀잎과 꽃대가 올라온 뒤에 꽃이 핀다.

또 음양곽꽃이 적자색이나 황백색으로 아래를 향해 매달려 피는 반면 깽깽이풀은 땅 위에서 하늘을 향하여 핀다. 꽃도 깽깽이풀이 더 아름답다.

이 풀들은 높은 산 정상에 잔설이 하얗게 남아 있는 이른 봄에 쌀쌀한 날씨도 아랑곳하지 않고 아무도 모르게 피어난다. 하지만 약초를 캐는 사람들에 의해 열매를 채 맺기 전에 줄기는 물론 뿌리째 몽땅 뽑히는 수난을 당하는 가여운 풀이기도 하다.

어떤 이야기가 숨어 있을까?

옛날 중국의 어느 목장에 양치기를 하는 팔순 노인이 있었다. 노인은 양을 돌보다가 한 마리의 숫양에 관심을 갖게 되었다.

그 양은 하루에 백 마리도 넘는 암양과 교미를 하는 것이었다. 노인은 이를 기이하게 여겨 그 숫양을 유심히 지켜보기로 했다.

이상한 것은 수십 마리의 암양과 교접을 한 숫양이 기진맥진하여 쓰러질 듯 비틀거리면서 산으로 기어 올라가는데 얼마 후 내려올 때에는 어떻게 원기를 회복했는지 힘차게 달려오는 것이었다.

이를 본 양치기 노인은 교접을 끝내고 비

틀거리며 산으로 올라가는 숫양의 뒤를 따라갔다. 숫양은 숲 속 깊이 들어가더니 어느 나무 아래의 풀을 정신없이 뜯어먹는 것이었다.

풀을 다 뜯어먹은 숫양은 바로 원기를 회복하더니 다시 내려가 암양과 교접을 즐기는 것이었다.

숫양이 먹은 풀은 바로 삼지구엽초였다.

노인은 궁금증이 생겨 그 풀을 뜯어 먹어 보았다. 그런데 이게 웬일인가. 산에 오를 때는 지팡이를 짚고 간신히 올라갔던 노인이 풀을 먹고 난 후로는 원기가 왕성해져 지팡이를 팽개치고 뛰어내려왔다. 노인은 다시 청춘을 찾아 새 장가를 들어 아들까지 낳게 되었다.

이 소문이 퍼져 나가자 사람들은 다투어 삼지구엽초를 찾았다. 이때부터 음양곽(삼지구엽초)은 수난을 겪기 시작했다는 이야기이다.

이러한 내력 때문에 삼지구엽초는 음양곽(淫羊藿) 또는 방장초(放杖草)라 불리게 되었으며, 지금도 정력을 돋우는 신비의 선약초(仙藥草)로 취급되고 있다. 북부 지방에서 자라는 삼지구엽초는 북음양곽이라 일컫는다.

분포도

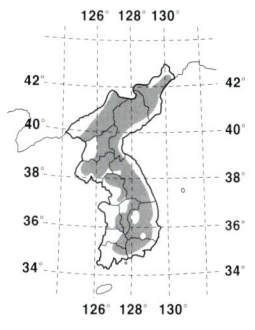

식물명	삼지구엽초(三枝九葉草)
과 명	매자나무과(Berberidaceae)
학 명	*Epimedium koreanum* Nakai
색양명	음양곽(淫羊藿)·양곽(羊藿)
속 명	양곽엽(羊藿葉)·선령비(仙靈脾)·음양곽(淫羊藿)·조선음양곽(朝鮮淫羊藿)
분포지	경기 이북 지방
개화기	4~5월
결실기	7월
높 이	15~30센티미터
용 도	관상용·약용
생육상	여러해살이풀(多年生草本)

어린잎과 꽃

산수유

중부 지방의 산지에서 자라는 식물로 우리나라 남부·중부 지방 등지에서 흔히 관상용으로 심고 약용 식물로 재배하는 산수유과의 낙엽 소교목(갈잎 작은 큰키나무)이다.

원래는 산수유(山茱萸)·수유(茱萸)·산채황(山菜黃)·약조(藥棗)·홍조피(紅棗皮)·산수육(山茱肉)·석조(石棗)·산수유나무 등으로 불렀다.

원래 중국이 원산이라는 학설도 있으나 우리나라 중부 지방의 산림 속에서 자랐으며 교목(喬木, 큰키나무)으로 구분하였다고 한다.

우리나라에서 자라는 나무는 지나(支那)와 만주 지방에서 들여온 관상용 식물과는 다르다.

경기도(京畿道) 광릉(光陵)의 원시림에서 두세 그루의 거목(巨木)이 발견되기도 했으며, 붉은색의 장과(漿果)와 산삽(酸澁)은 생식(生食)하고 말린 산수유는 보신(補腎)·장양(壯陽)·조뇨(調尿) 등에 약용(藥用)으로 쓰였다고 한다.

장과(漿果)는 대추같이 생겼는데 속명(俗名)으로는 핵대(核大)·육박(肉薄)·석조(石棗)라고 부르기도 했다 한다.

현재는 중부 지방 이남에서 심고 있으며 높이 7미터쯤 자란다. 연한 갈색의 나무 껍질은 벗겨지며 분녹색(粉綠色)의 작은 가지에는 짧은 털이 나 있다. 작은 가지 역시 껍질이 벗겨진다.

잎은 마주 나는데 난형이거나 타원형, 또는 난상 피침형이고 길이는 4~12센티미터, 넓이 2.5~6센티미터 정도이다. 잎의 표면은 녹색이며 복모(伏毛)가 약간 있고 뒷면은 연한 녹색이거나 흰빛을 띠고 있으며 표면보다 털이 많다. 맥액에 갈색의 밀모(密毛)가 있으며 톱니가 없고 측맥(側脈)은 네 쌍 또는 일곱 쌍이다. 잎자루는 길이 0.5~1.5센티미터 정도이고 털이 있다.

3~4월에 꽃이 피는데 꽃은 양성(兩性)으로서 잎보다 먼저 피며 노란색이고 산형 화서(繖形花序)에 20~30개의 꽃이 달린다.

총포편은 네 개이고 노란색이며 소화경(小花梗)은 길이 0.6~1센티미터 정도 된다.

꽃받침잎은 네 개이며 꽃받침통에 털이 있고 꽃잎은 피침(披針) 모양의 삼각형(三角形)으로서 암술대는 길이가 1.5센티미터쯤 된다.

열매는 7~8월에 익는데 긴 타원형이고 길이 1.5~2센티미터 정도이다. 씨는 타원형으로 이것을 산수유(山茱萸)라 하고 과육(果肉)을 발라서 조제한 것을 산수육(山茱肉)이라 하여 한방에서 약재로 쓴다.

식용·관상용·공업용·약용으로 이용되고 있으며 열매는 먹을 수 있다. 흔히 정원이나 공원 등지에 관상용으로 심는다.

한방 및 민간에서 월경과다·보익·음위·조경·다뇨·두풍·신경쇠약 등에 약재로 쓴다.

이 나무는 화강암계·화강편마암계·변성퇴적암계 등에서 잘 자라며, 번식은 육수법·분주법 등에 의하여 이루어진다.

이 나무는 비교적 기후가 따뜻하고 북서풍이 막힌 햇볕이 잘 드는 사질의 양토에서 잘 자란다.

우리나라에서는 중남부 지방인 경기도의 이천(利川), 경상도의 봉화(奉化)·하동(河東), 전라도의 구례(求禮) 등지에서 많이 재배되고 있는데, 특히 구례군의 산동면과 산내면은 온 마을이 산수유

잎　　　　　　　　　　　열매　　　　　　　　　　줄기

나무로 덮이다시피 하여 많은 양이 생산되고 있다.

성분(成分)은 몰식자산(沒食子酸)·사과산(林擒酸)·주석산(酒石酸) 등의 유기산(有機酸)을 함유하고 있다.

대개는 강정약(强精藥)으로 쓰이고 있으며 산수유주(山茱萸酒)를 만들기도 한다.

씨로 번식이 잘 되는 나무이며 묘목 밭에서 옮겨 심는다.

묘목 밭은 볕이 잘 쪼이는 남향(南向)의 사질 양토로서 배수가 잘 되는 땅에 설치한다. 잘 썩은 퇴비·개묵·초목회 등을 밑거름으로 하여 흙과 잘 섞은 다음 흙을 고르고 두둑을 만들어 씨를 뿌린다. 그 위에 고운 흙을 3센티미터 정도로 덮고 다시 볏짚을 깔아 준다.

씨는 봄에 뿌리는 것보다 늦가을에 뿌리는 것이 좋으며, 4월 말경에는 발아가 되므로 깔아 주었던 볏짚은 걷어서 잘게 썰어 뿌려 줌으로써 흙이 마르는 것을 방지토록 한다.

1년이 되면 묘를 이식할 수도 있으나 2년이 된 후에 밭에 심는 것이 좋다.

가을에 열매가 익으면 이것을 따서 과육을 제거한 후에 햇볕에 말려 약재로 조제한다.

밭에 옮겨 심은 지 7~8년이 지나면 한 그루당 한두 근 정도의 산수유를 수확할 수 있으나 그 다음 해부터는 수확량이 매년 증가하여, 30~40년생 나무에서는 한 그루당 50~60근의 산수유를 수확할 수도 있다.

산수유나무는 예로부터 우리나라 남부지방의 각 농가에서 많이 심어 왔으며 경기도 지방의 농가에서도 심었다 한다.

산수유나무를 일명 대학나무라고도 불렀다 한다. 큰 산수유나무 세 그루만 있으면 자식들을 대학까지 보낼 수 있었다는 데서 생긴 이야기인 모양이다.

이 산수유나무의 약재는 소비량이 대단히 많아서 국내 생산량으로는 모자라 수입을 하여 쓰고 있는 상태라고 한다.

우리나라에는 현재 산수유를 대량으로 키우는 단지도 있으나 국내에서 생산되는 대부분의 산수유는 술로 담그거나 일반 소비재로 쓰고 있다. 산수유를 약재로 조제하는 데는 몇 가지 어려움이 있기 때문에 일반 농가에서 조금씩 수확하는 것은 약재가 되지 못한다.

이 산수유나무는 이른 봄 일찍 다른 나무

에 앞서 노란색의 꽃을 많이 피운다. 잎이 나기도 전에 앙상한 나뭇가지를 아름답게 장식하는 꽃은 물론이고 향기도 그윽하여 관상수로서 사람들의 사랑을 받아 왔다.

그런데 산수유나무는 여름이 지나고 가을로 접어들면서 다시 한번 그 아름다움을 보여 준다. 가지마다 무수히 달린 산수유 열매는 익을수록 새빨갛게 그 아름다움을 더하고 나뭇잎은 단풍이 곱게 든다. 이때 나무에 따라서 노란색의 단풍이 드는 것과 붉은색의 단풍이 드는 것, 녹색과 노란색의 단풍이 섞여 드는 것, 붉은색과 노란색의 단풍이 섞여 드는 것, 주황색의 단풍이 드는 것 등이 있다. 이처럼 아름답고 곱게 물든 다양한 색깔의 단풍들과 새빨갛게 익은 많은 열매들이 아름다운 조화를 이룬다. 과연 관상수로도 최상인 나무라 할 만하다.

공해가 심한 도시에서도 잘 자란다.

이른 봄 산수유꽃이 필 무렵 산수유꽃과 매우 닮은 노란색 생강나무꽃이 전국의 산에서 핀다. 얼른 보면 산수유와 구별하기 어렵다.

생강나무는 산수유와는 다른 나무이며, 이 나무를 자르면 생강 냄새가 난다 하여 생강나무란 이름이 붙여졌다 한다.

이른 봄 추위가 채 가시기 전에 집안의 정원이나 공원 등지에서는 산수유꽃이 피고 산에서는 생강나무가 같은 색깔과 모양의 꽃을 피운다.

분포도

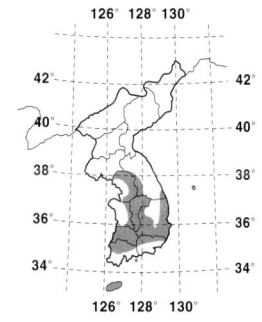

식물명	산수유(山茱萸)
과 명	층층나무과(Cornaceae)
학 명	*Cornus officinalis* Siebold & Zucc.
생약명	산수유(山茱萸) · 산수육(山茱肉)
속 명	약조 · 석조 · 수유
분포지	남부지방 · 중부지방
개화기	3~4월
결실기	8~9월
높 이	10미터
용 도	식용 · 관상용 · 공업용 · 약용
생육상	낙엽 소교목(갈잎 작은 큰키나무)

까치박달

전국의 산 속에서 자라는 나무이며, 그 재질이 단단하기로 이름난 자작나무과의 낙엽 교목(갈잎 큰키나무)이다.

원래는 속(楝) 또는 석으로 불렸으며 그 후에는 이(姨)라고 부르다가 물박달(水朴達)·천금유(千金楡)·반랍자(半拉子)·대엽상(大葉桑)·물박달나무라고 불렸다. 평북 지방에서는 물박달이라고 불렀고 그 밖의 지방에서는 나도밤나무라고도 했다.

만주 지방에서는 속목(楝木)·백속목(白楝木) 등으로 불렸다. 『성경통지(盛京通志)』의 기록에 의하면 붉은빛이 나고 잎이 가는 것은 마차바퀴 등에 많이 쓰였으며, 흰빛이 돌고 잎이 둥근 것은 나무의 질이 견고하고 치밀하여 주로 병기(兵器) 제작에 사용하였다고 한다.

기록에 의하면 흰색이 도는 것을 우리나라에서는 진박달(眞朴達)이라 하고, 이것이 없을 때는 대용품으로 수박달(水朴達)을 썼다 한다. 진박달은 재질이 견고하여 건축·가재·기구 등의 단목(檀木) 대용으로도 쓰였으며 빨랫방망이 등도 이것으로 만들었다고 한다.

높이 14~15미터, 지름 60센티미터 정도 자라며, 회색의 나무껍질은 대체로 매끄러운 편이다. 작은 가지에는 털이 있으나 자라면서 점차 없어지며, 잎은 계란형 또는 긴 타원형으로 길이는 7~14센티미터쯤이며 가장자리에 불규칙한 톱니가 나 있다. 측맥은 12~20쌍인데 표면에 털이 없으며 뒷면 맥 위에 털이 있는 경우도 있다.

잎자루의 길이는 1~1.5센티미터쯤이며 털이 나 있는 것과 없는 것이 있다.

5월에 꽃이 피는데 일가화(一家花)로 잎과 더불어 작은 가지 끝에 달린다. 길이는 1~6센티미터 정도이며, 수꽃은 각 포에 한 개씩 달린다. 넷 내지 여덟 개의 수술이 있으며 수술대는 두 개로 갈라진다. 자화수(雌花穗)는 가지 끝에서 밑으로 처지고 암꽃은 각 포에 두 개씩 달리며 꽃의 껍질은 4~5센티미터로 갈라진다.

자방(子房)은 한 개이며 암술대는 두 개이다. 과수(果穗)는 길이 6~8센티미터 정도로서 둥근 통 모양이다. 엽상포(葉狀苞)와 같은 포는 양쪽에 톱니가 있는데 길이는 1.5~2센티미터쯤으로 둥근 형이고 털이 있다. 포과(胞果)는 10월에 여문다.

공업용·관상용으로 쓰이며, 탈을 만들거나 가구·세공·건축 등에 쓰인다.

이 나무가 잘 자라는 토질은 화강암계·현무암계·화강편마암계·반암계·편상화강암계·변성퇴적암계 등이며 번식은 종자번식법·분주법·맹아갱신 등에 의하여 이루어진다.

이 나무의 꽃은 5월에 나뭇잎이 자라면서 녹색의 기다란 화수(花穗)가 늘어지는데 꽃같이 보이지 않는다. 하지만 자세히 보면 꽃이 핀 것임을 알 수 있다. 마치 작은 잎이 많이 포개져서 뭉쳐져 늘어진 듯하다.

우리나라 산에는 박달나무류·소사나무류·서나무류·개암나무류 등 나뭇잎의 모양이 비슷한 나무들이 많이 자라고 있다.

요즘에는 박달나무 종류로 조각품을 많이 만들고 있는데 재질이 섬세하고 단단한

수피

것은 나무 중에 으뜸간다 해도 과언이 아닐 것이다.

어떤 이야기가 숨어 있을까?

율곡 선생의 어린 시절에 있었던 일이다. 탁발(托鉢, 스님이 집집마다 찾아다니며 불경을 읽어 주고 곡식을 얻어 가는 일)을 하러 온 늙은 스님이 율곡을 유심히 바라보다가 혀를 끌끌 차면서 말하였다.

"이 아이는 장차 큰 인물이 될 사람이나 아깝게도 호식팔자상(虎食八字相)이구나."

스님이 떠나고 난 뒤 하인을 통해 이 말을 전해 들은 어머니 사임당은 깜짝 놀라 그 스님을 다시 오게 하였다.

하인이 간신히 그 스님을 찾아 모셔 오자 사임당은 공손히 인사를 드리며 간청하였다.

"곡식은 후히 드릴 터이니 대사께서 조금 전에 이 아이를 두고 하신 말씀의 사연을 들려 주세요."

스님은 처음에는 그런 말을 한 적이 없다고 딱 잡아떼다가 사임당의 간청에 못이겨 말을 꺼냈다.

"소승(小僧)이 잘 모르기는 하나 댁의 도련님 상에 호식(虎食)될 상이 보이기에 한 말입니다. 경솔히 지껄인 죄를 용서하여 주십시오."

스님은 손을 모아 합장을 하며 머리를 숙였다. 이에 사임당은 더욱 애가 달아 청하였다.

"대사께서 이 아이가 호랑이한테 잡혀 먹힐 상임을 아신다면 그 재난을 면할 방법도 아실 것이니 부디 말씀해 주십시오."

스님은 한동안 말이 없다가 천천히 입을 열었다.

"마나님의 자정(慈情)이 대단하시니 말씀드리겠습니다. 그러나 매우 힘들고 어려운 일인데 꼭 실천을 하시겠습니까?"

사임당은 반색을 하며 말했다.

"대사(大師)의 지시대로 하겠습니다."

사임당의 맹세를 들은 스님은 고개를 끄덕이며 말했다.

"정녕코 그러하시다면 말씀드리지요. 뒷산에 밤나무 1,000그루를 심어서 잘 키우되 몇 해 후에 소승이 다시 와서 헤아릴 때 1,000그루에서 하나라도 모자라거나 남아서는 안 되게 해야 합니다."

스님은 이렇게 말하고는 바람처럼 떠나 버렸다.

사임당은 곧 하인을 시켜서 밤나무 1,000그루를 심게 하고 잘 가꾸도록 단단히 타일렀다. 사임당 자신도 나무 돌보기에 정성을 다하였다.

그러는 가운데 세월은 흘러서 스님이 약속한 날이 되었다. 스님은 다시 찾아와서 물었다.

"지금부터 저 산의 밤나무를 헤아릴 터

인데 약속한 대로 어김이 없겠지요?"

이에 사임당은 자신 있게 말하였다.

"틀림없을 것입니다."

스님은 산에 올라가서 나무를 헤아리다가 고개를 갸웃하며 말했다.

"아무래도 한 그루가 모자라니 댁의 아이는 범에게 물려 가는 수밖에 없을 것입니다."

말을 채 끝내기도 전에 갑자기 스님은 호랑이로 변하였다. 그러고는 기고만장하여 으르렁거리는 것이 아닌가!

참으로 어처구니없을 따름이었다. 해가 이미 서산에 기울어 어둠이 슬슬 덮이기 시작할 때였다. 사임당과 온 집안 식구들의 걱정은 이루 말할 수 없이 컸다. 이 일을 어찌해야 좋을지 몰라 걱정을 하고 있는데 난데없이 산기슭 밭둑에서 이상한 소리가 들렸다.

"나도 밤나무!"

이 소리에 사임당과 가족들은 행여나 하고 달려가 보았다. 과연 거기에는 한 그루의 밤나무가 서 있었다.

이것으로 밤나무는 꼭 1,000그루가 되는 셈이었다. 그러자 그렇게도 사납게 날뛰던 황소같이 큰 호랑이는 어디론지 슬며시 사라져 버렸다.

분포도

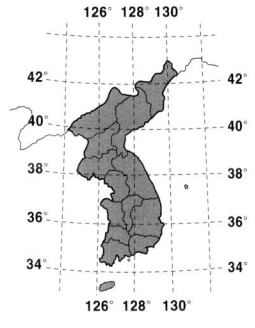

식물명	까치박달(水朴達)
과 명	자작나무과(Betulaceae)
학 명	*Carpinus cordata* Blume
속 명	물박달나무 · 천금유
분포지	전국
개화기	5월
결실기	10월
높 이	14~15미터
용 도	공업용 · 관상용
생육상	낙엽 교목(갈잎 큰키나무)

인삼

한국 특산 식물로 중부 및 북부 지방 일부와 울릉도의 수림지에서 자라는 오갈피나무과의 여러해살이풀이다.

원래는 인삼(人侵)·인삼(人蔘)·인삼(仁蔘)·삼(蔘)·삼아(三椏)·지정(地精)·고려삼(高麗蔘)·산삼(山蔘)·야삼(野蔘)·야인삼(野人蔘)·노산삼(老山蔘)·고려인삼·조선인삼 등으로 불렸다.

인삼은 우리나라뿐 아니라 만주 등 이웃 나라에서도 예로부터 신초(神草) 혹은 백초(百草) 중의 왕(王)이라 불렸으며 만능영약(萬能靈藥)으로 진중하게 여겼다고 한다.

옛 문헌에 의하면 만주에 삼보(三寶)라고 하는 것이 있는데 이를 인삼과 같은 것으로 여겼다. 이는 심산유곡(深山幽谷)에만 자생(自生)하는 귀한 약초로 조선 국경인 대택(大澤)·영동(嶺東) 지방에서 발견해 재배하기 시작했는데 이것이 오늘날의 인삼 재배의 시초라고 보기도 한다.

인삼을 생(生)으로는 수삼(水蔘)이라 하고 건조시킨 것은 백삼(白蔘), 일단 열처리하여 다시 건조시킨 것은 홍삼(紅蔘)이라고 하였다. 홍삼은 고가(高價)로 특히 지나인(支那人)들이 즐겨 썼다고 한다. 또 홍삼(紅蔘)은 일제 시대에 지나(支那) 지방 등에 수출하기도 했다 한다.

『만선식물』에 의하면 인삼의 주산지(主産地)로는 개성(開城)을 중심(中心)으로 장단(長湍)·흑천(黑川)·풍덕(豊德)·괴산(槐山)·신하(新河)·평산(平山)·서흥(瑞興)·봉산(鳳山)·금천(金川) 등 9개 군의 송삼(松蔘)이 유명했으며, 백삼(白蔘)은 강원도(江原道)의 강삼(江蔘), 경상도의 영삼(嶺蔘) 등이 우량품이었다고 한다.

또 인삼 제품으로 인삼당(人蔘糖)·사당지(砂糖漬), 또는 사당(砂糖) 및 봉밀(蜂蜜) 등을 섞어 여러 제품을 만들었으며 인삼정과(人蔘正果)는 상류층 사람들이 간식으로도 많이 이용했다고 한다.

만주의 길림성이나 흑룡강성에서 많이 자랐으나 맹수(猛獸)와 마적(馬賊)들 때문에 위험하여 채취를 하지 못했다는 기록도 있다.

인삼을 가리키는 봉추(棒錘)는 원래 만주의 지명 이름으로 속칭 역파(亦頗)라는 약명으로 널리 쓰였으며 뿌리는 심장병 등에 특효가 있다고 했고 우리나라에서 야생(野生)하는 인삼(人蔘), 즉 산삼(山蔘)을 더 애호했다 하는데 심산유곡에서 나는 이 산삼은 흰색으로 단맛이 있었다 한다. 이것을 끓여 정신 안정·오장 보익·신장병·류머티즘 등에 특효약으로 썼다고 기록되어 있다.

또 『만선식물』에 의하면 일제 시대 때 평북(平北) 강계군(江界郡) 화교면(化敎面)

밭

꽃과 잎

산중에서 발견된 산삼(山蔘)은 900년쯤 된 것으로 길이가 2척이고 무게가 81냥에 달했는데 3천 원에 매매되어 신문에 보도되기도 했다고 한다.

인삼은 우리나라와 중국이 원산지이며 줄기의 높이는 60센티미터 정도이고 뿌리줄기는 짧고 곧게 자라거나 옆으로 비스듬히 자라기도 한다.

뿌리줄기의 밑은 흰색의 커다란 다육질의 직근(直根)이 되어 분지(分枝)한다. 뿌리줄기에서 곧게 자라는 한 개의 줄기가 나와 그 끝에 서너 개의 잎이 둘러 난다.

잎자루는 길고 5소엽(五小葉)으로 손바닥 모양의 복엽이다. 소엽(小葉, 작은 잎)은 계란형 또는 거꾸러진 계란형(도련형)이고 밑은 좁아지며 톱니가 있다.

4~5월에 줄기 끝 잎 사이에 한 개의 가느다란 꽃줄기가 나오고 그 끝에 한 개의 산형화서가 붙고 담록색의 작은 꽃이 많이 핀다.

열매는 10월에 익고 편구형이며 많이 모여서 익으면 빨간색의 탐스러운 송이 모양이 된다. 이것을 일명 삼딸기라 하기도 한다. 까마귀가 이 열매를 먹고 깊은 산속에 들어가 배설을 하면 배설물 속에서 씨앗이 나와 곧 싹이 터 산삼이 된다는 이야기도 있다.

원래 인삼은 씨앗을 심고 4~5년이 지난 후 뿌리를 캐서 약용한다.

보익·식욕 부진·천식·신경 쇠약·신경·파상풍·동상·곽란·토혈·당뇨병·구토·설사·췌장암 등에 다른 약재와 같이 처방하여 약으로 쓴다. 신진 대사·이뇨제로도 쓴다.

인삼이 잘 자라는 토질은 현무암계·화강암계·화강편마암계·변성퇴적암계 등이며 실생법에 의해 번식된다.

지금도 강원 산간 등지에서는 간간이 산삼이 발견되는데 인삼과 더불어 사람들로부터 매우 귀하게 여겨지고 있다.

인삼(人蔘)은 금산·풍기·강화·철원·부여 등지에 대단위 재배 단지가 있어 양

뿌리(인삼)

약재(홍삼)

약재(건삼)

산되고 있다.

어떤 이야기가 숨어 있을까?

옛날 어느 두메 산골에 홀어머니를 모시고 가난하게 살아가는 마음씨 착한 총각이 있었다. 총각은 낮에는 밭에서 일을 하거나 나무를 해 오고 밤이면 틈틈이 글을 읽기도 하면서 늙은 어머니 봉양에 소홀함이 없었다.

그는 늘 이웃 사람들로부터 어질고 장한 총각이라고 칭찬을 받고 있었다.

그러나 그는 너무나 가난하여 병석에 누워 있는 어머니에게 충분한 약을 해드리지 못한 것을 항상 죄송하게 여기고 있었다.

그러던 어느 겨울날, 뒷동산에 올라가 부지런히 나무를 하고 있는데 새끼 사슴 한 마리가 뛰어오더니 겁에 질린 눈초리로 총각 곁을 맴돌면서 무엇인가 애원하는 듯한 시늉을 하였다.

총각은 유심히 사슴을 살펴보았다. 사슴은 다리에 심한 상처를 입어 피가 많이 흐르고 있었다.

총각은 사슴을 불쌍하게 여겨 우선 급한 대로 저고리깃을 찢어 피를 닦아 내고 헝겊으로 상처를 동여매 주었다. 그리고 찬 바람을 막아 주기 위해 땔감으로 긁어 모은 가랑잎 속에 눕혔다.

그때 한 포수가 헐레벌떡 달려오며 물었다.

"총각, 지금 이곳에 뛰어든 사슴을 못 보았는가?"

총각은 시치미를 떼고 말했다.

"네, 보았어요. 사슴이 피를 흘리고 절뚝거리면서 바로 저 건너 숲 속으로 달아나더군요. 지금 곧 쫓아가면 잡을 수 있을 것입니다."

포수는 총각이 가리키는 방향으로 사슴을 쫓아 급히 달려갔다.

열매

포수가 보이지 않게 되자 총각은 사슴을 지게에 싣고 얼른 집으로 돌아왔다. 그러고는 헛간에 보금자리를 마련하고 사슴을 정성껏 보살폈다.

사슴은 하루 이틀 지나는 동안 상처가 많이 아물었다. 그리하여 얼마 후에는 뜰에 뛰어나오기도 하고 재롱을 부리기도 하였다.

병석에 누워 있는 총각의 어머니도 사슴을 무척 귀여워하여 한가족같이 지내게 되었다. 그럭저럭 겨울이 지나고 봄이 되자 사슴도 이제는 큰 사슴으로 자라났다.

그러던 어느 날 밤 총각 어머니의 꿈에 한 백발 노인이 나타나 말했다.

"나는 이 뒷산을 지키고 있는 산신령이다. 너의 모자(母子)의 정성이 갸륵해서 너희들에게 복을 주고자 하니 내일 그 사슴을 뒷산에 풀어 주고 사슴을 따라 가거라. 사슴을 따라 한 바위 밑에 가면 산삼(山蔘)을 얻을 수 있을 것이니라."

어머니는 꿈이 하도 신기해서 옆에서 자고 있는 아들을 깨워 꿈 이야기를 하였다. 아들은 어머니의 말을 듣고 나서 고개를 끄덕이며 말했다.

"사실은 저도 산짐승은 산에서 살아야 하는 것이지 인가에서 기를 것이 아니라 생각하여 이제는 산으로 돌려보내야겠다고 여기고 있던 참이었습니다. 내일 사슴을 산에 풀어 주지요."

이튿날 같이 지내던 정을 못 잊어 하면서 총각은 사슴을 데리고 뒷산으로 올라갔다. 사슴도 이별을 아쉬워하듯이 총각의 옷깃을 물고는 어디론가 데리고 갔다.

이윽고 사슴은 큰 바위 앞에 가더니 발을 멈추었다. 주둥이로 마른 풀을 헤치고 킁킁거렸다. 총각이 바위 밑을 자세히 살펴보니 이게 웬일인가. 거기에는 꿈에도 구하기 힘든 산삼이 있었다.

총각은 이것이 꿈인가 생시인가 어쩔 줄 몰라 했다. 그러다가 지난 밤 어머니의 꿈 이야기를 떠올리고 이것은 하늘이 내린 복이라 생각하고는 정성껏 캐내어 품에 안았다.

이때 사슴은 몇 번이나 머리를 끄덕이고는 숲 속으로 사라졌다.

총각은 정성을 다하여 산삼을 달여 어머니에게 올렸다. 어머니는 산삼을 먹은 후 건

꽃

강을 되찾았고 총각은 더욱 희망과 용기를 내어 농사일과 글공부에 열성을 다하였다고 한다.

분포도

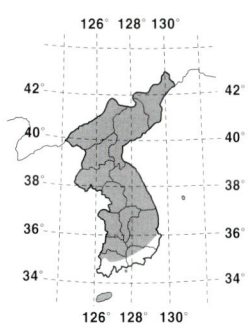

식물명	인삼(人蔘, 山蔘)
과 명	두릅나무과(Araliaceae)
학 명	*Panax ginseng* C.A.Mey.
생약명	인삼(人蔘)·백삼(白蔘)·홍삼(紅蔘)
속 명	고려삼·봉추·산삼
분포지	중부및 북부 지방의 깊은 산
개화기	4월
결실기	9월
높 이	60센티미터
용 도	관상용·약용
생육상	여러해살이풀(多年生草本)

소나무

전국의 산과 들에서 흔히 볼 수 있는 소나무과의 상록 침엽 교목(늘푸른 바늘잎 큰키나무)이다.

원래는 적송(赤松)·송목(松木)·솔나무·소오리나무·소나무·솔·육송 등으로 불렀고, 중국 등지에서는 적송(赤松)·유송(油松) 등으로 표기하였다.

또 흑송(黑松)·송수(松樹)·홍정송(紅頂松)·요송(要松)·청송(淸松) 등으로 부르기도 했다.

소나무는 늘 푸르고 잎이 바늘처럼 가늘고 뾰족하다. 줄기는 곧게 자라며 높이는 30~40미터 정도인데 지름이 1.5미터나 되는 것도 있다.

큰 가지가 사방으로 나며, 큰 가지에서 작은 가지가 여러 개 난다.

잎은 여러 개씩 모여 난 것처럼 보이나 두 개씩 한군데서 겹쳐 난다.

나무 윗부분의 껍질은 적갈색이고 아랫부분은 흑갈색인데 거북의 등 모양으로 터진다.

5월에 새로 나온 순의 꼭지에 두세 개의 자색(紫色) 암꽃이 붙고, 그 밑에 노란색의 타원형 꽃가루가 바람을 타고 날다가 붙는다. 이러한 수분(受粉)을 가루받이라고 한다.

이 꽃가루를 송화분(松花粉)이라 하며 바람에 날려 수정되는 식물을 풍매화(風媒花)라고 한다.

열매는 다음해 10월에 장타원형으로 익는데 이것을 흔히 솔방울(松鈴)이라 한다. 이 열매 사이사이에 많은 씨앗이 들어 있는데 길이는 3밀리미터 정도이고 날개가 달려 있어 바람에 잘 날린다.

소나무가 잘 자라는 토질은 화강암계·경상계·화강편마암계·편상화강암계·변성퇴적암계·현무암계·반암계 등인데 우리나라 어디서나 잘 자란다.

실생법·잡종법·천연발아법·접목법 등으로 번식되지만 종자번식법과 씨가 떨어져 자연적으로 번식이 되는 경우가 많다.

소나무는 공업용·식용·약용·관상용 등으로 널리 쓰인다.

소나무는 재질이 튼튼하고 기름(松油)이 풍부하여 재목을 오래 보존할 수 있는 장점이 있다. 그래서 건축물이나 교량(橋梁) 공사 및 선박(船舶) 건조에 유용하게 쓰인다. 또 우리나라뿐 아니라 만주 지방에서도 땔감으로 많이 사용하였다 한다.

예로부터 소나무의 피(皮)·엽(葉)·화분(花粉)·신아(新芽)·종자(種子)·지(脂)·근(根) 등은 각각 용도에 따라 달리 사용되었다.

소나무를 송방(松房)·솔방울(松鈴)·송탑(松塔)·송고(送膏)·송지(松脂)·송진(松津)·송액(松液)·송유(松油)·송향(松香)·송기(松肌) 등으로 구분하였는데 송기와 송화분(松花粉)을 섞어 송기떡이나 송지병(松脂餠)을 만들어 먹었다고 한다.

『경도잡지(京都雜誌)』에 의하면 소나무의 기름을 그을려 만든 송연(松煙)으로 먹을 만들었다고 한다. 그 중에서 해주(海州) 지방의 소나무 기름으로 만든 먹을 명품으로 꼽았다고 한다.

솔잎의 끝만 잘라 말린 다음 이것을 가루로 만들어 솔잎떡(松葉餠)을 만들거나 솔잎술(松葉酒)을 빚었다고도 한다.

암꽃   수꽃

송진

열매와 새순

또 송절(松節)로 송절주(松節酒)를 빚었으며 송순(松筍)으로 송순주(松筍酒)를 빚었고 솔보굿(松皮, 껍질 안쪽 연한 부분)에 솔감기(松甘肌)·솔기(松肌)·솔잎(松葉) 등을 섞어 떡을 만들기도 했다.

솔뿌리(松根)로는 나무와 나무를 접목하는 데 이용했으며 송화(松花)를 따서 습기가 차지 않게 잘 말린 다음 불순물을 제거하고 꿀과 혼합하여 떡을 만들거나 여러 가지 모양의 다식과(茶食菓)를 만드는 원료로 썼다고 한다. 또 여기에 꿀을 가미하여 한여름에 음료수 대용으로 먹었다는 기록도 있다.

소나무를 태우고 난 부산물인 송탄(松炭)은 공업용(工業用)·구황용(救荒用)·약용(藥用) 등 그 용도가 다양했다고 한다.

소나무는 한방 및 민간에서 발모제·악창·진정·당뇨병·심장염·치통·진통·백절풍·천식·해독제·폐결핵·불면증·늑막염·진해·강장·화상·간질·건위 등에 다른 약재와 함께 처방하여 쓰는데 송엽(松葉)은 특히 찜질 요법에 많이 쓴다.

그 밖에도 소나무는 합성수지·접착제·페인트·펄프 등의 공업용 원료로도 없어서는 안될 재목이다.

조선시대에는 존송(尊松) 사상이 강해서 왕가(王家)의 능묘에 도리솔(丸松)을 많이 심었으며, 사가(私家)의 산소 주위에도 소나무를 심는 것이 보편화되어 있었다. 금송령(禁松令)을 내려, 소나무를 베는 자는 엄벌에 처할 정도로 소나무를 귀히 여겼다.

예로부터 우리 선조들은 설한풍(雪寒風)에도 잘 견디는 소나무와 모진 풍파를 이겨나가는 선비의 의연함을 자랑스럽게 여겼다.

즉 '한송천장절(寒松千丈節)'은 세한(歲寒)에도 그 절개를 변치 않는 송백의 절개를 찬양하는 말이고, '설후시지종백조(雪後始知松柏操) 사난방견장부심(事難方見丈夫心)'은, 눈 내린 뒤에도 끄떡없이 버티고 서 있는 송백의 굳센 지조에 빗대어 어려운 일을 잘 감당해 나가는 대장부의 심지를 나타낸 말이다.

정송오죽(正松五竹)이라 하여 소나무는 정월의 것을, 대(竹)는 5월의 신죽(新竹)이 사람들에게 애호되어 왔다.

소나무류에는 적송(赤松) 외에 곰솔(黑松)·잣나무·섬잣나무·반송·처진소나무 등이 있다.

경북 청도군 운문면 운문사 뜰에 자라고 있는 처진 소나무는 추정 수령이 500년 정도이며 높이가 6미터, 지름이 2.9미터나 된다. 마치 삿갓을 쓴 것 같은 모습을 하고 있어서 처진소나무라는 이름이 붙었으며 천연기념물로 지정되어 보호받고 있다.

충북 보은군 내속리면 상판리 법주사 입구 길 한가운데 서 있는 정이품송(正二品松)은 수령이 약 570년이나 된다.

어떤 이야기가 숨어 있을까?

이 나무에는 재미있는 내력이 있다.

1464년 세조 임금이 법주사로 들어갈 때였다. 세조는 타고 가던 가마가 소나무 가지에 걸릴까 염려되어 "연(輦) 걸린다." 하고 말하였다. 그러자 소나무가 나뭇가지를 번쩍 들어 세조를 무사히 통과시켰다 한다. 그래서 이 나무를 연걸이소나무라고도 한다.

또 세조가 이 앞을 지나가다가 비를 피했다는 이야기도 있다.

이러한 이유로 인해 세조가 정이품의 벼슬을 내려 이 소나무는 정이품송이라 불리게 되었다.

수피

정이품송이 서 있는 마을의 이름을 진허(陣墟)라고 부르는데 이것은 당시 세조를 호위하던 군사들이 진을 치고 머물렀다는 데서 생긴 이름이라고 한다.

소나무는 수천 년 동안 모진 풍파와 싸우며 우리와 생을 같이해 왔다. 우리 곁에 없어서는 안될 만큼 소중하고 친근감 넘치는 나무가 바로 소나무다.

분포도

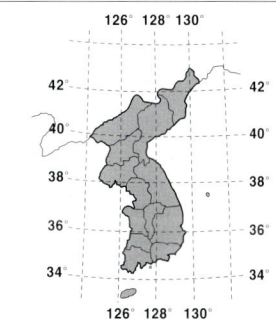

식물명	소나무(赤, 赤松)
과 명	소나무과(Pinaceae)
학 명	*Pinus densiflora* Siebold & Zucc.
생약명	송화분(松花粉), 송지(松脂)
속 명	솔·소나무·송목·청목·적송·흑송·송수
분포지	전국
개화기	5월
결실기	10월
높 이	10~40미터
용 도	식용·관상용·공업용·약용
생육상	상록침엽교목(늘푸른 바늘잎 큰키나무)
꽃 말	굳셈

서향

중국에서 관상용으로 들여와 재배하기 시작한 서향과의 상록 관목(늘푸른 좀나무)이다.

천리향(千里香)·침정화(沈丁花)·침향(沈香) 등으로 지역에 따라 달리 불리고 있다. 천리향은 향기가 많은 데서 비롯된 이름으로 짐작된다. 팥꽃나무·서향나무 등으로도 식물 도감에 올라 있다.

우리나라에는 서향과 서향나무와 같은 계열의 나무가 여러 종이 자란다.

서향나무에는 얼룩서향·넓은잎팥꽃나무·은꽃서향·돈팥꽃나무·분홍서향·심향나무·백서향나무 등이 있는데, 이 중에는 백서향나무와 같이 원산지가 우리나라인 것도 있다.

백서향나무는 중부 지방 평야 및 다도해 섬 지방의 수림지나 음지에서 많이 자라고 있다. 특히 북제주군에는 백서향의 자생지가 있는데 이곳은 광활한 동백나무의 밀림 지역이기도 하다.

이 상록수림지의 습지대에는 3월이면 야릇한 향기를 뿜어대며 백서향꽃이 활짝 피어난다.

아마도 우리나라에 밀림 지대가 있다면 이곳이 아닐까 싶다.

겨울철에도 나뭇잎이 푸르고, 키는 약 1.5미터 정도이다. 가지가 여러 갈래로 갈라지고, 잎에는 윤기가 난다.

가을에 꽃봉오리가 맺혀 이듬해 3월에 꽃이 핀다. 꽃은 별 모양으로 가지 끝에 옹기종기 모여 피며, 꽃잎은 없고 꽃받침잎이 꽃잎같이 보인다.

꽃받침잎은 네 장이며 안쪽은 연홍색이 도는 흰색이고 뒷면은 짙은 홍자색이다.

꽃이 필 때면 그 향기가 무척 강하여 멀리까지 풍기는데 밤길을 지나다 맡으면 안 보고도 무슨 꽃인지 알 수 있을 정도로 그 향기가 매우 독특하다. 사람에 비유한다면 향수를 잔뜩 뿌리고 화장을 짙게 한 여인과도 같다고 할 것이다.

암수가 다른 포기로 되어 있으며, 암·수 포기에 다같이 암술과 수술이 있다. 암포기의 꽃에는 암술만 잘 발달해 있고 수포기에는 수술만 잘 발달하여 있어서 열매가 잘 열리지 않는 것이 많다.

이 나무는 따뜻하고 습기가 많은 곳을 좋아하고, 주로 관상용 및 공업용, 약용 등에 쓰이지만 대개는 관상수로 정원이나 화분에 심어 기르기도 한다.

나무의 뿌리는 지혈·백일해·구초·거담·해독·타박상·강심 등에 쓰인다. 그리고 나무 부분의 껍질이나 나뭇잎 등은 다른 약재와 처방하여 어혈·소독·종창·종독·감기 후유증 등을 치료하는 데 쓰인다.

번식시키는 방법으로는 분주법·종자 재배법·삽목법·종간잡종법·접목법·취목법 등 여러 가지가 있고, 대개는 삽목법에 의하여 번식된다.

백서향꽃

특히 서향은 따뜻한 지방에서 자라는 상록성 나무이므로 중부 이북 지방에서 심으려 할 때에는 보온을 해야 꽃이 핀다.

우리나라에서 정원수로 키우기에는 우선 최남단에 자리잡은 제주도가 가장 적합하다. 내륙으로 건너와 전남·경상도 지방의 남해안 섬 지방에서도 겨울에 충분히 키울 수 있다. 그러나 그 이북 지방에서는 기후 조건이 맞지 않으므로 키우기가 힘들다.

우리나라의 봄은 매우 아름답다. 남쪽으로부터 수선화, 유채꽃, 동백꽃 등이 한창 필 무렵, 이 서향 향기가 따사로운 우리의 봄을 더 재촉하는 듯이 아름답게 퍼진다.

어떤 이야기가 숨어 있을까?

옛날 중국의 여산(廬山)이라는 곳에 살고 있던 한 스님이 어느 날 산에 올라 잠시 쉬고 있는 사이에 갑자기 졸음이 와서 깜박 잠이 들었다. 잠결에 어디서인지 말로 표현할 수 없는 야릇한 향기가 풍겨 왔다.

잠에서 깨어난 스님은 향기가 어디서 나는 것일까 하고 주위를 살펴보았으나 아무것도 없었다.

꿈에서 맡은 향기를 잊지 못해서 몇 차례나 주위를 살펴보니 좀 떨어진 산골짜기에 한 그루의 자그마한 나무에 아름다운 꽃이 활짝 피어 있는 것이 아닌가!

그 향기를 맡아 보니 조금 전 꿈결에 맡은 향기와 똑같은 향기였다.

스님은 기쁜 마음으로 이 꽃가지를 꺾어서 마을로 돌아와 여러 사람에게 이 꽃의 이름을 물어 보았으나 단 한 사람도 그 이름을

꽃

알지 못했다.

 이때 수면 중에 향기를 맡았다 해서 수향(睡香)이라 이름지었는데 뒷날 사람들이 이 꽃은 상서로운 꽃이라고 하며 서향(瑞香)이라고 이름을 고쳤다 한다.

 또 다른 이야기에 의하면, 한 스님이 견성성불하려고 바위 위에 가부좌하여 정진을 하고 있는데 어디서인가 아름다운 향기가 스며들기에 아마도 극락이 가까워지는가 하고 산을 넘고 계곡을 거슬러 가다가 이 향기 있는 나무를 찾아냈다 한다.

 이렇듯 전설도 이 꽃의 향기와 더불어 이야기가 꾸며졌다.

분포도

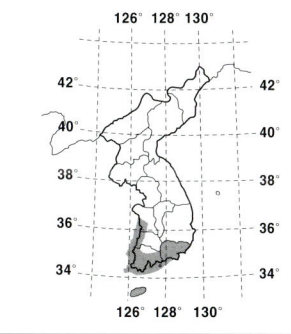

식물명	서향(瑞香)
과 명	팥꽃나무과(Thymelaeaceae)
학 명	*Daphne odora* Thunb.
속 명	팥꽃나무 · 천리향(千里香) · 서향나무
분포지	남부 지방 및 남해 도서 지방
개화기	3~4월
결실기	10월
높 이	1~1.5미터 안팎
용 도	관상용 · 공업용 · 약용
생육상	상록관목(늘푸른 좀나무)
꽃 말	꿈속의 사랑

여름에 피는 꽃

1. 해바라기
2. 엉겅퀴
3. 솜다리
4. 장미
5. 해당화
6. 사위질빵
7. 패랭이꽃
8. 동자꽃
9. 며느리밥풀꽃
10. 연
11. 수련
12. 칡
13. 자귀
14. 참나리
15. 옥잠화
16. 무궁화
17. 목화
18. 나팔꽃
19. 석류
20. 참외
21. 수박
22. 부들
23. 봉선화
24. 솔체꽃
25. 치자
26. 약모밀
27. 노인장대
28. 분꽃
29. 바위취
30. 꿀풀
31. 익모초
32. 능소화
33. 참깨
34. 질경이
35. 인동
36. 도라지
37. 잔대
38. 닭의장풀
39. 꽈리
40. 달맞이꽃
41. 맨드라미
42. 채송화
43. 왕대
44. 선인장
45. 천남성
46. 감나무
47. 밤나무
48. 붉나무

해바라기

북미 원산으로 각 지방에서 관상용으로 심거나 작물로 재배하는 국화과의 한해살이풀이다.

원래는 향일규화(向日葵花)·향일화(向日花)·규곽(葵藿)·규화(葵花)·해바락이·조일규(照日葵)·일조규(日照葵) 등으로 불렀다.

오래전부터 우리나라와 만주 지방에서는 정원에 해바라기를 심었으며 밭에 포(圃)를 만들고 재배도 많이 하였다고 전해지는데『만선식물』에 의하면 해바라기 씨는 날로 먹거나 기름을 짜서 등유로 많이 사용했다고 씌어 있다.

줄기는 2미터 정도 자라고 잎은 어긋나며 길이는 10~30센티미터 정도이고 모양은 커다란 심장형이다.

줄기와 잎, 온 몸에 털이 많이 나 있으며 잎자루도 길다.

잎가장자리에는 큰 톱니가 나 있으며 8~9월에 줄기 끝이나 가지 끝에 지름 8~60센티미터 정도의 커다란 둥근 꽃이 노오랗게 피어나는데 꽃이 태양을 바라보고 핀다 하여 해바라기 또는 향일화라고 불렀다.

꽃 가장자리에는 밝은 노란색의 꽃잎이 붙어 있고 꽃 가운데는 갈색 또는 노란색의 통상화(筒狀花)가 반구형으로 밀집해 있다.

해바라기는 동쪽이나 남쪽을 바라보고 고개를 숙여 핀다. 유래에 의하면 해가 이동하는 방향에 따라 해바라기도 움직인다는 말이 있지만 타당성이 있어 보이지는 않는다. 해바라기는 꽃대 줄기가 대단히 강하여 꽃이 이리저리로 움직이지 않기 때문이다. 또 해를 바라본다지만 석양이 질 무렵에 꽃을 보면 해가 떠 있는 곳과는 반대 방향을 보고 있다. 이것을 두고 해바라기가 지는 해가 야속해서 저녁 때에는 등을 돌리고 외면을 하는 것이라고 말하기도 한다.

해바라기가 옆을 향해서 피는 것을 보고 해를 바라본다고 생각하게 되지 않았을까 한다.

해바라기는 관상용·공업용·사료용 등에 쓰인다.

10월에 씨가 여물면 식용유나 공업용 유지, 가축의 사료로 쓰이는 한편 볶아서 먹기도 한다. 공업 유지는 대개 비누 제조에 사용된다.

관상용으로 좁은 뜰 안에 한두 그루 심어 두면 가을에 커다란 둥근 꽃을 볼 수 있다. 또 넓은 밭가에 심어 놓으면 가을에 황금 들판과 더불어 장관을 이루기도 한다.

식질 양토에서 잘 자라고 대개 실생법으로 번식된다.

근래에 해바라기의 품종이 많이 개발되어 그 종류가 다양한데, 대표적인 종류로는 애기해바라기, 좀해바라기, 큰집해바라기 등을 들 수 있다. 이와 생김새가 비슷한 종으로서, 꽃은 아주 작지만 줄기와 풀잎에 털이 많으며 잎자루가 짧고 잎 모양이 타원형인 뚱딴지라는 것이 있기도 하다.

애기해바라기는 관상용으로 흔히 심으며 그 씨를 먹기도 한다. 꽃은 해바라기보다 훨씬 작다.

보편적으로 해바라기꽃은 민간에서 류머티즘 치료제·구풍제·해열제로 이용하였다.

벼가 누렇게 익어 가는 황금 벌판과 감나무에 먹음직스러운 감이 주렁주렁 매달리는 가을, 길가에는 코스모스가 가냘프게 한들거리고 농가의 울타리 안에서는 고개를 숙인 채 해바라기가 피어나 지나가는 길손을 마중이라도 하는 듯하다. 여기에 농가의 지붕 위에는 붉은 고추가 아침 저녁 찬서리를 맞으며 그 매운 맛을 삭히고 있는 풍경은 저무는 가을녘의 대표적인 모습이다. 이외에 해바라기는 국화와 더불어 늦가을에 피는 마지막 재배종이라는 점에 특색이 있다.

해바라기는 남미 페루의 국화이다.

어떤 이야기가 숨어 있을까?

옛날 어느 산골 마을에 형제가 살고 있었다. 이들 형제의 가슴속에는 해님에 대한 동경과 사랑이 가득 차 있었다. 그래서 이들은 어떻게 해서든지 하늘의 해님을 한번 만나려고 결심하기에 이르렀다.

욕심이 대단히 많은 형은 동생에게 해님을 빼앗기지 않으려고 온갖 수단과 방법을 동원한다. 동생에 대한 미움이 쌓여 급기야

씨

이 욕심 많은 형은 한밤중에 곤히 잠자고 있는 동생을 죽여 버리고 혼자 해님에게로 갔다.

그러나 해님은 악한 인간은 하늘에 올 수 없다면서 형을 아래로 밀어 떨어뜨렸다. 땅에 떨어진 형은 결국 그 자리에서 죽고 말았다.

그 후에 이상한 일이 일어났다. 형이 떨어져 죽은 자리 위에서 큰 풀잎이 돋아나고 가을이 면 노란색의 커다란 꽃이 피기 시작한 것이다.

이 노란 꽃은 필 때 해가 떠 있는 쪽만 바라보다가 이내 지곤 하였다. 후에 사람들은 이 꽃을 해바라기라고 부르게 되었다.

분포도

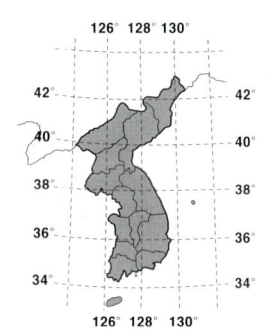

식물명	해바라기(向日葵)
과 명	국화과(Compositae)
학 명	*Helianthus annuus* L.
속 명	향일화 · 해바락이
분포지	전국
개화기	8~9월
결실기	10월
높 이	2미터
용 도	식용 · 관상용 · 약용 · 공업용
생육상	한해살이풀(一年生草本)
꽃 말	경모(敬慕) · 휘황(輝煌)

엉겅퀴

전국의 들에서 쉽게 볼 수 있는 국화과의 여러해살이풀이다.

원래는 대계(大薊)·야홍화(野紅花)·홍람화(紅藍花)·항가새·항가시·항가시나물 등으로 불렀다.

옛 문헌에 의하면 이 엉겅퀴는 우리나라는 물론 만주 지방에서도 잘 자라는 식물로 특히 초원 지대에서 한 포기 또는 몇 포기씩 자라는데 흔히 야홍화라 불렀다고 한다.

봄에 어린 잎을 나물로 먹었으며 잎과 줄기를 말리어 생약(生藥)으로 썼다고 한다. 특히 이 잎과 줄기는 지혈제(止血劑)로 많이 쓰였고 그 밖에 외상이나 종기 치료에도 효과가 있다고 기록되어 있다.

풀 모양 자체도 작고 꽃도 작게 피는 것을 소계(小薊), 큰 것을 대계라 했는데 대계나 소계 모두 동일하게 취급했다 한다.

줄기의 높이는 1미터 정도이며 풀 전체에 흰털과 거미줄 같은 섬유질이 많으며 가지가 갈라진다.

뿌리에서 나온 풀잎은 꽃이 필 때까지 남아 있고 줄기에서 나온 잎보다 크며 타원형 또는 피침상 타원형으로 길이는 15~30센티미터 정도이며 밑부분은 좁다.

잎은 여섯 내지 일곱 쌍으로 갈라지며 깃털 모양이고 양면에 털이 나 있다. 가장자리에는 톱니와 더불어 가시가 나 있다. 줄기에서 나온 잎은 원줄기를 감싸고 날개 모양으로 갈라진 가장자리가 다시 갈라진다.

엉겅퀴는 6~8월에 원줄기 끝과 가지의 끝에 꽃이 피는데 지름은 3~5센티미터쯤이다.

꽃은 붉은색과 자주색으로 둥글게 피고 10월에 씨앗이 여문다.

엉겅퀴는 식용 및 약용으로는 물론이고 요즘에는 관상용으로도 많이 심는다. 전초(全草) 및 뿌리를 민간이나 한방에서는 대계(大薊)라 하여 감기·금창(金瘡, 칼 등으로 인한 상처)·지혈·토혈·출혈·대하증 등에 다른 약재와 같이 처방하여 약으로 쓴다.

엉겅퀴가 잘 자라는 토질은 화강암계·반암계·화강편마암계·편상화강암계·현무암계·경상계 등인데 대개 아무 데서나 잘 자라는 편이다.

번식법에는 생태육종법·실생법·종간잡종법·분주법·근재생법 등이 있는데 주로 종자번식법으로 많이 번식된다. 씨앗에 날개가 달려 바람에 멀리까지 날아가는데 날개가 민들레 씨앗처럼 부풀 즈음 씨앗을 채집하여 땅에 심으면 약 3주일 후 싹이 나온다. 이 어린 풀포기가 가을 동안 자라다가 겨울이 되면 큰 잎은 시들고 가운데 부분의 순은 웅크리고 겨울을 지낸다.

이른 봄 얼음이 녹기도 전에, 웅크린 새싹은 기지개를 펴고 자라기 시작해 늦은 봄이면 꽃을 피운다.

뿌리를 땅 속 깊이 내리는데 뿌리의 재생력이나 생명력이 대단히 강하며 번식력도 좋은 편이다.

인가의 텃밭 등에 심어 채소류 대용으로도 재배할 수 있으며 비닐하우스를 이용하면 겨울철에도 다량 재배가 가능하다.

도시의 공해에도 대단히 강한 풀로 아파트 베란다 혹은 정원에 심어 놓으면 여름에 탐스러운 꽃과 더불어 싱그럽고 매혹적인 정취를 느낄 수 있다. 엉겅퀴는 벌과 나비가 즐겨 찾는 꽃이기도 하다.

우리나라 곳곳에는 여러 종류의 엉겅퀴가 자라고 있다.

북부 지방의 산에 자라는 부전엉겅퀴는 한국 특산종으로 5~7월에 꽃이 피며, 울

꽃

릉도의 산에 자라는 산엉겅퀴도 5~7월에 꽃이 핀다.

5~7월에 꽃이 피는 흰엉겅퀴는 오대산·계방산·태백산 등 우리나라 중부·북부 산지에서 볼 수 있다.

제주도 및 남부 지방의 산과 들에서 자라는 가시엉겅퀴는 키가 25센티미터 정도이며 다른 엉겅퀴 종류와 마찬가지로 5~7월에 핀다. 또 구슬엉겅퀴도 같은 시기에 꽃이 핀다.

전라북도와 북부 지방의 들에 자라는 버들엉겅퀴는 5~7월에 꽃이 피며, 제주도 및 남부 지방의 들에서 자라는 가는엉겅퀴는 키가 1미터 정도 되는 한국 특산 종으로 6~8월에 꽃이 핀다.

울릉도의 산과 들에서 자라는 섬엉겅퀴도 가는엉겅퀴와 같은 시기에 꽃이 피며 높이는 1미터 정도이다.

중부 및 북부 지방의 낮은 산간에서 자라는 큰엉겅퀴는 높이가 1~2미터 정도로 큰 편인데 9월에 꽃이 핀다. 꽃은 고개를 숙여 붉은색으로 피며 잎의 모양은 다른 엉겅퀴와 같지만 가시가 있다. 그러나 그리 날카롭지 않으며 만져 보면 매우 보드랍다. 서리가 내릴 무렵 산지의 풀밭에서 고개를 땅으로 떨구고 꽃을 피우는 큰엉겅퀴의 모습은 매우 애처롭게 보인다.

한라산 높은 곳에서 자라는 바늘엉겅퀴는 한국 특산종으로 7~8월에 꽃이 핀다. 중부 및 북부 지방의 높은 산에서 자라는 도깨비엉겅퀴는 높이가 60~90센티미터 정도이며 7~9월에 꽃이 핀다.

강원도 양양의 대암산에서 흔히 볼 수 있는 도깨비엉겅퀴는 생긴 모양이 조금 산만하여 도깨비엉겅퀴라는 이름이 붙여진 듯하며 꽃도 이름처럼 산만한 모양을 하고 있다.

또 전국의 산에서 자라는 또 다른 도깨비엉겅퀴가 있다. 이는 높이가 1.2미터 정도이며 7~10월에 꽃이 피는 것으로 한국 특산종이다. 앞에서 말한 도깨비엉겅퀴와 모양은 거의 비슷하지만 성분이 다르고 학명도 다르다.

제주도 및 남부·중부 지방의 들에서 자라는 들엉겅퀴는 7~10월에 꽃이 핀다. 제주도의 들에 자라는 덤불엉겅퀴도 7~10월에 꽃이 피는데 한국 특산종이다.

중부 및 북부 지방의 산에서 자라는 흰엉 경퀴는 높이가 1미터 정도이며 온몸에 흰 색의 털이 나 있다. 또한 강원도 점봉산에서 자라는 점봉산엉경퀴는 한국 특산종으로 8 월에 꽃이 핀다.

이렇듯 엉경퀴는 전국에 걸쳐 여러 종류 가 자라고 있으며, 스코틀랜드 · 코카서스 · 시베리아를 거쳐 동아시아의 온대 지방에 이르기까지 널리 분포하고 있다.

어떤 이야기가 숨어 있을까?

옛날 어느 시골에 젖소를 기르는 소녀가 있 었다.

어느 날 소녀는 우유가 가득 든 항아리를 머리에 이고 시내로 팔러 나가며 깊은 생각 에 잠겼다.

'오늘은 우유를 팔아 예쁜 옷과 양말을 사고 엄마 · 아빠께 선물도 해야지. 그동안 너무 고생만 하셨어.'

소녀는 이런 생각에 골몰하다가 그만 길 가의 엉경퀴 가시에 종아리를 찔렸다. 이 바 람에 소녀는 항아리를 땅에 떨어뜨렸고 우 유는 모두 쏟아져 버렸다.

소녀는 놀라고 절망해서 그만 기절했고 그러고는 영영 깨어나지 못했다.

소녀는 죽어 젖소로 변했고 길가의 엉경 퀴를 모두 뜯어먹고 다녔다. 그런데 그 많은 엉경퀴 중에서 그때까지 보지 못했던 것이 있었다. 자세히 보니 흰 무늬가 있는 엉경퀴

였다. 젖소는 하도 이상하여 뜯어먹지도 못 하고 물끄러미 바라보고만 있었는데 그 엉 경퀴 꽃봉오리 속에서 죽은 소녀 자신이 미 소를 짓고 있었다.

이때부터 이 엉경퀴를 죽은 소녀의 넋을 위로해 주는 꽃이라 하여 젖엉경퀴라고 불 렀다.

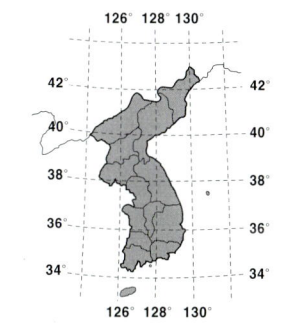

분포도

식물명	엉경퀴(大薊)
과 명	국화과(Compositae)
학 명	*Cirsium japonicum* var. *maackii* Matsum.
생약명	대계(大薊)
속 명	항가시 · 항가새 · 항가시나물 · 야옹화 · 홍람화
분포지	전국
개화기	6~8월
결실기	10월
높 이	50~100센티미터
용 도	식용 · 관상용 · 약용
생육상	여러해살이풀(多年生草本)

솜다리

우리나라 제주도 한라산과 중부 지방의 고산지(高山地) 등에서 자라는 한국 특산 식물로 국화과의 여러해살이풀이다.

우리나라 외에도 알프스의 고산지에서 많이 자라는데 조선화융초(朝鮮火絨草)·솜다리라고 부르지만 에델바이스로 더 많이 알려져 있다.

원래 제주도 한라산·중부 소백산·설악산 등의 바위 틈에서 자랐는데 자연 훼손으로 인하여 지금은 설악산에서도 사람이 접근하기 어려운 높은 곳의 바위틈에서 그나마 조금 자라고 있다.

4월이면 밑부분이 묵은 잎으로 덮이고 그 사이에서 솜 같은 섬유질로 둘러싸인 풀잎과 줄기가 돋아난다.

꽃대 줄기와 풀잎이 같이 나오는데 꽃대 줄기는 15~25센티미터 정도까지 자라고 섬유질 선모로 덮여 있어서 전체 색깔은 회백색(灰白色)이다.

풀잎의 길이는 2~7센티미터쯤 되고 밑부분이 좁아져서 잎자루 같은 모양이 된다. 잎 표면에는 섬유질이 다소 남아 있고 꽃대의 밑부분의 뿌리에서 나온 풀잎은 꽃이 필 때면 없어지지만 맨 처음에 나온 풀잎은 남아 있다.

설악산이나 한라산의 해발 800미터 이상 되는 곳은 4월이 되어도 눈이 녹지 않고 그대로 남아 있다. 에델바이스는 이때쯤 꽃대 줄기가 눈 속에서 올라와 피기 때문에 많은 사람들이 이 꽃을 겨울에 눈 속에서 피는 꽃이라고 알고 있으나 에델바이스가 피는 시기는 봄부터 가을까지이고 겨울에는 꽃이 피지 않는다.

솜털로 덮여 있는 꽃대 줄기 끝의 맨 위쪽의 포상엽(苞狀葉)은 약간 둥글고 흰 솜털이 많아 마치 솜으로 만든 흰 별과도 같다. 흔히 이것을 보고 꽃이라고도 하지만 이것은 꽃잎이 아니고 꽃을 받쳐주는 잎이다.

중앙에 모여 피는 꽃들은 조그마한 통같이 피고 열매는 10월에 연 노란색으로 익는다. 종자의 관모는 흰색이다.

그런데 알프스의 고산 지대에서 자라는 것은 에델바이스라고 부르는 것이 합당하며 우리나라의 고산지에서 자라는 것은 솜다리라 부르는 것이 합당하다. 왜냐하면 식물은 그 지형이나 지질에 따라서 꽃의 색깔이나 모양이 다르기 때문이다.

이 풀의 어린순을 나물로 먹기도 하며 관상용으로도 재배한다. 그러나 고산 식물이기 때문에 낮은 지역에 옮겨 심으면 견디지 못해 관상용에 적합하지는 않은 편이다.

솜다리가 잘 자라는 토질은 현무암계·화강암계·화강편마암계·변성퇴적암계 등이다. 실생법·생태육종법(生態育種法, 지역별로 환경에 맞는 품종을 기르는 것)

등으로 번식된다.

　우리나라에는 4종의 솜다리가 자라고 있는데 이들 솜다리는 4~8월까지 계속해서 꽃이 피며 설악산·점봉산 등에서 자라고 있고 한국 특산종으로 취급되고 있다.

　우리나라 중부 지방 및 북부 지방의 고산지에는 모양이 약간 다른 왜솜다리가 자라는데 왜솜다리는 높이 30센티미터 정도까지 자라며 8~9월에 꽃이 핀다. 풀잎은 크고 넓으며 섬유질이 솜다리보다 적은 편이다. 모양은 그리 아름답지 못하며 가을철에 볼 수 있다.

　두메솜다리는 왜솜다리와 같은 지역에서 같은 시기에 꽃이 피는데 높이 30센티미터쯤 자란다. 왜솜다리와 두메솜다리 모두 화강암계·화강편마암계 등의 토질에서 잘 자란다.

　한라산에서 자라는 솜다리는 한라솜다리라고도 하는데 한라산 해발 1,500미터 이상의 암석지에서 자란다. 높이는 7~12센티미터 정도까지 자라고 식물 전체가 회백색의 섬유질 선모로 덮여 있다. 뿌리에서 나온 잎과 밑부분의 잎은 꽃이 필 때 없어지며 가운데 잎만 남는다. 풀잎은 긴 타원형이고 길이는 2.7센티미터 정도이며 끝에 둔한 돌기가 있다. 또한 밑부분으로 내려갈수록 좁아져서 원줄기를 감싸는 듯하며 잎 표면과 뒷면에 많은 섬유질 선모가 있고 회백색을 띤다. 줄기 끝에 있는 별 모양의 포엽(苞葉)은 일곱 또는 아홉 개로 지름은 2.2~4센티미터 정도이고 모양은 타원형이며 끝이 둔하게 생겼다. 꽃은 다섯 또는 아홉 개가 모여 피며 노란색이다. 씨앗은 10월에 여문다.

　북부 지방의 고산지(高山地)에 자라는 산솜다리는 낭림산 이북의 산지에서 볼 수 있는 것으로 밑부분에는 지난해 나온 잎이 있으며 높이는 7~22센티미터 정도이고 가지는 없다. 줄기에 자줏빛이 약간 돌며 섬유질의 선모와 잔털로 덮여 있다. 뿌리에서 나온 풀잎은 꽃이 필 때에도 남아 있는데 꽃은 8월에 피고 색깔은 연 노란색이다.

솜다리 종류 가운데 설악산 등지에서 봄에 가장 먼저 피는 꽃이 한국 특산종으로 모양이 매우 아름답다.

한편 솜다리는 생명력이 매우 강해, 겨우내 눈보라가 치는 설악산의 높은 지대와 같은 기후가 좋지 않은 고산지의 험한 바위틈에서 가냘픈 뿌리를 내린다.

눈 속을 뚫고 나와 꽃을 피우는 처녀치마·얼레지·당개지치·족도리풀 등의 고산 식물과 함께 악천후 속에서도 아름다운 색깔과 자태를 뽐내는 대표적인 꽃이다.

솜다리는 일부 몰지각한 등산객에 의해 여린 꽃대 줄기가 꺾여 채 피어나지도 못하는 경우가 많고 최근에는 보기조차 힘들어져 안타깝기만 하다.

분포도

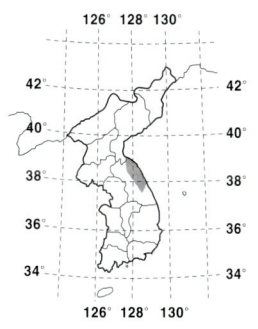

식물명	솜다리(朝鮮花絨草)
과 명	국화과(Compositae)
학 명	*Leontopodium Coreanum* Nakai
속 명	화융초 · 에델바이스
분포지	제주도 · 중부지방 · 북부지방
개화기	6~8월
결실기	9~10월
높 이	30센티미터
용 도	식용
생육상	여러해살이풀(多年生草本)
꽃 말	귀중한 추억 · 고귀한 사랑

장미

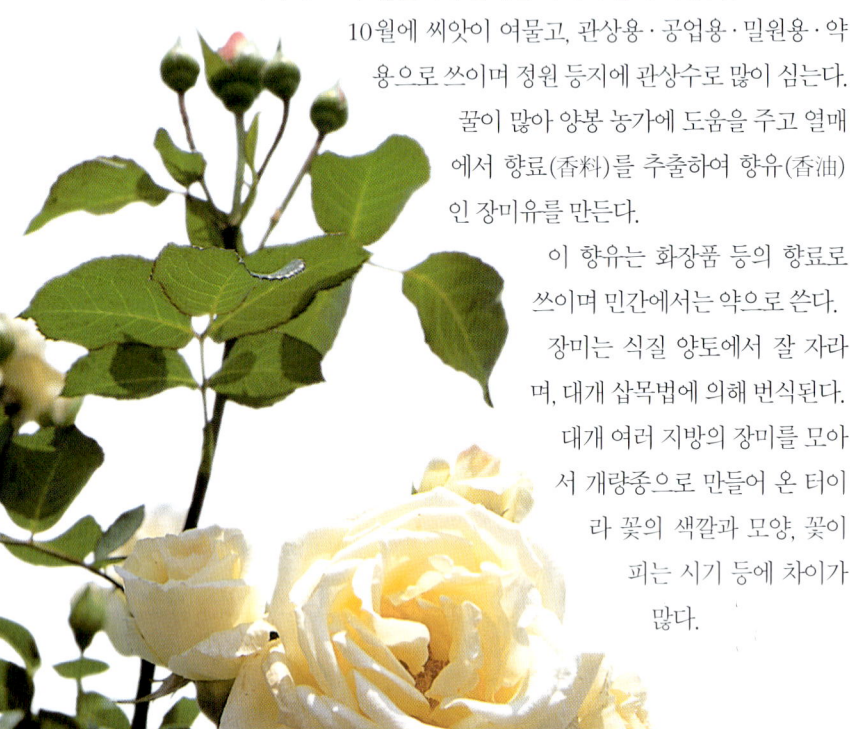

꽃의 여왕으로 불리는 이 꽃은 덩굴성 나무로 원산지는 코카서스 지방이다.

7월에 갖가지 모양과 색깔로 꽃이 피는데 줄기의 높이는 1~2미터 정도 되며, 줄기에 납작한 가시가 많이 나 있다.

10월에 씨앗이 여물고, 관상용·공업용·밀원용·약용으로 쓰이며 정원 등지에 관상수로 많이 심는다. 꿀이 많아 양봉 농가에 도움을 주고 열매에서 향료(香料)를 추출하여 향유(香油)인 장미유를 만든다.

이 향유는 화장품 등의 향료로 쓰이며 민간에서는 약으로 쓴다.

장미는 식질 양토에서 잘 자라며, 대개 삽목법에 의해 번식된다. 대개 여러 지방의 장미를 모아서 개량종으로 만들어 온 터이라 꽃의 색깔과 모양, 꽃이 피는 시기 등에 차이가 많다.

요즈음에도 계속해서 새로운 품종이 만들어지고 있다. 장미는 세계에 널리 분포되어 있다.

장미를 크게 나누면 1년에 꽃이 단 한 번만 피는 것, 두 번 피는 것, 봄부터 가을까지 계속해서 피는 것들이 있다.

꽃의 모양에도 홑꽃·겹꽃·중겹꽃 등이 있으며 꽃의 색깔은 흰색·핑크색·복숭아색·붉은색·노란색 등 매우 다양하다. 요즈음에 와서 적자색(赤紫色) 장미는 흑장미라 불리는데 대단히 사랑을 받는 품종이다. 꽃잎의 안쪽과 바깥쪽의 빛깔이 각각 다른 것을 복색(複色)이라 한다.

장미꽃은 색깔이나 모양이 아름답기도 하지만 향기(香氣)는 더욱 좋다.

흰색 장미꽃이 순결을 상징하고 있다면 빨간 꽃은 정열, 노란 꽃은 위엄의 상징으로 알려져 있다.

흑장미는 '장미부인'이라는 소설에 나오는 여자 주인공을 연상하게 해 지금도 젊은 남녀들에게 애정의 상징으로 여겨지고 있다.

정원 등지에서 흔히 재배하는 것으로는 월계화(月季花)·사계화(四季花)·장춘화(長春花) 등이 있다. 우리나라의 중부·북부 지방 해안 모래땅에서 잘 자라는 해당화(海棠花)·매괴화(梅槐花) 등은 초여름에 은빛 모래사장에 푸른 바다 물결과 잘 어울려 예로부터 '명사십리 해당홍(明砂十里海棠紅)'이라는 글로 사람들 입에 오르내리고 있다.

우리나라에서 자라고 있는 찔레나무는 장미·야장미(野薔薇)·들장미 등으로 부른다.

우리나라에는 외국에서 들여와 심은 장미가 있고 야생화로는 찔레나무 등 수많은 종이 자라고 있다.

목향장미·세잎장미·복숭아장미·장미·월계화·애기월계화 등은 흔히 원예 농가에서 심고 있는 품종이며 그 밖에 생열귀장미·열귀나무·흰생열귀·긴생열귀·금강찔레·왕들장미·왕가시나무·개해당화·흑산들장미·흰인가목·붉은인가목·좀붉은인가목·용가시나무·들가시·긴돌가시·털용가시·홍들가시·덩굴인가목·찔레·샘털들장미·털들장미·애기들장미·매괴화·민해당화·개해당화·해당화·민생열귀·둥근인가목·보라인가목·제주가시·대산장미·대마찔레·노랑해당화 등 장미속의 나무들이 전국 각 지방에서 잘 자라고 있다.

줄기와 꽃

이들 모두 향기가 매우 뛰어나고 꽃이 아름답기 때문에 여름이면 벌나비들이 많이 모여든다.

흔히 장미가 어느 때부터 재배되었는가에는 여러 가지 설(說)이 있으나 기원전 2000년대에 있었다고 하는 바빌론 궁전에서도 장미가 재배되었다고 전해지고 있다. 또한 1923년 독일의 에바렌스 교수가 그리스에서 발굴한 벽화 가운데에도 장미꽃이 그려져 있는 것을 확인하였다고 한다.

장미 재배의 역사는 이렇게 오래된 것이지만 원예 식물로 재배하게 된 것은 서기 1500년경이며 영국 및 프랑스가 품종 개량에 많은 힘을 기울여 오늘의 장미 재배의 기초를 만들었다고 한다.

지금도 영국은 장미를 국화(國花)로 삼고 있다.

어떤 이야기가 숨어 있을까?

옛날 제이라아라는 유태의 아름다운 한 소녀가 있었다.

어느 날 그녀가 하무엘이라는 건달 청년의 구애(求愛)를 받아주지 않았더니 하무엘은 그녀에게 앙심을 품고 그 아름다운 소녀가 마녀라고 악선전을 하고 다녔다.

그래서 소녀는 마침내 붙들려 가서 화형(火刑)을 당하게 되었다.

이때 억울하게 죽게 된 이 소녀를 신(神)이 가엾게 여겨서 타오르는 불길을 잡아 주고 소녀를 구해 주었다. 그러자 이상하게도 그 화형주(火刑柱)에서 갑자기 새싹이 트고 잎이 나서 홍백색(紅白色)의 꽃이 피는 것이었다. 죄 없는 이 소녀는 구출되어 바로 그 꽃들 밑에 서 있게 되었다.

그래서 그 당시 사람들은 이 꽃이야말로

덩굴장미

인류가 에덴 동산에서 쫓겨난 후 처음으로 핀 장미꽃이며, 붉은 꽃은 불이 붙은 나무 토막에서 피고, 흰 꽃은 아직 불타지 않은 나무 토막에서 피어난 것이라고 믿게 되었다고 한다.

로마 신화 한 토막.

큐피드는 사랑의 여신(女神)인 그의 어머니 비너스의 사랑 이야기를 알게 되었다. 이 이야기가 세상 사람들에게 알려질 것이 두려워 큐피드는 그 비밀을 입 밖에 내지 못하도록 침묵의 신(神) 헤포그라데스에게 부탁하였다.

신은 이를 승낙하였고 사랑의 신 큐피드는 고마움의 표시로 침묵의 신에게 장미꽃을 선사하였다고 한다.

이때부터 로마 사람들은 말조심하라는 표시로 연회석의 천장에는 꼭 장미를 조각하게 했고 16세기 중엽에는 로마의 교회에서도 참회실에 장미꽃을 걸게 되었다고 한다.

서양사에 이야깃거리를 남긴 장미전쟁은 1455~1485년에 이르는 30년 동안 영국의 명문 요크가(家)와 랭커스터가 사이에서 일어난, 왕위 계승을 둘러싼 싸움이다. 장미전쟁이라는 이름은 요크가가 흰 장미, 랭커스터가가 붉은 장미를 가문(家紋)으로 삼은 것에서 유래한다.

장미전쟁은 매우 치열해서 1461년 3월 29일 타운트 촌에서만도 3만 6,000명이 죽었다고 한다. 시체를 묻은 묘지에 장미를 심었는데 희고 붉은 꽃잎이 섞여 났다고 한다.

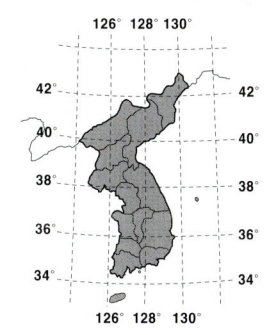

분포도	
식물명	장미(薔薇)
과 명	장미과(Rosaceae)
학 명	Rosa *hybrida* Hort.
생약명	장미유(薔薇油)
속 명	흑장미 · 들장미
분포지	전국
개화기	7월
결실기	10월
높 이	1~2미터
용 도	관상용 · 공업용 · 밀원용 · 약용
생육상	낙엽 관목 (갈잎 좀나무)
꽃 말	아름다움(美) · 사랑(愛) · 사모함(戀)

해당화

우리나라 중부 및 북부 지방의 바닷가 모래땅에서 흔히 무리를 지어 자라는 장미과의 낙엽 활엽 관목(갈잎 넓은잎 좀나무)이다.

원래는 매괴화(玫瑰花)·배회화(裵回花)·열구(悅口) 등으로 불리었으며 이웃 나라에서도 매괴화(玫瑰花) 등으로 불린다.

옛 기록에는 매괴(梅槐)·매계(梅桂)·해당과(海棠果)·홍매괴(紅玫瑰)·홍매화(紅玫花)라 기록되어 있으며 약명(藥名)으로는 매괴화(玫瑰花)·매괴유(玫瑰油) 등으로 기록되어 있다. 또 해당나무·개해당나무·장미꽃 등으로 불리었으며 해당화의 열매를 구괴실이라는 약명으로 부르기도 했다고 한다.

산에 자라는 작은 나무 중에 해당화와 비슷한 나무가 있는데 이 나무는 해당화와는 전혀 다르다. 같은 장미과에 속해 있지만 속명만 해당화이고 원식물명은 생열귀나무이다. 황해도 지방에서는 이 나무를 해당화·뱀의찔레나무라고 부르며 그 밖의 지방에서는 긴생열귀나무·까마귀밥나무·가마귀밥나무 등으로 부른다. 또 꽃이 아그배나무의 꽃과 비슷하다 하여 아그배나무로 부르기도 한다.

『만선식물』에 의하면 해당화는 붉은색으로 피는 것과 노란색으로 피는 것 등 두 종류가 있었다고 한다. 우리나라의 해안 모래땅이나 섬 지방의 바닷가 등에 무리를 지어 자랐다고 하며, 남만주 지방과 연해주(沿海州) 지방에도 분포했다 하는데 아주 붉게 피어나는 해당화는 향기(香氣)가 아주 좋다.

우리나라에서 음식을 만들 때 자주 이용되었는데 특히 떡이나 전의 색깔을 내는 데 없어서는 안될 재료였다고 기록되어 있다.

만주 지방에서는 다른 약재를 가미하여 매괴탕(玫瑰糖)을 만들었으며 과자(菓子)나 매괴주(玫瑰酒)를 빚어 먹었다고 한다. 매괴주는 꽃을 말려 소주와 같은 술에 담근 혼합술로 색깔은 붉은색으로 매우 아름답고, 향기 또한 좋았다 한다.

또 『북한기(北寒記)』에는 해당화 열매와 뿌리의 껍질을 홍색염료(紅色染料)로 썼다고 기록되어 있다.

해당화는 해변가에서 잘 자라며 높이가 1.5미터 정도이며 줄기는 여러 개로 갈라지는데 가시가 많이 나 있으며 가시에는 융모(絨毛)가 있다.

나뭇잎은 어긋나고 일곱 내지 아홉 개의 작은 잎으로 구성된 기수 우상 복엽(奇數羽狀複葉)이다. 잎은 두껍고 타원형이며 길이는 2~5센티미터 정도이다.

잎 표면은 주름이 많고 윤기가 나며 털은 없다. 뒷면은 맥이 튀어나오고 잔털이 많으며 잎 가장자리에 잔 톱니가 있다.

5~7월에 붉은색 꽃이 피는데 지름이 6~9센티미터 정도이고 꽃받침통은 둥글고 털이 없다. 꽃잎은 넓은 도란형(倒卵形)으로 끝이 오목하며, 열매는 8~9월에 여무는데 지름이 2~2.5센티미터 정도이며 붉은색이다. 열매 속에 작은 씨앗이 많이 들어 있다.

나뭇잎이 얇고 주름도 많지 않고 꽃과 열매가 작은 것을 개해당화라 하며 겹꽃잎인 것을 만첩해당화라 한다. 또 나뭇가지에 가시가 거의 없고 잎이 더 작으며 주름이 적은 것을 민해당화라 한다.

공업용·관상용·밀원용·약용 등으로 두루 쓰이는데 향기가 대단히 좋아 열매의 기름을 짜서 장미유 대용으로 화장품 향료로 쓰이며, 뿌리는 염료(染料)로 쓰인다.

정원에 관상용으로 흔히 심으며, 꿀이 많아 양봉 농가의 밀원(蜜源)으로 가치가 높다.

꽃, 잎, 열매

한방 및 민간에서 매괴화(玫瑰花)라 하여 뿌리를 다른 약재와 함께 처방하여 치통·관절염 등에 쓴다.

해당화가 잘 자라는 토질은 화강암계·화강편마암계·변성퇴적암계 등이며, 번식법에는 계통분리법·종자재배법·삽목법·접목잡종법·분주법 등이 있는데 주로 삽목법이나 분주법에 의하여 번식된다.

해당화와 같은 속의 나무로는 여러 종류가 있는데 일반인들은 쉽게 구별하기 힘들다.

중국 등지에서 들여온 관상용 식물인 노란해당화가 있는데 이는 꽃이 노란색인 해당화(黃海棠花)이다.

높이 1미터 정도까지 자라며 꽃의 지름은 2.5~4센티미터 정도이다. 해당화에 비하여 꽃의 크기가 좀 작다.

강원도 이북 지방에 자라는 둥근인가목은 약간 높은 산에서 잘 자라며 높이는 1미터 정도 된다.

작은 가지는 자줏빛이 도는 붉은색으로 5~6월에 흰색 꽃이 피며 꽃의 지름은 2.5~3.5센티미터 정도로 작은 편이다.

강원도 이북 지방에 자라는 생열귀나무는 높이가 1~1.5미터 정도이며 원줄기는 적갈색으로 털은 없고 가지가 여러 개로 갈라진다.

5월에 지름 4~5센티미터 정도의 꽃이 가지 끝에 한 송이 내지 두 송이씩 핀다. 꽃 색깔은 붉은색이 대부분인데 흰색 꽃이 피는 것을 흰생열귀라 하며 열매가 타원형으로 긴 것을 긴생열귀라 한다. 또 잎 뒷면에 선과 점이 거의 없는 것을 민생열귀라 하는데 서해의 대청도(大靑島)에서 자란다.

강원도 이북 지방에서 자라는 민둥인가목은 높이 1~1.5미터 정도까지 자라며 가지가 여러 개로 갈라지고 곧게 서서 자란다. 작은 가지에 가시가 없는 것도 있으나 줄기 밑부분에는 가시가 많이 나 있다.

5~6월에 새 가지 끝에서 한두 송이의 꽃이 핀다. 꽃의 지름은 5센티미터 정도로 향기가 진하고 꽃잎은 넓은 도란형으로 끝이 오목하며 붉은색 또는 흰색이며 꽃받침잎과 길이가 비슷하다.

강원도 이북 지방에서 자라는 붉은인가목은 가지에 털이 없고 자갈색이며 잎자루 기부(基部)에 한 쌍의 가시가 나 있다.

5~6월에 연한 붉은색의 꽃이 피는데 지름은 2~3센티미터 정도이며 새로 나온 가지 끝에 1~3개씩 핀다. 가지 끝에 꽃이 한 송이씩만 피는 것을 좀붉은인가목이라 하는데 구별하기가 대단히 어렵다.

열매

이 밖에 보라인가목·인가목·갈미인가목 등 해당화와 거의 비슷한 종이 대단히 많다. 특히 찔레꽃을 자세히 살펴보면 꽃은 흰색이지만 해당화의 축소판같이 보인다.

해당화하면 바닷가나 섬 지방을 연상하게 될 만큼 여름 해변가의 아름다운 꽃으로 꼽히고 있으며 명사십리 해당화(明沙十里海棠花)는 특히 유명하다.

아그배나무는 산에서 자라는 나무로, 열매는 먹으며 묘목은 사과나무나 배나무의 접목 대목으로 쓰인다.

어떤 이야기가 숨어 있을까?

예로부터 해당화는 선비들로부터 사랑받는 꽃으로 시(詩)나 노래의 소재가 되어 왔다. 또 많은 문인 문객들이 해당화를 그렸다. 하지만 중국의 유명한 시인 두보는 평생 동안 단 한번도 이 해당화를 소재로 시를 쓰지 않았다 한다. 그 이유는 자기 어머니의 이름이 해당 부인인지라 아무리 꽃이라 하더라도 자기 어머니의 이름을 부르기가 송구스러워 그랬다는 것이다. 이러한 사유를 알게 된 사람들은 그 효심에 감탄하였다 한다.

여름 해변가에서 아침 이슬을 듬뿍 머금고 바다를 향해 피어있는 해당화는 임이 돌아오기를 기다리고 있는 아낙네처럼 애처롭게 보이는 꽃이다.

분포도

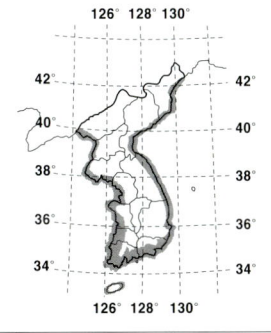

식물명	해당화(海棠花)
과 명	장미과(Rosaceae)
학 명	*Rosa rugosa* Thunb. var. rugosa
생약명	매괴화(玫瑰實)·매괴유(玫瑰油)
속 명	열구·매괴·매괴화·배회화
분포지	중부·북부 지방의 해변
개화기	5~7월
결실기	10월
높 이	1~1.5미터
용 도	관상용·약용·공업용·밀원용
생육상	낙엽 활엽 관목 (갈잎 넓은잎 좀나무)
꽃 말	원망

사위질빵

전국의 산과 들, 특히 수림지나 울타리·구릉지 등에서 여름에 흔히 볼 수 있는 미나리아재비과의 낙엽 관목(갈잎 좀나무)이다. 초본(草木)으로 분류되기도 하는 덩굴성 식물이다.

백근초(白根草)·사위질방·위령선이라 부르기도 하는데, 사실은 위령선은 비슷한 종류이긴 하지만 다른 나무 이름이다.

사위질빵은 덩굴이 3미터 정도 벋어 나가 대개는 주위의 다른 나무를 타고 올라간다.

어린 가지에는 흰색의 여린 털이 많이 나 있으며 잎은 마주 나고 세 개로 갈라진다. 작은 잎은 둥근 피침형이며 길이는 4~7센티미터 정도로 가장자리가 톱니 모양이고 뒷면에 잔털이 있다.

7~9월에 흰색 꽃을 피우며 꽃대는 줄기와 잎자루 사이에서 길이 5~12센티미터 정도로 나온다. 꽃대에는 여러 개의 꽃이 피며 꽃의 지름은 1.3~2.5센티미터 정도이다.

꽃받침잎은 길이 1센티미터 정도로 흰색이며 표면에 잔털이 있고 수술도 꽃받침과 길이가 거의 같다.

꽃잎같이 보이는 흰색의 것은 꽃받침이고 꽃이 피면 뒤로 젖혀져 꽃술만 보이며 꽃받침잎은 잘 보이지 않는다.

9~10월에 종자가 여무는데 꽃이 피었던 자리에 다섯 내지 열 개의 종자가 모여 달린다. 종자 끝에는 기다란 털이 있으며 흰색 또는 갈색의 털이 난 긴 암술대가 날개같이 달려 바람에 잘 날아간다.

이 나무는 유독성 식물이며 식용·관상용·약용 등으로 쓰인다. 울타리에 심으면 여름철에 많은 꽃을 볼 수 있고, 줄기와 뿌리는 한방 및 민간에서 천식·풍질·각기·절상·진통·발한·파상풍 등에 다른 약재와 같이 처방하여 약으로 쓴다. 이뇨제로도 쓰인다.

이 나무가 잘 자라는 토질은 화강암계·현무암계·화강편마암계·편상화강암계·경상계·반암계 등이며 대개는 아무 데서나 잘 자라는 편이다.

번식은 종자재배법·종내잡종법·생태육종법·분주법 등에 의하여 이루어지지만 대개 분주법에 의해서 번식된다.

우리나라 각 지방의 산과 들에는 이 사위질빵과 같은 속의 여러 종의 덩굴나무가 자라고 있다.

옛날 농가에서는 가을이 되면 칡덩굴이나 인동덩굴·미역순나무덩굴·다래덩굴·으름덩굴·댕댕이덩굴 등 덩굴 식물들을 잘라서 농기구나 세공용품의 재료로 많이 사용하였다.

이 중 다른 덩굴들은 대단히 질겨서 좀처럼 끊어지지 않지만 유독 사위질빵 덩굴만 굵은 줄기임에도 불구하고 잘 끊어진다.

사위질빵과 같은 종으로는 좀사위질빵이 있다. 8월에 꽃이 피며 꽃의 색깔이나 모양, 분포지, 용도 등이 사위질빵과 비슷하다. 종자도 같은 형태로 10월에 익는다.

가는잎사위질빵은 북부 지방의 산 양지쪽에서 자라며 줄기가 3미터 높이로 벋는다. 6~7월에 꽃이 피는데 사위질빵과 같은 흰색이다.

제주도의 해변가 산에는 작은사위질빵이 자라며 높이는 2미터 정도 벋는다.

꽃과 잎

9월에 사위질빵과 같은 흰색 꽃이 피고 용도도 같다. 10월에 종자가 익는다.

할미질빵은 중부 지방의 산과 들, 북부 지방의 산에서 자라며 8월에 같은 색깔의 꽃이 피고 높이는 2미터까지 자라며 10월에 씨가 여문다.

이들 사위질빵속(屬)들은 모두 유독성 식물이며 꽃의 색깔이나 줄기, 잎의 모양이 비슷하며 용도도 거의 같다.

이들은 줄기와 온몸에 분처럼 희고 가는 털이 나 있고 꽃도 뛰어나게 아름답지는 않지만 여름철이면 흔히 울타리 부근에서 많이 핀다.

사위질빵과 사촌격인 식물이 있다.

이는 한방에서 위령선(威靈仙)이라 하는 것으로 약재로 쓰이는 덩굴식물이다.

외대으아리는 전국의 산과 들에서 1미터 정도로 벋으며, 8월에 꽃이 피고 10월에 씨가 익는 유독성 식물이다.

전국의 약초(藥草) 농가에서 재배하는 위령선(威靈仙)은 길이가 3미터 정도 되는데 8월에 꽃이 피고 10월에 종자가 익는다.

으아리는 전국의 산과 들의 수림 주변의 초원이나 구릉지 등에서 자라며 3~5미터까지 벋고 8월에 꽃이 핀다.

큰위령선은 중부 지방의 산간에서 자라며 3미터 정도까지 벋는데 8월에 꽃이 피고 씨는 10월에 여문다.

중부·북부 지방의 산에서 자라는 좀으아리는 3미터 정도까지 자라는데 7~8월에 꽃이 피고 9~10월에 종자가 익는다.

국화으아리는 중부 지방의 산과 들, 특히 거문도(巨文島)에서 많이 자라며 3미터 정도까지 벋고 7~8월에 꽃이 피며 9~10월에 씨가 익는다.

왕으아리는 중부·북부 지방의 산과 들에서 3미터 정도까지 벋으며 7~8월에 꽃이 피고 9~10월에 씨가 여문다.

참으아리는 중부·북부 지방의 산과 들 양지쪽에서 자란다. 2미터 정도까지 자라며 8월에 꽃이 피고 씨는 9월쯤에 여문다.

5월에 꽃이 피는 큰꽃으아리는 전국의 산과 들에서 자라며 3미터 정도까지 벋고 10월에 씨가 여문다.

이들 으아리들은 모두 꽃이 흰색이며 쓰이는 용도도 대개 같다.

으아리는 줄기나 잎의 모양이 사위질빵과 모두 비슷하나 잎 가장자리에 톱니가 없다. 또한 잎에 털이 없고 윤기가 돌며 잎자루는 구부러져 흔히 덩굴손과 같은 역할을 한다.

으아리는 꽃이 피면 꽃잎이 수평으로 퍼지며 꽃술도 사위질빵에 비하여 약간 적다.

여름철이면 우리나라 어디를 가든지 쉽게 볼 수 있는 식물들이며 청아한 흰 꽃을

으아리 꽃

많이 달고 있는 덩굴이다.

『만선식물』에 의하면 이 종들은 원래 우리나라 남부 지방과 중부 지방에서 많이 자랐다 하며 이 덩굴의 뿌리를 한방 약명으로는 위령선(威靈仙)이라 했다 하는데 풍절병·신경통 등에 특효약으로 쓰였다 한다. 그 중 약효가 더 많은 위령선을 철각위령선이라 하여 특별한 약재로 여겼다.

인적이 드문 강원 산간이나 경기 지방의 산간 등지에서 여름철에 무리를 지어 피어 있는 모습을 보면 마치 흰 구름이 피어 있는 것처럼 보인다.

어떤 이야기가 숨어 있을까?

옛날부터 사위는 항상 장인이나 장모의 사랑을 받기 마련이었다.

그런데 옛날 우리 풍습에 가을철이면 사위는 처가의 가을 곡식을 거두는 일을 항상 도와주는 게 상례였다.

다른 농부들과 같이 사위도 들에서 볏짐을 져서 집으로 들여와야 했다. 그런데 장인·장모는 자기 사위를 아끼는 마음에서 사위에게는 짐을 조금 지게 하였다. 이와 같이 사위만 짐을 적게 지게 하니까 같이 일하던 농부들이 이를 가리켜 약한 사위질빵 덩굴로 질빵을 해 짐을 져도 끊어지지 않겠다고 비아냥거렸던 것이다.

이렇듯 사위질빵이라는 이름은 이 덩굴이 길게 벋어 나가기는 하지만 연약하다는 데서 비롯되었다고 한다.

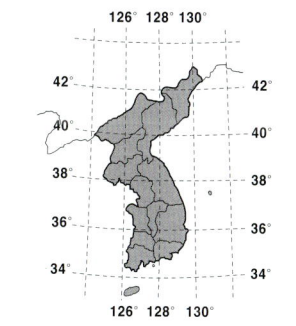

분포도	
식물명	사위질빵(女萎)
과 명	미나리아재비과(Ranunculaceae)
학 명	*Clematis apiifolia* DC.
속 명	사위질방·위령선
분포지	전국의 산과 들
개화기	7~8월
결실기	10월
높 이	3미터
용 도	식용·관상용·약용
생육상	낙엽 관목(갈잎 좀나무)

패랭이꽃

길가에 피어 지나는 이의 발길에 채이기도 하는 패랭이꽃은 전국의 산과 들의 풀밭이나 길가 언덕 등에서 흔히 자라는 여러해살이풀이다.

석죽화(石竹花), 천국화(天菊花) 등으로 불렀는데 지금도 어느 지방에는 석죽화(石竹花)라는 이름이 남아 있으며, 석죽(石竹)·구맥(瞿麥)·석죽화(石竹花)·석죽자화(石竹子花)·산죽(山竹)·석죽다(竹茶)·흑수석죽(黑水石竹)·중국석죽(中國石竹)·구맥(瞿麥)·낙양화(洛陽花)·꽃패랭이 등으로 부르기도 한다.

이 꽃을 관찰해 보면, 꽃대가 연약한데도 여러 송이의 꽃이 피어있는 모습이 여름의 풀밭에 작은 소녀가 얼굴을 붉히고 앉아 있는 것처럼 보인다.

풀 전체가 분을 하얗게 바른 것처럼 분록색을 띠며 높이는 30센티미터 정도이다. 잎과 줄기의 마디가 대나무를 닮았다.

잎은 마디에서 마주 나고 줄기 끝에서 가지가 몇 줄기 갈라진다.

6~8월에 줄기 맨 끝에서 꽃이 핀다. 꽃은 연한 붉은색이며 꽃술이 있는 옆부분에 흑자색의 무늬가 나 있다.

꽃잎은 다섯 장이며 끝이 톱니 모양이고 꽃은 좁고 긴 꽃받침통에 들어 있다.

9월에 긴 꼬투리가 달리는데, 이 속에 씨앗이 여러 개 들어 있다. 꼬투리가 벌어지면서 씨앗이 땅에 떨어져 번식한다.

씨앗은 아주 작아서 약한 바람에도 날려 잘 번식된다. 그러다 보니 길을 닦기 위하여 산허리를 깎아낸 돌 틈, 바위를 잘라낸 곳, 메마르고 척박한 곳 등에서도 잘 자란다.

한방 및 민간에서 이 풀 전체를 말린 것을 생약명으로 석죽(石竹), 구맥(瞿麥)이라 일컫는다.

안질·이뇨·수종·임질·소염·회충·늑막염·치질·인후염·생선 뼈가 목에 걸렸을 때 등에 다른 약재와 처방하여 약으로 쓴다.

이 풀은 변성퇴적암계에서 잘 자란다.

번식시키는 방법으로는 종내육종법·종자재배법·분주법 등이 있는데, 대개 분주법이나 종자재배법을 쓴다.

한편 석죽과에는 야생종(野生種)이 많은데, 꽃이 크고 아름다우며 향기도 좋다. 유럽 원산으로 원예종으로 재배하는 카네이션은 그 가운데 대표적인 꽃이다.

원예종으로 개량된 것들은 꽃의 색깔도 여러 가지이다.

패랭이꽃의 씨앗은 구맥자(瞿麥子)라 하는데 한방에서 이뇨제, 통경제 등에 쓰이고 민간에서는 달여서 먹는다. 씨앗은 이뇨제로 쓰면 효과가 있다.

꽃

수천 년을 우리와 함께 살아 온 패랭이꽃은 쓰임이나 서식하는 장소가 다양하다.

미국패랭이는 꽃꽂이나 관상용으로 쓰인다.

수염패랭이는 북부 지방의 초원지나 암석지 등에서 자란다.

흰패랭이는 전국의 낮은 산 초원지대 및 바위틈에서 자란다. 또 중부 지방의 산에서 자라는 각시패랭이가 있다.

갯패랭이는 중부 평야의 해안 모래땅에서 자라며, 울릉도나 중부 지방의 산과 들에서 자라는 섬패랭이도 있다.

난쟁이패랭이는 북부 지방의 백두산·포태산·낭림산 정상 부근에서 자라는데 꽃은 8~9월에 피며 높이가 10센티미터 정도이다.

장백패랭이는 북부 지방 고산 정상 부근에서 자라는데, 특히 백두산에서 이 꽃을 흔히 볼 수 있다.

술패랭이는 전국의 냇가 둑, 들의 언덕, 야산의 초원(草原) 등지에서 자란다.

같은 지역에서 자라는 꽃패랭이는 꽃이 매우 아름다우며 풀의 높이는 1미터 정도이다. 꽃대 맨 끝에 가지가 몇 가닥 갈라져 그 끝에 여러 개의 꽃이 피며 꽃의 색깔은 연한 붉은색이다. 다만 꽃잎이 여러 갈래로 실오라기같이 갈라진 매우 이색적인 꽃이다. 관상용으로 심기에 가장 알맞은 패랭이꽃이다.

구름패랭이는 강원도 북부 지방과 중·북부 지방의 고산지, 초원에서 자란다. 이 꽃은 술패랭이꽃과 비슷하게 생겼으며, 꽃의 색깔은 짙은 붉은색이다. 또 참술패랭이·술패랭이꽃·패랭이꽃·참대풀·구맥

(瞿麥)·석죽(石竹)·대석죽(大石竹)·석죽자화(石竹子花)·석죽자(石竹子) 등으로 부르기도 한다.

좀팽이꽃은 북부 지방의 높은 산에서 자란다.

패랭이꽃의 학명이 석죽(石竹)으로 된 것은 희랍의 한 신(神)이 자기의 이름자 하나와 꽃이라는 희랍어를 합쳐 석죽(石竹)이라고 부르고 자신의 꽃이라고 했기 때문이라고 전해진다.

분포도

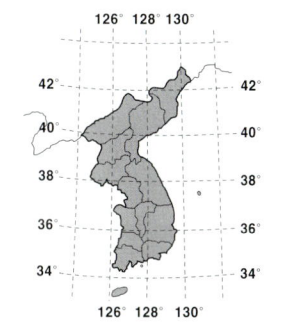

식물명	패랭이꽃(石竹花)
과 명	석죽과(Caryophyllaceae)
학 명	*Dianthus chinensis* L. var. *chinensis*
생약명	석죽(石竹)·구맥자(瞿麥子)
속 명	낙양화·천국화·참대풀
분포지	전국의 낮은 산
개화기	6~8월
결실기	9월
높 이	30센티미터
용 도	관상용·약용
생육상	여러해살이풀(多年生草本)
꽃 말	위급

동자꽃

우리나라 중부·북부 지방의 높은 산에서 피는 석죽과의 여러해살이풀로 원래 전추라화(剪秋羅花)라고 불리었다.

『만선식물』에 의하면 만주 지방과 우리나라 산과 들에 많이 피었으며, 몇 가지 같은 종류 중에서도 꽃이 제일 크고 한여름이 약간 지난 후에 꽃이 피어 전추라(剪秋羅)라고 이름하였다 한다.

우리나라 북부 지방과 만주 지방에도 분포하는 다른 한 종(種)은 초여름에 맨 먼저 꽃을 피운다 하여 전춘라(剪春羅)라고 불렀다 한다.

관상용으로 심는 전홍라화(剪紅羅花)는 보통 붉은색 꽃이 피지만 노란색·흰색 등도 있으며, 노란색 꽃을 피우는 것을 특히 전금라화(剪金羅花)라 하여 귀여워했다 한다.

전홍라(剪紅羅)도 같은 속(屬)이다.

전홍사화(剪紅紗花)는 우리나라 북부 지방 및 만주 지방에 분포했으며 짙은 홍색으로 꽃잎이 가늘게 갈라져 더욱 사랑스러웠다고 한다.

이는 제비동자꽃을 말한다.

우리나라에는 몇 종류의 동자꽃이 자라고 있으며 이 중 몇몇 동자꽃은 깊은 산의 숲 속이나 높은 산의 초원(草原)에서 자란다. 특히 강원·경기 산간 지방에서 많이 볼 수 있다.

높이는 40~100센티미터 정도 자라며 줄기에 긴 털이 나 있다.

잎은 마주 나고 잎자루는 없으며 긴 타원형으로 양끝이 좁고 가장자리가 밋밋하며 길이는 5~8센티미터 정도인데 색깔은 노란빛이 도는 녹색이다. 잎의 양면과 가장자리에 털이 있다.

7~8월에 꽃이 피며 꽃의 지름은 4센티미터 정도로 아주 진한 적색이고 원줄기 끝과 줄기와 잎의 겨드랑이에서 핀다.

꽃자루는 짧으며 끝에 꽃이 한 개씩 달린다. 작은 꽃자루는 털이 많고, 꽃받침잎은 긴 통같이 생겼는데 끝이 다섯 개로 갈라지고 겉에 털이 있다.

꽃잎은 다섯 개이며 밑부분이 길쭉하고 뾰족한데 윗부분이 수평으로 퍼지면서 두 개로 갈라지고 꽃잎의 가장자리에 톱니가 있다.

목 부분에 작은 열편이 두 개씩 있고 양쪽 가장자리 밑에 소열편이 한 개씩 있으며, 수술은 열 개이고 암술대는 다섯 개이다.

9월에 꽃받침통 안에서 씨가 익는 동자꽃은 관상초로는 더없이 좋은 풀이다. 이웃 나라 등지에서는 이를 재배하는 경우도 있다.

이 풀이 잘 자라는 토질은 화강암계·화강편마암계·변성퇴적암계 등이며, 번식은 종자재배법·종내육종법·분주법 등에 의하여 이루어진다.

수레동자꽃은 관상용으로 재배되고 있으며 높이가 1미터 정도까지 자라고 6~7월에 꽃이 핀다.

관상용으로 재배되는 것으로 우단동자꽃이 있는데 60센티미터까지 자라고 7월에 꽃이 핀다.

밑동자꽃도 관상용으로 심는데 60센티미터까지 자라고 4~5월에 꽃이 핀다.

흰털동자꽃과 참동자꽃은 50센티미터 정도까지 자라며 7월에 꽃이 핀다. 이 풀은 우리나라 북부 지방의 산에서 자라며 아직 필자도 확인하지 못하였다.

털동자꽃은 1미터 정도까지 자라며 6~8

꽃

월에 꽃이 피고 우리나라 중부 지방 및 북부 지방의 산에서 자라며 9월에 씨가 여문다. 가는동자꽃은 중부 지방의 산에서 1미터 정도까지 자라며 7~8월에 꽃이 피고 9월에 씨가 여문다.

제비동자꽃은 중부 지방 및 북부 지방의 깊은 산에서 길이 50센티미터까지 자라는데 6~8월에 꽃이 피고 9월에 씨가 여문다. 이 꽃은 동자꽃 중에서도 모양이 좋고 귀한 꽃이다.

관상용으로 심는 홍매동자꽃은 길이 90센티미터까지 자라며 7월에 꽃이 피고 9월에 씨가 여문다.

석죽과에는 아름다운 꽃이 많은 편인데 패랭이꽃류·별꽃류·장구채류·대나물류 등 여러 가지가 있으며 대개 여름에 꽃을 피운다. 꽃의 색깔도 대단히 뚜렷하다.

그 중에서 특히 동자꽃류는 꽃이 크고 별꽃류는 꽃이 아주 작다.

한여름 높은 산의 초원에서 동자꽃의 긴 꽃대 위에 핀 아름답고 커다란 꽃송이를 보면 누구나 꺾어 가지고 싶은 마음이 앞설 것이다.

제비동자꽃은 꽃잎의 모양이 제비의 날개처럼 날렵하며 맵시가 있다. 꽃의 이름 그대로 어린 동자의 얼굴과도 같다.

동자꽃은 지금도 강원도 산간 깊은 데나 높은 고산 지역에서 많이 피어나며, 꽃은 모두 산 아래 쪽을 향하여 핀다.

강원도 평창 지방의 대관령이나 오대산, 양구의 대암산 등지에는 동자꽃이 아주 많이 모여 산다. 오대산에서는 대개 한 송이나 두 송이씩 피지만 대암산의 정상 부근에서는 한 그루에 여러 송이가 핀다.

어떤 이야기가 숨어 있을까?

아주 먼 옛날 깊고 깊은 강원도 산골짜기에 조그마한 암자가 있었는데 그곳에는 스님 한 분과 어린 동자가 살고 있었다. 어린 동자는 스님이 마을에 갔다가 부모를 잃고 헤매는 것을 불쌍히 여겨 데려온 소년이었다.

강원 지방에는 겨울이 유난히 일찍 찾아온다. 그래서 가을 추수도 다른 곳보다 훨씬 빠르게 한다.

동짓달 무렵, 겨울 채비가 덜 된 것을 걱정한 스님은 어린 동자와 겨울을 보낼 준비를 하기 위해 마을로 내려갔다.

단숨에 마을에 갔다 온다고 동자에게 이르고 암자를 나섰지만 험한 산간 지역이었으므로 몇 십 리를 가야 겨우 인가를 볼 수 있었다.

스님은 허겁지겁 준비를 했지만 하루 해는 짧기만 하였다.

그런데 스님이 산을 내려온 뒤 산에는 많은 눈이 내리기 시작하여 저녁 무렵에 이르러서는 눈이 한 길이나 쌓이고 말았다. 도저히 스님이 암자로 돌아갈 수 없는 형편이었다.

스님은 오직 하늘만 바라볼 뿐이었다. 그러나 강원 지방은 겨울에 한번 눈이 쌓이면 겨울 내내 녹지 않고 있다가 늦은 봄 4~5월이 되어야 눈이 녹는다.

암자의 어린 동자는 눈이 많이 와서 스님이 못 온다는 것을 알지 못했다. 어린 동자는 추위와 배고픔을 참으며 마을로 내려간 스님이 오기를 이제나저제나 기다릴 뿐이었다.

스님이 내려간 언덕만 바라보던 동자는 마침내 앉은 채로 얼어죽고 말았다.

마을에 머물고 있던 스님도 발만 동동 구를 뿐이었다. 그러나 그뿐이었다.

드디어 추운 겨울도 지나가고 쌓였던 눈이 녹기 시작하였다. 스님은 서둘러 암자를 향해 길을 떠났다. 암자에 도착한 스님은 마당 끝 언덕에 오뚝하게 앉아서 죽은 동자를 발견하였다. 스님은 죽은 동자를 바로 그 자리에 곱게 묻어 주었다.

그 해 여름이 되자 동자의 무덤가에 이름 모를 풀들이 자라났다. 그리고 한 여름이 되니 꼭 동자의 얼굴 같은 붉은색의 꽃들이 마을로 가는 길을 향하여 피어나기 시작하였다.

이때부터 사람들은 죽은 동자를 생각하여 이 꽃을 동자꽃이라고 부르게 되었다 한다.

분포도

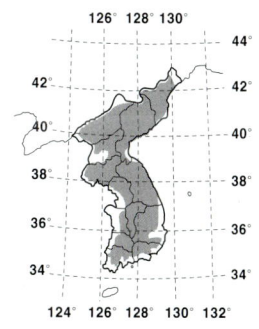

식물명	동자꽃(剪秋羅火)
과 명	석죽과(Caryophyllaceae)
학 명	*Lychnis cognata* Maxim.
속 명	전추라
분포지	중부·북부 지방의 산간
개화기	6~8월
결실기	9월
높 이	50~90센티미터
용 도	관상용
생육상	여러해살이풀(多年生草本)

며느리밥풀꽃

며느리밥풀꽃은 반기생 식물(半寄生植物)로 현삼과의 한해살이풀이다.

며느리밥풀·며느리밥풀꽃·새애기풀·꽃새애기풀 등으로 불리며, 우리나라 각 지역에서 같은 속들이 여러 종 자라고 있다.

이 풀은 산지의 숲 가장자리 길가나 초원에서 자라며 대개는 남부 지방에서 자라지만 일부 중부 지방에서도 볼 수 있다.

높이 30~50센티미터 정도까지 자라고, 줄기는 둔한 네모꼴이다. 줄기에는 능선이 있으며 이 능선 위에 짧은 털이 있다.

풀잎은 마주 나고 가운데 잎은 좁고 긴 타원 모양의 피침형이며 길이는 5~7센티미터 정도로 끝이 뾰족하고 양면에 짧은 털이 나 있으며 가장자리가 밋밋하며 짧은 잎자루가 있다.

7~9월에 붉은색의 꽃이 피는데 원줄기와 가지 끝에 이삭같이 달린다. 포는 녹색으로 가운데 잎과 같은 형태로 끝이 뾰족하고 가장자리에 가시 같은 돌기가 있다.

화관(꽃부리)은 길이 1.5~2센티미터 정도로 겉에 잔돌기가 있으며 안쪽에 다세포로 된 털이 있고 밑쪽 중앙 열편에 밥풀 같은 두 개의 하얀 무늬가 있다.

10월에 종자가 검은색으로 여물고 짧은 가종피(假種皮)가 있다.

관상용·밀원용 등으로 쓰이며 꿀이 많아 양봉 농가에 도움을 많이 주는 풀이다. 농가에서 퇴비용으로도 많이 쓴다.

이 풀이 잘 자라는 토질은 현무암계·반암계·화강편마암계·경상계·화강암계·변성퇴적암계 등이며 번식은 종간잡종법·생태육종법·실생법 등으로 이루어진다.

며느리밥풀꽃에는 여러 종류가 있다.

큰산며느리밥풀꽃은 중부 지방 및 북부 지방의 산지에서 50센티미터 정도까지 자라며 8~9월에 꽃이 핀다.

원산며느리밥풀꽃은 한국 특산 식물로서 북부 지방의 산에서 높이 50센티미터 정도 자라며 8~9월에 꽃이 피고 10월에 씨가 여문다.

새며느리밥풀도 한국 특산 식물로서 중부 지방의 산에서 50센티미터 정도까지 자라며 8~9월에 꽃이 핀다.

8~9월에 꽃이 피는 둥근잎며느리밥풀꽃 역시 한국 특산 식물로서 섬 지방을 제외한 곳의 산에서 50센티미터 정도까지 자란다.

백두산며느리밥풀꽃은 북부 지방의 높은 산에서 자라며 8~9월에 꽃이 핀다.

들꽃며느리밥풀은 한국 특산 식물이며 중부 지방 및 북부 지방의 산 양지바른 곳에서 자라며 8~9월에 꽃이 핀다.

60센티미터 정도까지 자라는 꽃며느리밥풀은 전국의 산 양지바른 곳에 많으며 7~8월에 꽃이 핀다. 대개는 여러 포기가 모여 핀다.

애기며느리밥풀은 중부 지방과 북부 지방의 산 소나무 숲 아래에서 자라며 8~9월에 꽃이 피고, 높이는 50센티미터 정도 된다.

꽃며느리밥풀

꽃

애기며느리밥풀

큰애기며느리밥풀은 한국 특산 식물로서 중부 지방의 산지에서 35센티미터 정도로 자라고 7~8월에 꽃이 핀다.

이상의 여러 종이 우리나라 각 지방의 높고 낮은 산에서 꽃을 피우는데, 꽃의 색깔이나 모양 등이 거의 비슷하며 피는 시기도 거의 같은 시기이다.

이 풀들 중에는 가지가 많이 벋는 것도 있으며 땅바닥에 비스듬히 기대어 자라는 것도 있다. 이것을 반기생 식물이라 하는데 꽃은 그다지 돋보이지 않는다. 자세히 보면 날짐승이 입을 벌린 듯이 보이기도 하고 입 안에 하얀 밥알이 두 개 들어 있는 것처럼 보이기도 한다.

우리나라 어느 지방의 산을 가든지 7~9월에는 이 며느리밥풀 종류의 꽃들을 찾아볼 수 있다.

대개는 사람이 다니는 산속의 길가에 잘 자라며 꽃이 작기 때문에 사람의 발길에 자주 밟힌다.

어떤 이야기가 숨어 있을까?

옛날 어느 산골 마을에 착한 아들과 어머니가 살고 있었다.

어머니는 아들을 항상 귀여워했으며 아들 또한 효성이 지극하여 어머니의 명령에는 반드시 복종하였다.

어느덧 이 아들이 커서 장가를 가게 되었고 한 처녀가 이 집의 며느리로 들어왔다. 그런데 이 며느리의 효성이 어찌나 지극하였던지 아들보다도 더한 것이었다. 신방을 꾸민 지 며칠 만에 신랑은 먼 산 너머 마을로 머슴살이를 떠나게 되었다. 그래서 집에는 착한 며느리와 시어머니만 살게 되었다.

그런데 아들을 먼 곳으로 머슴살이를 보낸 뒤부터 시어머니는 며느리를 학대하기 시작하였다.

며느리가 빨래터에 가서 빨래를 해 오면 그동안 누구와 어디서 무엇을 하다 왔느냐고 다그치고, 깨끗이 빨아 온 빨래를 더럽다고 마당에다 내동댕이치고 발로 밟아 버리면서 며느리를 구박하였다. 그러나 착한 며느리는 한마디의 군소리도 하지 않았다. 시어머니가 호통을 치면 치는 대로 용서를 빌고 다시 일을 하였다.

멀리서 머슴살이를 하고 있는 아들은 이런 사실을 짐작조차 하지 못했다. 다만 아들은 가을까지 열심히 일을 한 뒤 품삯을 받아 어머니와 색시가 기다리고 있는 집으로 돌아갈 생각에 가슴이 부풀어 손꼽으며 그날을 기다릴 뿐이었다.

그러나 시어머니는 여전히 며느리를 학대하며 어떻게 해서든지 쫓아낼 구실을 만들려고 벼르고 있었다. 그러던 어느 날이었다. 며느리는 평소와 다름없이 저녁밥을 짓기 위해 쌀을 솥에 넣고 불을 땠다. 그리고 밥이 다 되어 갈 무렵에 뜸이 잘 들었는지 확인하기 위해 솥뚜껑을 열고 밥알을 몇 개 입에 물어 씹어 보았다.

방에 있던 시어머니는 솥뚜껑 소리를 듣고 이때다 싶어 몽둥이를 들고 부엌으로 달려 나왔다. 그리고 어른이 먹기도 전에 먼저 밥을 먹느냐며 다짜고짜 며느리를 마구 때렸다. 며느리는 밥알을 입에 문 채 급기야 쓰러지고 말았다. 불을 때서 밥을 짓던 시절에는 솥에서 가끔 밥알을 꺼내어 씹어 보는 일이 예사였음에도 시어머니가 공연히 생트집을 잡은 것이었다.

며느리는 며칠 동안 앓다가 끝내 세상을 떠나고 말았다.

이 소식을 전해 들은 아들은 단숨에 달려와 통곡하고 색시를 불쌍히 여겨 마을 앞 솔밭이 우거진 길가에 며느리를 묻어 주었다.

그 뒤, 이 며느리의 무덤가에서는 이름 모를 풀들이 많이 자라났는데 여름이 되자 하얀 밥알을 입에 물고 있는 듯한 꽃이 피는 것이었다. 그곳에 피는 꽃들은 모두 한결 같았다.

사람들은 착한 며느리가 밥알을 씹어 보다 죽었기 때문에 그 넋이 한이 되어 무덤가에 꽃으로 피어난 것이라 여겼다.

꽃도 며느리의 입술처럼 붉은 데다 마치 하얀 밥알을 물고 있는 듯한 모습이었으므로 이때부터 이 꽃을 며느리밥풀꽃이라고 부르게 되었다 한다.

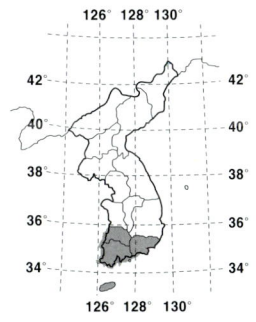

분포도

식물명	며느리밥풀꽃(山夢花)
과 명	현삼과(Scrophulariaceae)
학 명	*Melampyrum roseum* Maxim.
속 명	며느리밥풀·새애기풀
분포지	제주·남부지방의 산과 들
개화기	8~9월
결실기	10월
높 이	60센티미터
용 도	밀원용·관상용
생육상	한해살이풀(一年生草本, 半寄生植物)

연

우리나라 각지의 연못에서 자라며, 농가에서 수익성 작물로 연못이나 논에 심어서 키우기도 하는 여러해살이풀이다.

원래는 련(蓮), 또는 년(蓮)으로 표기하다 다시 하(荷)로 표기하였으며 연화(蓮花)로도 불린다. 붉은 꽃을 홍련화(紅蓮花), 흰 꽃을 백련화(白蓮花)라 하며 다시 하화(荷花)·연예(蓮蘂)·불좌수(佛座鬚)·연방(蓮房)·연자(蓮子)·연실(蓮實)·연밥·연육(蓮肉)·연의(蓮薏)·연엽(蓮葉)·하엽(荷葉)·연입·연근(蓮根)·연우(蓮藕) 등 각 부위에 따라 이름이 다르다. 아시아에서는 연(蓮)·하(荷)·연화(蓮花)·홍련(紅蓮)·백련(白蓮)·연방(蓮房)·연자(蓮子)·연실(蓮實)·연적(蓮菂)·연육(蓮肉)·우자(藕子)·우절(藕節)·우수(藕鬚)·우분(藕粉) 등으로도 부른다.

연방(蓮房)·연밥·연자(蓮子)·연실(蓮實) 등은 열매 속에 든 씨앗을 말하며, 연육(蓮肉)은 열매가 익기 전에 생긴 열매의 육질부를 말하는 것이다. 연의(蓮薏)는 연 전체를 말하며, 실(實)·중(中)·청(靑)·심(心) 등은 연 자체를 표현하는 말이다. 또 연엽(蓮葉)·하엽(荷葉)·연입 등은 연의 잎을, 연근(蓮根)은 연의 뿌리를 일컫는다.

이 연근은 줄기에 왕대 모양의 마디가 있으며 옆으로 길게 벋는다. 가을이 되어 비대해지면 수확하는데, 갖은 양념을 해서 졸이면 먹음직스런 반찬이 된다.

풀잎은 땅속줄기에서 길게 나오며 잎자루가 대단히 길고 물 위로 올라와 자라거나 물 위에 떠서 자란다. 모양은 둥글고 우산을 펼친 것 같다. 이때 잎의 지름이 40센티미터 정도나 되며 물에 젖지 않는다.

연은 1미터 정도까지 자라며 7~8월에 잎자루와 뿌리줄기 사이에서 꽃대가 올라와 꽃이 핀다. 주로 붉은색의 아름다운 꽃이 피는데 경우에 따라 담홍색 또는 흰색으로 피는 종류도 있다.

꽃이 지고 나면 10월에 벌집 모양의 열매가 갈색으로 익는데 그 속에 타원형의 씨앗이 들어 있다. 이것을 흔히 연실(蓮實)이라 부른다. 이 씨앗은 단단하고 커서 장식을 할 때 쓴다.

양인석 선생의 『백화전서』에 따르면 1951년경 일본에선 땅속에서 2,000~3,000년 전의 것으로 추측되는 세 개의 씨를 발견하였는데 이것을 1953년 4월에 도쿄의 박물관에 심었더니 싹이 트고 1956년 8월에 꽃이 피어 학계의 비상한 관심을 불러일으켰다고 한다.

이렇게 연실은 수명이 아주 길며, 껍질이 매우 딱딱하기 때문에 씨앗을 심을 때 껍질을 약간 쪼개 내고 심어야 빨리 싹이 튼다.

식용·관상용·약용 등으로 쓰이는데 연밥·연입·연근 등은 식용하고 연밥은 생식할 수 있다. 연입은 연엽주(蓮葉酒)·연실주(蓮實酒) 등 술로도 담그는데, 우리나라 고유의 술로 높이 평가받고 있다. 관상용으로는 경상북도 상주 지방에서 제일 먼저 심었다는 설도 있다.

한방 및 민간에서 한약재로 애용되는데 잎은 알칼로이드와 타닌 등의 성분을 함유하고 있어 수렴(收斂)·지혈제로 사용되거나 야뇨증을 치료하는 데도 쓰인다. 연근은 자양 강장제로 쓰이며 열매와 씨는 부인병에 좋다고 한다. 그 밖에도 폐렴·신장염·각혈·해열·건위·신경 쇠약·임질·요통 등 여러 가지 병에 다른 약재와 함께 쓴다.

꽃

뿌리

새잎

연이 잘 자라는 토질은 화강암계·반암계·화강편마암계·변성퇴적암계 등이며 번식법은 종내육종법·분주법·실생법·생태육종법 등이 있는데 주로 분주법에 의하여 번식된다.

연꽃은 특히 불교에서 소중히 여겨지는 꽃으로 불상·불좌·불구뿐 아니라 건축물 조형에도 널리 쓰인다. 또한 연꽃은 장수·건강·명예·행운·군자를 상징하기도 한다.

연꽃은 더러운 진흙 속에서 자라지만 꽃이 맑고 깨끗해서 불가에서 존중받는다.

한여름 아침에 피는 연꽃의 싱그러움, 아무리 더러운 물에도 더럽혀지지 않고 깨끗하고 싱싱하게 자라는 잎의 위엄, 물 깊이에 적당히 잘 적응하는 잎줄기, 수명이 길고 단단하여 좀처럼 썩지 않는 강인함을 지닌 씨앗, 어느 한 부분도 버려지지 않고 쓰이게 되는 연꽃은 더러운 것에 물들지 않고 늘 깨끗하여 많은 사람들의 사랑을 흠뻑 받고 있다.

웅변으로 명성을 날리는 명사의 상징이기도 하지만 연잎은 '바람난 여자' 라는 은어(隱語)로 쓰이기도 한다. 옛 풍류객들은 연당 안에 별당을 짓고 연잎으로 술을 빚어 즐겼다고도 한다.

연은 묵화에도 자주 등장하며 시(詩)에도 자주 등장한다. 또 이집트의 국화(國花)이기도 하다.

어떤 이야기가 숨어 있을까?

연꽃의 만다라(曼陀羅)는 아주 재미있다.

옛 일본 어느 귀족의 딸이 선림사(禪林寺)라는 절의 비구니가 되었다. 그때 이 소녀는 다음과 같이 결심했다.

"나는 진짜 아미타불을 친견하지 않고는 결코 문밖을 나서지 않겠다."

소녀는 이 결심을 위해 서원을 세웠다. 그로부터 한 달이 지났을 때 한 비구니가 찾아왔다. 비구니는 어딘가 기품이 있고 보통 사람과 달라 보였다. 비구니는 소녀에게 말했다.

"나는 그대에게 정토(淨土)의 아미타불을 보여 주고 싶다. 그러나 그러기에 앞서 백 다발의 연 줄기를 모으지 않으면 안된다."

소녀는 즉시 아버지에게 도움을 청하였고 아버지는 임금에게 아뢰어 연 줄기를 모아 보내 주었다.

소녀는 매우 기뻐하며 비구니에게 연 줄기를 갖다 바쳤다. 그러자 비구니는 손수 연 줄기를 하나하나 꺾고 그 속에서 올실을 뽑아냈다. 그리고 샘을 파고 그 물에 연 줄기의 올실을 씻자 갑자기 찬란한 오색 광채가 나는 멋진 실로 변했다.

그로부터 5~6일 지난 어느 날 또 한 비구니가 찾아왔다. 그녀는 먼저 왔던 비구니가 만들었던 실을 보더니 서북쪽에 베틀을 차리고 베를 짜기 시작하였다. 그 비단에는 어느 사이에 극락 정토의 모습이 짜여졌다. 소녀는 매우 놀라고 기뻐하며 마디 없는 대꼬치에 비단을 걸었다. 그리고 비구니에게 고맙다는 인사를 하려고 돌아보았으나 비구니는 그림자도 없이 어디론가 사라지고 없었다.

이때 첫번째 비구니가 다시 나타나서 소녀에게 말했다.

"나는 그대의 지성에 감동하여 여기에 왔노라. 그대는 이것으로 오래오래 삼도(三途)의 고(苦, 지옥·아귀·축생의 고난을 뜻함)를 떠날 수 있을 것이니라. 앞으로 부처님을 잘 섬기거라."

소녀는 두 손을 모으며 간곡히 물었다.

"고맙습니다. 도대체 큰스님은 어디서 오셨으며 또 지난번의 스님은 어느 분이십니까?"

비구니는 빙긋이 웃으며 대답했다.

"나는 서방의 교주이고, 지난번의 비구니는 관음대사이니라."

비구니는 이렇게 말하고 유유히 서천으로 날아갔다 한다.

옛말에 지성이면 감천이란 말이 있듯이 무슨 일이든 정성을 다하고 정진하면 소원을 성취할 수 있다는 교훈이 담긴 전설이다.

열매

분포도

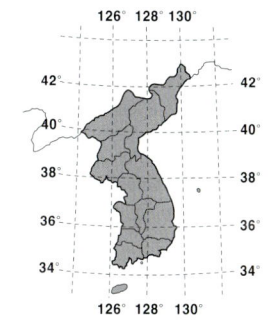

식물명	연(蓮)
과 명	수련과(Nymphaeaceae)
학 명	*Nelumbo nucifera* Gaertn.
생약명	연근(蓮根)·연실(蓮實)·하엽(荷葉)·연육(蓮肉)
속 명	불좌수·연의·연화·연예
분포지	전국
개화기	7~8월
결실기	10월
높 이	1미터
용 도	식용·관상용·약용
생육상	여러해살이풀(多年生草本)
꽃 말	순결

수련

우리나라 각 지방의 공원이나 가정의 연못 등에 관상용으로 흔히 심고 있는 수련과의 여러해살이풀이다.

물 속에서 자라는 수생 식물(水生植物)이며 원래는 연봉초(蓮蓬草) · 연봉화(蓮蓬花) · 연봉꽃 등으로 불렀으며, 자오련(子午蓮)이라 부르기도 한다.

여러해살이 수초(水草)로서 근경(根莖)이 굵고 짧으며 밑부분에서 많은 뿌리가 나온다.

풀잎은 뿌리에서 나오고 잎자루가 길며 길이는 1미터 정도 된다.

풀잎은 대부분 둥근 형태이다. 타원형도 있으며 밑부분은 화살 모양으로 길이는 5~12센티미터 정도로 가장자리가 밋밋하다.

진흙에서 잘 자라고 풀잎은 모두 뿌리에서 모여 난다.

풀잎은 항상 물 위로 뜨며 물 깊이에 따라 조절되며 자란다. 표면은 녹색이며 뒷면은 암자색을 띤다.

7~8월에 가느다란 꽃줄기가 올라와 그 끝에 지름 5센티미터 정도의 흰색 꽃이 피고 밤이 되면 오므라든다. 즉 수면 운동을 하는 꽃 같다고 해서 수련(睡蓮)이라 이름 하였다 하며 꽃은 대개 3일 동안 계속 피고 진다. 개중에는 붉은색으로 피는 것도 있다.

꽃받침잎은 네 개이고 긴 타원형이며 길이는 3~3.5센티미터로 색깔은 녹색이다. 꽃잎은 여덟 내지 열 다섯 개이다.

햇볕이 없는 밤이면 오므라들고 햇빛이 강한 한낮에는 활짝 피는 이 '잠자는 연꽃(睡蓮)'에는 미시(未時, 오후 2~3시)에 꽃이 핀다 하여 미초(未草)란 이름도 있으며 한낮에 핀다 하여 자오련(子午蓮)이라는 이름도 있다.

9월에 여무는 씨는 둥근 형으로, 꽃받침으로 싸여 있으며 물 속에서 썩어서 씨가 나오고 종자에는 육질(肉質)의 종의(種衣)가 있다.

관상용·약용으로 쓰이며, 연못에 관상용으로 많이 심는다. 한방 및 민간에서는 꽃을 지혈제 및 강장제로 쓰며 안면(安眠)을 위한 약으로 다른 약재와 같이 처방하여 쓴다.

이 풀이 잘 자라는 토질은 화강암계·반암계·화강편마암계·현무암계·변성퇴적암계 등이다.

번식은 종내육종법·분주법·종자재배법·생태육종법 등에 의하여 이루어지지만 대개로 분주에 의하여 번식된다.

수련과에는 몇 가지의 연(蓮)이 있다. 제주도 및 중부 지방의 평야와 산간의 조그마한 연못이나 늪지에는 순채(蓴菜)가 50센티미터 정도까지 자라고 7~8월에 꽃이 핀다. 9월에 열매가 익는 수생식물이다.

가시연은 중부 지방의 연못이나 늪지에서 20~30센티미터 정도까지 자라는데 땅속 줄기는 식용으로 이용하기도 한다. 7~8월에 꽃이 피며 민간 및 한방에서는 강장·건위·주독·지혈 등에 쓰며 관상초로도 연못에 심는다.

각시수련은 중부 지방의 산간 못이나 늪에서 30센티미터 정도까지 자라며 7~8월에 꽃이 피고 10월에 열매가 열린다.

개연꽃은 중부 지방의 평야와 산간에서 자라며 평연(萍蓮)·천골(川骨)이라고도 불린다. 8월에 꽃이 피고 10월에 씨가 여문다.

애기개구리연은 중부 지방의 산과 들에서 자라는데 길이는 20~30센티미터 정도이며 8~9월에 꽃이 핀다.

그 밖에 연못 등에 관상용으로 심는 연(蓮)이 있다.

연은 7~8월에 꽃이 피며 뿌리를 식용하

꽃

경복궁 연못에 핀 수련

각시수련

고, 땅속줄기와 씨는 한방 및 민간에서 약으로 쓴다.

우리 주변에서는 몇 가지 연을 심고 있고 야생 상태로 자라는 연도 있는데 대개는 관상용으로 연못에 심고 있다.

어떤 이야기가 숨어 있을까?

옛날 그리스에 수정 세 자매가 있었는데 모두 꽃같이 아름다운 소녀들이었다.

이들이 나이가 차 혼기에 접어들자 어머니 여신은 세 소녀를 불러 놓고 앞으로의 처신에 대해 물었다.

이에 큰언니는 물의 신이 되겠다고 하고, 둘째는 물을 떠나지 않으며 신의 규율에 따르겠다 하였다. 마지막으로 막내둥이는 신과 어버이가 명하는 대로 따르겠다고 했다.

그래서 어머니는 생각한 끝에 큰언니는 외해(外海)의 수신(守神)으로, 둘째는 내해(內海)의 신으로, 막내둥이는 파도가 치지 않는 샘물의 여신으로 만들었다.

샘물의 여신이 된 막내둥이는 여름이 되면 아름다운 치장을 하고서 수련꽃으로 피어난다고 한다.

이로부터 이 꽃을 워터님프(물의 요정)라고 불렀다 한다. 수련의 학명을 Nymphaea라 하는 것은 여기서 유래된 것이다.

다른 이야기가 하나 더 있다.

먼 옛날 이집트의 어느 곳에 큰 강이 흐르고 있었다. 강 언덕에는 아름답고 널찍한 화원이 있고 그 둘레로 훌륭한 산책길이 만들어져 있었다. 이곳은 연인의 화원이라고도 불리며 많은 연인이 찾아와 사랑을 속삭이곤 하였다. 연인들은 화원의 아름다운 꽃을 꺾어 사랑을 전했다.

화원의 구석에는 높고 험한 바위절벽이 있는데 그 밑은 끝을 알 수 없는 낭떠러지였다. 그곳에는 모든 사람들이 탐을 낼 만큼 매우 아름다운 꽃들이 만발해 있었으나 위험해서 감히 꽃을 꺾을 엄두를 내지 못하였다.

어느 날 꽃밭을 거닐던 연인 한 쌍이 이곳에서 발길을 멈추고 절벽의 꽃들을 바라보았다. 꽃의 아름다움에 마음을 빼앗긴 여자가 남자에게 말하였다.

"저 꽃을 가지고 싶어요. 하나만 꺾어 주시지 않겠어요?"

그러자 남자는 깜짝 놀라면서 대답하였다.

"당치도 않는 소리를 하시오? 저 꽃이 아무리 아름다워도 가지 못하오. 하늘을 나는 새는 갈 수 있겠지만 사람은 어느 누구도 가지 못하오!"

남자가 단호히 이렇게 말하자 여자는 심통이 난 표정으로 말하였다.

"당신은 참으로 용기가 없는 사람이군요!"

이 말은 들은 남자는 오기가 났다. 그래서 앞으로 나서며 말했다.

"그렇다면 내가 반드시 저 꽃을 꺾어 오고 말겠소."

남자는 즉시 절벽을 기어 내려가기 시작했다.

그제야 여자는 자신의 경솔한 말을 뉘우치며 꽃은 필요없으니 제발 돌아오라고 외쳐 댔으나 남자는 아랑곳하지 않고 위험스럽게 절벽을 계속 기어 내려갔다.

마침내 남자는 가까스로 꽃이 피어 있는 곳에 다다랐다. 기쁜 마음으로 꽃을 꺾기 위해 손을 내미는 순간, 그만 발이 미끄러지면서 순식간에 까마득한 낭떠러지 아래 물 속으로 떨어지고 말았다.

여자는 발을 동동 구르며 울부짖었다.

"오! 슬픔이여! 그것은 제 탓입니다. 나는 애인의 가슴에 한번 안기지도 못하고 남게 되었습니다."

그로부터 아무도 이 암벽에 가까이 가지 않았다. 그러나 아름다운 꽃들은 제철이 되면 여전히 그 자태를 뽐내었고, 그 꽃들 중 하나가 흰 수련으로 변했다고 한다. 지금도 물 위에 흰 그림자를 비치고 있는 까닭은 애처로운 사랑을 한탄하고 있는 때문이라고 한다.

이집트에서는 수련을 나이르의 신부라 애칭하며 국화로 삼고 있다. 옛날에는 이 꽃을 태양신과 그 아들 침묵신(沈默神)에게 바치는 꽃이라 하여 국왕의 대관식에는 빠삐로스(방동산이의 일종)와 더불어 반드시 있어야 하는 것으로 여겼다.

분포도

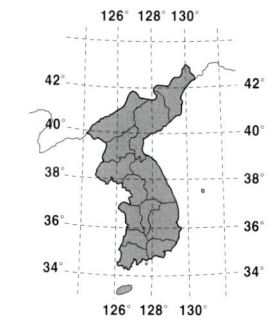

식물명	수련(睡蓮)
과 명	수련과(Nymphaeaceae)
학 명	Nymphaea tetragona Georgi
속 명	연봉초 · 자오연(子午蓮)
분포지	전국
개화기	6~8월
결실기	9월
높 이	1미터
용 도	관상용 · 약용
생육상	여러해살이풀(多年生水生植物)
꽃 말	청정(淸淨)

칡

전국의 산과 들에 흔히 자라며 덩굴이 주위의 나무를 타고 벋어 나가는 콩과의 낙엽 관목으로, 덩굴성 식물이라서 낙엽 만목(갈잎 덩굴나무)이라고도 한다.

원래는 갈(葛)이라 불렀으며, 갈등(葛藤)·갈마(葛麻)·황갈마(黃葛麻)·고갈(苦葛)·미갈(米葛)·모각등(毛角藤)·츩·갈마등(葛麻藤)·갈자(葛子)·분갈(粉葛)·대갈등근(大葛藤根)·갈근(葛根)·녹곽(鹿藿)·감갈근(甘葛根)·분갈근(粉葛根)·야갈피(野葛皮)·갈등마(葛藤麻)·갈등자(葛藤子)·갈분(葛粉)·갈화(葛花) 등 지역에 따라서 불리는 이름이 대단히 많다. 경기 지방에서는 달근츩·칡덩굴이라고 부르기도 한다.

『만선식물』에 의하면, 만주와 우리나라 지방의 산과 들에 보편적으로 많이 자라는 만성 관목(蔓性灌木)으로 만주 지방에서는 뿌리 혹은 줄기는 물건을 만드는 데 이용하였으며 끈을 만들거나 목공예 공기구를 만드는 데도 사용했다. 잎은 가축의 사료로 썼고, 뿌리는 전분(갈분)을 만들어 이용했으며, 뿌리를 끓여서 갈근탕(葛根湯)을 만들어 약으로 사용하기도 했다. 우리나라에서도 같은 용도로 쓰였다.

칡꽃인 갈화(葛花)는 주독(酒毒)을 없애준다고 하며 하혈 치료에도 효과가 있다고 한다.

청올치는 칡덩굴 껍질을 벗긴 속의 것을 말하는데 가늘게 쪼개 실과 같이 만들어 갈포(葛布)를 만들었으며, 갈잎(葛笠) 껍질을 쪼갠 것을 측오리라고 하는데 갈포 벽지 등에 쓰였다.

갈근(葛根)은 땅속의 뿌리줄기를 말하며 끓여서 해열·건위제로 사용했다 한다.

갈분(葛粉)은 갈근을 빻아 밀가루같이 만든 것이며, 갈탕(葛湯)은 어린이나 노약자에게 좋은 식품이다.

『산림경제(山林經濟)』에도 갈분을 만들어 칡국수나 떡을 만드는 데 식료품처럼 썼다고 기록되어 있다. 지금도 칡즙이나 칡국수를 만들어 먹는다.

흔히 만경 식물(蔓莖植物)이라고도 불리며 덩굴은 길이 3~10미터까지 자라기도 하지만 덩굴의 끝부분은 겨울 동안에는 말라 죽는다. 줄기에는 갈색, 또는 흰색의 퍼진 털과 반곡모(反曲毛)가 많이 난다.

줄기의 기부는 목질로 되어 있으며 잎은 세 개인데 작은 잎은 둥글며 길이와 지름이 각각 10~15센티미터 정도이다.

잎 양면에 털이 있고 가장자리가 밋밋하거나 세 개로 조금 갈라진다.

잎자루는 길이 10~20센티미터 정도이며 털이 있고, 측엽은 비뚤어진 원형 또는 타원형이며, 잎 표면은 녹색이고 뒷면은 흰빛을 띤다.

8~9월에 줄기와 잎의 겨드랑이에서 길이 10~20센티미터의 총상화서(總狀花序)가 나와 곧게 선다. 총상화서에는 짧은 털이 있고 짧은 꽃대가 있으며 많은 꽃이 달린다.

꽃은 길이 1.8~2.5센티미터 정도로서 홍자색으로 피며, 10월에 익는 콩 같은 협과(莢果, 꼬투리로 맺히는 과실)는 길이 5~10센티미터 정도이며 갈색의 긴 털이 많이 나 있다.

식용·약용·공업용 등에 쓰이는데, 뿌리는 식용, 줄기는 가내공업용으로 많이 쓰인다. 뿌리는 갈근(葛根)이라 하여 한방 및 민간에서 해열·발한·보약·진통·지혈·해독·숙취·구토·중풍·당뇨·진정(鎭靜)·감기·편도선염 등에 다른 약재와 같이 처방하여 약으로 쓴다.

꽃이 피면 꿀이 있어 양봉 농가에 도움을 주며, 도라지·마타리 등과 함께 가을의 대표적인 꽃으로 예로부터 문인들에게도 귀염을 많이 받는 꽃이다.

뿌리는 녹말이 많이 들어 있어 아주 굵은데 그 녹말을 뽑아서 식용·약용으로 쓴다.

칡이 잘 자라는 토질은 화강암계·화강편마암계·변성퇴적암계·반암계·현무암계·경상계 등이며, 번식은 분주법·종자재배법·종내잡목법·삽목법 등으로 이루어지지만 대개는 삽목법에 의하여 번식되고 있다.

칡은 생명력이 아주 강한 식물이다.

줄기가 땅에 닿으면 곧 그 마디에서 뿌리를 내리고 자라기 시작한다.

특히 도로를 만들기 위하여 산허리를 자른 부분 등에 이 칡을 심으면 사방용(砂防用)으로 적합하다.

하지만 숲에 칡이 많이 자라면 다른 나무를 뒤덮기 때문에 다른 나무가 자라지 못한다.

최근에는 도시의 가정이나 농가에서 등덩굴 대신 칡덩굴을 관상용으로 심기도 한다.

비옥한 땅에 심으면 빨리 자라기 때문에 가정의 화단에 심고 지주목으로 올라갈 자리를 마련해 주면 여름에 덩굴이 벋어 시원한 그늘을 만들어 주고 8~9월에는 꽃이 피어 그윽한 향기를 내뿜어 관상용으로는 더없는 식물이다.

칡꽃은 그 향기가 무척 강한 편이다.

등덩굴은 봄에 꽃을 피워 향기를 주지만 칡덩굴은 초가을에 그윽한 향기를 내뿜는다.

한겨울에는 덩굴 줄기를 잘라서 들통에 넣고 끓여서 그 물을 차(茶) 대신 마시면 웬만한 위(胃)병에는 특효를 본다고 전해지고 있으며, 칡즙은 숙취에 효과가 있어 도시인들이 많이 애용하고 있다.

어떤 이야기가 숨어 있을까?

경북 금릉군 증산면 수도리 수도산의 해발 1,050미터 지점에는 도선(道詵) 국사가 창건하였다는 수도암(修道庵)이라는 절이

열매와 씨

덩굴

있다.

대적광전(大寂光殿)·약광전(藥光殿)·선방(禪房)·요사(寮舍)·나한전(羅漢殿) 등 5동의 건물과 보물 제 296호인 약사여래좌상과 보물 제 297호인 3층 석탑, 그리고 보물 제 307호인 비로나자불을 간직하고 있는 이 절은 전국 유수의 도량(道場, 불도를 닦는 곳)으로 손꼽히는 절이다.

이 절에 있는 비로나자불은 화강암으로 만들어졌으며 조각의 수법이 불국사 석굴암의 부처상과 닮은 우수한 작품으로 석굴암 부처보다 약 80센티미터 작기는 하지만 석굴암의 부처상에 버금갈 만하다.

이 부처는 절을 창건하던 당시에 경남 거창군 가북면에서 만들어졌는데 어떻게 수도산의 수도암까지 운반할 것인가가 문제였다. 완성된 부처를 앞에 놓고 모두 걱정을 하고 있는데 홀연히 한 노승이 나타나 부처를 등에 업고 성큼성큼 걸어가기 시작하였다.

사람들은 모두 그 노승의 법력에 감탄하면서 뒤를 따랐다.

그런데 노승은 절 어귀를 들어오다가 그만 그곳의 길가에 있는 칡덩굴에 발이 걸려 넘어지고 말았다. 노승은 화가 머리끝까지 치밀어서 즉시 산신을 불러 호령하였다.

"앞으로는 이 산에 칡이 자라지 못하게 하라."

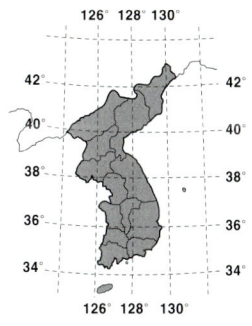

약재

그 뒤부터 이 산에는 칡이 전혀 자라지 못했다고 한다.

칡은 아무 데나 가리지 않고 잘 자라는 식물이지만, 지금도 이 절을 중심으로 약 300미터 주위의 지역에서는 칡덩굴을 찾아볼 수 없고, 산능선을 넘어서면 칡이 자라고 있다.

분포도

식물명	칡(葛藤)
과 명	콩과(Leguminosae)
학 명	*Pueraria lobata* Ohwi
속 명	츩덩굴·달근·침덩굴
분포지	전국
개화기	8월
결실기	9~10월
높 이	3~10미터
용 도	식용·관상용·약용
생육상	낙엽 만목(관목)(갈잎 덩굴나무)

자귀

우리나라 제주도 및 중부 지방의 산과 들 양지바른 곳에 많이 자라는 콩과의 낙엽 교목(갈잎 큰키나무)이다.

원래는 합환목(合歡木)·합혼목(合婚木)·야합목(夜合木)·월선화(絨仙花)·유정수(有情樹)·수궁괴(守宮槐)·청당(靑棠)·합환피(合歡皮)·합환화(合歡花)·야합수 등으로 불리었다.

원래 관상수(觀賞樹)·도로수(道路樹, 가로수)·풍치수(風致樹) 등으로 우리나라와 만주 지방의 각지에서 많이 심었으며 재배도 하였다 한다. 나무 껍질은 약으로 쓰이고, 재목은 건축 및 기구재로 쓰였다고 한다.

특히 나무 껍질을 야합피(夜合皮), 또는 합환피(合歡皮)라 불러 모생약(毛生藥)·흥분제·강장제·구충제 등에 썼다. 잎은 불살라 고약(膏藥)을 만들어 사용하면 접골에 효과가 있다 하고, 열매를 말려서 불에 볶아 약으로 썼다고 한다.

『만선식물』에는 우리나라에서는 합환화(合歡花) 또는 야합화(夜合花)라 불렀고 만주에 있는 마앵화(馬櫻花) 등과 더불어 관상용으로 정원 등지에 즐겨 심었다고 기록되어 있다.

현재 확인된 바로는 우리나라 황해도 이남 지방에서만 자라고 있으며 제주도 및 중부 지방의 산과 들, 인가 주변의 양지쪽에서 주로 자란다.

높이 3~10미터까지 자라며, 섬 지방 등지에서 자라는 것은 관목이다. 큰 가지는 드문드문 나와서 옆으로 퍼지고 작은 가지는 털이 없으며 능선이 있다.

잎은 어긋나고 우수(偶數) 2회, 우상 복엽(羽狀複葉)이며 작은 가지는 낫 같고 원줄기를 향하여 굽으며 좌우가 같지 않은 긴 타원형이고 양면에 털이 없거나 뒷면 맥 위에 털이 있다.

작은 가지의 끝에서 길이 5센티미터 정도의 꽃대가 나와 열다섯 내지 스무 개의 꽃이 우산형으로 핀다. 꽃은 양성(兩性)으로 6~7월에 피고, 꽃받침통에는 잔털이 있으며 연한 녹색이고 끝이 뚜렷하지 않게 다섯 개로 갈라진다.

화관(花冠)은 종 모양이고 다섯 개로 갈라지며, 녹색을 띤다. 수술은 스물다섯 개 정도이고 길이는 3센티미터 정도로 윗부분은 붉은색, 아랫부분은 흰색이며 암술이 수술보다 약간 길고 자방(子房)엔 털이 없다.

9~10월에 씨가 여무는데 길이 15센티미터 정도의 편평한 꼬투리에 다섯 내지 여섯 개의 씨앗이 들어 있다.

공업용·관상용·약용으로 쓰이며 목재는 기구용으로 쓰이고 가로수 및 정원의 관상수로 흔히 심는다.

뿌리의 껍질은 합환피(合歡皮)라 하여 한방 및 민간에서 살충·늑막염·이뇨·타박상 등에 다른 약재와 같이 처방하여 쓴다.

이 나무가 잘 자라는 토질은 현무암계·화강암계·화강편마암계·변성퇴적암계 등이며, 번식은 분주법·실생법·삽목법 등에 의하여 이루어지지만 주로 삽목법에 의하여 많이 번식된다.

우리나라에는 또 다른 종류의 자귀나무가 있다.

전라남도 목포의 유달산에서 자라는 낙엽 교목인 왕자귀나무가 있는데 높이 10미터 정도까지 자란다. 작은 것은 3미터 정도 자란다.

보통 자귀나무와 비슷하지만 나뭇잎이 더 크며 꽃의 수술이 많고 꽃 색깔이 더 희다.

꽃은 6~7월에 꽃대 끝에 피며, 작은 꽃자루는 없다. 꽃받침통은 계란형이며 털이 있고 화관에도 털이 있으며 열편은 넓은 피침형이다.

왕자귀나무 꽃

수술은 길이 2.5센티미터 정도로 30~40개이고 열매의 꼬투리는 길이 8~17센티미터 정도이며 10월에 씨가 여문다.

이 나무는 중부 지방 등지에 심으면 월동을 하지 못한다.

용도, 잘 자라는 토질이나 번식법은 자귀나무와 동일하다.

자귀나무의 이름에는 많은 뜻이 있는데 요즘에는 사랑나무라고 부르기도 한다.

이 나무의 깃털 모양의 나뭇잎은 낮이면 활짝 펴지지만 밤이 되면 양쪽의 잎새가 서로 합쳐져서 꼭 껴안은 듯한 모양으로 밤을 지샌다. 이를 두고 나무들이 밤이면 사랑한다고 하여 합환목(合歡木), 혹은 밤이면 합쳐진다고 하여 야합수(夜合樹)라고 부르게 되었다.

콩과에는 잎새의 모양이 이와 비슷한 종이 몇 가지 있는데, 이 나무들의 잎도 밤에는 오므라든다.

자귀나무는 여름에 꽃이 피면 화려하기 이를 데 없다. 가는 명주실을 일정한 길이로 잘라서 물감을 들여 만든 꽃같이 화려하게 벌어져 가지마다 많이 핀다.

이러한 몇 가지의 특이한 현상이 있어 관상수로 많이 심는다.

약재

특히 서해안의 섬 지방 산에는 여름이면 나지막한 자귀나무들이 화려한 꽃을 피운다. 수없이 많은 연분홍 꽃들이 불어 오는 바닷바람에 살랑거리면 푸른 초원을 배경으로 꽃구름이 피어난 듯 아름다운 풍경이 펼쳐진다.

나뭇잎의 모양이나 꽃의 모양이 환상적으로 생긴 나무이며, 뜰 안에 심어 놓으면 여름에 아름다운 꽃을 볼 수 있고 가을엔 콩꼬투리 같은 열매가 주렁주렁 열려 가을바람이 불 때마다 달각달각하는 소리가 난다.

어떤 이야기가 숨어 있을까?

옛날 어느 마을에 황소같이 힘이 센 장고라는 청년이 살고 있었다.

장고의 집은 매우 가난하였으나 차츰 생활에 여유가 생겼다. 그러자 주위에서 이 청

년에게 결혼할 것을 권했다. 그러나 장고는 마음에 드는 여자가 없었으므로 결혼을 하지 못하고 있었다.

그러던 어느 날 장고는 언덕을 넘다가 아름다운 꽃들이 만발한 집을 발견하고 자신도 모르게 그 집 뜰 안으로 들어서고 말았다.

한동안 꽃 구경에 정신이 팔려 있을 무렵, 부엌문이 살며시 열리며 어여쁜 처녀가 모습을 나타냈다.

두 사람은 서로 첫눈에 반했다.

장고는 언덕을 넘어 돌아가면서 꽃 한송이를 따서 처녀에게 주며 아내가 되어 달라고 말했다.

처녀 역시 원하던 터였으므로 두 사람은 양가 어른들의 허락을 받고 결혼식을 올렸다. 처녀를 아내로 맞아들인 장고는 더욱 열심히 일을 하였다.

그러던 어느 날 읍내로 장을 보러 갔던 장고가 그만 술집 과부의 유혹에 빠져 며칠이 지나도록 집으로 돌아오지 않았다. 장고의 아내는 남편의 마음을 다시 돌리기 위하여 백일기도를 하기 시작했다.

백 일째 되던 날 밤 아내의 꿈에 산신령이 나타나서 말하였다.

"언덕 위에 피어 있는 꽃을 꺾어다가 방 안에 꽂아 두어라."

다음날 아침 장고의 아내는 산신령의 말대로 언덕에 올라가 꽃을 꺾어다 방안에 꽂아 두었다.

그날 밤 늦게 돌아온 장고는 그 꽃을 보고 옛 추억에 사로잡혔다. 그 꽃은 자기가 아내를 얻기 위해 꺾어 바쳤던 꽃이었던 것이다.

장고는 그제야 아내의 사랑이 얼마나 지극한가를 깨달았다.

그 꽃으로 인하여 잃었던 남편의 사랑을 다시 찾은 아내는 매우 기뻐하였다.

분포도

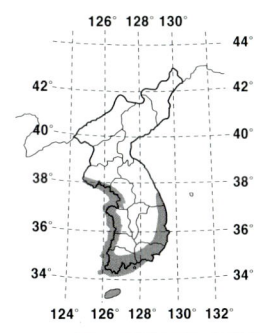

식물명	자귀나무(合歡木)
과 명	콩과(Leguminosae)
학 명	*Albizia julibrissin* Durazz.
생약명	합환피(合歡皮)
속 명	야합수 · 유정수 · 사랑나무 · 자귀
분포지	제주도 및 중부 지방 산과 들
개화기	6~7월
결실기	10월
높 이	3~10미터
용 도	관상용 · 약용 · 공업용
생육상	낙엽 교목(갈잎 큰키나무)

참나리

전국의 산과 들에서 흔히 볼 수 있는 백합과의 여러해살이풀이다.

원래는 권단(卷丹)·권단화(卷丹花)·당개나리·호피백합(虎皮百合)·홍백합(紅百合)·약백합(藥百合)·백합(百合) 등으로 불렀으며, 중국 등지에서도 권단화(卷丹花)라고 불렀다.

『만선식물』에는 우리나라는 물론 만주 지방에서도 많이 자랐다고 기록되어 있다. 또 정원 등에 관상용으로 많이 재배했으며 줄기와 잎 부분에 콩알만 하게 붙어 있는 주아(珠芽)가 땅에 떨어져 싹이 텄다고 했다. 그리고 주아와 비늘줄기에 나물이나 밥을 섞어 불에 찐 다음 다시 건조시켜 단자를 만들어 먹기도 했다고 기록되어 있다.

참나리는 1~2미터 정도까지 자라며 어린순은 흰색 털로 덮여 있다.

인경(땅속의 비늘줄기)은 지름이 5~8센티미터 정도이며 둥근 모양으로 원줄기 밑에서 뿌리가 나온다. 잎은 어긋나고 온 줄기에 많이 달리는데 길이는 5~18센티미터 정도이며 길고 뾰족한 선형이다.

줄기와 잎 사이에 짙은 갈색의 주아(珠芽)가 달려 있는 것이 특징이다.

7~8월에 꽃이 피는데 가지 끝과 원줄기 끝에서 4~20개쯤 핀다. 꽃은 아래를 향하여 피며 꽃잎은 긴 피침형으로 길이 7~10센티미터 정도이고 여섯 조각으로 되어 있다. 색깔은 짙은 황적색 바탕에 흑자색의 반점이 꽃잎 안쪽에 많이 나 있으며 꽃잎은 뒤로 말려있다.

여섯 개의 수술과 한 개의 암술이 밖으로 길게 나와 있으며 암술대가 수술대보다 약간 길다. 또한 꽃밥(꽃가루주머니)은 짙은 적갈색을 띠고 있다.

꽃이 지고 10월에 열매가 열리지만 씨앗은 주아(珠芽)가 대신한다.

식용·관상용·약용 등으로 쓰인다. 인경을 식용 또는 강정식으로 애용하며 관상용으로 정원에 심기도 한다. 한방 및 민간에서는 권단(卷丹)이라 하여 강장·자양·건위·종독(腫毒)·진해 등에 다른 약재와 함께 처방하여 약으로 쓴다.

참나리가 잘 자라는 토질은 화강암계·현무암계·화강편마암계·반암계·편상화강암계·경상계·변성퇴적암계 등인데 대개는 아무 곳에서 잘 자라는 편이다.

번식법으로는 인경·주아재배법, 생태육종법·종간잡종법·실생법 등 여러 방법이 있지만 대개는 인경·주아재배법으로 번식된다.

우리나라의 산과 들에서 자라고 있는 나리속은 약 20여 종류가 있는데 참나리가 그 중 대표적인 것이다.

나리속은 꽃잎과 꽃받침잎의 빛깔이 같고 모양도 비슷해 구별이 쉽지 않지만 참나리가 높이 자라는 편이다.

나리(백합)종은 지구의 북반구에 널리 분포하고 있는데 산과 들에서 자라는 야생종만 하더라도 100여 종에 이르는데 이를 개량하여 원예종으로 만든 것만 하더라도 200여 종이 넘는다고 한다.

백합 계통 중 사람들로부터 귀여움을 독차지하고 있는 남부 유럽 원산 마돈나백합(聖母百合)은 우리나라에도 많이 보급되어 있다. 일본 원산인 조총백합과 매우 흡사하며 1미터쯤 자란다.

7월에 줄기 끝에 5~20개의 순백색 꽃이 피는데 긴 나팔 모양을 하고 있다. 이 꽃의 그윽하고 은은한 향기와 청초하고 온화한 모습은 고결한 성모(聖母)를 연상

새싹

꽃

시킨다.

구미 각국에서는 부활절 행사 때 이 꽃을 애용하여 왔는데 마돈나백합은 프랑스의 일부 지방과 버뮤다 섬에서만 재배될 뿐이다. 그래서 많은 수요를 충당할 길이 없어 일본산 조총백합을 수입해 대용하고 있다고 한다.

우리나라 산과 들에서 자라는 나리류에는 털중나리·땅나리·검솔나리·하늘나리·말나리 등이 있다.

털중나리는 6~8월에 꽃이 피는데 꽃은 참나리와 거의 비슷하지만 줄기의 높이가 1미터쯤 된다.

남부·중부·제주 지방의 초원에서 자라는 땅나리는 높이가 60미터 정도이며 7월에 꽃이 핀다. 꽃은 노란색이 도는 붉은색이고 반점이 하나도 없는 것이 특징이다.

남부·북부·중부 지방의 산지에 자라는 솔나리는 높이 70센티미터 가량으로 6~7월에 붉은색과 흰색 꽃이 핀다. 꽃잎 안쪽으로 흑자색의 반점이 약간 있다.

중부 지방의 산에서 자라는 검솔나리는 높이가 1미터쯤 되며 6~7월에 꽃이 피는데 꽃잎 안쪽에 황적색의 반점이 약간 있다.

중부·북부 지방의 산과 들에서 자라는 하늘나리는 높이가 70센티미터 정도이며 6~7월에 붉은색의 꽃이 핀다. 꽃은 하늘을 향하여 핀다.

북부 지방에서 자라는 날개하늘나리는 7~8월에 꽃이 되며, 말나리는 붉은빛이 도는 노란색으로 옆을 향하여 핀다. 꽃잎 안쪽으로 희미한 적자색의 반점이 나 있고 꽃잎이 약간 뒤로 젖혀진 것이 특징이다.

울릉도에서 자라는 섬말나리는 색깔이나 모양이 말나리와 같다.

남부·중부 및 북부 지방의 산과 들에서 자라는 하늘말나리는 1미터쯤 자라며 7~9월에 꽃이 핀다. 꽃은 노란색이 도는 붉은색으로 하늘을 향하여 두세 개씩 핀다.

섬을 제외한 내륙의 산에서 자라는 중나리는 높이 1.5미터쯤 되며 7~8월에 꽃이 피

주아

비늘줄기

는데 참나리와 거의 비슷하다.

중부·북부 지방의 산에서 볼 수 있는 큰솔잎나리는 높이가 60센티미터 정도이며 북부 지방의 산에서 자라는 노란솔나리는 1미터쯤 자라고 6~7월에 꽃이 핀다.

이렇듯 우리의 산과 들에는 여러 종류의 나리들이 여름 내내 그 아름다움을 수놓고 있다.

나리류는 모두 꽃이 크고 우아한데 영롱한 아침 이슬을 머금고 뜨락에 핀 나리꽃은 청초하기 그지없다.

특히 참나리(卷丹)는 호랑나비가 즐겨 찾는 꽃으로 풀잎마다 동그란 주아가 한 개씩 달려 있어 더욱 사랑스럽다. 또한 번식력도 아주 강해 한번 심어 놓으면 그 주위가 온통 참나리로 물들어 보는 이로 하여금 감탄을 자아내게 하는 꽃이다.

분포도

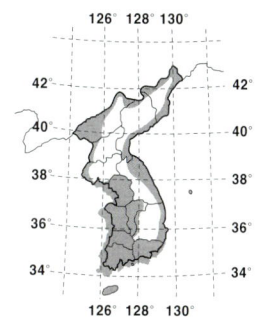

식물명	참나리(卷丹)
과 명	백합과(Liliaceae)
학 명	*Lilium lancifolium* Thunb.
생약명	권단(卷丹)
속 명	호피백합 · 당개나리 · 산나리 · 약백합
분포지	전국의 산과 들
개화기	7~8월
결실기	10월
높 이	1~2미터
용 도	식용 · 관상용 · 약용
생육상	여러해살이풀(多年生草本)
꽃 말	순결 · 존엄

옥잠화

우리나라 어디에나 널리 자라는 여러해살이풀이다.

옥잠화는 한여름 더위가 기승을 부릴 무렵 길쭉한 꽃대가 올라오기 시작해 터질 듯한 꽃봉오리를 뽑낸다. 이른 아침부터 싱그러운 꽃이 활짝 피는데, 꽃이 길고 꽃잎은 넓지 않아 매우 색다르게 보인다.

꽃이 활짝 핀 것보다 피기 전의 터질 듯한 모양이 청초하고 아름답다.

가지런하고 깨끗한 잎을 차곡차곡 달고 단정하게 자리잡은 풀 포기는 선녀가 떨어뜨리고 간 옥비녀를 연상케 한다. 꽃봉오리가 비녀처럼 생겼다 하여 옥잠화라는 이름이 붙여졌다 한다.

이 꽃은 옥잠화(玉簪花)·옥잠(玉簪)·옥포화(玉泡花)·자잠(紫簪) 등으로 불렸으며, 중국 등지에서는 옥잠화(玉簪花)·백학선(白鶴仙)·옥춘봉(玉春棒)·토옥잠(土玉簪) 등으로 불렀다.

옥잠화는 관상용·약용·식용에 두루 쓰인다.

잎자루를 먹으며 민간에서 발모·종기 치료 등에 쓴다.

옥잠화에는 여러 종류가 있으나 통틀어 옥잠이라 불렀다. 근경(根莖, 뿌리줄기)이 굵은 것이 특징이다.

잎자루는 길고 잎의 길이는 15~22센티미터쯤 된다. 잎의 색깔은 녹색이며 달걀을 닮은 둥근 형이다.

잎의 끝은 갑자기 뾰족해지고 밑은 심장의 아랫부분과 매우 흡사하다. 가장자리에는 여덟 내지 아홉 쌍의 맥이 있는데 밋밋하다. 꽃대줄기는 40~60센티미터 정도인데 더러 1미터 이상 되는 것도 있다.

꽃은 담자색으로 깔때기 모양이다.

꽃봉오리의 아랫부분은 가는 통 꼴이며 가운데 부분부터 깔때기 모양으로 벌어지는데 꽃잎은 약간 뒤로 젖혀져 있다. 꽃은 아침에 피고 해가 지면 오므라든다. 꽃의 길이는 11센티미터쯤이며, 수술은 여섯 개인데 꽃잎의 길이와 비슷하고 암술은 한 개이다.

10월에 삼각형 모양의 씨앗이 익는데 길이는 6.5센티미터 정도이고 밑으로 처져 있으며 가장자리에 날개가 있다.

옥잠화 중에는 잎이 길고 꽃이 좁으며 열매를 맺지 못하는 것이 있다. 이것을 긴옥잠화라 한다.

냇가에서 흔히 볼 수 있는 긴옥잠화는 뿌리가 사방으로 퍼지며 잎은 모두 뿌리에서 난다. 잎은 타원형 또는 피침형으로 길이는 10센티미터쯤 된다.

잎 양면에 녹색의 짙은 윤채가 나며 잎자루의 길이는 10~20센티미터 정도이다. 또 가장자리는 밋밋하지만 때로는 우글쭈글해지기도 한다.

긴옥잠화는 7~8월에 길이가 5센티미터쯤인 작은 꽃이 핀다. 꽃대줄기는 20~60센티미터이며 꽃이 한쪽으로 치우쳐서 달린다. 꽃은 연한 자주색이고 깔때기 모양이며 여섯 개의 수술과 한 개의 암술을 달고 있다.

암술이 꽃 밖으로 길게 나와 있고 세 쪽으

새싹

꽃

로 갈라진 긴 타원형의 열매를 맺는 종류도 있다. 이것을 산옥잠화라고 하는데 연한 잎은 나물로 먹는다.

그 밖에도 옥잠화의 종류에는 비녀옥잠·주름잎옥잠화 등이 있는데 이들 모두 관상용으로 인기가 좋다. 또한 어린 잎과 잎자루를 나물로 먹으며 꿀이 많이 나와 양봉 농가에 큰 도움을 주기도 한다.

옥잠화가 잘 자라는 토질은 사질 양토 및 점질 양토이며 습기가 있는 토양이면 대부분 잘 자란다.

번식법에는 분주법·생태육종법·종내잡종법·계통분리법 등이 있는데 주로 분주법에 의하여 많이 번식되고 있다.

어떤 이야기가 숨어 있을까?

옛날 중국에 피리를 잘 부는 사람이 있었다.
그는 부모로부터 물려받은 재산이 많아 남부럽지 않은 생활을 할 수 있었다. 그런데 뜻하지 않은 불행을 당하여 집도 날리고 가족도 뿔뿔이 흩어지게 되었다.

무일푼인 그에게 남은 것이라곤 피리 하나밖에 없었다. 그는 오직 피리를 벗삼아 하루하루를 보냈다.

그러던 어느 날 밤, 외딴 정자에 홀로 앉아 자신의 신세 타령이라도 하듯 구슬프게 피리를 불고 있었다.

그때였다.

갑자기 사방이 대낮같이 밝아지더니 어디선가 은은한 향기가 풍겨 왔다. 깜짝 놀라 주위를 살펴보니 어느 틈엔가 한 아름다운 선녀가 서 있었다.

그는 한동안 멍하니 있다가 선녀를 바라보았다. 눈이 부실 정도로 아름다운 선녀였다.

선녀가 먼저 입을 열었다.

"피리를 계속 불어 주세요. 저는 당신에게 피리 부는 것을 배우려고 달에서 내려온 선녀랍니다. 이 밤이 새기 전에 당신이 알고 있는 모든 가락을 들려 주셨으면 고맙겠습니다."

이에 그는 곰곰 생각하다가 마음을 가다듬고 자신이 알고 있는 곡조를 한 곡 한 곡 구슬프게 불기 시작하였다. 밤이 깊어 갈수록 선녀는 점점 피리 소리에 깊이 빠져들고 있었다.

이윽고 사나이가 피리를 멈추었다. 이미 달은 서천으로 기울었고, 멀리서 닭 울음소리가 들려 왔다.

그 소리에 선녀는 정신을 차렸다.

"아름다운 곡조를 많이 들려 주셔서 대단

꽃

연한 보라색 꽃이 한 송이 피어 있었는데 이 꽃이 바로 옥잠화였다고 한다.

히 고맙습니다. 이제 그만 떠나야겠습니다."
 선녀는 공손히 인사를 하고는 급히 떠날 차비를 하였다. 피리를 불던 사나이는 선녀와 이대로 헤어지기는 섭섭하다는 생각이 들었다.
 "선녀님, 떠나신다니 말리지는 않겠습니다만 기념으로 무엇이든 한 가지만 남겨 두고 가시면 소생은 그것으로 한평생 위안을 얻을까 합니다. 부디 소생의 청을 들어주시고 떠나십시오."
 사나이의 간청에 선녀는 두말 없이 머리에 꽂고 있던 옥비녀를 뽑아 사나이의 손에 꼭 쥐어 주고는 홀연히 하늘로 올라가 버렸다.
 사나이는 하늘로 올라가는 선녀의 모습을 넋 놓고 바라보고 있다가 그만 옥비녀를 정자 아래 땅바닥에 떨어뜨리고 말았다. 그래도 그는 선녀가 날아간 하늘만 한동안 멍하니 쳐다보았다.
 이윽고 정신이 든 그는 옥비녀를 주우려고 정자 아래로 내려갔다. 그런데 어찌 된 영문인지 옥비녀는 간 곳이 없고 그 자리에

분포도

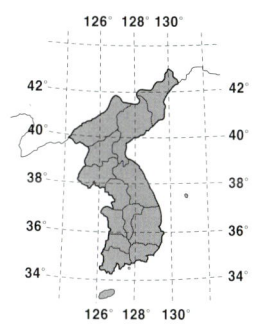

식물명	옥잠화(玉簪花)
과 명	백합과(Liliaceae)
학 명	*Hosta plantaginea* Aschers.
속 명	옥잠 · 자잠(紫簪) · 옥포화(玉泡花)
분포지	전국
개화기	7~8월
결실기	10월
높 이	30~60센티미터
용 도	식용 · 관상용 · 약용
생육상	여러해살이풀(多年生草本)
꽃 말	추억

무궁화

소아시아 원산으로 평남 지방 및 강원도 이남 지방에서 관상용으로 흔히 심고 있으며, 우리나라 국화(國花)이기도 한 무궁화과의 낙엽 관목(갈잎 좀나무)이다.

원래는 목근화(木槿花) · 무근화 · 근화(槿花) · 순화(舜華) · 목근(木槿) · 목금(木錦) · 부용수(芙蓉樹) · 백근화(白槿花) · 고송화(苦松花) · 순화(舜花) · 무궁화나무 등으로 불리었다.

『간거만록(間居漫錄)』에는 무궁화(無窮花)라 표기되었고, 『산림경제(山林經濟)』에는 무궁화(無宮花)라고 표기되어 있다. 『만선식물(滿鮮植物)』에 의하면 어린 잎을 식용하였고 불에 볶아서 차(茶) 대용으로 쓰기도 했으며 약재로도 썼다 한다.

그리고 뿌리의 껍질은 장출혈·이질 등에 사용하면 효과가 있다고 기록되어 있다.

이 나무는 높이 3미터쯤 자라는데 근래에 이르러서는 품종이 여러 가지로 개량되어 수백 종에 이른다.

어린 가지에 털이 많으나 점차 자라면서 없어진다. 잎은 어긋나고 모가 진 둥근 형으로 길게 세 개로 갈라진다.

잎 표면에 털은 없고 세 개의 큰 맥이 있다. 잎의 뒷면 맥 위에는 털이 있으며 가장자리에 톱니가 나 있다.

잎자루는 1.5센티미터쯤 되며 7~9월에 꽃이 핀다. 꽃의 지름은 6~10센티미터쯤이며 짧은 꽃자루를 갖고 있다. 대개는 분홍색이며 꽃잎 안쪽 부위에서는 짙은 붉은색 무늬가 생긴다.

꽃받침잎은 피침형이고 작은 털이 있다. 꽃잎은 도란형이고 다섯 개가 밑부분에 서로 붙어 있으며 많은 웅예(雄蘂, 수꽃술)가 있다. 암술대는 수술통 중앙부를 뚫고 나오는데, 암술머리는 다섯 개이다.

10월에 씨가 여무는데 씨는 긴 타원형 열매 속에 들어 있으며 열매가 다섯 개로 갈라지면 씨가 튀어나온다.

씨는 편평하며 긴 털이 있다.

꽃에 따라 흰무궁화·단심(丹心)무궁화 등이 있고 꽃잎의 수에 따라서 여러 품종으로 나뉜다.

이 나무는 여름부터 가을에 이르기까지 새로 난 가지의 밑에서부터 위로 차례차례 꽃을 피우며, 가지가 자라면서 연달아 꽃을 피운다. 이렇게 꽃을 피우는 기간이 길어서 무궁화라고 이름 붙인 것이 아닌가 추측된다.

꽃은 아침 일찍 피었다가 저녁 나절이 되면 시들고 다음 날에는 그만 떨어지는 것이 보통이다.

인생의 무상함이라든가 하루살이 인생을 비유하는 말로 근화일일지영(槿花一日之榮)이라는 어구가 있음은 이 꽃의 수명이 짧은 데서 나온 말일 것이다.

무궁화가 언제 우리나라의 상징이 되었는지는 잘 알 길이 없으나, 씨로 번식되고 분주(分株)·삽목(揷木) 등으로도 번식이 잘 되어 널리 아껴 심는 식물 중의 하나이다. 이 나무의 왕성한 생명력을 두고 흔히 우리 민족을 비유하는 경우가 많다. 가난과 침략에 허덕이면서도 반만년의 역사를 지켜 온 우리 민족의 굳건한 의지력과 닮은 점

꽃

개량종　　　　　　　　　　　　　　　　　　　　개량종

이 많기 때문일 것이다. 그리고 아침에 피었다가 다음 날이면 깨끗이 떨어져 버리고 새로운 꽃이 피어나는 모습이 체념이 빠르고 새로운 것을 좋아하는 우리 민족성과 비슷하다고 하겠다.

무궁화는 식용·관상용·공업용·약용으로 쓰인다. 어린순은 나물로 먹고, 흰 꽃은 민간에서 그늘에 말려서 찹쌀과 같이 달여서 지사제(止瀉劑)로 쓰기도 한다. 목근피(木槿皮)·목근화(木槿花) 과실은 조천자(朝天子)라 하여 한방에서 이뇨·해열·지혈·지사(止瀉)·위장염·장출혈·구갈증·임질·대하증·하혈 등에 다른 약재와 같이 처방하여 약으로 쓰며, 차(茶)로도 만들어 먹는다.

정원이나 공원 등지에 관상수로 흔히 심으며, 이 나무에는 영양분이 많기 때문에 진딧물이 많이 달라붙어 싫어하는 이도 있다.

진딧물은 주로 어린 가지에 많이 달라붙는다.

화강암계·화강편마암계·변성퇴적암계 등에서 잘 자라고 삽목법에 의하여 번식이 되고 있다.

무궁화가 우리나라의 국화임에도 불구하고 심는 사람이 그리 많지 않아 안타깝다. 이 나무는 우리나라 특산 식물인 개나리와 같이 삽목을 하면 아주 잘 자라는 나무이며 기르기 또한 별로 어렵지 않다.

요즈음 도시에서는 외국의 꽃을 많이 심고 있는데 정작 있어야 할 우리의 꽃 무궁화는 좀처럼 보기 힘들다.

개량된 종이 가끔 눈에 띄나 원래의 상태로 핀 무궁화는 찾아보기 힘들다. 고유의 아름다움을 간직한 무궁화를 간혹 산간 지방의 인가 근처에서 볼 수 있을 뿐이다. 안타까운 일이 아닐 수 없다.

어떤 이야기가 숨어 있을까?

옛날 북부 지방에 있는 어느 한 산간 마을에 글 잘 쓰고 노래를 잘하는 아주 예쁘게 생긴 여자가 살고 있었다. 많은 사람들은 이 여자의 재주를 칭송했고 귀여워해 주었다.

흰꽃무궁화

꽃나무는 자라고 자라서 집을 온통 둘러쌌다. 마치 장님인 남편을 감싸주려는 듯이 울타리가 되었다.

동네 사람들은 이 꽃을 울타리 꽃이라고 불렀다 한다.

그런데 이 여자의 남편은 앞을 보지 못하는 장님이었다. 여자는 남편을 매우 사랑하였다. 언제나 지극한 정성으로 앞을 보지 못하는 남편을 돌보았다. 제아무리 돈많고 권세있는 사람들이 여자를 유혹하여도 조금도 흔들리지 않았다.

그러던 어느 날 그 마을을 다스리던 성주가 그녀의 재주와 미모에 반해 그녀를 유혹하였다. 그러나 그녀는 여전히 한결같은 마음으로 남편을 돌볼 뿐이었다. 애를 태우던 성주는 마침내 부하를 보내 강제로 그녀를 잡아들이고 말았다. 그러고는 온갖 수단과 방법을 가리지 않고 그녀의 마음을 돌리려 하였다. 그러나 그녀는 끝까지 성주의 말을 듣지 않았다.

성주는 화가 나서 단숨에 칼로 그녀의 목을 잘라 버리고 말았다. 그녀가 죽은 뒤 성주는 그녀의 절개에 감탄을 하며 그녀의 시체를 남편이 살고 있는 집안 뜰 앞에 묻어 주었다.

그 후 그 무덤에서 꽃이 피어났는데, 이

분포도

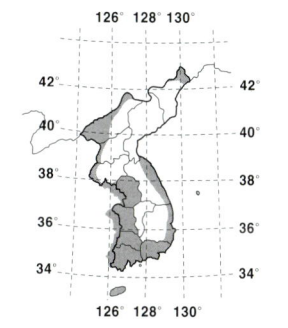

식물명	무궁화(無窮花)
과 명	아욱과(Malvaceae)
학 명	Hibiscus syriacus L.
생약명	목근화(木槿花)·조천자(朝天子)
속 명	목근화·순화
분포지	평안남도·강원도 이남지방
개화기	7~9월
결실기	10월
높 이	3~4미터
용 도	식용·관상용·약용·공업용
생육상	낙엽 관목 (갈잎 좀나무)
꽃 말	섬세한 미

목화

우리나라 각 지방의 농가에서 섬유 작물로 재배하고 있는 무궁화과의 한해살이풀이다. 원산지는 동아시아이다.

원래는 면마(綿麻)·초면(草綿)·면화(棉花)·목화(木花)·거흘화(去核花)·담탄·당태·솜음·솜·면근피 등으로 불렸다.

우리나라에는 고려(高麗) 말엽 공민왕(恭愍王) 때 문익점(文益漸)이 원나라에 사신으로 갔다가 돌아오면서 씨앗을 가져와 경북 의성의 제오동(堤梧桐)에 심기 시작하였다고 한다.

『만선식물』에 의하면 강원도·함경북도·함경남도 일부를 제외하고는 전국 각지에서 재배하였다고 한다.

전라남도·경상북도·평안북도 등이 목화의 주산지(主産地)인데 특히 전라북도와 충청남도·황해도 등은 아시아 지방에서 가장 규모가 큰 목화 집산지라고 알려져 있다.

만주에서는 심양(瀋陽)의 각 고을에서 심기 시작하여 널리 재배하였는데 가정에서 면사로 많이 쓰였다 한다.

목화의 씨를 금화자(錦花子)라 하며 그 기름을 짜서 썼는데 그것을 흑유(黑油)라고 불렀다. 페인트의 원료나 등유 등으로도 흔히 쓰였다.

뿌리는 흑피포(黑皮鋪)라 하여 염색의 원료 및 약으로 사용했다. 특히 악창의 치료제로 쓰이기도 했다.

목화에는 미면(米棉)·황면(黃棉) 등이 있는데 이들의 원산지는 미국이라고 하는 설도 있다.

목화의 높이는 60센티미터 정도로 곧게 자라며 가지가 많이 갈라진다.

잎은 어긋나고 잎자루는 긴데 셋 내지 다섯 개로 갈라져 있다. 옆편 끝이 뾰족하고 탁엽(托葉)은 모가 난 피침형으로 잎자루와 작은 꽃대에는 털이 나 있다.

8~9월에 꽃이 피고 줄기와 잎자루의 겨드랑이에서 작은 꽃대가 나와 한 개씩 달린다.

꽃 밑에 잎 같은 작은 포가 세 개 있는데 삼각형에 가까운 약간 둥근 톱니로 자줏빛이 돈다.

꽃받침잎은 술잔 모양이고 녹색의 작은 점이 있다. 꽃잎은 다섯 개로 연한 노란색 바탕에 밑부분이 흑적색(黑赤色)이며 수술은 많이 달리는데 그 길이는 짧다.

10월에 익는 삭과는 포(苞)로 싸여 있으며 달걀처럼 둥근 모양인데 익으면 세 개로 갈라진다. 씨앗을 싸고 있는 털을 떼어 내 솜으로 사용하며 씨앗으로는 기름을 짠다.

기름은 공업용 및 약용으로 쓰는데 공업용으로는 직유·화약·면실유·탈지면·면사·가제·붕대·의류 등을 만드는 데 원료로 쓰며 민간에서는 그 뿌리를 통경·진통 등에 다른 약재와 같이 처방하여 약으로 쓴다.

목화가 잘 자라는 토질로는 식질 양토이

열매   꽃

고 번식법에는 종내잡종법·실생법 등이 있다.

목화는 초본(草本)이지만 간혹 기후에 따라 목본성(木本性)인 것도 있다.

목화꽃은 대개 아침에 황백색의 꽃이 피었다가 오후가 되면 자주색이 돌면서 시든다. 그리고 다음날이면 떨어져 버리는 하루살이 꽃이다.

열매가 익으면 세 갈래로 터지면서 하얀 솜을 토해 내듯이 피어난다.

목화 재배의 역사는 나라마다 각기 다르다. 인도에서는 기원전 3000~2750년경에 실용하였다 하고 중국에서는 618~906년경에 인도에서 수입하였고, 우리나라는 앞에서 말했듯이 문익점이 중국에서 가지고 와서 처음으로 재배하였다 한다. 그러다가 1904년에 미국에서 들여온 씨앗을 목포 고하도(高下島)에서 시험 재배한 후 농가에 널리 퍼진 것이 오늘날 육지에서 재배되고 있는 육지면이다.

목화에는 아시아면·남경면·목질면 등 몇 가지 종류가 있다.

어떤 이야기가 숨어 있을까?

중국에서 목화씨를 붓 뚜껑에 몰래 숨겨 가져 온 문익점은 1331년 경남 산청군 단성면에서 출생하였다. 그는 30세 때 과거에 급제하여 1336년에 사간원 좌정언이라는 벼슬에 올랐다.

당시 원나라에서는 공민왕을 폐하고 충선왕의 서자 덕흥군을 왕에 봉하려는 움직임이 있었다. 이 정보를 듣고 고려에서는 원제(元帝)의 참뜻을 알아보기 위하여 문익점을 원나라에 보냈다.

원제는 문익점에게 덕흥군을 지지하라고 권하였다. 그러나 문익점이 이를 듣지 않자 그를 먼 교지(交趾)에 유배시켰다.

그러다가 덕흥군을 왕으로 옹립하려는 원나라의 계획이 실패로 돌아가게 되어 문익점은 1366년에 무사히 풀려나게 되었다.

그는 9월에 연경으로 오게 되었는데 도중에 문득 밭에 백설 같은 꽃이 피어 있는 것을 보았다. 문익점은 이를 기이하게 여겨 꺾으려고 하였다. 그때 한 노파가 달려오더니 큰 소리로 나무랐다.

"당신은 어느 나라 사람인데 감히 국법으로 금하고 있는 것을 꺾으려고 하는가? 관이 알게 되면 당신과 나는 함께 벌을 받을 것이다."

문익점은 노파의 위세에 눌려서 머뭇거렸다. 그러나 그 내막을 알고 싶었기 때문에 노파에게 사정하였다. 그러자 노파는 마지못해하면서 설명해 주었다.

"이것은 목면화이다. 이 나라의 법이 엄하여 나라 밖으로 가지고 가는 것을 금지하고

밭

있다. 그러나 정녕 가져가고 싶으면 아무도 모르게 가져가서 죄가 드러나지 않게 하라."

문익점은 노인에게 고맙다는 인사를 하고 씨앗 세 개를 붓대에 숨겨서 고국으로 돌아왔다.

문익점은 이듬해 봄에 그 씨앗을 집 뜰에 심고 정성껏 가꾸었다. 그러나 풍토가 맞지 않아 겨우 한 알만이 자라나 가을에 꽃이 피고 열매가 열렸다.

다음 해에 이 씨앗을 다시 심었더니 여러 알이 잘 자라서 3년째 되는 해에는 꽤 많은 씨를 얻게 되었다. 이웃 사람들이 이를 기이하게 여겨 다투어 씨를 나누어 가서 차츰 각 지방에 목화가 퍼지게 되었다 한다. 그러나 솜털을 벗겨 내는 방법을 아무도 몰랐다. 그러던 차에 때마침 홍원(弘願)이라는 원나라 중이 찾아와서 목화를 보고 놀라면서 말했다.

"이것은 남방의 것인데 어찌하여 여기에 왔을까?"

홍원은 그때 문익점의 집에서 묵고 있었는데 문익점의 이야기를 듣고는 느끼는 바가 있었다. 그리하여 그는 소거(繅車, 목화씨를 가려내는 기계)로 씨를 벗겨내고 탄궁(彈弓, 솜타는 활)으로 솜을 만드는 방법을 가르쳐 주었다.

문익점의 손자인 문래(文萊)는 방차(紡車, 솜으로 실을 만드는 기계)를 만들어 실을 뽑았으며 문영(文英)은 직조법을 발명하였다. 문익점의 장손인 승로(承魯)는 의성군수로 재직할 당시 밭 300평을 사들여 목화를 재배하고 민간에 장려하였다 한다.

그 당시 우리나라에는 옷감으로 명주나 갈포, 또는 모피밖에 없었던 때라 목화가 들어온 뒤부터 의복사에 일대 혁신을 가져왔다고 해도 과언이 아닐 것이다. 문익점 일가의 공로는 참으로 크다 할 것이다.

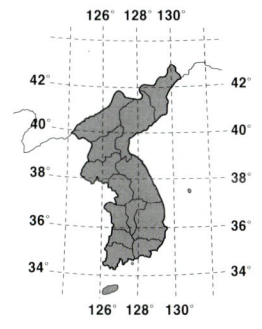

분포도

식물명	목화(棉花)
과 명	아욱과(Malvaceae)
학 명	*Gossypium indicum* Lam.
생약명	흑피포(黑皮鋪)
속 명	면화초면 · 면마 · 거흘화 · 당탄
분포지	중부 지방 및 남부 지방
개화기	8~9월
결실기	10월
높 이	60센티미터
용 도	공업용 · 약용
생육상	한해살이풀(一年生草本)

나팔꽃

 아시아 원산(原産)이며 씨를 한방에서 약으로 많이 쓰는 메꽃과의 한해살이 덩굴풀이다.
 원래는 견우화(牽牛花)·조안화(朝顔花)·나팔화(喇叭花)·나팔꽃·견우자(牽牛子)·견우(牽牛)·흑축(黑丑)·이축(二丑)·견우랑(牽牛郎)·흑백축(黑白丑) 등으로 불리었으며 견우자·흑축·백축 등은 한방에서 부르는 약명이다. 견우라 함은 나팔꽃 씨를 가리키는 뜻이다.
 『성지(盛志)』에 의하면 견우(牽牛)에는 흰색과 검은색 두 종이 있는데 흑축(黑丑)·백축(白丑)이라고 부르거나 또는 흑축백축(黑丑白丑)이라고 부르기도 한다.

만주와 우리나라에서는 각 지방에서 아주 오래전부터 심어 왔고 일본 등지에서는 풀잎과 꽃의 모양이 저마다 특이한 형태로 개량되어 곳곳에 많이 심었다고 전해진다.

『만선식물』에 의하면 순백색·홍자색 등 여러 색깔의 꽃이 있으며 그 씨는 모두 이뇨제 등으로 효과가 있었다고 한다. 그리고 붉은색이나 담자색의 꽃을 피우는 것은 나팔꽃(喇叭花)이라고 부르고, 개량된 것들은 이 나팔꽃 아래에 속한 식물로 분류했다고 한다.

이 풀의 원줄기는 덩굴성으로 왼쪽으로 주위의 물체를 감고 올라가면서 자라는데 길이 3미터 정도까지 뻗어 나간다.

줄기에는 아래를 향해 털이 많이 나 있으며 잎은 어긋나고 심장형으로 생겼다. 보통 잎은 세 갈래로 갈라지고 열편 가장자리가 밋밋하고 풀잎 표면에 많은 털이 나 있다.

꽃은 7~8월에 홍자색·흰색·붉은색 등 여러 색깔로 피며 줄기와 잎자루의 겨드랑이에서 한 개 내지 세 개씩 달린다.

꽃받침잎은 다섯 개이며 깊게 갈라지고 열편은 길고 뾰족하다. 뒷면에 긴 털이 있고 화관(花冠)은 지름이 10~23센티미터쯤으로 나팔 모양이다.

꽃봉오리는 붓의 끝과 같으며 오른쪽으로 말리는 주름이 나 있다. 수술은 다섯 개, 암술은 한 개이고 꽃은 새벽 세 시쯤부터 피기 시작하여 아침 다섯 시쯤이면 활짝 핀다.

이처럼 새벽 일찍 핀 꽃은 햇볕이 뜨거워지기 시작하는 오전 아홉 시쯤부터는 시들기 시작하며 오후 세 시경에는 완전히 시들어 버린다. 이 꽃은 한번 시들어 버리면 다시 피지 않고 떨어진다.

씨는 선형으로 검게 여물고 둥근 꽃받침통이 세 조각으로 갈라지는데 그 속에 각각 두 개의 씨가 들어 있다.

이 씨를 견우자(牽牛子)라고 하며 약재로 쓴다.

나팔꽃은 줄기와 잎사귀 등에 털이 많으며 대단히 까실까실하다. 이 털은 해충으로부터 자기(自己)를 보호하는 역할을 하며 한편으로는 다른 물체를 감아 올라갈 때 미끄러지지 않게 하는 구실을 한다.

꽃

잎, 꽃, 줄기

열매

울타리 등에 관상용으로 흔히 심고, 씨는 부종·수종·이뇨·요통·야맹증·태독 등에 다른 약재와 같이 처방하여 약으로 쓴다.

이 풀이 잘 자라는 토질은 화강암계·화강편마암계·변성퇴적암계 등이며, 번식은 종내잡종법·실생법 등에 의하여 이루어지지만 대개는 씨를 심어 기르는 실생법으로 번식된다.

나팔꽃의 종류에는 몇 가지가 있다. 삼색나팔꽃은 길이 50센티미터 정도로 자라며 7~8월에 꽃이 피고 9월에 씨가 여문다.

둥근잎나팔꽃은 열대 미주가 원산이며 3미터 정도로 벋는데 7~8월에 꽃이 피고 9월에 씨가 익는다.

이 밖에도 여러 종류의 잡종이 생겨나서 꽃 색깔도 다양하다.

나팔꽃은 생명력과 번식력이 대단히 강하다.

씨가 땅에 떨어지면 그 수만큼 새싹이 트고 자라나 꽃이 핀다.

집 안의 담벽 밑에 심어 두고 적당한 지주목을 세워 주면 한여름에는 온 담이 푸른 나팔꽃잎으로 뒤덮이고, 아침이면 나팔 같은 커다란 꽃들이 많이 피어난다.

다만 아쉬운 점은 꽃이 아침 일찍 피었다가 해가 떠오르기 시작하면 점점 볼품없이 오그라들므로 꽃의 수명

씨

이 몇 시간밖에 되지 못한다는 것이다. 이처럼 꽃의 수명이 대단히 짧지만 그 사이에 씨를 맺는다.

10월이 지나면서 누렇게 죽어 가는 줄기에서 뚜렷이 남아 있는 꽃받침을 발견할 수 있는데 열매가 동그란 모양으로 조그맣게 달려있다.

열매가 늦게 열리면 겨울에 그대로 남아 있게 되는데 그 위에 눈이 쌓였다가 녹은 뒤에야 새까만 씨를 쏟아 놓는다.

아침에 하얗게 혹은 담자색, 붉은색으로 꽃이 피면 청아하기 이를 데 없는 꽃으로 가정에서 기르기 쉬운 관상초 중의 하나이다.

어떤 이야기가 숨어 있을까?

아주 먼 옛날, 한 고을에 그림을 썩 잘 그리는 화공이 한 사람 있었다. 이 화공의 부인은 빼어난 미인이었는데 이웃 마을까지 그 소문이 자자했다.

어느 날, 그 고을을 다스리던 원님의 귀에 화공의 부인에 대한 소문이 들어갔다.

원님은 백성들의 원성 따위는 아랑곳하지 않는 사람이었다. 수단과 방법을 가리지 않고 자신의 권력을 이용하여 욕심을 채우기에 바빴다.

원님은 궁리 끝에 화공 부인에게 억울한

죄명을 덮어씌워 감옥에 가두고 말았다. 죄도 없이 하루아침에 죄인이 된 화공 부인은 남편을 그리며 많은 날을 눈물로 지샜다. 그리고 원님이 온갖 수단으로 그녀를 유혹해 왔으나 한결같은 마음으로 그 유혹을 뿌리쳤다.

부인을 빼앗긴 화공은 억울한 마음을 하소연할 길이 없었다. 그는 힘없이 밤낮으로 허공만 바라보다가 마침내 미쳐 버리고 말았다.

미친 화공은 밖으로는 나오지 않고 오직 집안에만 틀어박혀 그림을 한 장 그렸다.

그림이 완성되자 그는 그 그림을 가지고 부인이 갇혀 있는 옥으로 갔다. 그리고 옥 밑을 파더니 그 그림을 묻는 것이었다. 화공은 하염없이 눈물을 흘리다가 그 자리에서 죽고 말았다.

그 후부터 옥 안에 갇힌 부인은 밤마다 기이한 꿈을 꾸기 시작하였다. 남편이 나타나서 섧게 눈물을 흘리다가 사라지는 꿈이었다.

부인은 이상하게 생각하고 아침에 창을 열고 밖을 내다보았다. 그런데 그 곳에는 한 줄기의 아름다운 덩굴 꽃이 피어 있었다.

그제야 부인은 비로소 그 꽃이 원한에 사무쳐 죽은 남편의 넋이 꽃으로 다시 태어난 것임을 알아차렸다. 부인은 죽은 남편을 생각하며 언제까지나 뜻을 굽히지 않고 통곡하였다.

분포도

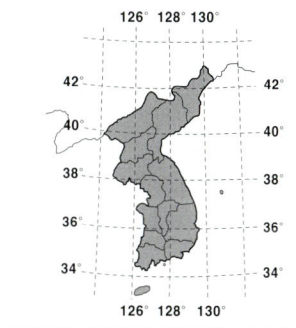

식물명	나팔꽃(牽牛花)
과 명	메꽃과(Convolvulaceae)
학 명	*Pharbitis nil* Choisy
생약명	견우자(牽牛子)·흑축·백축(黑丑, 白丑)
속 명	조안화·견우화·견우랑
분포지	전국
개화기	7~8월
결실기	9월
높 이	3미터
용 도	관상용·약용
생육상	한해살이풀(一年生草本)
꽃 말	결속·허무한 사랑

석류

유럽 동남부와 히말라야가 원산(原産)으로 그곳에서 많이 자라는 석류과의 낙엽 교목(갈잎 큰키나무)이다. 우리나라에서는 중부와 남부 지방에서 관상용 또는 약용으로 많이 심고 있다.

원래는 석류나무(石榴木)·산석류(山石榴)·석류화(石榴花)·석류피(石榴皮) 등으로 불렀다.

『성지(盛志)』에 의하면 번화석류(番花石榴), 또는 석류화(石榴花)라고도 불렀다 하며 석류화는 붉은색·흰색·노란색 세 가지 종류가 있다고 한다.

이 가운데 열매가 열리지 않는 것을 번화석류(番花石榴)라고 하였으며, 열매 껍질을 석류피(石榴皮)라고 했다.

또 『경도잡지(京都雜誌)』에 따르면 부잣집 정원이나 사찰 등에 석류를 심어 그 풍치를 즐겼고 남만주 쪽에서 분양(盆養)한 것이 좋은 열매를 맺었다고 한다.

지나(支那) 사람들은 옛날부터 석류를 무척 좋아하여 그림의 소재로 많이 썼으며 묘의 단장용으로도 인기가 많았다 한다. 또 과일이 익으면 선반이나 천장에 매달아 보관하고 그 열매 껍질을 이질·복통·대하증 등에 썼다고 하며 창독에 세습제로도 약효가 뛰어났다고 한다.

석류는 대개 따뜻한 지방에서 심는데 가지는 네모지고 털이 없으며 짧은 가지의 끝은 가시로 되어 있다.

잎은 마주 나고 긴 타원형이며 길이는 2~8센티미터 정도로 털은 없다.

5~6월에 꽃이 피는데 꽃은 양성(兩性)으로 가지 끝의 짧은 꽃자루 위에 한 개에서 다섯 개쯤 달린다.

꽃받침잎은 통형으로 육질(肉質)이고 여섯 개로 갈라지며 붉은빛이 돈다. 꽃잎도 여섯 개로 붉은색이며 서로 포개져 있다.

수술은 많고 자방(子房)은 꽃받침통 기부에 붙어 있으며, 상하 2단으로 되어 있고 윗단은 5~7실, 아랫단은 3실이며 암술은 한 개이다.

10월에 둥근 열매가 열리는데 끝에는 꽃받침 열편이 붙어 있다. 지름은 6~8센티미터 정도로 노란색 또는 황홍색(黃紅色)으로 익는다.

과실은 육질(肉質)이며 껍질이 불규칙하게 터져 벌어지고 씨앗이 드러나 보인다.

석류 열매는 식용·관상용·공업용·약용으로 쓰인다. 씨앗은 날로 먹기도 한다.

정원 등지에 관상수로 심는 석류나무는 기재(器材)로도 쓰이며 과실의 껍질은 뿌리껍질과 더불어 한방 및 민간에서 설사·장출혈·구내염증·편도선염·조충구제·피임 등에 다른 약재와 함께 처방하여 약으로 쓰인다.

석류가 잘 자라는 토양은 화강편마암계이며 번식법으로는 취목법·종자육종연구법·분주법 등이 있다.

원래 소아시아가 원산이라고 하는 학설도 있는 이 석류는 지중해 연안에서 히말라야까지 널리 분포되어 있는 식물로 여름에 새로 난 가지에서 꽃이 피며 꽃받침통은 다육질로, 꽃이 지면서 과실로 변한다.

열매의 껍질은 다육질(多肉質)이고 안에 들어 있는 씨앗은 담홍색으로 투명한 종

열매

피(種皮)로 둘러싸여 있다.

추석(秋夕) 무렵이 되면 열매가 익는데 밤과 더불어 으뜸으로 치는 가을 열매이다.

가을에 열매의 껍질이 터져 벌어지면 그 속에 많은 씨앗이 질서있게 배열되어 마치 찬란한 보석들이 들어 있는 듯한 독특한 운치를 자아낸다.

연약한 가지 끝에 주렁주렁 매달린 석류 열매는 시인이나 화가의 작품 소재로도 많이 등장한다.

열매의 위쪽에 붙어 있는 꽃받침통이 입술처럼 활짝 벌어지고 열매의 껍질이 갈라진다.

석류는 레몬류와 서로 닮은 점이 많다. 또 과실이 중후한 멋을 지닌 점도 비슷하다. 이 둘은 다 같이 스페인의 국화(國花)로 사랑을 받고 있다.

줄기·가지·뿌리의 껍질인 석류피(石榴皮)는 촌충 구제는 물론 염료로도 쓰이고 있다.

어떤 이야기가 숨어 있을까?

옛날 어린아이들을 잡아먹는 마귀할멈이 살았다. 이에 부처님은 이것을 막기 위하여 마귀할멈의 딸 하나를 감추어 버렸다.

마귀할멈은 울며불며 야단법석을 떨었다. 부처님은 이것을 보고 마귀할멈에게 말했다.

"수많은 네 아이 중에서 한 아이가 없어졌다고 그렇게도 야단인가?"

그러자 마귀할멈은 화를 벌컥 내면서 말했다.

"부처님은 자비로우시다고 알고 있는데 그 무슨 무자비한 말씀입니까?"

이에 부처님은 숨겨 두었던 마귀할멈의 딸을 내주면서 타일렀다.

"할멈, 네 아이를 데리고 가거라. 네 자식을 그리도 아끼면서 남의 소중한 자식은 마구 잡아먹어서야 되겠느냐! 이제부터는 아이를 잡아먹지 말고 이것을 먹도록 하라."

부처님은 마귀할멈에게 석류 하나를 주었다. 그러자 마귀할멈은 참회의 눈물을 흘리면서 어디론가 멀리 떠나 버렸다고 한다.

또 중국에서 전해 내려오는 이야기 한 편.

중국 한나라 때 장건(張騫)이라는 사람이 서역(西域, 지금의 중앙아시아)에 사신으로 갔다가 돌아오는 길에 안석국(安石國)에 들러 석류나무의 아름다운 꽃을 보고 감탄하여 그 나무를 가지고 왔다고 한다.

그때 사람들은 안석국에서 가져왔다고 하여 석류를 안석류화(安石榴花)라고 부

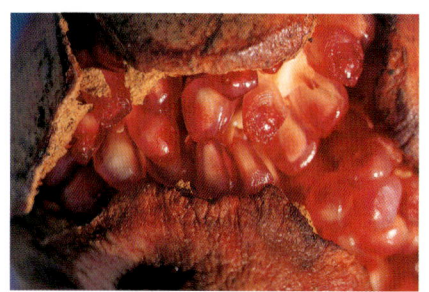
씨

었다. 그가 정신을 가다듬었을 때에는 돌문도 없고 노인도 없었다. 오직 자기 혼자 나무 밑에 걸터앉아 있었다.

르게 되었는데 지금은 '안' 자를 없애고 그냥 석류라 부르게 되었다는 것이다.

또 한 가지 이야기가 있다. 옛날 당나라에 남초(藍超)라는 사람이 살고 있었다. 그는 벌목을 직업으로 삼고 있는 사람이었다.

어느 날 그는 보기 드문 흰 사슴을 보았다. 남초는 이것을 잡으려고 사슴의 뒤를 쫓았다. 그러다가 어느 사이에 강을 건너게 되었다. 그런데 강 건너에는 처음 보는 큰 돌문(石門)이 있었다.

그는 무심코 문을 들어섰다. 그러자 눈앞이 활짝 트이고 여러 가지 짐승 우는 소리가 들리면서 지금껏 보지 못했던 집들이 보였다.

남초가 어리둥절해 하고 있는 동안 흰 사슴은 어디론지 사라져 보이지 않았다. 그리고 한창 꽃이 피어 있는 석류나무 곁에는 백발 노인이 서 있었다.

남초는 겁이 덜컥 나서 오던 길을 되돌아 나오려 하였다. 그때 노인이 남초를 불러 세우고 석류나무 가지 하나를 꺾어 주었다.

그는 꿈결같이 석류나무 가지를 받아 들

분포도

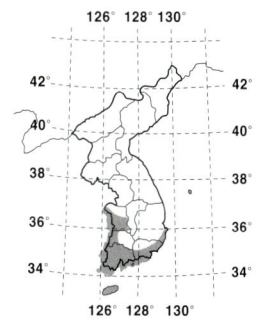

식물명	석류(石榴)
과 명	석류나무과(Punicaceae)
학 명	*Punica granatum* L.
생약명	석류피(石榴皮)
속 명	안석류 · 석류화 · 해류(海榴)
분포지	남부 · 중부 지방 일부
개화기	5~6월
결실기	9~10월
높 이	5~10미터
용 도	식용 · 약용 · 공업용 · 관상용
생육상	낙엽 교목(갈잎 큰키나무)
꽃 말	바보

참외

참외는 열대 아시아가 원산으로 우리나라 전국의 농가에서 흔히 재배하고 있는 외과의 한해살이 덩굴풀이다.

원래는 참과(甛瓜)·감과(甘瓜)·진과(眞瓜)·향과(香瓜)·이과(梨果)·참외·참의 등으로 불렀다. 또 백사과(白沙瓜)는 껍질이 흰빛이 나는 백피(白皮)를 말하며, 먹사과(墨沙瓜)는 녹색이 도는 녹피(綠皮), 감참외(柿甜瓜)는 누른빛이 도는 황피(黃皮)를 뜻하는 말이다.

과체(瓜蒂)·고정향(苦丁香) 등은 약명으로 불리는 이름이다.

또 은피과(銀皮瓜)는 백피(白皮)를 말하며 고려과(高麗瓜)는 황피(黃皮)를 말하고 지마립(芝麻粒)은 흑피(黑皮)를 말한다. 그 밖에 밀과(密瓜)는 만생(晚生), 즉 잘 익은 것을 말한다.

원래 우리나라와 만주의 각 지방에서 흔히 재배했는데 큰 밭 하나에서 수확하면 집 한 채를 살 수 있었다는 기록도 있다.

참외 도둑이 많아서 피해도 많았지만 지나가는 사람들이 쉬면서 먹을 수 있도록 우리나라에서는 참외밭 가에다 원두막을 지어 놓기도 했다.

만주 사람들이나 우리나라 사람들 모두 최고의 여름 과일로 쳤으며 한방에서는 갈(渴)·지(止) 등을 끓여 더위에 썼고 약재로도 효과가 좋았다 한다.

또 품종이 많아서 조생종(早生種)·감참외·만생종(晚生種)·흑사과(黑沙瓜)·밀과(密瓜)·참과(甛瓜) 등이 있었으며 또 품질에 따라 내지(內地)·이과(梨瓜)·청지(靑地)·백조(白條) 등의 강목(綱目)으로 나누었다고 한다.

백사과(白沙瓜)는 사과참외라 하여 인기가 있었는데 열매가 크고 물이 대단히 많았다고 한다.

『만선식물』에 의하면 일본의 나카이(中井) 박사가 각종 참외의 이름을 지어 학명(學名)을 붙였으며, 쇠뿔참외는 맛이 대단히 좋고 백사과와 참과 등도 좋은 품질로 인정하였다고 기록되어 있다.

원래 인도가 원산지라는 학설도 있는데 인도의 야생종(野生種)에서 발달한 것이 현재 우리가 즐겨 먹는 참외이다.

참외의 줄기는 2미터 정도로 길게 벋어 나가며 잎은 손바닥 모양이다. 마디에서 덩굴손이 나와 감으면서 벋어 나간다.

6~7월에 노란색의 꽃이 피고 꽃잎은 다섯 개로 갈라진다. 암꽃과 수꽃이 따로 있으며 암꽃에 하위자방(下位子房)이 있다.

7~8월에 열매가 익으며 열매는 보통 타원형이고 길이는 12센티미터, 지름이 7센티미터 정도이다.

과일 껍질은 대부분이 노란색이나 담록색, 얼룩무늬 등이며 종류에 따라 각기 다르다.

충남의 성환 지방에서 나는 성환참외는 옛날부터 그 맛이 유명하였으며 옛날엔 임금에게 진상도 하였다 한다.

식용·약용으로 두루 쓰이는 참외는 생으로 먹고 한방 및 민간에서 부종·충독(蟲

열매

밭

毒) · 월경 과다 · 양모(養毛) 등에 다른 약재와 같이 처방하여 약으로 사용한다.

  양토면 어디든 잘 자라고 번식법은 종내육종법 · 실생법 · 종간잡종법 · 접목잡종법 등이 있다.

분포도

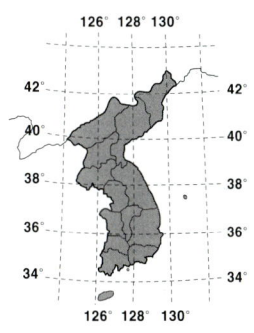

식물명	참외(甜瓜)
과 명	박과(Cucurbitaceae)
학 명	*Cucumis melo* var. *makuwa* Makino
생약명	과체(瓜蔕)
속 명	감과 · 향과 · 백사과 · 흑사과 · 이과 · 참외
분포지	전국
개화기	6~7월
결실기	7~8월
높 이	2미터
용 도	식용 · 약용
생육상	한해살이풀(一年生草本)

수박

아프리카 원산으로 우리나라 농가에서 흔히 재배하는 외과의 한해살이 덩굴풀이다. 원래는 서과(西瓜)·수과(水瓜)·수박 등으로 불렸으며, 만주 등 이웃 나라에서도 서과(西瓜)·타과(打瓜)·대과(大瓜) 등으로 부르고 있다. 과자아(瓜子兒)·핵인(核仁) 등은 수박의 씨를 말함이다.

원래 서과(西瓜)는 지나인(支那人)들이 많이 재배하였으며 우리나라에서도 흔히 재배하였다 한다.

씨

수박을 심은 덩굴 사이에 참외를 같이 심기도 했으며 수박도 백피(白皮)·청피(靑皮) 등 그 품종이 많았다는 기록이 있다. 홍육흑자(紅肉黑子)로 된 백피종이 보기도 좋고 맛도 좋았다 하며 몽고 지방에서는 대단히 큰 수박이 생산되었는데 과육도 많고 달다는 기록이 있다.

또 『만선식물』에 의하면 한방에서는 씨앗을 끓여서 이뇨제 및 주독·소염 등의 치료에 썼다고 한다.

서아시아 지방에서는 오래전부터 재배해 왔으나 중국에는 송대(宋代)에 들어왔고 우리나라에는 약 300년 전에 들어왔다고 한다.

줄기는 2미터 정도 길게 벋고 가지는 여러 개로 갈라진다.

잎은 날개 모양으로 깊이 찢어지며 길이는 10~18센티미터 정도이다.

6~7월에 담황색의 꽃이 피는데 꽃은 일가화(一家花)로 암꽃과 수꽃이 따로 있다.

화관(花冠)의 지름은 3.5센티미터 정도로 꽃받침과 더불어 다섯 개씩 갈라지며 수꽃은 세 개의 수술이 있고 암꽃은 한 개의 암술이 있으며 암술머리가 세 개로 갈라진다.

8~9월에 열매가 익는데 열매는 구형 또는 타원형으로 꽤 크다. 열매 껍질의 무늬와 빛깔에도 여러 가지가 있으며 과육은 달고 보통 붉은색·노란색·흰색 등 여러 가지가 있다.

씨앗은 편평한 계란형으로 흑갈색이다. 보통 수박 한 개에 수백 개의 씨앗이 들어 있으나 인공으로 만든 3배체(三倍體)의 포기에 열리는 수박에는 씨가 거의 없거나 있어도 부실한 종자가 몇 개 있을 뿐이다. 우리나라의 우장춘 박사가 씨 없는 수박을 만들어 낸 바도 있다.

덩굴

밭

열매

열매 단면

수박은 신경을 안정시키고 갈증을 풀어 주며 더위를 가시게 해준다 하여 여름철에 즐겨 먹는 과일 중에 하나이다.

수박의 당분은 대부분이 과당과 포도당이므로 몸에 쉽게 흡수되며 피로 회복에도 도움을 준다. 또 수박에는 시트룰린이라는 특수 아미노산이 있어 단백질이 요소로 변해 소변으로 배출되는 과정을 도와주기 때문에 이뇨의 효과가 커서 신장병 등에 좋다.

경북 성주 지방은 수박의 산지로 이름난 곳이다. 이곳은 연간 500톤 정도의 수박을 생산한다고 한다.

민간과 한방에서는 구창(입안에 생기는 부스럼)·방광염·보혈·강장·딸꾹질 등에 다른 약재와 같이 처방하여 쓴다.

양토에서 잘 자라고 번식법은 종내육종법·접목·잡종법·종간잡종법·실생법 등이 있다.

분포도

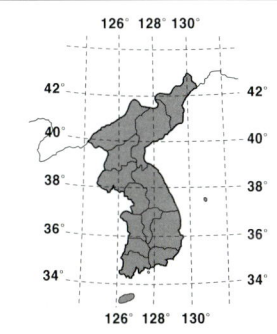

식물명	수박(西瓜)
과 명	박과(Cucurbitaceae)
학 명	*Citrullus vulgaris* Schrad.
생약명	과자아(瓜子兒)·핵인(核仁)
속 명	타과·대과·서과·수과·수박
분포지	전국
개화기	6~7월
결실기	7~8월
높 이	2미터
용 도	식용·약용
생육상	한해살이풀(一年生草本)
꽃 말	큰마음

부들

우리나라 제주도와 전국의 들이나 연못가 혹은 논가의 물이 항상 고여 있는 곳에서 흔히 볼 수 있는 부들과의 여러해살이풀이다.

원래는 포초(蒲草)·향포(香蒲)·갈포·부들·약(蒻)·장포향포(長苞香蒲)·포채(蒲菜)·포봉(蒲棒)·약초(蒻草)·소향포(小香蒲)·포황(蒲黃) 등으로 불렀다.

포황(蒲黃)은 부들의 꽃가루를 약으로 쓸 때 부르는 이름이며, 약(蒻)은 부들 새싹의 묘아(苗芽, 눈)를 말함이고, 포봉(蒲棒)은 방망이 같은 꽃 전체를 뜻하는 것이다.

약(蒻)은 우리나라에서는 생으로 먹기도 하였고 뿌리는 달여서 먹었다고 하며, 만주지방에서는 약(蒻)을 죽순(竹筍)과 같이 취급하였으며 요리(料理)에 썼다.

『만선식물』에 의하면 포봉(蒲棒)은 지나인(支那人)들이 장식으로 쓰거나 몸에 좋은 약재로 취급하였으며, 포황(蒲黃)은 건조시켜 지혈제 또는 이뇨제 등으로 이용했으며 줄기는 여러 가지 가내 기구 등을 만드는 데 썼다고 한다.

포석(蒲席)은 부들의 줄기와 잎으로 엮어 만든 방석으로, 창포자리 또는 부들자리 등으로 불렀다.

창포건(菖蒲巾)은 부들로 행전을 만든 것이고 그 밖에 부들을 가늘게 쪼개어 포선(蒲扇)·포립(蒲笠)·포포(蒲包)·포초(蒲草) 등 여러 가지를 만들었다 한다. 또한 과일을 담을 수 있는 바구니나 운반용 그릇도 만들어 사용했다.

부들은 높이 1~1.5미터 정도까지 자란다. 뿌리줄기는 땅 속에서 옆으로 벋어 나가는데 흰색의 수염뿌리가 많이 나 있다. 줄기는 곧게 서고 매끄러운 원주형이며 녹색이다.

풀잎도 폭이 1센티미터 정도이며 밑부분은 칼집 모양으로 줄기를 둘러싸고 있다. 잎은 선형이고 길이는 80~130센티미터 정도이며 털은 없다.

7월에 꽃이 피는데 웅화수(雄花穗, 수꽃이삭)는 꽃대의 윗부분에 나며 길이는 3~10센티미터 정도이다. 자화수(雌花穗, 암꽃이삭)는 바로 밑에 달리는데 길이 6~12센티미터 정도이고 화수에 달린 포(苞)는 2~3개로 일찍 떨어진다.

꽃에는 화피(花被)가 없으며 밑부분에 수염 같은 털이 있고 수꽃은 노란색으로 화분(花粉)은 서로 붙지 않는다. 위에 있는 수꽃 이삭은 노란색이고 밑에 붙어 있는 암꽃 이삭은 적갈색이다.

암꽃은 소포(小苞)가 없으며 자방(子房)에 대가 있고 암술머리는 주걱 비슷한 피침형으로 자방 밑에서 돋은 털의 길이와 비슷하다.

암꽃 이삭이 과실이 되면 흐트러져 솜같이 되는데 옛날엔 이것을 솜 대용으로 썼으며 상처 등에 지혈제로 썼다.

10월에 열매가 익으며 식용·관상용·공업용·약용으로 쓰인다.

열매

한방 및 민간에서는 꽃가루를 포황(蒲黃)이라 하여 지혈·토혈·탈항·이뇨·배농·치질·대하증·월경 불순·방광염·한열 등에 다른 약재와 같이 처방하여 쓴다. 공업용으로는 섬유 및 펄프·편공재 등에 쓰인다.

부들이 잘 자라는 토질은 반암계·분암계·현무암계·화강편마암계·경상계·화강편암계·화강암계·대동계 등이며 번식법에는 생태육종법·종간잡종법·습지재배법·분주법·삽목법 등이 있다.

부들에는 몇 가지 종류가 있다.

애기부들(水燭)은 높이가 1.5미터 정도까지 자라며 6~7월에 꽃이 피고 10월에 열매가 익는다. 제주도 및 남부와 중부 지방의 하천변이나 연못·늪 등에서 자란다.

큰부들(香蒲)은 높이가 1~2.5미터 정도 자라며 7~8월에 꽃이 피고 10월에 열매가 익는다. 남부와 중부 지방의 못이나 늪지, 하천변에서 흔히 자란다.

여름철이면 늪이나 논가의 작은 연못, 개울가에서 날렵하게 자라며 더위가 한창일 무렵 마치 검은 솜방망이와도 같은 꽃대가 나와 꽃이 피는데 핀 것인지 피지 않은 것인지 구별하기 어려울 정도이다.

암술과 수술이 교접할 때는 대개 한낮 햇볕이 좋은 때이며 바람이 불지 않아도 수술들이 차례로 서로 껴안듯이 움직인다.

어떤 이야기가 숨어 있을까?

아주 먼 옛날 어느 외딴섬에 토끼가 살고 있었다.

토끼는 육지에 한번 가고 싶었으나 혼자 힘으로는 도저히 갈 수가 없었다.

이리저리 궁리를 하던 끝에 하루는 잔꾀를 내어 그 부근의 바다 속에 있는 악어들을 모두 불러서 의논을 하였다.

토끼가 악어들에게 말하였다.

"악어야, 너의 악어들의 무리는 얼마 안 될 거야. 하지만 우리 토끼들의 무리는 굉장히 많단다."

그러자 악어가 가소롭다는 듯이 말했다.

"너희 토끼 무리는 지금 너밖에 또 누가 있단 말이냐."

토끼는 이에 자신 있게 말했다.

"이 섬의 바위틈이나 나무 그늘에 나의 동족들이 수없이 살고 있단 말이야. 내 말이 믿어지지 않으면 우리 한번 모여서 그 숫자를 헤아려 보기로 할까."

악어는 쾌히 승낙하며 말했다.

"좋아. 하지만 그 수를 누가 어떻게 헤아린단 말이냐?"

"그거야 아주 쉬운 일이지. 너희 악어 무리를 모두 불러 모아서 이 섬에서 저쪽 육지까지 한 줄로 나란히 떠 있게 하면 내가 그 수를 헤아릴 수 있지. 그 다음에 우리의 종족이 모일 때는 너희들이 헤아리면 되지."

이렇게 해서 악어는 그 부근 바다에 있는 모든 악어들을 불러 모아 토끼가 하라는 대로 일렬로 물 위에 떠서 마치 섬과 육지 사이에 다리를 놓은 것처럼 하여 기다렸다.

토끼는 쾌재를 부르며 바다에 떠 있는 악어의 등을 깡총깡총 뛰어 육지로 건너갔다.

다음은 토끼의 무리를 헤아릴 차례였다. 그러나 온종일 기다려도 토끼는 나타나지 않았다.

악어는 토끼에게 속은 것을 알고는 토끼를 찾아가 배신당한 앙갚음으로 토끼의 털을 물어뜯어 빨간 알몸을 만들어 버렸다.

그때 마침 그곳을 지나던 신(神)이 토끼의 몰골을 보고 토끼에게 사연을 물었다. 토끼는 전후 사정을 말하고 구원을 요청하였다.

신(神)은 토끼의 행위를 괘씸하게 생각했지만 한편으로는 불쌍하기도 했다.

"이 산을 넘어 양지바른 곳에 가면 부드러운 풀이 많이 있을 것이다. 그 풀을 모아 깔고 누워 있으면 너의 몸의 상처는 가셔질 것이니 그리 하여라."

신은 이렇게 말하고는 어디론가 훌쩍 사라져 버렸다.

토끼는 신의 지시대로 산을 넘어 마른 풀을 모은 다음 그 속에서 며칠을 지냈다. 그러자 상처도 아물고 털도 모두 새로 나게 되어 전과 같은 몸이 되었다.

이때 토끼가 사용한 풀이 바로 부들이었다 한다.

이 전설에서 부들의 꽃가루나 꽃이 지고 난 뒤의 솜 같은 열매가 지혈 작용을 한다는 것을 알 수 있다.

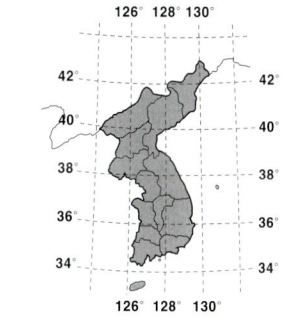

분포도

식물명	부들(香蒲)
과 명	부들과(Typhaceae)
학 명	*Typha orientalis* C.Presl
생약명	포황(蒲黃)
속 명	포초 · 향포 · 소향포 · 약(蒻) · 갈포 · 포채
분포지	제주도 및 전국의 소택지(沼澤地)
개화기	7월
결실기	10월
높 이	1~1.5미터
용 도	식용 · 관상용 · 약용 · 공업용
생육상	여러해살이풀(多年生草本)

봉선화

인도 및 말레이시아·중국 등이 원산지인 관상용 원예 식물로 심고 있는 봉선화과의 한해살이풀이다.

원래는 봉선화(鳳仙花)·금봉화(金鳳花)·봉숭아·봉사 등으로 불리었으며 씨앗은 급성자(急性子)라는 한약명으로 불린다.

『성지(盛志)』에 의하면 봉선화 씨(지갑초 씨)를 약(藥)으로 썼다고 하며 우리나라와 만주 지방에서 묘포장을 만들어 재배하였다 한다.

또한 분양(盆養)을 하기도 했다. 특히 지나인(支那人)들은 이를 귀중하게 여겨 수박밭이나 참외밭 등지에 꼭 심었다고 한다.

씨앗이 익으면 갈색이 되는데 이것을 급성자(急性子)라 하여 절골 등에 쓰면 약효가 좋았다는 기록이 있다.

봉선화는 높이 60센티미터 정도 자라는데 털이 없으며 곧게 자라는 게 특징이다. 또 가지가 많이 갈라지고 줄기는 육질(肉質)이다.

밑부분의 마디가 특히 두드러지고 잎에는 잎자루가 있으며 어긋하게 나고 피침형으로 양 끝이 좁고 잎 가장자리에 톱니가 나 있다.

6~8월에 꽃이 피는데 꽃자루가 있으며 두세 개씩 줄기와 잎자루의 겨드랑이에서 핀다.

꽃의 색깔은 붉은색·흰색·자주색 등 여러 가지이며 꽃은 밑으로 처진다. 좌우로 넓은 꽃잎이 퍼져 있고 뒤에서 통상(筒狀)으로 된 꿀주머니가 밑으로 굽어 있다. 수술은 다섯 개이고 꽃밥이 서로 연결되어 있으며 자방(子房)에 털이 있다.

8~9월에 열매가 익는데 열매는 약간 뾰족한 타원형이고 가는 털이 많이 나 있다. 익으면 터져서 갈색의 씨앗을 멀리까지 날려보낸다.

열매가 터지면서 씨앗을 멀리 퍼뜨리는 것에는 괭이밥이나 쥐손풀 등 여러 가지가 있는데 이들은 흔히 생물 실험 재료로 쓰이기도 한다.

옛날에는 봉선화 꽃잎으로 손톱을 물들이기도 했다. 꽃잎을 따서 거기에 괭이밥 풀잎을 섞고 소금을 약간 넣은 다음 곱게 빻은 것을 손톱에 붙이고 헝겊으로 꼭꼭 싸매고 하룻밤을 지내면 손톱에 곱게 물이 든다. 매니큐어가 없던 시절에 봉선화는 자연산(自然産) 매니큐어 노릇을 톡톡히 했던 것이다. 물론 지금도 이 봉선화로 손톱을 물들이는 사람을 볼 수 있다. 하지만 옛날에 비하면 극히 드물어 옛 정취를 다시금 생각나게 하고 있다.

손톱에 봉선화 물이 드는 원리는 괭이밥이란 풀잎에 포함된 수산(Oxalic acid)이 손톱의 혁질을 물렁하게 하고 여기에 소금이 매염제가 되어 봉선화 물이 잘 들게 하는 것이다.

봉선화는 공업용·관상용·약용으로 쓰이는데 염색의 원료로 많이 쓰이며 화단의 관상초로도 많이 심는다. 한방 및 민간에서는 씨앗을 소화·타박상·사독·해독·난산 등에 다른 약재와 같이 처방하여 쓰고 있다.

꽃잎과 잎

새싹

식질 양토에서 잘 자라며 번식법에는 종간잡종법·계통분리법·실생법 등이 있는데 주로 실생법에 의하여 많이 번식된다.

우리나라의 산과 들에서 야생(野生)하는 봉선화에는 몇 가지 종류가 있는데 이들을 흔히 물봉선이라고 부른다. 꽃의 모양이나 색깔도 비슷하다.

제주물봉선은 50센티미터 정도 자라고 6~8월에 꽃이 핀다. 10월에 씨앗이 익으며 제주도의 습기가 있는 산지에서 자란다.

처진물봉선은 높이 50센티미터 정도 자라는데 8~9월에 꽃이 피고 10월에 씨앗이 여물며 중부 지방 낮은 산의 습기가 있는 곳에서 자란다.

노랑물봉선은 60센티미터 가량 자라며 8~9월에 꽃이 피고 9월에 씨앗이 여문다. 울릉도 및 중부 지방의 산지, 북부 지방 깊은 산의 습한 곳에 자란다.

미색물봉선은 높이 50센티미터 정도까지 자라고 8~9월에 꽃이 피면서 곧 씨앗이 여물며 울릉도의 습한 산지에 자란다.

물봉선은 60센티미터 정도 자라고 8~9월에 꽃이 핀다. 11월에 씨앗이 익으며 전국의 산 습지에 자란다.

검물봉선은 50센티미터 정도 자라고 8~9월에 꽃이 핀다. 11월에 씨앗이 익으며 중부 평야의 습한 곳에 자란다.

흰물봉선은 높이 60센티미터 가량 자라는데 8~9월에 꽃이 피고 11월에 씨앗이 익는다. 중부 지방과 북부 지방의 깊은 산 습기가 있는 곳에서 자란다.

위에서 설명한 물봉선들은 한결같이 봉선화처럼 꽃이 곱게 핀다. 그런데 씨앗이 익으면 봉선화보다 더 민감하여 사람이 접근하려고 하면 먼저 힘차게 터져서 좀처럼 씨앗을 받기가 어렵다. 잠자리를 잡을 때처럼 손을 재빨리 놀리지 않으면 받을 수 없는 게 물봉선 씨앗의 특징이라고 해도 좋을 것이다. 그래서 그런지 외국에서는 이들의 꽃말을 '나를 건드리지 말아요(touch-me-not)'라고 한다.

씨앗은 봉선화와 마찬가지로 모두 약용하며 꽃은 염료로 쓴다.

어떤 이야기가 숨어 있을까?

고려의 충선왕(1309~1314)은 몽고에서 보낸 공주보다 조비를 더 사랑한다는 이유로 고려를 지배하던 몽고의 미움을 받아 왕위를 내놓게 되었다. 게다가 다시 몽고로 붙들려 가서 살게 되었다.

비록 몽고에 얽매인 신세가 되기는 했지만 충선왕은 항상 고국을 그리워하면서 살았다.

씨

열매

어느 날 왕은 한 소녀가 자기를 위해 가야금을 타고 있는 꿈을 꾸었다. 그런데 이상한 것은 소녀의 손가락에서 피가 뚝뚝 떨어지고 있는 것이었다.

꿈에서 깨어난 왕은 하도 이상하여 궁궐 안에 있는 궁녀들을 모두 조사해 보았는데 어느 한 궁녀가 손가락을 모두 흰 헝겊으로 동여매고 있었다.

왕은 그 궁녀가 고려에서 온 소녀로, 봉선화 물을 들이기 위해 손가락을 흰 헝겊으로 동여맸다는 것을 알게 되었다.

왕은 남의 나라에 와 있으면서도 자기 나라 풍습을 지키는 것이 기특하여 그 궁녀에게 여러 가지를 물어 보았다.

소녀의 아버지는 충선왕파라는 이유로 면직을 당하고 소녀 자신은 몽고로 왔던 것이다.

소녀는 충선왕을 위해 준비한 가야금 가락을 들려주겠다고 했다. 왕은 몹시 기뻐하며 소녀의 가야금을 청했다.

그 가락은 충선왕이 무사히 고국으로 돌아가기를 기원하는 노래였다. 왕은 크게 감명하여 이로부터 다시 고국에 돌아갈 뜻을 품었다. 그리고 나서 원나라 무종(武宗, 1308~1312)이 왕위에 오를 때 크게 도와 준 공으로 고려에 돌아올 수 있었다.

왕은 고려로 돌아와서 다시 왕위에 올랐다.

왕은 곧 그 갸륵한 소녀를 불렀으나 소녀가 이미 죽은 후였다.

충선왕은 소녀의 정을 기리는 뜻에서 궁궐 뜰에 많은 봉선화를 심게 하였다 한다.

분포도

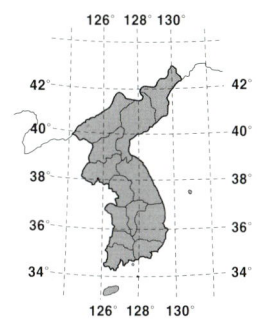

식물명	봉선화(鳳仙花)
과 명	봉선화과(Balsaminaceae)
학 명	Impatiens balsamina L.
생약명	급성자(急性子)
속 명	봉숭아 · 금봉화 · 봉사
분포지	전국
개화기	6~8월
결실기	9월
높 이	60센티미터
용 도	관상용 · 공업용 · 약용
생육상	한해살이풀(一年生草本)
꽃 말	나를 건드리지 마세요

솔체꽃

우리나라 중부 지방 및 북부 지방의 깊고 높은 산지에 자라고 있는 산토끼꽃과의 두해살이풀이다.

기록에 의하면 원래는 산채(山菜)·산승더떡나물 등으로 불렸으며 만주를 비롯한 이웃 나라에서는 산라복(山蘿葍)·남분화(籃盆花) 등으로 불렀다 한다.

만주 지방의 산과 들에서도 간간이 볼 수 있었으며, 우리나라에서는 산나물로 애용하여 어린 싹이나 잎을 나물로 무쳐 먹거나 쪄 먹었다고 한다. 또 밀가루 등을 섞어 둥글거나 모가 난 납작한 모양으로 만들어 기름에 튀기기도 했다 한다. 이 기름에 튀긴 떡을 한자어(漢字語)로 산증다덕(山蒸多德)이라 했으며 후에는 이것은 산승더떡이라고 부르게 되었다 한다.

이 풀은 설악산이나 대암산 향로봉 등에서 가끔 볼 수 있는 두해살이풀이며 높이 50~90센티미터쯤 자란다.

퍼진 털과 꼬부라진 털이 나 있으며, 뿌리에서 나온 잎은 꽃이 필 때 없어진다. 줄기의 잎은 마주 나 날개 모양으로 갈라지고 열편(裂片)은 넓고 위의 잎은 피침형이다. 잎의 뒷면은 옥백색을 띠고 있으며 잎 끝은 둔하거나 뾰족하고 가장자리에 큰 톱니가 있으며 위로 올라가면서 날개 모양으로 갈라진다. 중앙부의 큰 잎은 길이 9센티미터 정도이며, 포엽은 선형이고 밋밋하다.

잎자루는 날개가 있으며 밑부분이 다소 넓어 원줄기를 감싸고 잎의 표면과 더불어 흰 털이 밀생한다.

8~9월에 감청색·하늘색의 꽃이 피며 자주색으로 피는 것도 있다.

두상화(頭上花)는 지름이 2.5~5센티미터 정도이며, 총포편(總苞片)은 선상(線狀) 피침형으로 양면에 털이 있고 끝이 뾰족하며 꽃이 필 때는 길이가 0.5센티미터 정도가 된다.

가장자리의 꽃은 길이가 1.3센티미터 정도로서 겉에 털이 밀생하며 다섯 개로 갈라지는데 바깥쪽의 열편이 가장 크며 중앙부의 꽃은 통상화(筒狀花)로 네 개로 갈라진다.

꽃자루는 약간 굽어 있으며 길다.

잎이 약간 갈라진 솔체꽃과 키가 작은 구름체꽃, 털이 없는 민둥체꽃 등이 같은 시기에 꽃을 피운다.

10월에 씨가 익으며 어린 싹과 잎을 나물로 먹으며 관상용으로도 심는다.

이 풀이 잘 자라는 토질은 화강암계·화강편마암계·변성퇴적암계·섬록암계 등이며 번식은 분주법·생태육종법·종내잡종법·실생법 등에 의해 이루어진다.

솔체꽃은 중부 지방 및 북부 지방의 산에서 90센티미터쯤 자라며 7~9월에 꽃을 피우고 10월에 씨가 여문다.

구름체꽃은 제주도 한라산 및 북부 지방의 고산 초원(高山草原)에서 자라는데 한국 특산 식물로서 60~90센티미터쯤 자라고 8~9월에 꽃이 피고 11월에 씨가 익는다.

민들체꽃은 중부 지방의 심산지에서 자라는데 이것 역시 한국 특산 식물로 높이가

꽃

잎　　　　　　　　　　　　　　　　　　　　꽃

45센티미터쯤 자라고 8~9월에 꽃이 피고 10월에 씨가 익는다.

솔체꽃과 구름체꽃, 민들체꽃 모두 같은 용도로 쓰이며 꽃 색깔은 약간씩 다르다.

고산지의 정상(頂上) 부근의 풀밭에 아침이슬을 듬뿍 머금고 피어 있는 모습은 청아하기 이를 데 없으며 소녀의 웃는 얼굴처럼 예쁘다.

휴전선 지역의 건봉산·적근산·향로봉·대암산·대우산 등지의 정상 부근 풀밭에서 간간이 볼 수 있다.

산토끼꽃과에 속한 또 다른 원예종인 스카비오사(Scabiosa)는 지중해 원산이다.

스카비오사 원예종은 근래에 이르러 화단의 관상초로 많이 심고 있다. 하지만 비닐하우스에서 재배된 솔체꽃과 높은 산의 초원에서 야생으로 피어난 솔체꽃은 어딘지 모르게 그 자태와 풍기는 멋이 다르다.

솔체꽃은 추위에도 대단히 강한 편이다.

오대산이나 대관령·은두령 부근에서 많이 피어나는 산토끼꽃은 이 꽃과는 대조적으로 그 모양이 보잘것없다.

어떤 이야기가 숨어 있을까?

옛날 알프스의 산속에 피이차라고 불리는 소녀가 살고 있었다. 이 소녀는 마음이 매우 착하였으나 행동하는 모습이 마치 남자처럼 쾌활하고 씩씩하였다. 소녀는 늘 산속을 뛰어다니면서 약초를 채집하는 것을 즐거움으로 여기고 있었다.

어느 날 소녀는 자신이 채집한 약초 중에 그 당시 한창 번지고 있던 전염병을 고치는 약초(藥草)가 있음을 발견하고 기뻐하였다. 피이차는 약초를 소중히 간직하고 개울가로 가서 약초를 씻기 시작하였다. 이때 소년이 피이차에게 다가왔다. 소년은 자기의 병(病)을 고쳐 달라고 피이차에게 애원을 하였다. 피이차는 양치기 소년을 불쌍히 여기고 자신이 캐 온 약초를 소년에게 주고 손바닥으로 소년의 가슴을 쓰다듬어 주었다. 그러자 소년은 순식간에 건강한 모습이 되었다.

그 소년은 대단히 기뻐하였다. 피이차도 자신의 힘으로 소년의 병이 낫게 되어 무척 기뻤다.

그런데 소녀 피이차는 어느새 양치기 소년을 사랑하게 되었다.

그러나 피이차는 이러한 마음을 그 소년에게 이야기할 수 없었다. 다만 가슴만 조이며 안타까워할 뿐이었다.

그로부터 얼마 뒤 소녀 피이차는 어느 마을 앞을 지나다가 자기가 사랑하고 있는 양치기 소년에게 이미 사랑하는 소녀가 있다는 것을 알게 되었다.

피이차는 자신의 사랑이 이루어질 수 없는 것임을 깨닫고 괴로워하였다.

집으로 돌아온 피이차는 슬픔에 잠겨 지내다가 끝내는 병이 나서 그만 죽고 말았다.

이 사실을 뒤늦게 안 신(神)은 소녀를 가엾게 여겨 아름다운 꽃으로 다시 태어나게 하였다. 산과 들을 뛰어다니며 약초를 캐던 소녀의 아름다운 마음처럼 높은 산의 풀밭에 피어나는 아름다운 꽃이 되었던 것이다.

바로 이러한 전설 때문인지 솔체꽃의 줄기는 양치기의 지팡이를 닮았다.

꽃의 실제 모습 역시 누가 보아도 청아한 소녀를 연상시키기에 충분하다.

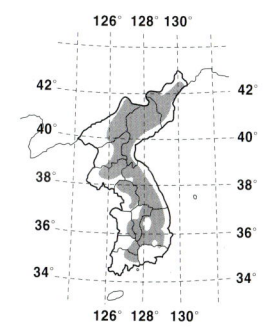

분포도

식물명	솔체꽃
과 명	산토끼꽃과(Dipsacaceae)
학 명	Scabiosa tschiliensis Gruning
속 명	산승더 · 남분화 · 떡나물 · 산채 · 체꽃(山菜)
분포지	중부 지방과 북부 지방의 높은 산
개화기	8~9월
결실기	10월
높 이	60~90센티미터
용 도	식용 · 관상용
생육상	두해살이풀(二年生草本)
꽃 말	이루어질 수 없는 사랑

치자

중국이 원산으로 우리나라 남부 지방 및 중부 지방의 일부에서 관상용 및 약용으로 심고 있는 꼭두선과의 상록 관목(늘푸른 좀나무)이다.

원래는 치자목(梔子木)·산채(山菜)·산치자(山梔子)·담복(薝蔔)·치자화(梔子花) 등으로 불렀다.

우리나라 남부의 각 지방에서 비닐하우스를 만들어 심었으며, 산치(山梔)는 야생(野生) 치자를 가리킨다.

『산림경제(山林經濟)』에 의하면 치자의 화관(花冠) 꽃잎을 술로 담가 먹기도 했다 한다.

『만선식물』을 보아도 그 향기가 은은하다고 했으며, 치자의 과실을 치자(梔子)라 하는데 노란색 염료(染料)로 쓰였다 한다.

또한 약재(藥材)로는 해열·이뇨·지혈 등에 효과가 있다고 하며 야생(野生) 치자 산치(山梔)가 몸에 어떤 영향을 미치는지는 알려지지 않고 있다.

우리나라에서는 대개 남부 지방에서 많이 심고 있으나 간혹 충청 지방에서도 심는다.

어릴 때 작은 가지에는 먼지 같은 털이 나며, 높이 2~3미터 정도로 자란다.

잎은 마주 나고 잎자루가 짧으며 잎의 길이는 5~15센티미터 정도로서 긴 타원형이다. 잎의 양면에는 털이 없으나 표면에는 윤기가 흐르고 가장자리는 밋밋하다.

6~7월에 흰 꽃이 피며, 꽃받침에는 능각이 있고 끝이 여섯 일곱 개로 갈라지는데 열편은 가늘고 길다.

화관(花冠)은 흰색으로 열편이 여섯 또는 일곱 개이며 긴 도란형이고 감미로운 향기가 난다. 수술은 여섯에서 일곱 개 정도로 후부(喉部)에 달린다.

10월에 거꾸러진 계란형 또는 타원형의 열매가 익는데 길이가 3~4센티미터 정도이며 꼭지에는 여섯 개의 꽃받침 조각이 남아 있다.

열매가 익으면 보기 좋은 황홍색(黃紅色)이 된다. 이 치자(梔子)는 식품의 색을 내는 데 쓰이는데 특히 과자류와 떡 등의 음식물에 많이 이용되고 있다. 그리고 전통적으로 노란색의 염색에 많이 쓰였다.

치자는 식용·관상용·약용에 쓰이는데 한방 및 민간에서는 생약명으로 치자(梔子)라 부르며 당뇨병·지혈·황달·임질·청혈·소염·진통·이뇨·어혈(瘀血, 멍이 들어 피가 맺히는 것)·백리·불면·결막염·찜질 등에 다른 약재와 같이 처방하여 쓴다. 약재로는 근(根)도 같이 쓰인다. 식질 양토에서 잘 자라며 번식은 삽목법·종내 잡종법·생태육종법·분주법 등에 의하여 이루어지지만 대개는 삽목법에 의하여 번식된다.

중국 사람들은 꽃 모양이 술잔과 같다 해서 술잔 치(巵)자에 목(木)자를 붙인 치자(梔子)를 쓰고 있다 한다. 원래 한방의 약명에서 자(子)·실(實)·인(仁)이 붙은 이름은 나무의 열매를 가리키는 것이다. 예를 들면 구기자(拘杞子)·매실(梅實)·행인(杏仁) 등이 그 예이다.

꽃잎이 겹으로 된 것을 꽃치자나무라 하며 흔히 관상용으로도 많이 심는다.

치자 중엔 겹치자·얼룩치자·꽃치자 등도 있으며 이들 모두는 재배되는 식물로서 같은 용도로 쓰이고 치자와 같은 약으로 쓰이고 있다.

남부 지방에서는 치자나무를 관상용으로 정원에 많이 심었다 하는데 광택이 약간 나는 푸른 나뭇잎을 늘 볼 수 있으며 한

꽃

열매

여름엔 지름이 6~7센티미터 정도나 되는 크고 아름다운 꽃을 관상할 수 있다.

꽃이 한창 필 때면 온 나무가 흰색으로 덮인다.

접시 모양의 둥그런 꽃은 향기 또한 더할 수 없이 그윽하다. 대부분의 꽃들을 두고 좋고 아름답다고들 말하나 치자꽃에 견줄만한 것이 그리 흔치는 않을 것이다.

이때문에 일찍이 선인들은 술잔에 꽃잎을 띄워 그윽한 향(香)과 더불어 술을 마시고 즐겼다.

수십 년 전만 하더라도 마을에서 큰 잔치가 있으면 으레 동네 아낙들은 솥뚜껑을 거꾸로 놓고 치자로 물들인 쌀가루나 밀가루 등으로 노란 파전을 부치곤 하였다. 파전은 동네 잔치에 빠질 수 없는 것이었으며, 마을 사람들은 그윽한 치자 향기가 감도는 파전을 술안주 삼아 잔치의 흥을 더욱 돋웠다.

어떤 이야기가 숨어 있을까?
옛날 영국에 가데니아라는 아름다운 소녀가 살고 있었다.

이 소녀는 순결한 것을 무척 좋아하였는데 이때문에 흰색을 몹시 좋아했다.

어느 겨울 밤, 소녀가 눈부신 흰 눈이 온 세상을 뒤덮는 광경을 꿈꾸고 있을 때였다. 창문을 조심스럽게 두드리는 소리가 들려왔다. 소녀는 일어나서 창밖을 내다보았다. 창밖에는 하얀 꽃을 한아름 안은 천사가 서 있었다.

"나는 순결의 천사입니다."

천사가 미소를 지으며 말하였다.

"나는 천사의 사명으로 이 세상의 순결한 처녀를 찾고 있답니다. 당신이야 말로 참으로 순결하다고 생각하여 나는 이 지상에 내려왔습니다."

말을 마친 천사는 소녀에게 한 개의 씨를 주었다. 이 씨야말로 천사의 정원에만 있는, 지상에서는 찾아볼 수 없는 것이었다.

소녀는 꿈 같은 생각으로 이 씨를 흰 화분에 심고 정성껏 물을 주었다.

얼마 후 싹이 나오자 소녀는 싹을 조심스럽게 땅에 옮겨 심고 잘 자라나기를 빌며 보살폈다.

1년이 지나자 나무는 크게 자라서 크고 아름다운 꽃들을 피웠다. 꽃이 어찌나 아름다웠던지 사람들은 가데니아가 소중히 여기는 순결의 영혼이 아닌가 여길 정도였다.

　소녀는 말할 수 없는 행복에 잠겨서 이 꽃을 바라보며 하루하루를 보냈다.

　그러던 어느 날, 다시 천사가 나타나 가데니아에게 말하였다.

　"가데니아! 그대가 키운 꽃은 이제부터 이 땅에서 아름답게 피어날 것이오. 그리고 또 그대가 꿈꾸는 순결한 사람도 만날 수 있을 것입니다."

　가데니아는 놀라서 천사에게 물었다.

　"천사님! 나의 남편이 될 만한 순결한 사람이 어디에 있을까요? 어떤 사교계에 가 보아도 제가 꿈꾸어 온 남자를 찾아볼 수 없습니다."

　그러자 천사는 미소를 지으며 가데니아에게 말하였다.

　"내가 바로 그 사람이오."

　말을 마친 천사는 놀랍게도 갑자기 아름답고 늠름한 청년으로 변하였다. 가데니아는 뜻밖에 일어난 일에 어찌할 바를 모르고 그저 청년을 바라보기만 할 뿐이었다. 흰색의 꽃 빛과 향기 속에서 두 사람은 시간 가는 줄 모르고 서로 쳐다보고만 있었다.

　후에 사람들은 그 씨에서 자란 나무의 꽃을 가데니아꽃이라고 하였다 한다.

치자물감 들인 옷

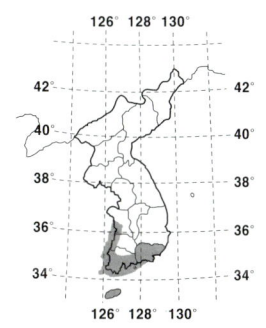

분포도

식물명	치자나무
과 명	꼭두선이과(Rubiaceae)
학 명	*Gardenia jasminoides* for. grandiflora Makino
생약명	치자(梔子)
속 명	산치자 · 산치 · 치자화 · 치자(梔子)
분포지	남부 지방 및 북부 지방
개화기	6~7월
결실기	10월
높 이	2~3미터
용 도	식용 · 관상용 · 약용
생육상	상록 관목(늘푸른 좀나무)
꽃 말	청결

약모밀

우리나라 울릉도의 들이나 제주도와 중부 지방의 평야(平野) 음습한 곳에서 자라는 삼백초과의 여러해살이풀이다.

옥편(玉篇)에 의하면 즙채(蕺菜)·즙(蕺)·필관채(筆管菜)·사교맥(似蕎麥)이라 부르기도 했던 약모밀은 원래 멸초·밀시대·밀나물·집약초·중약초 등으로 불렀으며,『본초강목(本草綱目)』에 의하면 중국 등 이웃 나라에서는 즙채(蕺菜)·어성초(魚腥草)·어린초(魚鱗草)·취채(臭菜)·모관채(芼管菜)·어성채(魚腥菜)라고 불렀다 한다.『당본초(唐本草)』에 의하면 저채(菹菜)라 한다 하였고『본초강목(本草綱目)』에 의하면 즙이근(蕺耳根)·측이근(側耳根)·취근초(臭根草)·단근초(丹根草)라고도 했다.

뿌리(根部) 부위는 식용(食用)하거나 약재(藥材)로 썼으며 줄기와 잎은 엮어 그늘에서 말린 뒤 약재(藥材)로 썼다 한다. 『만선식물』에 의하면 이뇨제로나 독을 빼는 데에 효과가 있었다고 한다.

중부 지방 내륙의 습한 지역에서도 간간이 볼 수 있는 풀이며, 번식력이 강하다.

땅속의 뿌리는 흰색으로 연하며 옆으로 길게 벋는다. 원줄기에는 털이 없으며 높이 20~50센티미터 정도로 곧게 자란다.

몇 개의 능선을 갖고 있으며 잎은 어긋나고 잎자루가 길다. 잎은 넓은 심장형이며 길이 3~8센티미터 정도로 뚜렷한 다섯 줄의 맥이 있다. 표면은 연한 녹색이며 끝이 뾰족하고 가장자리에 톱니는 없으며 탁엽(托葉)이 잎자루 밑에 붙어 있다.

6~8월에 원줄기 끝에서 짧은 꽃자루가 나와 그 끝에서 길이 1~3센티미터 정도의 수상화서(穗狀花序)가 발달하여 많은 나화(裸貨)가 달린다. 포(苞)는 네 개이고 화서 밑에 십자형(十字形)으로 달려 꽃같이 보이며 길이는 1.5~2센티미터 정도이다. 타원형이나 긴 타원형이며 떨어지지 않는다. 꽃은 화피(花被)가 없고 세 개의 수술이 있어 노란색으로 보인다. 자방(子房)은 한 개이고 상위(上位)로서 3실이며 세 개의 암술대가 있다.

9월에 씨앗이 여물고 삭과(蒴果)는 화주(花柱) 사이에서 갈라져 연한 갈색의 종자가 나온다.

식용·관상용·약용으로 쓰인다. 뿌리를 식용하며 정원의 음습한 곳에 관상초로 심을 수 있다.

한방 및 민간에서 전초(全草) 및 뿌리를 즙약초(蕺藥草), 또는 십약(十藥) 혹은 어성초(魚腥草)라 하여 수종·매독·방광염·자궁염·유종·폐농·중이염·게선·중풍·폐렴·피부염·간염·고혈압·강심·해열·동맥경화·이뇨·임질·요도염·화농·치질 등에 다른 약재와 같이 처방하여 약으로 쓰는데 특히 고혈압(高血壓)과 동맥 경화(動脈硬化)에 효과가 큰 것으로 알려져 있다.

이 풀은 숙근성(宿根性) 풀로 잘 자라는 토질은 화강암계·현무암계·변성퇴적암계·화강편마암계 등이며 번식법에는 분주법·종자재배법·삽목법 등이 있다.

민간에서는 몸에 좋다고 하여 많은 양이 채집되어 도시 근교로 나온다. 또 차(茶) 대용으로도 만들어져 나오고 있다.

약모밀과 같은 과에 속하는 삼백초(三白草)에 대해 알아보자.

꽃

이 풀은 제주도의 협재 근처 습지에서 자라는 여러해살이풀로 높이는 50~100센티미터 정도이다.

뿌리는 약모밀과 마찬가지로 흰색이고 진흙 속에서 옆으로 벋는다. 풀잎은 어긋나고 긴 타원형이며 길이는 5~15센티미터이다.

다섯 내지 일곱 개의 맥이 있으며 끝이 뾰족하고 가장자리가 밋밋하며 밑부분은 심장형이며 잎 표면은 연한 녹색이다. 뒷면은 연한 흰색이고 맨 윗부분의 두세 개의 잎은 흰색이다.

잎자루는 길이 1~5센티미터 정도 되고 밑부분이 다소 넓어져서 원줄기를 감싼다.

5~8월에 꽃이 피는데 꽃은 양성(兩性)으로 흰색이다. 수상 화서(穗狀花序)는 잎과 마주하며 길이 10~15센티미터 정도이다. 꼬불꼬불한 털이 있고 밑으로 처지다가 곧게 선다.

소포(小苞)는 난상 원형이며 아주 작고 소화경(小花梗)은 길이 2~3밀리미터 정도이다.

이 꽃도 꽃잎이 없으며 수술은 6~7개이고 심피(心皮)는 세 개나 다섯 개로 털은 없다.

8월에 씨앗이 여물고 열매는 둥글고 각실(室)에 대개 한 개씩 들어 있다.

잎과 꽃, 뿌리가 흰색이며 맨 위에 달린 세 개의 풀잎도 흰색으로 피기 때문에 삼백초(三白草)라고 불렀다 한다.

관상용·약용으로 쓰인다.

화단 습지에 심기도 하며 전초(全草)와 뿌리를 각기·풍독·이뇨·수종·임질·간염·폐렴·변독·고혈압 등에 다른 약재와 같이 처방하여 쓴다.

현무암계 토양에 잘 자라며 분주법·종자재배법 등으로 번식된다.

약모밀(魚腥草)은 그 풀을 자르거나 뜯어서 냄새를 맡으면 비린내가 심하게 난다. 어성초(魚腥草)란 이름은 이 풀이 물고기처럼 비린내가 많이 난다 하여 붙인 이름이다.

십약(十藥)은 생약명(生藥名)이고 취근초(臭根草)도 줄기와 뿌리에서 냄새가 많이 나므로 붙인 이름이다.

십약(十藥)은 이 풀이 여러 병(病)에 쓰임새가 많아서 붙여진 이름이며 6월에 꽃이 한창 필 때 채집하여 잎과 줄기·꽃 등을 모두 함께 엮어서 볕에 잘 말려 종이 부대 등에 보관하는데 통풍이 잘 되어야 썩지 않는다.

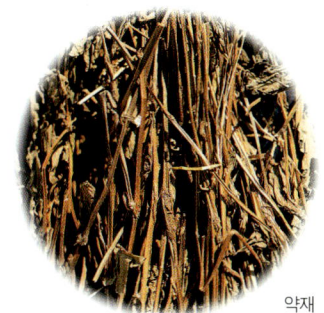
약재

이를 10~15그램을 달여 차(茶)처럼 하루에 세 차례에 걸쳐 마시면 고혈압에 효과가 크다고 한다.

특히 종기의 농을 빨아 내는데 약모밀 생잎을 찧어서 바르면 효과가 크다는 기록도 있고 또 임산부의 부기나 화농성 관절염 등에 효과가 크다고 한다.

비록 꽃은 화려하지 않지만 우리의 건강 생활에 큰 도움을 주는 풀들이 있다.

질경이는 길에서 흔히 자란다. 밟아도 끄덕하지 않고 자라며 꽃도 피고 종자도 맺는다. 마차가 다니는 길에서도 잘 자란다 하여 차전초(車前草)라는 약명으로도 불린다.

이 풀도 여러 가지의 질병에 약으로 흔히 쓰이는데 봄에 어린순으로 죽을 끓여 먹기도 한다.

달개비는 번식력이 대단히 강하며 뽑아도 뽑아도 자라는데 근래 들어 당뇨병에 효과가 있다 하여 많이 애용되고 있다. 이것을 차(茶)처럼 끓여서 마시면 당뇨병에 도움이 된다는 설이 있기 때문이다.

분포도

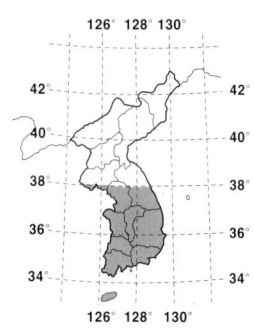

식물명	약모밀
과 명	삼백초과(Saururaceae)
학 명	*Houttuynia cordata* Thunb.
생약명	십약(十藥)
속 명	어성초(魚腥草)·취재(臭菜)
분포지	울릉도·제주도·중부 지방의 들과 습지
개화기	6~8월
결실기	8~9월
높 이	20~50센티미터
용 도	식용·관상용·약용
생육상	여러해살이풀(多年生草本)

노인장대

우리나라 각 지방의 집 근처 빈터나 텃밭, 길가와 같이 잡초가 많이 자라는 곳에서 흔히 볼 수 있는 역귀과의 한해살이풀이다. 옥편(玉篇)에는 용(龍)이라 기록되어 있으며 홍초(葒草)라고 표기하였다 한다.

   기록에 의하면 홍초(葒草)는 잎이 아주 크고 털이 있으며 꽃은 홍백색(紅白色)으로 핀다고 한다.

   원래는 마료(馬蓼)·말역귀초·말역귀풀·말뇨화·말료화·말여뀌·말번디·요실(蓼實)·붉은털어뀌·홍료(紅蓼)·털여뀌 등으로 불렀다.

홍수초(葒水草)·마료(馬蓼)라고 기록되어 있기도 한데 '마(馬)' 자(字)를 붙인 까닭은 크게 자라기 때문에 붙인 것으로 일종의 속명(俗名)이다.

오래전에는 이 식물을 약용식물(藥用植物)로 심는다고 하였으며, 습기가 약간 있는 곳을 좋아하고 높이 1~2미터 정도까지 자란다.

줄기와 잎, 온몸 전체에 털이 많이 나며 잎은 어긋나고 잎자루(葉柄)가 길고 넓은 계란형이나 심장형이다. 길이 10~20센티미터 정도로 끝이 뾰족하고 밑부분이 심장의 아랫부분과 같다.

탁엽은 통(筒)같이 생겼고 털이 있으며 소엽(小葉)과 같은 것이 달리기도 한다.

7~8월에 붉은색 꽃이 피고 화서(花序)는 이삭 화서와 비슷하며 길이는 5~12센티미터 정도로 많은 꽃이 달린다.

화서는 원줄기 윗부분에서 나오는 가지에서 밑으로 처진다.

꽃받침은 다섯 개로 갈라지며 여덟 개의 수술은 꽃받침보다 길다.

자방은 타원형이고 암술대는 두 개이며 9월에 씨가 익는다. 씨는 둥글납작하고 흑갈색이며 꽃받침잎으로 싸여 있다.

식용·약용·관상용·밀원용으로 쓰이며, 관상용으로 화단가에 흔히 심는다. 꿀이 많아서 양봉 농가에 도움을 주는 식물이다.

줄기와 잎, 씨를 요실(蓼實)이라 하여 한방 및 민간에서 통경 등에 다른 약재와 같이 처방하여 쓴다.

화강암계 토질에서 잘 자라며, 종자재배법이나 종간잡종법 등에 의하여 번식이 된다.

우리나라 산야에는 역귀 종류의 풀이 아주 많이 자라고 있다.

붉은노인장은 재배되는 풀이고, 물역귀는 중부 지방과 북부 지방의 산간지 하천(河川)변 등지에서 자라며 전국의 들에서는 개역귀가 많이 자라고 있다.

또한 같은 지역에서 짧은 개역귀가 자라고 있으며, 중부 지방의 평야와 북부 지방의 산간 하천변에는 긴화살역귀가, 같은 지역의 길가에서는 바늘역귀가 많이 자라고 있다.

꽃역귀와 대동역귀는 중부 지방의 산지와 평야 하천변에서 자라고 있으며, 중부와 북부 지방의 산지 수림속에서는 가시역귀가 자란다.

개역귀는 전국 어디서나 흔히 자라며, 겨이삭역귀는 중부 지방과 북부 지방의 깊은

꽃

산골 습기가 많은 지역에서 자라고, 긴미꾸리낚시는 중부 평야의 하천변에서 자란다.

역귀·가는역귀·자주역귀는 전국 어디서나 흔히 자라고, 흰꽃역귀는 제주도 및 중부 지방 산간의 냇가 부근 초원지에서 자란다.

가는꽃역귀는 중부 지방의 들과 산간에서 자라고, 똘역귀와 겨역귀는 중부 지방과 북부 지방의 산 습지나 냇가 부근에서 자란다.

흰역귀는 전국의 들이나 평지에서 자라고 밭개역귀·붉은개역귀·푸른개역귀는 북부 지방의 산지에서 자란다. 흰솜역귀는 중부 지방과 북부 지방 산의 초원지에서 자라고, 관모개모밀은 북부 지방의 고산지(高山地) 계곡에서 자란다. 화살역귀는 산과 들의 습지에서 자라며, 큰개역귀(명아주역귀)는 들의 길가에서 자란다. 세뿔역귀와 끈끈이역귀는 제주도와 중부 지방의 평지와 산지(山地)에서 자라고, 가는잎개역귀는 중부 지방과 북부 지방의 산과 들에서 자란다. 기생역귀와 긴이삭역귀는 전국의 들이나 밭 등지에서 자라며, 대만이 원산인 대만덩굴역귀·왜역귀·쪽역귀·실역귀 등은 재배하기도 한다. 작은 역귀는 남부 지방의 평야에서 자라고, 평야의 물이 고인 습지 등에서는 똘역귀(川蓼)가 자란다. 이삭역귀는 전국의 들 음지에서 자라며, 홍이삭 역귀는 중부 지방 들의 초원에서 자라고 있다. 봄역귀는 밭 근처에서 자라며 바보역귀는 냇가에서 흔히 자란다.

이 많은 역귀류 중에 쪽이라고 하는 재배식물이 있다. 쪽은 원래는 남초(藍草)·전초(靛草)·요람(蓼藍)·쪽풀·대청(大靑) 등으로 불렀다.

기록에 의하면 우리나라 및 만주의 각 지방에서까지 재배 포장을 하였으며 우리나라에서는 양람전(洋藍靛)을 수입하여 이 종이 압도적으로 많이 재배되었다고 하며 수요도 많았다고 한다.

엽액(葉液)을 말려서 파란 물감 원료로 사용했으며, 그 외에도 약재(藥材)로나 해독제로 쓰였다. 특히 어린이의 하혈·토혈·각혈 등을 치료하는 데 효과가 있었다고 한다.

우리나라 호남(湖南)의 영산강 유역과

남평(南平) 일대에서 많이 재배하였다고 한다. 또한 호서 지방(湖西地方)과 만경강(萬頃江) 연안, 전주(全州) 지방의 들에서도 많이 재배하였으며, 만주 지방에서도 재배하였는데 적기에 자르기가 대단히 어려웠다고 한다. 지금도 그때 심었던 흔적을 찾아볼 수 있다. 『만선식물』의 기록에 의하면 길림성(吉林省) 이통주(伊通州) 마반산(磨盤山) 등이 남전(藍靛)의 산지(産地)였다고 한다.

쪽은 원래 중국이 원산인 한해살이풀로서 높이 50~60센티미터 정도로 자라고, 잎은 어긋난다. 잎의 모양은 긴 타원 모양의 피침형이며 잎이 마르면 짙은 남색이 된다.

가을이 되면 8~9월에 줄기 윗부분에서 가지가 나고 이삭 모양의 꽃이 많이 붙는다. 꽃의 색깔은 붉은색이며, 10월에 익는 씨는 검은색이다.

잎을 말려서 남색(藍色)의 염료(染料)로 쓰며 씨는 근경과 더불어 해독·해열·충독 등에 다른 약재와 같이 처방하여 약으로 쓴다.

꽃에 꿀이 많은 밀원 식물(蜜源植物)로 양봉 농가에 큰 도움이 되는 풀이며, 공업용으로 쓰기 위해서 재배하기도 한다.

옛말에 출람(出藍)이라는 말이 있는데, 이 말은 제자가 스승보다 학문과 기예 등이 더 나음을 뜻하는 것이다.

분포도

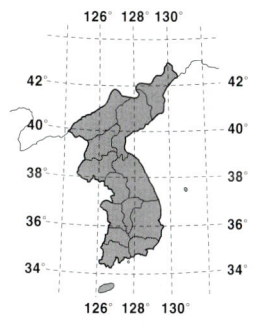

식물명	노인장대
과 명	마디풀과(Polygonaceae)
학 명	*Persicaria orientalis* Assenov.
생약명	요실(蓼實)
속 명	말역귀·붉은털여뀌·말번디
분포지	남부 지방 및 중부 지방
개화기	7~8월
결실기	9월
높 이	1.5~2미터
용 도	식용·관상용·밀원용·약용
생육상	한해살이풀(一年生草本)

분꽃

멕시코 원산으로 우리나라에서는 오래전부터 관상용으로 화단에 심어 온 분꽃과의 한해살이풀이다.

원래는 분화(粉花)·자화분(紫花粉)·자미리(紫茉莉)·초미리(草茉莉)·연지화(胭花)·얄랏과 등으로 불렀으며, 이웃 나라에서는 초미리(草茉莉)·자미리(紫茉莉)라고 불렀다.

『만선식물』에 의하면 초미리(草茉莉)의 열매는 분(粉)을 만드는 데 쓰였다 하며 우리나라와 만주의 각 지방에서는 밭에 포장 단지를 만들고 재배하였다 한다. 그리고 열매의 배유(胚乳)는 백분(白粉)을 제조하는 데 썼다고 한다.

특히 화장품의 재료로도 쓰여 예전부터 여인들이 얼굴에 발랐으며 한방(漢方)에서는 잎을 끓여서 즙을 만들어 절상(折傷)·개선(疥癬, 옴)·소창(小瘡, 발진성 부스럼) 등에 썼는데 좋은 치료약이 되었다고 한다.

이 풀은 원산지(原産地)에서는 여러해살이풀이지만 우리나라에서는 한해살이풀이다.

높이는 60~80센티미터 정도까지 자라며 뿌리가 굵은데 겉은 흑색이다. 원줄기는 마디가 굵으며 가지가 많이 갈라진다.

잎은 마주 나고 잎자루가 있다. 난형 또는 넓은 난형의 잎은 끝이 뾰족하며 가장자리는 밋밋하다.

밑부분은 다소 둥글거나 심장의 밑부분과 같은 형이며 길이는 3~10센티미터 정도이다. 털은 없으나 잎의 가장자리에 잔털이 있는 것도 있다.

6~10월에 붉은색·노란색·흰색 또는 잡색(雜色) 등의 꽃이 피는데 저녁에 해가 기울 무렵부터 다음날 아침까지 핀다. 이 꽃에서는 매우 좋은 향기가 나기도 한다.

사방으로 흩어지는 화서(花序)는 가지 끝에 달리고 꽃받침과 같은 포(苞)는 녹색이며 다섯 개로 갈라진다. 꽃잎과 같은 꽃받침은 마치 나팔꽃을 축소시킨 것과 같은 나팔형이며 끝이 다섯 개로 갈라진다.

다섯 개의 수술은 밖으로 나와 있으며 수술대 밑이 소반 같은 상으로 암술대가 길게 밖으로 나온다.

9월부터 열매가 익기 시작하는데 둥글고 딱딱한 꽃받침의 밑부분에 싸여 있다. 열매는 처음에는 녹색이지만 점차 익어 가면서 흑색으로 변하며 겉에 주름이 많이 생긴다.

씨는 둥글며 엷은 흰색의 종의(種衣)로 싸여 있고, 배유(胚乳)도 밀가루 같은 흰색이다.

분꽃이라고 이름지은 것도 이 배유(胚乳)에서 분가루 같은 흰색가루가 나오기 때문이다.

이 풀의 열매와 뿌리는 약으로 쓴다.

관상용·공업용·약용으로 쓰며 꽃이 피는 기간이 대단히 길기 때문에 화단이나 길가, 가로 공원 등지에 심으면 적합하다.

공업용으로 쓸 경우에는 화장품유와 백분을 제조하는 데 이용하고 연지를 만드는 재료로 쓰기도 한다.

민간에서는 계선·충독 등에 열매와 뿌리를 약으로 썼다고 한다.

꽃과 열매

꽃

이 풀은 화강암계·현무암계·화강편마암계·변성퇴적암계·반암계·경상계 등에서 잘 자라며, 번식은 종내육종법·실생법 등으로 이루어진다.

이 풀이 어느 시기에 우리나라에 들어왔는지는 불분명하나 아마도 대단히 오래전인 듯 싶다.

옛날부터 달리아·맨드라미·채송화·과꽃·꽈리 등과 더불어 각 농가나 사찰의 화단이나 울타리 밑에 심어 온 것으로 우리와 매우 친근한 화초이다.

옛날부터 우리나라에서는 지붕에는 박덩굴을 올려 가을에는 둥근 박을 따서 이용했으며, 부엌 문과 마주 보이는 뜰앞 마당가나 장독대 옆에는 항상 이 분꽃을 심었다.

마당가의 이 분꽃은 지붕의 박꽃과 더불어 그 당시 사람들에게 시계 역할을 톡톡히 했다고 한다.

지금이야 시계가 흔하여 시간을 아는 데 어려움이 없지만 시계가 없던 옛날에는 비가 오고 장마가 길게 지면 시각을 구별하기가 쉬운 일이 아니었다.

이와 같은 때 지붕의 박꽃과 뜰안의 분꽃은 저녁밥을 짓는 아낙네들의 정확한 시계가 되어 주었던 것이다.

분꽃과 박꽃은 비가 내려도 꽃을 피운다. 분꽃과 박꽃은 오후 다섯 시경이면 어김없이 꽃이 피기 시작하므로 비가 오더라도 아낙네들은 이 분꽃이 피어나기 시작하면 저녁밥을 짓기 시작하였다.

필자도 어릴 때 직접 산골 마을 고향집에서 이런 경험을 해 본 적이 있다. 이런 것들을 볼 때 우리 선인들은 식물을 약이나 식용으로 뿐만 아니라 생활에 이용하는 지혜도 갖고 있었다.

분꽃은 옛날에 연지·곤지 찍고 가마 타고 시집가는 새색시에게는 없어서는 안될 중요한 것이었다.

지금이야 좋은 화장품이 많이 개발되어 손쉽게 구입해 사용할 수 있지만 옛날에는 화장품이래야 고작 얼굴에 분칠을 하는 것과 연지 곤지를 찍는 것뿐이었다.

가을에 분꽃의 열매가 검은색으로 익을 무렵 열매를 따서 쪼개 보면 흰색의 고운 가루가 가득 들어 있다. 이 가루에서 은은한 향기가 풍기는데 옛날에는 급할 때 얼굴

꽃

바로 바르기도 했다 한다.

초여름 열매가 채 익기도 전에 분을 발라야 할 때는 익지 않은 열매를 따서 열매 속에 있는 흰색의 유액(배유액)을 바르기도 했다고 한다.

손톱은 봉선화꽃으로 물들이고, 얼굴은 분꽃의 열매로 곱게 단장하고, 머리는 동백기름(冬柏油)으로 곱게 빗었다. 그러고 누에고치에서 뽑은 고운 실로 짠 비단이나 명주 옷감에 쪽의 잎으로 물들인 고운 치마저고리를 만들어 입었다.

오월이면 창포를 캐내어 그 뿌리를 삶아서 머리를 감고, 가을에는 향유의 줄기를 채집하여 두고 목욕물에 넣어 목욕을 하였다. 이와 같이 우리 선인들은 대자연(大自然) 속에서 생활하면서 그 자연을 이용할 줄 알았고 그로써 건강을 유지하였다.

비록 화단에 한 포기의 보잘것없는 풀을 심을지라도 사계절에 어우러질 아름다움을 생각하였고, 꽃이나 열매를 우리 생활에 이용할 방도를 생각하여 나무와 풀을 심었다.

우리가 심고 있는 화초들 중에는 분꽃과 같이 외국 원산(原産)으로 이미 오래전에 우리나라에 들어와 이제는 원산지나 다름없이 자라고 있는 것이 많다.

이들은 수백 년을 이 땅에서 우리 민족과 더불어 같이 살아오면서 우리와 깊은 관련을 맺은 식물들이다.

달맞이꽃이나 코스모스와 같은 경우가 그 대표적인 식물이며 이들은 이제 우리나라 어디를 가든 흔히 볼 수 있다.

분포도

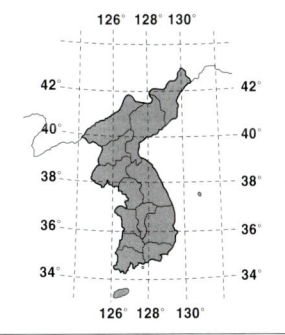

식물명	분꽃(粉花)
과 명	분꽃과(Nyctaginaceae)
학 명	*Mirabilis jalapa* L.
속 명	분화 · 자화분 · 자미리
분포지	전국
개화기	6~10월
결실기	9월
높 이	50~100센티미터
용 도	관상용 · 공업용 · 약용
생육상	한해살이풀(一年生草本)

바위취

우리나라 북부 지방 높은 산의 습한 곳에서 자라며 관상용으로 흔히 심고 있는 범의귀과의 여러해살이풀이다.

원래는 호이초(虎耳草)·징이초(澄耳草)·석하엽(石荷葉)·금사하엽(金絲荷葉)·동이초(疼耳草)·바위취 등으로 불렀다.

이 풀은 우리나라뿐만 아니라 일본(日本) 및 지나(支那) 등지의 산 계곡 등 응달지고 습기가 많은 곳에서 자라며, 밭을 만들고 재배하거나 돌담 틈이나 축대, 돌 틈 등에 재배하기도 하였다.

기록에 의하면 풀잎의 모양이 범의 귀와 닮았고 털이 나 있어 호이초(虎耳草)라고 불렀으며 잎은 하독제(下毒劑)로도 쓰였다고 전해진다.

원래 우리나라 함경도의 고산지대에서 높이 20센티미터쯤 자라며 털이 나 있다.

근생엽(根生葉), 즉 뿌리에서 나는 잎은 피침형 또는 도피침형이며 잎자루와 더불어 길이 13~15센티미터, 넓이 4~4.6센티미터 정도이다. 잎자루에 날개가 있고 잎의 표면에는 털이 없으며 짙은 녹색이다.

잎의 뒷면에는 맥 위에 털이 약간 있고 가장자리에 톱니가 있으며 끝이 뾰족하다.

꽃대는 높이 38센티미터 정도로서 밑부분에 성모(星毛)가 있다. 7~8월에 흰 꽃을 피우는데 총상화서로 달린다.

포(苞)는 선형(線形)으로 가장자리가 밋밋하거나 톱니가 약간 있으며 길이는 1~2.5센티미터 정도로서 가장자리에 털이 있다. 소포(小苞)는 선형이고 짧으며 털이 없다.

소화경(小花梗)에는 선모가 있고 길이가 짧다. 꽃받침은 중앙 이상에서 갈라지는데 길이가 짧고 털이 없다. 꽃잎은 도피침형이며 끝이 둔하고 흰색이다.

수술은 열 개이며, 꽃밥은 붉은빛이 돌고 암술대는 두 개이다.

정원이나 뜰에 관상용 화초로 많이 심고 있으며 화분에 심어서 감상하기도 한다.

풀잎은 한방 및 민간에서 보약 등에 다른 약재와 같이 처방하여 쓴다.

우리나라 각지의 산에는 범의귀과의 이와 비슷한 동속의 풀들이 많이 자란다.

나도범의귀는 북부 지방의 산지에서 7월에 꽃을 피운다. 이것은 범의귀와는 다른 속이다. 씨눈범의귀는 북부 지방의 높은 산 정상 암벽(岩壁)에서 10센티미터쯤 자라며 6월에 꽃이 핀다. 바위떡풀은 전국의 산지 습기가 많은 바위 위에서 30센티미터 정도로 자라고 8~9월에 꽃이 핀다.

지리바위떡풀은 중부 지방의 평야 및 산간의 습기가 많은 바위에서 25센티미터 정도로 자라고 8~9월에 꽃이 핀다.

또한 구름범의귀는 북부 지방의 고산지에서 25센티미터쯤 자라고 7~8월에 꽃을 피운다.

흰바위취는 북부 지방의 심산지(深山地) 습한 곳에서 40센티미터

잎

정도로 자라고 6~7월에 꽃을 피운다.

　참바위취는 중부 지방의 평야 및 중부·북부 지방의 심산지(深山地) 바위에서 30센티미터쯤 자라고 7~8월에 꽃이 핀다.

　구슬바위취는 북부 지방의 깊은 산 습기가 많은 바위에서 40센티미터쯤 7월에 꽃이 핀다.

　흰꽃바위취는 북부 지방의 깊은 산속 바위에서 40센티미터쯤 자라며 8~9월에 꽃이 핀다.

　톱바위취는 중부 지방의 산과 북부 지방의 습기가 많은 산속 바위에서 10센티미터쯤 자라고 8월에 꽃이 핀다.

　둥근잎바위취는 중부 지방 북부의 심산(深山) 습기가 많은 바위, 대개는 암벽을 이루는 벽에서 30센티미터쯤 자라고 8월에 꽃이 핀다.

　백두산바위취는 중부 지방과 북부 지방의 깊은 산 습기가 많은 바위벽에서 30센티미터쯤 자라고 8월에 꽃을 피운다.

　바위취는 중부 지방의 산과 북부 지방의 심산(深山)에서 60센티미터쯤 자라고 5월에 꽃이 핀다.

　이와 같이 우리나라에는 많은 범의귀속(屬)들이 자라고 있다. 이러한 식물들은 대개 깊은 산속의 습기가 아주 많은 바위에 붙어 자라며 중부 지방과 북부 지방에 많이 분포하고 있는 것이 특징이다.

　이들 모두는 추위에 강한 풀로서 범의귀는 한겨울 눈속에서도 푸른 풀잎을 유지한다. 풀잎이 동그스름하고 밋밋하며 털이 보송보송 나 있다.

　이들 범의귀속 풀들의 꽃은 아주 작게 피지만 꽃대 줄기의 가지가 많이 벋어 각 가지 줄기마다 여러 개의 꽃이 핀다. 이때문에 모양이 큰 대(大)자 같다 하여 대문자꽃이란 속명도 있다.

　이 풀은 번식력이 대단히 강하여 인가 부

잎

근의 습한 돌축대 등에 심어 놓으면 그 일대를 덮어 버릴 정도로 빠르게 번식한다.

뿌리가 벋으면서 자꾸 새끼 포기를 만들며 자란다.

이와 비슷한 얼룩무늬 잎을 가진 풀로는 얼레지와 알록제비꽃 등이 있다. 이들은 모두 잎에 아름다운 흰색의 얼룩무늬를 갖고 있다.

이들 범의귀과의 바위취들은 대개 나물로 먹기도 한다.

분포도

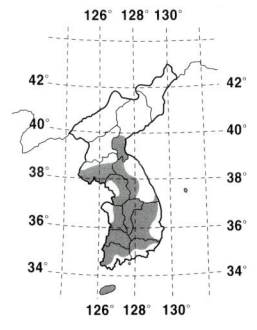

식물명	바위취(澄耳草)
과 명	범의귀과(Saxifragaceae)
학 명	*Saxifraga stolonifera* Meerb.
생약명	호이초(虎耳草)
속 명	바위취
분포지	북부 지방
개화기	7~8월
결실기	8월
높 이	20센티미터
용 도	관상용 · 약용
생육상	여러해살이풀(多年生草本)

꿀풀

전국의 산과 들에서 흔히 볼 수 있는 꿀풀과의 여러해살이풀이다.

원래는 하고초(夏枯草)·철색초(鐵色草)·내동풀(乃東草)·금창소초(金瘡小草)·제비꿀풀·하고두(夏枯頭)·양호초(羊胡草)·봉두초(棒頭草)·하고(夏枯)·하고구(夏枯球)·꿀방망·꿀방맹이·꿀방망이·가지골나물·두메꿀풀 등으로 불렀다.

예로부터 우리나라 및 만주 지방의 산과 들에 흔히 자랐으며 습기가 있는 곳에서 특히 더 잘 자란다.

이른 봄에 어린순이나 어린잎을 나물로 먹었으며 풀잎과 화수(花禾, 꽃이삭)는 이뇨제로 널리 쓰이기도 했다.

또한 경엽(莖葉, 줄기와 잎)을 나력(瘰癧, 만성 종창)·자궁병(子宮病)·눈병 등에 약으로 썼는데 효과가 컸다고 한다.

높이는 20~30센티미터 정도 자라고 풀 전체에 흰색 털이 많이 나 있다.

원줄기는 네모지며 꽃이 진 다음 옆에서 새 가지가 번는다.

잎은 마주 나고 긴 타원 모양으로 피침형이고 길이는 2~5센티미터 정도이다. 가장자리는 밋밋하거나 톱니가 약간 있으며 잎자루는 길이가 1~3센티미터 정도이지만 줄기 위쪽에는 잎자루가 없다.

5~7월에 적자색의 꽃이 핀다. 화서(花序)의 길이는 3~8센티미터 정도로 여러 개의 꽃이 밀착해 있다.

포(苞)는 작은 심장 모양이고 가장자리에 초록빛 털이 나 있으며 각각 세 개의 꽃이 달린다. 꽃받침은 길이 0.7~1센티미터 정도로 뾰족하게 다섯 개로 갈라지며 겉에 잔털이 나 있다.

아래의 꽃잎은 다시 세 개로 갈라지고 중앙 열편에 톱니가 나 있다. 6월에 씨앗이 익으며 열매의 색깔은 황갈색이다.

꿀풀은 식용·관상용·밀원용·약용 등으로 쓰인다.

봄에 어린 순과 잎을 나물로 먹으며 화단에 관상초로 심으면 보기가 좋다. 초여름부터 아름다운 꽃이 피는데 꿀이 많아서 꿀풀이라고 부르며, 밀원식물(蜜源植物)로 양봉 농가에 큰 도움을 주는 풀이다.

한방 및 민간에서는 이 꿀풀을 강장·고혈압·자궁염·이뇨·해열·안질·갑상선종기·임질·나력·두창 등에 다른 약재와 같이 처방하여 약으로 쓴다.

이 풀은 여름에 꽃이 피고 나면 곧 죽는다 하여 하고초(夏枯草)란 이름이 붙여졌는데, 하고초는 약명이기도 하다.

방향성 식물(芳香性植物)로 향기가 좋으며 화강암계·현무암계·화강편마암계·편상화강암계·변성퇴적암계·경상계·반암계 등에서 잘 자라는데 대개는 습기가 약간 있으면 어디서나 잘 자라는 편이다. 주로 분주법이나 실생법에 의하여 번식된다.

꿀풀에도 여러 종류가 있는데 대표적인 것들을 알아보자.

우리나라 남부 지방의 지리산(智異山)과 북부 지방의 깊은 산에 두메꿀풀이 자라는데 높이는 30센티미터 정도이고 7~8월에 꽃이 핀다. 8월에 씨앗이 익으며 식용·약용·밀원용 등으로 쓰인다.

또한 남부 지방 및 북부 지방의 산에서 볼 수 있는 붉은꿀풀은 30센티미터쯤 자라고 5월에 꽃이 핀다. 7월에 씨앗이 여물고 밀원용 및 약용으로 꿀풀과 같이 쓰이

흰꿀풀

며 향기가 있다.

　남부 및 중부 지방의 산과 들에서 자라는 흰꿀풀은 높이 30센티미터 정도 자라며 5~6월에 흰색 꽃이 핀다. 6월에 씨가 여물고 식용·관상용·밀원용·약용 등으로 꿀풀과 같이 쓰이는데 역시 향기가 있다.

　붉은색 꽃이 피는 붉은꿀풀과 흰색의 꽃이 피는 흰꿀풀 등은 그 종이 매우 귀하여 좀처럼 발견하기 어렵다.

　필자는 최근에 대관령 해발 800미터 지점의 초원지(草原地)와 주왕산 해발 600미터 지점의 초원에 핀 약 열다섯 포기 정도의 흰꿀풀을 발견했고 붉은꿀풀과 두메꿀풀은 대암산과 지리산에서 발견했다.

　꿀풀은 초여름 꽃이 필 때 그 꽃을 따서 입에 물고 빨면 단 꿀물이 나와 길에 핀 꽃들이 어린이들의 손에 수난을 당하기도 한다.

약재

　꿀풀과에는 꽃의 모양이나 색깔은 다르지만 그 형태가 비슷한 게 대단히 많다.

　전국의 산이나 냇가에서 흔히 볼 수 있는 배초향(排草香)은 높이 1.5미터쯤 자라고 7~9월에 꽃이 피는데 꽃술이 밖으로 나와 있다.

　또 제주 지방 및 남부 지방의 산과 들에서 많이 자라는 자란초는 높이가 50센티미터쯤 되고 4~6월에 꽃이 핀다.

　섬 지방을 제외한 전국 곳곳의 길가나 초원지 등에서 30센티미터쯤 자라는 조개나물은 5~6월에 하늘색 꽃을 피운다.

　전국의 풀밭에서 자라는 층층이는 60센티미터쯤 자라고 6~9월에 꽃이 피는데 연한 홍색이다.

　들이나 길가에서 자라는 향유는 높이 60센티미터쯤 되고 8~9월에 자주색 꽃이 핀다.

　제주도에는 좀향유, 제주도와 남부·중부 지방 일대에서는 꽃향유, 중부·북부 지방 등의 산에서는 높이 60~90센티미터 정도의 털향유가 자란다.

　꽃의 색깔이 연한 홍색인 백리향·섬백리향 등은 한국 특산 식물로서 울릉도 및 제

열매와 줄기

주도 한라산, 그리고 전국의 고산지(高山地) 바위 틈에서 자라는데 7~9월에 걸쳐 꽃이 핀다.
 이 식물은 땅으로 덩굴이 벋어 나가는 것처럼 보이지만 풀로 여기지 않고 목본(木本), 즉 나무로 구별한다.

분포도

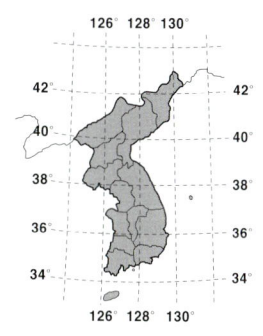

식물명	꿀풀(夏枯草)
과 명	꿀풀과(Labiatae)
학 명	*Prunella vulgaris* var. *lilacina* Nakai
생약명	하고초(夏枯草)
속 명	꿀방망이 · 가지골나물 · 제비꿀풀 · 꿀방망 · 양화초
분포지	전국
개화기	5~7월
결실기	6~8월
높 이	30센티미터
용 도	식용 · 관상용 · 밀원용 · 약용
생육상	여러해살이풀(多年生草本)

익모초

전국의 들이나 밭, 인가 주변 구릉지·울타리 밑, 습기가 많은 곳에서 흔히 자라는 꿀풀과의 두해살이풀이다.

원래는 충위(茺蔚)·익모초(益母草)·야천마(野天麻)·세잎익모초(細葉益母草)·곤초(坤草)·사릉초(四稜草)·충초(茺草)·익모고(益母蒿)·야마(野麻)·익모채(益母菜)·청고(青蒿)·익모고초(益母蒿草)·야고초(野故草)·충위자(茺蔚子)·암눈비앗 등으로 불렀으며 육모초라고 부르는 지방도 있다.

원래 우리나라의 각 지방 및 만주 지방에서 자라며 월년생초본(越年生草本), 즉 두해살이풀로서 우리나라 사람들은 부드러운 순과 잎을 찧어 즙을 짜서 먹었다 한다. 그리고 한방(漢方)에서는 줄기·잎·꽃·열매 모두를 온갖 병을 치료하는 데 자주 썼다고 한다.

그중에서도 충위자(茺蔚子)는 눈을 밝게 하는 데, 또는 여인들의 경맥(經脈)을 조절하는 데 쓰였으며 산부(産婦)들에게는 없어서는 안될 약으로 취급되기도 했다.

익모초(益母草)라 함은 전초(全草)를 가리키는 이름이며, 충위(茺蔚)·충위자(茺蔚子)·암눈비앗 등은 약명(藥名)이다.

익모초는 우리나라의 들이나 구릉지 냇가 등에서 높이 1~1.5미터 정도로 자라며 줄기는 둔한 사각형으로 되어 있다. 흰색을 띤 작은 털이 풀 전체를 덮고 있고 가지가 많이 갈라진다.

뿌리에서 나는 잎(根生葉)은 잎자루가 길며 난상 타원형으로 가장자리에 둔한 톱니가 있고 꽃이 필 무렵에 없어진다.

줄기의 잎(莖生葉)은 잎자루가 길고 세 개로 갈라지는데 열편이 다시 두세 개로 갈라진다. 각 소열편은 톱니 모양이나 날개 모양으로 다시 갈라진다. 최종 열편은 선상 피침형이며 회록색(灰綠色)이다.

7~8월에 연한 홍자색의 꽃이 피는데 윗쪽 줄기와 잎자루의 겨드랑이에 몇 개씩 층층으로 달린다. 꽃받침은 다섯 개로 갈라지며 끝이 바늘처럼 뾰족하다.

화관(花冠)은 위아래 두 개로 갈라지는데 밑부분의 것이 다시 세 개로 갈라진다. 갈라진 세 개 중 가운데에 있는 것이 가장 크며 붉은색의 줄이 나 있다.

수술은 네 개로 그 중 두 개가 길고 씨는 9월에 익는다. 분과(分果)는 넓은 난형으로서 약간 편평하며 세 개의 능각이 있고 털이 없으며 꽃받침 속에 들어 있다.

꽃에 꿀이 많아서 양봉 농가에서 꿀을 따는 데 도움을 주고, 풀 전체와 씨는 한방에서 생약명(生藥名)으로 익모초·충위자라 하여 사독·정혈·자궁수축·결핵·부종·만성맹장염·유방염·대하증·창종·이뇨·자궁출혈·단독(丹毒, 상처에 균이 들어가 생기는 급성 전염병)·신장·산전산후혈 등에 다른 약재와 같이 처방하여 약으로 쓴다.

방향성 식물(芳香性植物)로서 향기가 있으며 화강암계·화강편마암계·편상화강암계·현무암계·경상계 등에서 잘 자라나 대개는 습기가 충분하면 아무 곳에서든 잘 자란다.

번식은 종간잡종법·생태육종법·분주법·삽목법·계통분리법 등으로 이루어지지만 대개는 실생법에 의하여 번식이 된다.

익모초(益母草)는 앞서 밝혔듯이 이름 그대로 부인들 특히 산모와 어머니를 이롭

게 하는 풀이다. 대부분 부인병을 다스리는 데 쓰였으며, 예로부터 한방에서보다는 민간요법으로 더욱 많이 쓰인 대표적인 풀이다. 그러나 남자에게도 유용한 풀로서 남자들의 정기(精氣)를 도와준다고도 한다.

이 풀 전체를 찧어서 즙을 낸 후 불에 달여서 엿처럼 만들어 먹기도 하고 또는 환을 만들어 환약으로 먹기도 하였다. 유둣날(음력 6월 6일)에 익모초를 먹으면 더위를 타지 않는다는 유래도 있으며, 한여름 더위에 입맛이 떨어졌을 때 익모초 생즙(生汁)을 마시면 좋다고도 한다.

이 방법은 지금도 계속해 오고 있는 민간요법이며 여름철의 좋은 민간약이다.

즙이 쓴데 쓴맛이 많더라도 그대로 먹는 것이 더 좋은 효과를 낸다고 한다.

익모초와 꽃의 색깔은 다르지만 익모초와 비슷한 속들이 있다.

개속단(송장풀)·호광대수염·섬광대수염 등이 그것이다. 개속단은 전국의 산과 들에서 높이 1.2미터 정도까지 크게 자라며 8월에 꽃을 피우고 10월에 씨가 여문다. 식용·약용·관상용으로 쓰인다.

호광대수염은 한국 특산 식물로서 북부 지방의 산과 들에서 높이 1미터 정도까지 자라며 8월에 꽃을 피우고 10월에 씨가 익는다. 식용·관상용·약용으로 쓰인다.

섬광대수염도 한국 특산 식물로 울릉도와 남부 지방 등의 산에서 1미터 정도로 자라며 8월에 꽃이 피고 10월에 씨가 익는다. 식용·관상용·약용으로 쓰인다.

우리의 산과 들에는 봄부터 가을까지 수많은 꿀풀과의 식물들이 자란다.

이들 꿀풀과의 풀은 대개 꿀이 풍부하기 때문에 양봉 및 한봉을 하는 농가에게 없어서는 안될 자원 식물(資源植物)이기도 하다.

꽃에는 항상 벌들이 많이 찾아오기 때문에 이 꽃들이 많이 피어 있는 산이나 들의 초원에서는 벌 소리가 요란하게 들린다.

꽃은 아주 작아서 별로 돋보이지는 않지만 그래도 대개는 여러 개가 모여서 한 송이를 이루거나 마디마다 여러 개씩 둘러서 피는 것도 있다.

황금이나 골무꽃·곽향 등은 꽃이 피어도 화관(花冠)이 활짝 열리지 않고 마치 어린 새의 주둥이 모양을 하고 있다. 그래서 벌들이 이 꽃 속으로 들어가기 위해서는 실랑이를 벌여야 한다.

그러나 어쩌다 속으로 들어갔다 하더라

어린잎

약재

도 벌은 나오는 순간까지 있는 힘을 다하여 요동을 치게 마련이다.

꽃이 활짝 피어도 꽃술이 밖으로 나오지 않고 그 대신 꽃 깊숙이 꿀을 만들어 놓아 두고 벌을 유인한다. 벌이 애써서 들어와 꿀을 먹고 나가려고 할 때쯤 화관이 조금 오므라든다. 실랑이를 벌인 끝에 겨우 들어가지만 입구가 더욱 좁아져 벌은 급기야 그 꽃 속에서 요동을 치게 되는 것이다. 이 바람에 꽃술이 이리저리 묻으면서 수정이 이루어진다.

이렇게 수정하는 꽃들은 대단히 많으며 대부분 화관이 활짝 열리지 않는 꽃들이다.

벌이 이 꽃 저 꽃을 옮겨다니며 화분(花粉)을 묻혀 주어 수정이 이루어지는 꽃과 바람에 의해 수정이 이루어지는 꽃, 그리고 이처럼 스스로 움직여 수정을 이루게 하는 꽃 등 식물의 수정 형태도 여러 가지이다.

충매화(蟲媒花)는 벌이나 다른 곤충들에 의하여 수정이 이루어지는 꽃이고, 풍매화(風媒花)는 바람에 의하여 수정이 이루어지는 꽃이다. 그리고 조매화(鳥媒花)는 새들에 의하여 수정이 이루어지는 꽃이며, 수매화(水媒花)는 물에 의하여 수정이 이루어지는 꽃으로 대개는 수생 식물(水生植物)류가 여기에 속한다.

인매화(人媒花)는 사람이 인위적으로 수정을 시키는 꽃으로 대개는 겨울철에 비닐하우스에서 재배되는 식물이나 원예종이다. 이때문에 비닐하우스 속에서 재배되는 오이나 호박·수박·참외 등은 사람이 일일이 꽃가루를 기구에 묻혀 옮겨 주어야 한다.

분포도

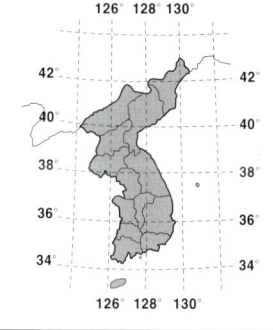

식물명	익모초(益母草)
과 명	꿀풀과(Labiatae)
학 명	*Leonurus japonicus* Houtt.
생약명	익모초(益母草) · 충위자(茺蔚子)
속 명	충위초 · 육모초 · 야천마
분포지	전국
개화기	7~8월
결실기	9월
높 이	1~1.5미터
용 도	밀원용 · 약용
생육상	두해살이풀(二年生草本)

능소화

중국이 원산인 덩굴 식물로서 관상용으로 흔히 심고 있는 능소화과의 낙엽 만목(갈잎 덩굴나무)이다.

원래는 자위(紫葳)·능소화(凌霄花)·금등화·대화능소화(大花凌霄花) 등으로 불리었으며 충청남도 지방에서는 능소화나무 등으로 부르고 그 밖의 지방에서는 금등화·능소화 등으로 불렀다.

옛날부터 우리나라와 만주 지방의 인가(人家)에서 널리 심는 관상수였으며 재배 포장을 만들어 심는 곳도 있었다고 한다.

또한 줄기·잎·꽃·뿌리를 약용(藥用) 했다는 기록도 있다.

우리나라에서는 이 능소화를 양반집 정원에만 심을 수 있었다 한다. 일반 상민집에서 이 능소화를 심어 가꾸면 잡아다가 곤장을 때려 다시는 능소화를 심지 못하게 하였다 한다. 그러기에 이 꽃을 양반꽃이라고 불렀다고 한다.

가을에 낙엽이 떨어지는 덩굴 식물로서 주위의 물체를 감고 올라가며 자란다.

덩굴의 길이는 10미터 정도까지 뻗어나가며 가지가 갈라지고 가지에 흡근(吸根)이 생겨서 벽 같은 데도 붙어서 담쟁이덩굴 모양으로 올라간다. 잎은 마주 나고 기수 1회 우상복엽(羽狀複葉, 새의 깃 모양을 이룬 복엽)이고 소엽(小葉, 작은 잎)은 일곱 내지 아홉 개이며, 난형 또는 난상 피침형이고 길이는 3~6센티미터 정도로 양면에 털이 없으며 가장자리에 톱니와 더불어 녹모(綠毛)가 나 있다. 7~9월에 꽃이 피는데 꽃은 지름이 6~8센티미터 정도로서 황홍색(黃紅色)이지만 겉은 적황색(赤黃色)이며 가지 끝의 원추화서(圓錐花序)에 다섯에서 열 다섯 송이의 꽃이 달린다. 꽃받침잎은 길이가 3센티미터 정도이고 열편은 펴침형으로서 털은 없다. 화관(花冠)은 깔때기 비슷한 종 모양으로 통부(筒部)가 꽃받침 밖으로 나오지 않으며 이강 웅예(二强雄蕊, 두 개의 수술)와 한 개의 암술이 있다.

9월에 씨앗이 여물고 삭과(蒴果)는 네모지며 두 개로 갈라진다.

관상용·약용으로 쓰인다.

정원 등지에 관상수로 심으면 여름에 아름다운 꽃을 볼 수 있으며, 민간 및 한방에서 어혈(血)·이뇨·창종(부스럼)·통경·산후통·대하증·양혈(養血)·안정 등에 다른 약재와 같이 처방하여 쓴다.

또 꿀이 있어 양봉 농가에서 보조 밀원식물(蜜源植物)로 사용할 수 있다.

능소화가 잘 자라는 토질은 화강암계·현무암계·화강편마암계·편상화강암계·변성퇴적암계·경상계·반암계 등인데 대개는 아무 데서나 잘 자라는 편이다.

번식법은 생태육종법·종내잡종법·삽목법·분주법 등이 있다.

능소화는 줄기가 대단히 왕성하게 벋어 나간다.

한여름, 주위의 나무와 벽 또는 지주목 등을 타고 높이 올라가서 크고 탐스런 꽃들을 주렁주렁 많이 피우는데 바람이 불면 시계추처럼 흔들거린다.

다른 꽃에 비하여 꽃이 상당히 큰 편이며, 꽃의 안쪽을 자세히 살펴보면 적황색의 줄이 나 있어 커다란 나팔을 연상하게 한다.

한동안은 능소화를 보기 힘들었는데 요즘에는 도시에서도 종종 볼 수 있으며 관상용으로 각광을 받고 있다.

능소화과에는 꽃이 작고 꽃의 색깔도 틀리지만 모양이 비슷한 것이 몇 종류 있다.

이들 대부분은 외국에서 관상용으로 들여와 수백 년 동안 우리 땅에서 키운 것들이다.

미국 원산의 미국노나무는 높이 5미터 정도까지 자라는데 8월에 꽃이 피고 10월에 열매가 익는다. 관상용·공업용·밀원용·약용 등으로 쓰이고 특히 꿀이 많아 밀원 식물로 적합하며 재목은 기구재로 널리 쓰인다.

당노나무는 중국 원산으로 5미터 정도 자라며 8월에 꽃이 피고 10월에 긴 삭과(長蒴果)가 익는다. 관상용·공업용·밀원용·약용 등으로 쓰인다.

노오동나무는 높이 5미터 정도 자라고 8월에 꽃이 피며 10월에 장삭과(長蒴果)가 익는다. 삭과는 기다란 콩의 꼬투리같이 매달린다. 이 역시 관상용·공업용·밀원용·약용 등으로 쓰인다.

노나무는 중국 원산으로, 재배되는 나무

이며 높이 10미터 정도 자라는데 8월에 꽃이 피고 10월에 장삭과(長蒴果)가 익는다. 관상용·공업용·밀원용·약용 등으로 쓰인다.

이 나무는 원래는 재(梓)·목왕(木王)·가오동나무(假梧桐木)·노나무·목각두(木角豆) 등으로 불리었다.

이 나무는 우리나라 및 만주 지방 등의 사찰·정원·고궁 등을 비롯하여 인가(人家) 주위에서 재배 포장을 하여 심었다고 한다. 또 노나무의 장삭과는 약용(藥用)으로 널리 썼는데 이는 풍질(風疾) 등을 치료하는 데 효과가 컸다고 한다.

재배 식물인 꽃노나무는 높이 10미터 정도 자라는데 8월에 꽃이 피며 10월에 장삭과(長蒴果)가 익는다. 관상용·공업용·밀원용·약용 등으로 쓰였으며 여름에 꽃이 능소화 못지않게 아름다워 정원 등지의 관상수로 인기가 높았다고 한다. 더욱이 밀원 식물로서 양봉 농가에 큰 도움을 주었을 뿐만 아니라 재목은 각종 기구의 재료로 많이 쓰였다 한다.

분포도

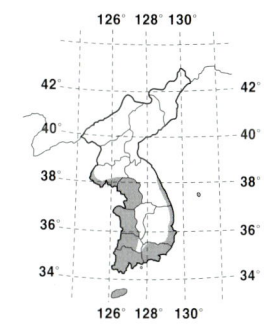

식물명	능소화(凌霄花)
과 명	능소화과(Bignoniaceae)
학 명	*Campsis grandifolia* K.Schum.
속 명	금등화·망강남·자위·대화능소화·오과룡
분포지	전국
개화기	7~9월
결실기	9~10월
높 이	10미터
용 도	관상용·약용
생육상	낙엽 만경목(갈잎 덩굴나무)

참깨

인도 및 이집트 원산으로 우리나라 각 지방의 농가에서 흔히 재배되는 곡물로서 참깨과의 한해살이풀이다.

　원래는 호마(胡麻)·지마(芝麻)·지마(脂麻)·유마(油麻)·진임(眞荏)·참깨·청양(靑蘘)·흑지마(黑芝麻)·참깨씨 등으로 불렸다.

　우리나라와 만주 지방 각지에서는 호마(胡麻)라고 하여 재배하였고 길림(吉林) 지방에서도 많이 생산되었다고 한다.

　밭을 만들고 다른 곡식류와 함께 재배하였다.

우리나라에서는 수임(水荏)은 들(野)깨라 하고 진임(眞荏)은 참(眞)깨라고 불렀다고 한다. 그리고 깨 종류 모두를 진임(眞荏)·호마(胡麻)라고 했으며 우리나라와 만주 지방에서는 백호마(白胡麻)를 재배하였다고 한다.

검은깨 흑호마(黑胡麻)는 산골의 농민들이 참기름용으로 또는 조미료용으로 널리 썼으며 향유(香油)·요리용(料理用) 또는 소발용(梳髮用) 등으로 수요가 많았다고 한다.

일반 두유(豆油)·채유(菜油)·임유(荏油) 등은 다른 종자와 같이 섞어서 사료 및 과자(菓子) 제조 등에 널리 쓰였다 하며 호마(胡麻) 잎은 강장제로 쓰였다고 한다.

향유(香油)·진유(眞油)·참기름·깨묵·깨소금·깨보숭이라고 불리고, 호마(胡麻) 어린순이나 꽃이삭, 가지의 어린싹 등은 가루를 내어 떡으로 만들어 기름에 튀겨서 식품으로 먹었다 한다. 깨떡·호마떡·깨강정은 깨를 가루로 만들어 꿀을 섞어 만든 다음 건조시켜 강정(䕩精) 과자(菓子)라고 애호하였다.

다식과(茶食菓)는 호마분(胡麻粉)과 꿀을 배합하여 나무로 만든 틀에 넣고 꽃무늬, 나뭇잎 모양, 물고기 모양으로 만들어 내기도 했다. 이것이 유밀과(油蜜菓)이다.

기름은 호마유(胡麻油)·향유(香油)라고 불렸다.

우리가 음식으로 늘 사용하고 있는 식물로 높이는 1미터쯤 자라고 아주 오랜 옛날부터 재배해 왔다.

원줄기는 4각형이고 잎과 더불어 털이 밀생한다.

잎은 마주 나는데 윗부분에서는 때로 어긋나기도 하며 잎자루가 긴 타원형 또는 피침형이다. 길이는 10센티미터 정도로 끝이 뾰족하고 밑부분이 거의 둥글거나 뾰족하며 가장자리는 밋밋하다. 밑부분의 것은 세 개로 갈라지기도 하며 잎자루에 노란색의 작은 돌기가 있다.

7~8월에 꽃이 피는데, 꽃은 흰색 바탕에

어린잎

열매

연한 자줏빛을 띠며 윗부분의 잎 겨드랑이에 달린다. 꽃받침은 다섯 개로 깊게 갈라지며 화관(花冠)은 길이 2.5센티미터 정도로 양층형이고 상층은 두 개, 하층은 세 개로 갈라진다. 네 개의 수술 중 두 개가 길다.

9~10월에 씨가 익으며 삭과(蒴果)는 짧은 원주형이고 길이는 2.5센티미터 정도로 4실(四室)이다. 씨는 흰색, 노란색, 또는 검은색이다.

씨는 식용 및 건강 식품, 또는 기름으로 짜서 먹으며 꿀이 많아서 양봉 농가에 큰 도움을 준다.

기름을 짜고난 찌꺼기는 각종 사료나 공업용 기름 등으로 쓰기도 한다.

씨는 자양 강장ㆍ창종ㆍ양모(養毛)ㆍ신경쇠약ㆍ해독ㆍ진통ㆍ화상ㆍ치통ㆍ신경통ㆍ고혈압ㆍ동맥경화ㆍ당뇨병ㆍ암 등에 다른 약재와 같이 처방하여 약으로 쓰이며 또한 민간 요법 등으로도 많이 쓰인다.

민간에서는 참깨 및 참기름을 많이 먹으면 당뇨병ㆍ고혈압 또는 모든 암 등을 예방한다고 흔히 많이 사용한다.

사질 양토에서 잘 자라는 참깨는 주로 실생법으로 번식된다.

과거를 보기 위해 글공부를 하던 옛 선비들은 공부를 할 때면 간간이 참기름이나 참깨를 한 숟가락씩 먹었으며 공부하는 선비의 밥상에는 항상 참깨 한 숟가락이 올라 있었다고 한다.

이는 참기름이나 참깨는 머리를 맑게 해주는 작용을 한다고 믿었기 때문이며 참깨는 요리에 빠져서는 안되는 조미료로 여겨지고 있다.

요즘에는 수요가 더 많아져서 국내 수요를 감당치 못하고 수입을 하는 지경에까지 이르게 되었으며 값도 아주 비싸게 거래되

씨

는 실정이다.

각 농가에서는 쌀과 보리, 또는 콩 등과 함께 중요한 농산물의 하나로 취급하여 재배하고 있다. 이 식물은 비교적 재배하기 쉬워서 다른 곡물과 함께 섞어서 재배하는 경우도 있으며 밭가에 심기도 한다.

대단위로 경작하여 많은 양을 생산하기도 하는데 재배 방법 역시 발달하여 기계로 씨를 뿌리고 가꾸는 농가도 늘어나고 있다.

씨를 식용하는 것도 매우 중요하지만 여름철 깨꽃이 한창 필 무렵이면 양봉을 하는 농가에서는 참깨꽃의 꿀을 생산한다. 비싼 값의 참깨와 꿀을 동시에 생산할 수 있어 농가의 좋은 수입원이 되고 있다.

분포도

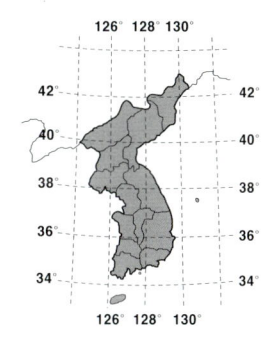

식물명	참깨(胡麻)
과 명	참깨과(Pedaliaceae)
학 명	*Sesamum indicum* L.
생약명	호마유(胡麻油)
속 명	지마 · 참깨씨 · 흑지마
분포지	전국
개화기	7~8월
결실기	9~10월
높 이	1미터
용 도	식용 · 공업용 · 밀원용 · 약용
생육상	한해살이풀(一年生草本)

질경이

전국의 산이나 들, 길가 등지에서 흔히 자라는 풀이며, 특히 단단한 땅에서 잘 자라는 질경이과의 여러해살이풀이다.

원래는 부이(芣苢)·차전초(車前草)·길경이·차전자(車前子)·차전(車前)·대차전(大車前)·차피초(車皮草)·야지채(野地菜)·차화(車花)·우모채(牛母菜)·길장구·배부장이·배합조개·배짜개·배부쟁이·길장구씨·질경이씨·뱀조개씨 등으로 불렀다.

『만선식물(滿鮮植物)』에는 우리나라와 만주 지방의 들이나 초원, 길가 등지에 질경이가 많이 자랐다 하며, 잡초로 여겨진 이 풀은 대부분 길가에서 쉽게 찾아볼 수 있다고 기록되어 있다.

우리나라에서는 부드러운 잎과 줄기를 나물로 먹었으며 또한 즙을 내어 열매(씨)와 고기와 기름을 배합하고 고추장에 무쳐서 먹기도 하였으며 때로는 밀가루를 섞어서 떡을 만들어 먹기도 하였다고 한다. 그리고 씨는 이뇨제(利尿劑)로 쓰였다고 전해진다.

이 풀은 원줄기는 없고 많은 잎이 뿌리에서 나와 옆으로 비스듬히 퍼진다. 잎자루(葉柄)의 길이가 일정하지는 않으나 대개 풀잎과 길이가 비슷하고 밑부분이 넓어져서 서로 얼싸안는다.

잎은 타원형 또는 계란 모양으로 길이 4~15센티미터, 넓이 3~8센티미터이며 평행맥(平行脈)이 있고 가장자리가 물결 모양이다.

6~8월에 흰색 꽃이 피는데 잎 사이에서 길이 10~50센티미터 정도의 꽃줄기(花梗)가 나와서 꽃이 이삭 모양으로 밀착하며, 화수(花穗, 이삭으로 된 꽃)는 전체 길이의 1/3~1/2 정도이다.

털이 없으며 포(苞)는 좁은 계란형으로 꽃받침보다 짧고 대가 거의 없다.

꽃받침은 짧고 네 개로 갈라지는데 열편은 거꾸러진 계란 모양의 타원형이며 끝이 둥글고 흰색의 막질(膜質)로 되어 있다. 그러나 뒷면은 녹색이며 중앙부에 굵은 맥이 있다.

화관(花冠)은 깔때기 모양으로 끝이 네 개로 갈라지고 수술이 길게 밖으로 나온다. 자방(子房)은 위쪽에 있고 암술은 한 개이다.

10월에 익는 삭과(蒴果)는 꽃받침보다 두 배 정도 길며 완전히 익으면 옆으로 갈라지면서 여섯 내지 여덟 개의 검은색 씨가 나온다.

이 씨를 한방에서는 차전자(車前子)라는 생약명으로 부른다.

어린 잎과 순을 나물로 먹으며, 화단이나 화분에 심어 관상초로 기르기도 한다.

한방 및 민간에서는 풀 전체를 차전초(車前草)라 하고 씨를 차전자(車前子)라 하여 진해(鎭咳)·소염·이뇨·안질·강심·임질·심장염·태독·난산·출혈·해열·지

잎과 꽃이삭

사·요혈(尿血)·금창(金瘡, 칼 등으로 다친 상처)·종독(腫毒) 등에 다른 약재와 같이 처방하여 약으로 쓴다.

이 풀은 화강암계·화강편마암계·반암계·편상화강암계·현무암계·경상계·변성퇴적암계 등에 잘 자라며 대개는 아무 데서나 잘 자란다.

번식은 종자재배법·생태육종법·분주법 등에 의하여 이루어진다.

질경이는 마차(馬車)가 다니는 길가나 바퀴 자국이 난 곳에서도 잘 자란다고 하여 차전초(車前草)란 이름이 붙여졌다 하며 차전(車前)·차과로초(車過路草)·차전체(車前菜)·차전자(車前子) 등이라 불리는 것도 모두 여기서 비롯된 말이라 한다.

또한 갈짱귀·길장구 등은 길에서 잘 자란다 하여 붙여진 속명들이며, 배부쟁이·배짜개 등은 질경이의 잎사귀가 개구리의 배와 같다고 하여 붙여진 이름이라고 한다. 배합조개·뱀조개·배부쟁이 등은 개구리가 기절하였을 때 질경이 잎을 따서 개구리에게 덮어놓으면 곧 개구리가 살아나서 뛰어 도망간다고 한 데서 생겨난 이름들이라고 한다.

질경이는 사람이 많이 다니는 단단한 땅에서 더 잘 자라며, 짓밟혀도 곧 다시 살아나는 강인한 풀이다.

질경이의 씨에는 완화작용(緩化作用)과 항지간작용(抗脂肝作用)을 하는 성분이 약간 들어 있어서 만성간염(慢性肝炎)과 동맥경화증(動脈硬化症) 등에 하루 30그램씩 사용하면 효과가 있다고 한다. 풀잎을 사용할 경우에는 여름에 풀포기로 뽑아서 뿌리를 잘라내고 그늘에 말려서 이용한다.

9월경에 풀포기를 뽑아서 가볍게 두들기면 씨가 모두 튀어나오는데 햇볕에 잘 말려서 보관한다.

질경이 말린 잎과 씨를 하루에 5~10그램씩 달여서 차(茶) 대신 마시면 호흡·중추 작용을 도와서 기침을 멈추게 하고 기관지 안의 점막·소화액 분비를 촉진시킨다.

천식·백일해·기침·위장병·이뇨·설사·두통·심장병·자궁병·요도염·방광염·소염 등에 효과가 있다고 한다.

질경이만을 달여서 매일 차(茶)처럼 마시면 천식·각기·관절이 붓고 아픈 데·눈의 충혈·위병·부인병·산후의 복통·심장병·신경쇠약·두통·뇌병·축농증 등에 효과가 있다고 민간요법으로 전해 내려오고 있다.

한방에서는 차전초(車前草)가 안적질

새싹

뿌리

(眼赤疾) · 소변(小便) · 통리(通利) · 변비(便秘) 등에 특효약으로 쓰인다.

옛날 채소류의 종류가 아주 적었을 때는 질경이 잎을 상식(常食)하였다 하고 또한 목초(牧草)로도 사용했다 한다.

한방에서는 이 풀을 마편초(馬鞭草)라고도 부르는데 흔한 만큼이나 그 이름도 지방에 따라 여러 가지로 부르고 있다.

『본초강목(本草綱目)』에 의하면 질경이는 소의 발자국이 나 있는 땅에서 나기 때문에 차전채(車前菜)라고 이름하였다 하며, 그 씨는 민간요법에서 약으로 많이 쓰였다 한다.

『약용식물사전(藥用植物事典)』의 기록에 의하면 한방에서 질경이와 그 씨는 이뇨와 거담 약으로 쓰이며 또한 질경이는 건위제로도 놀랄 만한 효과를 보이는 경우도 있다고 한다.

우리는 길에서 흔하게 자라는 이 질경이를 무심코 발로 밟고 다니기도 하지만 예로부터 채소 대용으로, 혹은 민간 · 한방약으로 우리의 건강 생활과 밀접한 관계를 맺어왔다.

길가에서 자라기 때문에 마차바퀴나 사람의 발에 짓밟히거나 가축의 먹이로 수난을 당하기 일쑤이지만 질경이는 끈덕지게 살아 번식한다.

우리나라에는 질경이 · 섬질경이 · 가지질경이 · 개질경이 · 털질경이 · 왕질경 · 창질경이 · 긴잎질경이 · 벌질경이 등이 산과 들, 길가에서 많이 자라고 있다.

분포도

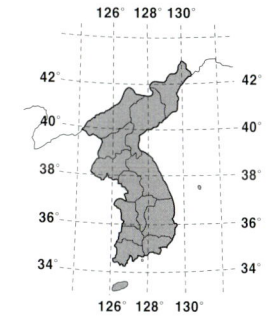

식물명	질경이(車前草)
과 명	질경이과(Plantaginaceae)
학 명	*Plantago asiatica* L.
생약명	차전초(車前草) · 차전자(車前子)
속 명	길짱구 · 배부장이 · 배합조개 · 배짜개
분포지	전국의 산과 들이나 길가
개화기	6~8월
결실기	9~10월
높 이	15~90센티미터
용 도	식용 · 관상용 · 약용
생육상	여러해살이풀(多年生草本)

인동

전국의 산과 들에서 흔히 자라는 덩굴나무이며 추운 겨울도 견디내는 인동과의 반상록 반목(반 늘푸른 덩굴나무)이다. 낙엽관목(갈잎 좀나무)으로도 보는 학설이 있다.

원래는 인동초(忍冬草) · 노옹수(老翁鬚) · 노사등(鷺鷥藤) · 좌전등(左纏藤) · 수양등(水楊藤) · 겨우살이넝쿨 · 금은화(金銀花) · 이포화(二苞花) · 이보화(二寶花) · 이화(二花) · 금은등(金銀藤) · 쌍화(雙花) · 은화등(銀花藤) · 금화(金花) · 은화(銀花) · 다엽화(茶葉花) · 인동덩굴 · 능박나무 · 인동넝쿨 · 겨우살이덩굴 등으로 불리었다.

우리나라의 각 지방과 만주 지방의 산과 들에서 자랐으며, 우리나라에서는 줄기와 잎을 음지에서 말려 차(茶) 대용(代用)으로 썼고 약재(藥材)로는 줄기와 잎, 꽃을 옹저(癰疽, 등창)·매독(梅毒)·류머티즘 등에 침제(浸劑)로 쓰면 효과가 있었다고도 한다.

보편적으로 숲 가장자리나 들의 구릉지, 초원 등에서 자라는 덩굴성 작은 나무로 길이는 3미터 정도이며 줄기는 오른쪽으로 감아 올라간다. 작은 가지는 적갈색이며 털이 있고 속은 비어 있다.

잎은 넓은 피침형 또는 계란 모양의 타원형이며 끝이 둔하고 아래가 둥글다. 잎의 길이는 3~8센티미터 정도로 톱니가 없고 털은 없거나 뒷면 일부에 남아 있으며 잎자루는 길이가 0.5센티미터쯤 되고 털이 있다.

6~7월에 꽃이 피는데 꽃은 한두 개씩 줄기와 잎자루 사이의 겨드랑이에 달린다. 포(苞)는 타원형 또는 계란형이고 길이 1~2센티미터로 마주 나며 소포(小苞)는 길이가 짧다.

꽃받침에는 털이 없으나 열편에는 있으며, 화관(花冠)은 길이 3~4센티미터이고 며칠이 지나면 흰색에서 노란색으로 변한다.

화관의 곁에는 털이 있고, 통부(筒部) 안쪽에는 복모(伏毛)가 있으며, 끝이 다섯 개로 갈라지는데 그 중 한 개가 깊게 갈라져서 뒤로 약간 말린다.

다섯 개의 수술과 한 개의 암술이 있으며 9~10월에 열매가 익는다. 열매는 지름이 0.7~0.8센티미터쯤 되는데 검은색이다.

어린 가지와 잎에 갈색의 털이 있는 것을 털인동이라 하며 잎 가장자리 외에는 털이 거의 없고 윗부분이 반 이상 갈라지며 겉에 홍색이 도는 것을 잔털인동이라고 한다.

인동(忍冬)꽃은 술에 담가 먹으며, 관상용으로 정원이나 화분에 심어 가꿀 수 있다.

줄기·잎·꽃·과실은 한방 및 민간에서 이뇨·해독·종기·부종·감기·지혈·정혈·하리(下痢, 이질)·구토·건위·해열 등에 다른 약재와 같이 처방하여 약으로 쓴다.

인동꽃은 꿀이 있어 양봉 농가에 도움을 준다.

인동은 화강암계·현무암계·화강편마암계·편상화강암계·반암계·경상계·변성퇴적암계·대동계 등에서 잘 자라나 대개는 어디서든 잘 자란다.

번식은 계통분리법·생리육수법·무성번식법·분주법·삽목법·생태육종법·실생법·종간교배법 등에 의하여 이루어진다.

꽃

털인동은 남부 지방의 산과 들에서 3미터쯤 자라고 5~6월에 꽃을 피우며 10월에 씨가 익는다. 인동과 같은 용도로 쓰인다.

잔털인동은 중부 지방의 산과 들에서 3미터쯤 자라고 6~7월에 홍색의 꽃을 피운다. 10월에 씨가 익으며 인동과 거의 같은 용도로 쓰이고 관상용으로 더 사랑받는다.

인동꽃을 채취할 때에는 꽃이 흰색으로 피었을 때 채취하여야 하며 잎은 여름부터 가을까지, 줄기는 가을에 채취한다. 채취한 꽃과 잎, 줄기는 제각기 봉지 등에 넣어 보관해야 한다.

인동덩굴은 겨울철에도 말라 죽지 않고 살아 있으며 간혹 푸른 잎을 유지하며 겨울을 지내는 경우도 있다. 이때문에 겨우살이덩굴이란 이름도 가지고 있으며 금은화(金銀花)란 별명도 갖고 있다.

인동은 각 마디에서 두 송이씩 꽃을 피우는데 이때 먼저 흰 꽃으로 피어났던 꽃은 시간이 지나면서 점차 노란색으로 변한다. 이처럼 방금 피어난 흰색과 먼저 피어난 노란색의 꽃이 같은 마디에 붙어 있기 때문에 금은화라 부른다.

꽃을 따서 빨면 달콤한 꿀이 나오므로 어린이들이 즐겨 따먹는 꽃이기도 하다.

겨울을 잘 참고 견디어 낸다 하여 인동(忍冬)이란 이름이 붙여졌다. 또한 꽃이 피었을 때에는 마치 학이 나는 모양 같다 하여 노사등(鷺鷥藤)이란 이름도 가지고 있다.

초원 바닥에서 덩굴이 벋으며 자랄 때에는 풀잎같이 보이기 때문에 인동초(忍冬草)란 이름도 가지고 있다.

옛 민간요법에 의하면 인동의 줄기·잎·꽃 등을 채취하여 말려서 하루에 20~30그램을 달여 차(茶) 대신 마시면 여러 가지 종기와 부스럼·매독 등에 효과가 있다고 했으며, 감기·해열·숙취·임질·관절통·요통·타박상·탈황·치질 등에도 잘 듣는다고 한다. 이때문에 인동(忍冬)을 만병의 약초(藥草)라고 부르기도 했으며, 인동에는 인삼과 맞먹는 효능이 있다고 말하는 사람도 있었다 한다.

인동덩굴 말린 줄기와 잎을 달여서 그 즙으로 자주 양치질을 하면 초기의 류머티즘 등에 효과가 있다고 한다.

양치질할 즙을 만들 때는 잎 2그램과 물 150리터를 적당히 끓여서 잎을 걸러 낸 뒤에 차고 어두운 곳에서 식힌다.

꽃은 인동주(忍冬酒)를 담가서 먹었는데 독한 술에 담가서 1개월 후에 먹으면 각기병에 좋다 한다. 인동주를 목욕물에 풀어서 입욕하면 습창·요통·관절통·타박상 등에 좋으며 여기에 창포 등을 추가하면 완전한 약탕(藥湯)이 된다고도 한다.

인동과에는 꽃의 색깔은 각각 다르지만

약재

꽃

모양이 비슷한 것들이 많다.

한국 특산 식물로 남부 지방의 고산(高山) 정상 부근에서 자라는 지리산괴불은 3미터 정도로 자라고 6~7월에 꽃을 피운다.

산괴불도 한국 특산 식물로 제주도를 비롯하여 전국의 숲에서 3미터쯤 자라고 6~7월에 꽃을 피운다.

각시괴불도 한국 특산 식물로 섬을 제외한 전국의 숲에서 3미터 정도로 자라고 6~7월에 꽃을 피운다.

섬괴불 역시 한국 특산 식물이다. 울릉도의 해변 양지에서 5~6미터 정도로 자라고 6~7월에 꽃을 피운다.

괴불나무는 산지 계곡 사이에서 5~6미터 정도로 자라고 5월에 꽃을 피운다.

만주괴불은 북부 지방의 산에서 2~3미터 정도로 자라고 3월에 꽃을 피운다.

한국 특산 식물인 좀괴불은 북부 지방의 산에서 1.5미터쯤 자라고 3~4월에 꽃을 피운다.

남선괴불은 한국 특산 식물로 남부 지방 및 중부 지방의 산에서 2~3미터 정도로 자라고 3~4월에 꽃을 피운다.

넓적괴불도 한국 특산 식물로 남부 지방의 산에서 3미터 정도로 자라고 3~4월에 꽃을 피운다.

올괴불은 전국의 산에서 3미터쯤 자라고 3~4월에 꽃을 피우며 털괴불은 북부 지방의 깊은 산 계곡에서 2~3미터쯤 자라고 5월에 꽃을 피운다.

이들은 모두 꽃의 모양이 인동과 비슷하지만 크기는 다르다.

분포도

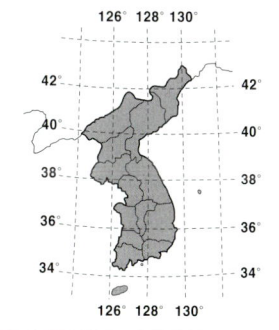

식물명	인동(忍冬)
과 명	인동과(Caprifoliaceae)
학 명	*Lonicera japonica* Thunb.
생약명	금은화(金銀花) · 인동(忍冬)
속 명	눙박나무 · 겨우살이덩굴 · 인동덩굴
분포지	전국의 산과 들
개화기	6~7월
결실기	10월
높 이	3미터
용 도	식용 · 관상용 · 약용
생육상	반상록성덩굴관목 (반 늘푸른 덩굴좀나무)

도라지

전국의 산과 들에서 흔히 자라며 뿌리는 식용 및 약용으로 쓰이고 농가에서 다량으로 재배도 하고 있는 도라지과의 여러해살이풀이다.

원래는 길경(桔梗)·도랏·명엽채(明葉菜)·고길경(苦桔梗)·사엽채(四葉菜)·길경채(桔梗菜)·경초(梗草)·백약(百藥)·질경·백도라지·산도라지·도라지뿌리 등으로 불렸다.

부드러운 어린 싹과 잎은 나물로 먹었으며 뿌리는 식량과 약재(藥材)로 두루 쓰였다고 한다.

우리나라에서는 산채(山菜)라고 하여 애호하였으며 항상 밥상의 반찬으로 나왔고 맛있는 나물로 귀중하게 여겼다고 한다.

가을에 뿌리를 캐면 쓴맛이 나기 때문에 봄과 여름에 많이 캤다고 한다.

우리나라에서는 평안(平安)·황해(黃海)·강원(江原) 지방에서 가장 많이 생산되었다고 하는데, 도라지 뿌리를 가지고 여러 음식을 만들었다 한다.

가늘게 쪼갠 뿌리를 소금물에 담가 두었다가 건져서 고추장이나 기름소금 등에 무쳐서 먹기도 하였으며, 기타 즙이나 몇 가지의 곡물 등을 혼합하여 미음(粥, 죽)을 만들어 먹었다고도 한다.

고기와 함께 산적을 만들어 계란 등 몇 가지와 혼합하여 유탕(油湯)을 만드는 식용법(食用法)은 널리 보급되기도 하였다 한다. 또, 쇠고기·마늘 등과 함께 계란을 입혀서 기름에 튀겨 먹었다고 하는데, 이를 화양적(華陽炙) 또는 느름적이라고 하여 즐겨 먹었다고 한다.

약물(藥物)로 심장병을 치료하거나 해소·하리(下痢, 이질) 등에 끓여서 복용하면 효과가 있었다 한다.

도라지는 높이 40~100센티미터 정도로 자라고 뿌리가 굵으며 원줄기를 자르면 흰색 유액(乳液)이 나온다.

잎은 어긋나고 잎자루가 없으며 긴 계란형 또는 넓은 피침형이다. 잎의 끝은 뾰족하고 밑부분이 넓으며 길이는 4~7센티미터 정도이다. 표면은 녹색이고 뒷면은 회청색(灰靑色)이며 가장자리에 예리한 톱니가 있다.

7~8월에 하늘색 또는 흰색 꽃이 피며 원줄기 끝에 한 송이 내지 여러 송이가 핀다.

꽃은 위를 향하여 피고 꽃받침은 다섯 개로 갈라진다. 열편은 짧고 삼각상(三角狀)의 피침형이다. 화관(花冠)은 끝이 퍼진 종 모양이고 지름 4~5센티미터로서 끝이 다섯 개로 갈라진다. 다섯 개의 수술과 한 개의 암술이 있고 자방(子房)은 5실(室)이며 암술대는 끝이 다섯 개로 갈라진다.

10월에 씨가 익는데 삭과(蒴果)는 거꾸러진 계란형이고 꽃받침 열편이 달려 있으며 포간(胞間)으로 갈라진다.

흰색 꽃이 피는 것을 백도라지라 하고, 꽃이 겹으로 되어 있는 것을 겹도라지라 부른

백도라지 꽃

열매와 잎

다. 그리고 흰색 겹꽃이 피는 것을 흰겹도라지라고 한다.

도라지의 주요 성분은 사포닌인데 거담약(祛痰藥)으로 썼다고 한다.

화단에 관상용으로 심으면 꽃을 볼 수 있으며 한방 및 민간에서는 뿌리를 길경(桔梗)이라 하여 복통·지혈·늑막염·해소·거담·천식·보익·편도선염에 다른 약재와 같이 처방하여 약으로 쓴다.

도라지는 사질 양토에서 잘 자라고 실생법에 의해 주로 번식된다.

우리나라에 자라고 있는 도라지 종류로는 몇 가지가 있는데 도라지는 주로 제주 및 남부·중부·북부 지방의 산 음지에서 70센티미터 정도로 자라고 7~8월에 꽃을 피운다.

백도라지는 전국의 산과 들에서 1미터 정도로 자라고 7~8월에 꽃을 피운다.

겹백도라지와 꽃도라지는 원예 재배 식물이다.

애기도라지는 제주도와 남부 지방의 산속 계곡에서 30센티미터 정도로 자란다. 6~8월 꽃이 피고 11월에 씨가 익는다. 용도는 도라지와 거의 같다.

열매

한여름, 모든 나뭇잎들이 검푸른빛을 띠고 더위에 축 늘어질 때면 도라지는 산이나 야산지의 풀밭에서 목을 길게 빼고 아름다운 꽃망울

수술

암술

을 터뜨린다. 짙은 하늘색의 꽃망울은 푸른 하늘을 향해 자태를 뽐내며 활짝 핀다.

도라지꽃은 여름 산의 대표적인 야생화(野生花)라 할 수 있다.

최근에는 산에서 도라지꽃을 보기가 매우 어려우나 대신 농가 등에서 대량으로 재배하고 있다. 특히, 충남의 금산 지방과 경북의 풍기 지방에서 많은 도라지를 재배하고 있다.

도라지는 전해 오는 민요와 함께 우리들에게 항상 친숙함을 주는 꽃이며 뿌리를 말린 것은 고사리나물 등과 같이 항상 제상(祭床)에도 오른다.

요즘에는 계절에 관계없이 항상 우리의 식탁에 오르고 있다.

어떤 이야기가 숨어 있을까?

옛날 어느 산골 마을에 도라지라고 하는 소녀가 먼 친척 오빠와 같이 살고 있었다. 어느 날 오빠는 공부를 하기 위해 먼 나라 중국으로 떠나게 되었다. 소녀는 의지할 곳이 없었으므로 전부터 잘 아는 절의 스님에게

맡겨졌다.

집을 떠나던 날 오빠는 소녀에게 열 손가락을 펴 보이며 말하였다.

"애, 도라지야. 내가 10년만 공부하고 돌아올 것이니 너도 스님 밑에서 공부하면서 내가 올 때를 기다려라."

이렇게 약속을 하고 떠났던 오빠는 10년이 지나도 좀처럼 올 줄을 몰랐다. 소녀는 매일 오빠를 기다렸다. 뒷산에 올라가 먼 바다를 바라보며 오빠를 그렸다. 그러나 오빠는 소식조차 없었다. 떠도는 소문에 의하면 오빠는 풍랑을 만나서 바다에 빠져 죽었다느니, 중국에서 결혼을 하고 그곳에서 살고 있다느니 하는 구구한 이야기들뿐이었다.

소녀는 마침내 오빠가 돌아올 것이라는 기대를 버리기로 하였다. 그리고 일생을 혼자 지내기로 결심하고 절을 떠나 깊은 산속으로 들어갔다.

많은 세월이 흘렀다. 어느덧 소녀는 백발이 성성하고 허리가 꼬부라진 할머니가 되었다.

할머니는 어느 날 문득 오빠가 떠났던 옛날 바다가 보고 싶어졌다. 그래서 오빠를 기다리던 뒷산으로 올라가 바다를 하염없이 바라보았다.

"오빠! 지금이라도 돌아오셔요. 오빠가 보고 싶어요."

할머니는 그리움에 북받쳐 중얼거렸다.

그런데 그때 갑자기 등뒤에서 커다란 소리가 들려 왔다.

"도라지야."

어찌나 큰 소리였던지 할머니는 그만 깜짝 놀라서 그 자리에서 숨지고 말았다. 그 후 할머니가 숨을 거둔 자리에서 한 송이의 꽃이 피어났다. 사람들은 이 꽃을 도라지꽃이라 불렀다.

분포도

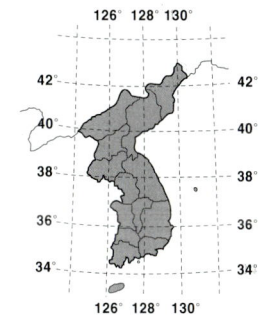

식물명	도라지(桔梗)
과 명	초롱꽃과(Campanulaceae)
학 명	Platycodon grandiflorum A.DC.
생약명	길경(桔梗)
속 명	산도라지 · 경초 · 고길경
분포지	전국의 산과 들
개화기	7~8월
결실기	9~10월
높 이	50~100센티미터
용 도	식용 · 관상용 · 약용
생육상	여러해살이풀(多年生草本)
꽃 말	영원한 사랑

잔대

전국의 산과 들에서 흔히 자라며 농가에서 재배하기도 하는 도라지과의 여러해살이풀이다.

원래 조선제니(朝鮮薺苨)·백마육(白馬肉)·남사삼(南沙蔘)·잔듸·잔다구·잔대뿌리 등으로 불리기도 했다.

산지에서 흔히 볼 수 있으며 높이는 50~120센티미터쯤 자란다. 도라지처럼 굵은 뿌리가 있고 풀 전체에 많은 털이 있다.

잎은 돌려나거나(輪生) 마주 난다(對生). 잎자루는 없으며 타원형·도란형 또는 피침형이고 큰 것은 길이 5센티미터, 넓이 3센티미터 정도로서 원줄기와 더불어 양면에 흰색의 복모(伏毛)가 밀생한다. 가장자리에는 불규칙하고 뾰족한 톱니가 있다.

7~9월에 꽃이 피는데 꽃은 원추화서(圓錐花序)를 형성하며 원줄기 끝에서 엉성하게 핀다. 꽃받침은 다섯 개로 갈라지고 하위 자방(子房) 위에 열편이 달린다.

화관(花冠)은 길이 1.3~2.2센티미터 정도의 종형(鐘形)이고 하늘색이며 끝이 좁아지지 않는다.

암술대는 약간 밖으로 나오는데, 세 개로 갈라지며 수술은 다섯 개로서 화통(花筒)으로부터 떨어진다. 수술대는 밑부분이 넓고 털이 있다.

11월에 씨가 익는데 삭과(蒴果)는 끝에 꽃받침이 달린 채 익으며 술잔과 비슷하고 측면의 능선 사이에서 터진다.

어린 줄기와 잎을 나물로 먹으며, 화단 등에 관상용으로 심으면 작은 꽃을 많이 피운다.

한방 및 민간에서는 뿌리를 사삼(沙蔘)이라 하며 경기(驚氣)와 한열(寒熱)에 쓰고 해독·거담제 등으로 다른 약재와 같이 처방하여 약으로 쓴다.

대개 잔대는 사질 양토에서 잘 자라고 실생법으로 주로 번식된다.

우리나라에는 여러 종의 잔대가 자라고 있는데 이들을 총칭하여 잔대라고 부른다.

둥근잔대는 제주 지방의 산에서 15센티미터쯤 자라며 7~8월에 꽃을 피운다.

또한 같은 지역에서 좀둥근잔대가 60센티미터쯤 자라고 7~8월에 꽃을 피운다.

왕둥근잔대는 중부 지방과 북부 지방의 산에서 60센티미터 정도로 자라고 7~8월에 꽃을 피운다.

톱잔대는 한국 특산 식물로 섬을 제외한 전국의 산에서 50센티미터쯤 자라고 7~8월에 꽃을 피운다.

덩굴잔대는 북부 지방의 고산지(高山地) 초원에서 50센티미터 정도 자라고 7~8월에 꽃을 피운다.

또한 넓적잔대는 북부 지방의 산지 초원에서 50센티미터 정도 자라고 7~8월에 꽃을 피운다.

한국 특산 식물인 넓적잔대와 같은 장소에서 나는 흰넓적잔대는 50센티미터 정도로 자라고 7~8월에 꽃을 피운다.

도라지잔대도 한국 특산 식물로 중부 지방과 북부 지방의 산에서 60센티미터 정도로 자라고 7~8월에 꽃을 피운다.

한국 특산 식물인 가야산잔대와 큰잔대는 60센티미터쯤 자라고 7~8월에 꽃을 피우는데 이들은 각각 남부 지방의 가야산, 중·북부 지방의 산에서 볼 수 있다.

두메잔대는 북부 지방의 고산(高山)에서 20~40센티미터 정도로 자라고 8월에 꽃을 피운다.

가는잎잔대는 제주도와 북부 지방의 고산 정상에서 70센티미터쯤 자라고 7~9월에 꽃을 피운다.

지리산잔대는 한국 특산 식물로서 남부 지방의 지리산(智異山)에서 70센티미터

잎

꽃   뿌리

정도로 자라고 7~9월에 꽃을 피운다.

　진퍼리잔대는 중부 지방과 북부 지방의 심산 습지에서 70센티미터 정도 자라고 7~9월에 꽃을 피운다.

　흰섬잔대는 한국 특산 식물로 제주도 및 남부 지방의 산에서 70센티미터 정도로 자라고 7~9월에 꽃을 피운다. 원래 제주도에서만 자라는 것으로 기록되어 있으나 필자는 1989년 8월에 안마군도에서 학술 조사를 하던 중 낙월도의 산 초원(草原)에서 한 그루를 발견하여 발표한 바 있다. 이것으로 보아 흰섬잔대는 오랜 세월이 지나면서 제주도에서 점차 전남 지방의 해안 도서로 이동 번식하게 되었음을 추측하게 한다.

　가는잎진퍼리잔대는 한국 특산 식물로 북부 지방의 산에서 60센티미터쯤 자라고 7~9월에 꽃을 피운다.

　개잔대와 꽃잔대는 북부 지방의 산에서 70센티미터 정도로 자라고 7~9월에 꽃을 피운다.

　금강잔대는 한국 특산 식물로서 중부 지방의 금강산(金剛山)에서 100센티미터쯤 자라고 7~9월에 꽃을 피운다.

　층층잔대는 전국의 산과 들 및 농가에서 재배하는 식물인데 높이 1미터 정도로 자라고 7~9월에 꽃을 피운다.

　당잔대는 섬을 제외한 전국의 산지에서 1미터 정도 자라고 7~9월에 꽃을 피운다.

　섬잔대와 실잔대는 한국 특산 식물로 제주도의 산지에서 25센티미터쯤 자라고 7~9월에 꽃을 피운다.

　털잔대는 제주도와 북부 지방의 고산지(高山地)에서 1미터 정도로 자라고 8~9월에 꽃을 피운다.

　가는층층잔대는 제주도와 중부 지방 및 북부 지방의 산에서 80센티미터 정도 자라고 8~9월에 꽃을 피운다.

　왕잔대는 북부 지방의 산에서 볼 수 있는데 대개 1미터쯤 자라고 8~9월에 꽃을 피운다.

　이와 같이 많은 잔대가 우리나라 각 지방의 산에서 자라며, 이들은 대부분 7~9월에 꽃을 피운다.

　꽃은 비록 크지 않지만 작은 종(鐘) 모양으로 여러 개씩 매달려 귀엽게 보인다.

　화단에 촘촘히 심고 지주목을 세워 옆으로 쓰러지지 않도록 줄을 매어 주면 여름부터 가을까지 아름다운 꽃이 많이 피는 것을 볼 수 있다.

　잔대는 그 줄기가 대부분 길어서 옆으로 비스듬히 누워서 꽃을 피우는 경우가 많으며, 톱잔대의 경우에는 꽃이 매우 커서 관상용으로 알맞다.

꽃

이들 잔대는 그 성분도 모두 비슷하여 용도 역시 대개 같다. 풀잎의 크기나 꽃의 색깔 등은 제각기 약간씩 다르다.

번식력이 대단히 강하여 한곳에서 많이 자라나지만 무절제한 채취로 인하여 그 종이 자꾸 줄어들고 있다.

잔대는 우리 고유의 식물로 본종(本種)이 아주 많은 식물이다.

잔대보다 꽃이 크고 아름다운 것은 도라지과의 더덕(沙蔘, 羊乳)으로 잔대보다 뿌리가 굵다. 요즘에는 재배도 많이 하고 있는데 각지의 심산에서 많이 자라고, 8~9월에 꽃을 피운다.

도라지과에는 아름다운 꽃을 피우는 초롱꽃 계통이 많다.

금강초롱은 한국 특산 식물로 중부·북부 지방의 금강산(金剛山), 설악산, 대암산, 오대산 등지에서 70센티미터쯤 자라고 8~9월에 아름다운 꽃을 피운다.

섬초롱꽃과 풍경초는 한국 특산 식물로서 울릉도의 해안지에서 50센티미터 정도로 자라고 6~7월에 꽃을 피운다.

검산초롱도 한국 특산 식물로 북부 지방의 심산지에서 볼 수 있다. 70센티미터쯤 자라고 8~9월에 꽃을 피운다.

풍령초와 겹풍령초는 외국 원산인 원예 식물로 관상용으로 재배한다. 높이 1미터쯤 자라고 8월에 꽃이 핀다.

도라지·잔대·초롱꽃·모싯대 등 도라지과의 풀들은 꽃이 아름다워서 대부분 관상용으로 많이 심는다.

분포도

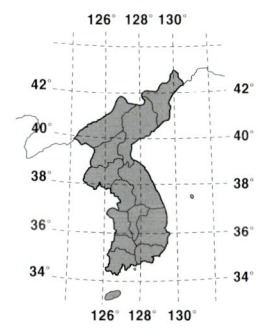

식물명	잔대(沙蔘)
과 명	초롱꽃과(Campanulaceae)
학 명	*Adenophora triphylla* var. *japonica* H.Hara
생약명	사삼(沙蔘)
속 명	잔듸·잔다구뿌리
분포지	전국의 산과 들
개화기	7~9월
결실기	10~11월
높 이	60~120센티미터
용 도	식용·관상용·약용
생육상	여러해살이풀(多年生草本)

닭의장풀

전국의 들이나 길가 혹은 야채밭이나 인가 부근의 습기가 많은 울타리 밑에서 잘 자라는 닭의장풀과의 한해살이풀이다.

원래는 압척초(鴨跖草)·닭의씨까비·우이염초(于耳染草)·압식초(鴨食草)·수부초(水浮草)·압자채(鴨子菜)·야척초(野跖草)·노초(露草)·대압척초(大鴨跖草)·복채(福菜)·죽엽활혈단(竹葉活血丹)·남화초(藍花草)·삼각채(三角菜)·남화채(藍花菜)·달개비·닭의장풀·닭의밑씻개·닭의꼬꼬·닭이장풀·달레개비 등 각 지방에 따라 여러 속명으로 불리었다.

우리나라와 만주 지방 도처의 야산지나 들·밭·길가의 습지 등 습기가 많은 지역에서 자라며 일종의 잡초(雜草)로 여겨졌다.

우리나라에서는 부드러운 줄기와 잎을 나물이나 식량 대용으로 먹기도 하였으며, 예로부터 화즙(花汁)을 짜서 비단 옷감을 남색(藍色)으로 물들일 때 사용했다고 한다.

『만선식물』에 의하면 줄기와 잎은 치질과 종기의 통증 등을 치료하는 데 쓰였다고도 한다.

인가 주변에서 흔히 볼 수 있는 풀이며 높이는 15~50센티미터쯤이고 밑부분이 옆으로 비스듬히 자란다. 잎은 어긋나며 마디가 굵고 밑부분의 마디에서 뿌리가 내린다.

잎은 계란 모양의 피침형이고 밑부분이 막질(膜質)의 엽초(葉鞘, 잎꼭지가 칼집 모양으로 되어 줄기를 싸고 있는 것)로 되어 있다. 길이는 5~7센티미터, 넓이는 1~1.5센티미터로서 털이 없거나 뒷면에 약간 있는 경우도 있다.

엽초는 입구(入口)에 긴 털을 가지고 있으며 약간 두껍고 질(質)이 연하다.

7~8월에 꽃이 피는데 잎의 겨드랑이에서 나온 꽃자루 끝의 포(苞)에 싸여 하늘색으로 핀다.

포는 넓은 심장형으로 안으로 접히며 끝이 뾰족하다. 길이는 2센티미터로 겉에 털이 나 있는 것도 있고 없는 것도 있다.

외화피(外花被) 세 개는 무색(無色)이고 막질로 되어 있다. 안쪽 세 개의 화피 중 위쪽의 두 개는 둥글고 하늘색이며 지름이 0.6센티미터이지만 다른 한 개는 작고 색이 없다.

두 개의 수술과 꽃밥이 없는 네 개의 수술이 있으며, 10월에 씨가 익는다. 삭과(蒴果)는 타원형이고 육질(肉質)이지만 마르면 세 개로 갈라진다.

이 풀은 화강암계·반암계·화강편마암계·편상화강암계·현무암계 등에서 잘 자라며, 번식은 생태육종법·실생법·계통분리법 등에 의하여 이루어지지만 대개는 실생법에 의하여 번식된다.

닭의장풀은 원래는 시골 농가의 닭장 부근에서 잘 자란다. 닭의 배설물이 떨어지는 닭장 밑에서 자란다 하여 닭의밑씻개·닭의장풀·닭의꼬꼬란 이름을 가지게 되었다.

그러나 번식력이 대단히 강하여 뽑아도 뽑아도 다시 살아나곤 한다. 줄기가 잘리면

어린싹

꽃

바로 끊어진 마디에서 뿌리가 다시 나온다. 닭의장풀은 이처럼 생명력이 매우 강한 한해살이풀이다.

가축 사료와 퇴비로 많이 쓰이며, 요즘에는 나물로 먹는 경우가 드물다.

닭의장풀과에는 몇 가지 종류가 있다. 애기닭의장풀·수죽엽(水竹葉)·사마귀풀 등으로 불리는 것들이 있으며 이들은 제주도를 비롯한 각지의 논이나 냇가 둑의 습기가 많은 곳에서 자란다. 높이가 20센티미터 정도 되고 6~8월에 꽃이 피며 10월에 씨가 익는다.

이 풀은 잎이 가늘며 꽃은 세 개의 꽃잎을 가지고 있는데 하늘을 향하여 활짝 핀다.

가는잎달개비는 제주도와 남부·중부 지방의 산과 들, 혹은 길가 등지에서 40센티미터쯤 자라고 6~8월에 꽃을 피우며 10월에 씨가 익는다.

덩굴닭의장풀은 남부 지방의 구례(求禮) 및 중부·북부 지방 산과 들의 습기가 많은 곳에서 50센티미터쯤 자라고 7~8월에 꽃을 피운다.

자주달개비(양달개비)는 미국 원산인 원예종으로, 재배되고 있으며 관상용으로 사찰 등에서 종종 볼 수 있다.

풀잎은 기다란 난초 모양을 하고 있으며 풀 전체가 흰 분을 바른 듯이 분백색(粉白色)을 띠고 있다. 높이 60센티미터 정도로 자라고 7~8월에 짙은 자주색의 꽃을 많이 피우며 9월에 씨가 익는다.

흰얼룩줄달개비는 남미가 원산이며 관상용으로 들여와 재배하는 원예종이다. 높이 60센티미터 정도로 자라고 7~8월에 꽃이 핀다.

줄자주달개비는 멕시코가 원산이며 이것 또한 관상용으로 들여와 재배하는 원예종이다. 높이 60센티미터쯤 되며 7~8월에 꽃이 핀다.

흰좀닭의장풀 꽃

큰줄달개비도 외국의 원예종으로, 관상용으로 재배하고 있다. 60센티미터 정도로 자라고 6~7월에 꽃이 된다.

위의 닭의장풀과는 대개 민간에서 약으로 쓰이며, 외국 원산인 것들은 대부분 원예종으로 식용하지는 못한다.

분포도

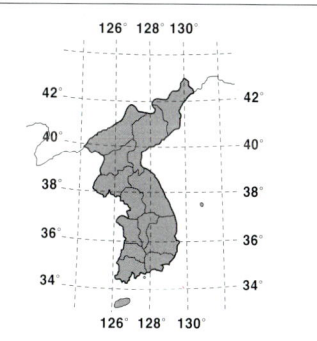

식물명	닭의장풀
과 명	닭의장풀과(Commelinaceae)
학 명	*Commelina communis* L.
속 명	닭의밑씻개 · 닭의꼬꼬 · 달개비(鴨跖草)
분포지	전국의 들
개화기	7~8월
결실기	10월
높 이	50센티미터
용 도	식용 · 약용
생육상	한해살이풀(一年生草本)

꽈리

우리나라 각 지방 인가 부근의 울타리 밑이나 초원지에서 흔히 볼 수 있으며 간간의 초원지 등에서도 종종 볼 수 있는 가지과의 여러해살이풀이다.

원래는 산장초(酸漿草) · 등롱초(燈籠草) · 왕모주(王母珠) · 홍고낭(紅姑娘) · 꼬아리 · 꾸아리 · 고아방두글 · 산장(酸漿) · 고랑(姑娘) · 금등롱(錦灯籠) · 산장과(酸漿果) · 야호숙(野胡椒) · 포포초(泡泡草) · 등롱과(灯籠果) · 수분자(水粉子) · 야목과(野木瓜) 등으로 불렀다.

문헌에 의하면 대부분 밭에 포원을 만들고 재배하였다 하며, 숙근초(宿根草)로서 새싹과 줄기 · 잎 · 뿌리 등을 햇볕에 말린 다음 줄여서 폐(肺)를 맑게 하는 데 쓰였을 뿐만 아니라 해소를 치료하고 염증을 억제하는 데에도 쓰였다고 한다.

열매는 산모와 소아에게 좋은 약이 되었다고 한다. 풀 전체를 이뇨제로 썼고 통풍약(痛風藥)으로도 썼다고 한다.

높이 40~90센티미터 정도로 자라고 털이 없으며 땅속뿌리(地下莖)가 길게 벋어 나가며 번식한다.

잎은 어긋나지만 한군데에서 두 개씩 나오며 그 틈에서 꽃이 핀다. 잎은 넓은 계란형이며 잎자루가 있고 원저 또는 넓은 침저이다. 잎의 길이는 5~12센티미터 정도로 가장자리에 톱니가 있다.

6~7월에 꽃이 피는데 꽃은 한 개씩 달리고 소화경(小花梗)의 길이는 3~4센티미터이다.

꽃받침은 짧은 통형(筒形)이며 끝이 얕게 다섯 개로 갈라지고 가장자리에 털이 있다.

화관(花冠)은 약간의 누른빛을 띠고 있으며 지름이 1.5센티미터 정도이다. 화관의 가장자리는 다섯 개로 약간 갈라지고, 꽃이 핀 다음 꽃받침은 길이 4~5센티미터쯤 자라 계란형이 되며 열매를 완전히 둘러싼다.

9~10월에 열매가 붉은색으로 익으며 장과(漿果)는 지름 1.5센티미터 정도의 둥근 모양이다.

열매를 먹을 수 있으며 화단이나 뜰 안에 심어 관상초로 흔히 기른다. 한방과 민간에서는 풀 전체와 열매를 산장초(酸漿草)라고 하여 기생충·해열·임질·통경·안질·임파선염·이뇨·후통·거풍·황달·난산·진통·해독·사독·늑막염·간염·간경화·자궁염 등에 다른 약재와 같이 처방하여 약으로 쓴다.

이 풀은 화강암계·화강편마암계·변성퇴적암계·편상화강암계·반암계 등에서 잘 자라며, 번식은 실생법·분주법·접목육종법·종간잡종법 등에 의하여 이루어진다.

꽈리는 예로부터 흔히 화단이나 장독대 옆, 울타리 밑 등에 많이 심고 있는 풀이다.

꽈리의 종류로는 땅꽈리와 애기땅꽈리가 있는데 제주도와 남부·중부 지방·울릉도 등의 들이나 밭, 길가에서 쉽게 볼 수 있다. 높이 30~40센티미터쯤 자라고 7~8월에 꽃을 피운다. 9~10월에는 꽈리 모양의 열매가 푸르게 익으며 열매는 아주 작은 편이다.

덩굴꽈리는 제주도의 산과 들에서 높이 60센티미터 정도로 자라며 6~7월에 꽃을 피우고 9월에 씨가 익는다.

이들 꽈리는 대개 꽈리와 같은 용도로 쓰이며 약용으로도 거의 비슷하게 사용된다.

꽈리꽃은 관상용으로는 그다지 뛰어나지 못하지만 열매는 아름다워 장식용으로도 많이 쓰이고 있다.

어떤 이야기가 숨어 있을까?

옛날 어느 가난한 시골 마을에 꽈리라는 마음씨 착한 소녀가 살고 있었다. 꽈리는 언제나 명랑한 표정으로 노래를 불렀는데 누구에게서 노래를 배운 것은 아니었지만 노래를 부르는 재주가 아주 뛰어났다.

꽈리의 노랫소리를 들은 마을 사람들은

열매 　　　　　　　　　열매 　　　　　　　　　씨

마치 옥구슬이 구르는 것 같다고 칭찬이 대단하였다.

그런데 이 마을 세도가 양반집에도 꽈리와 같은 나이 또래의 소녀가 있었다. 그녀는 꽈리만큼 노래를 부르지 못하였다. 마을 사람들이 꽈리의 칭찬을 하면 할수록 꽈리를 몹시 미워하였다.

그녀의 어머니도 매우 심술궂은 여자였는데 이들 모녀는 기회만 생기면 꽈리를 괴롭히려 들었다. 그래서 꽈리는 되도록 그 집에 가까이 가지 않았으며, 노래를 부르더라도 양반집 소녀가 듣지 않는 곳에서 불렀다.

어느 날, 나물을 캐던 꽈리는 흥에 겨워 노래를 즐겁게 불렀다. 꽈리의 노랫소리는 바람을 타고 온 산골짜기로 아름답게 메아리쳤다.

그런데 마침 그곳을 지나가던 고을 원님이 꽈리의 노랫소리를 듣고 멈추어 섰다.

"허이, 이렇게 아름다울 수가……. 필시 선녀가 내려와서 노래를 부르고 있는 것일 게야."

원님은 당장 노래를 부르는 사람을 찾아 데려오도록 명령하였다.

이윽고 꽈리가 원님 앞에 당도하였다. 그러나 꽈리는 너무 수줍어 고개를 들 수가 없었다. 집이 어디냐는 원님의 물음에 대답도 하지 못하였다. 원님은 꽈리의 노래를 다시 한번 크게 칭찬하고 돌아갔다.

이러한 소문은 곧 온 마을에 퍼졌다. 양반집 소녀와 그 어미는 이 소식을 듣고 샘을 내며 질투심으로 온몸을 떨었다.

어느 날 세도가 양반집에서 큰 잔치가 열렸다. 원님도 초대를 받고 잔치에 참석하였다.

온 동네 사람들은 물론이고 이웃 마을 사람들까지 모여들어 북적거렸다. 그러나 꽈리의 모습은 보이지 않았다. 꽈리는 양반집에서 멀리 떨어진 곳에서 잔치가 흥겹게 무르익어 가는 것을 지켜 볼 뿐이었다. 꽈리도 그 잔치에 참석하고 싶었지만 양반집 소녀가 무슨 심술을 부릴지 몰라 가지 않았던 것이다.

잔치가 절정에 이르렀을 무렵이었다. 원님이 집주인에게 말했다.

"듣자하니 이 고을에 노래를 썩 잘 부르는 소녀가 있다 하던데 어디 그 노랫소리 좀 들려 주시오."

양반은 즉시 꽈리를 불러오도록 명령했다. 세도가의 딸과 그 어미는 이 소식을 듣고 꽈리를 골려 줄 음모를 꾸몄다.

꽈리가 수줍음을 잘 탄다는 사실을 알고 있던 소녀의 어미는 불량패들을 불러 모았다. 그리고 그들에게 꽈리가 노래를 못 부르도록 방해를 하라고 명령하였다.

곧 꽈리가 도착하여 원님 앞으로 나왔다. 꽈리는 부끄러웠지만 숙였던 고개를 들고 목청을 가다듬었다. 이때였다. 꽈리의 앞에 있던 한 청년이 불쑥 소리쳤다.

"노래도 못부르는 것이 감히 원님 앞에서 노래를 부르려 하다니……."

그러자 옆에서 다른 청년이 또 말하였다.

"노래는 그렇다 치고 얼굴이 저렇게 못생겨서야 어디……."

순간 꽈리의 얼굴이 새빨개졌다. 수줍음을 잘 타는 그녀는 부끄러움을 참지 못하고 그만 그곳을 달아나듯이 빠져나와 집으로 돌아왔다.

양반집 소녀와 어미는 속으로 쾌재를 부르며 꽈리의 어리석음을 비웃었다.

집으로 돌아온 꽈리는 너무나 부끄러워 눈물도 나오지 않았다. 여기저기에서 사람들이 비웃으며 자신에게 손가락질하는 것 같았다. 그녀는 몸져 눕고 말았다. 의원이 몇 차례 다녀갔으나 뚜렷한 병명을 밝히지 못하였다. 꽈리는 결국 그해를 넘기지 못하고 자신을 책망하며 세상을 떠나고 말았다.

이듬해 봄, 꽈리의 무덤가에는 한 포기의 풀이 자라나기 시작하였다. 가을이 되어서는 새빨간 열매를 주렁주렁 달았다.

엷은 너울 속에서 가만히 밖을 내다보는 붉은색의 열매 모습이 꽈리의 수줍어하던 모습 그대로였다.

그 뒤 사람들은 그 꽃을 꽈리라고 불렀다. 꽈리는 특히 소녀들로부터 사랑을 받았는데 꽈리를 입에 물고 다니면 노래를 잘 부른다 하여 소녀들이 다투어 꽈리를 물고 다녔다 한다.

분포도

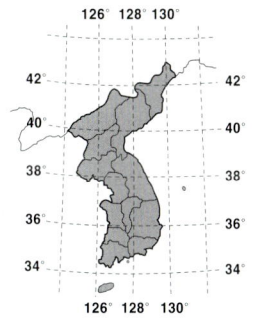

식물명	꽈리(酸漿果)
과 명	가지과(Solanaceae)
학 명	*Physalis alkekengi* var. *francheti* Hort
생약명	산장초(酸漿草)
속 명	꾸아리 · 꼬아리
분포지	전국의 인가 부근
개화기	6~7월
결실기	9~10월
높 이	50~90센티미터
용 도	식용 · 관상용 · 약용
생육상	여러해살이풀(多年生草本)

달맞이꽃

남아메리카 칠레가 원산인 식물로 우리나라에 오래전에 들어와 전국의 산과 들에서 자라고 있는 바늘꽃과의 두해살이풀이다.

원래는 행대소초(香待霄草)·야래향(夜來香)·산지마(山芝麻)·월하향(月下香)·월견초(月見草)·달맞이꽃 등으로 불렸다.

높이는 50~90센티미터쯤 자라고 굵고 곧은 뿌리가 나는데 여기에서 한 개 또는 여러 개의 대가 나와서 곧게 자란다.

뿌리에서 나온 잎은 꽃방석처럼 사방으로 둥글게 퍼지며 줄기에서 나는 잎은 선상 피침형으로 끝이 뾰족한데 밑부분은 직접 원줄기에 달리고 가장자리에 얕은 톱니가 있다.

7~9월에 노란색의 꽃이 피고 잎 겨드랑이에 한 개씩 달린다. 저녁때 밝은 노란색으로 피었다가 아침에 햇빛이 비치면 곧 시드는데 약간 붉은빛이 돈다.

꽃받침은 네 개로 두 개씩 합쳐지며 꽃이 피면 뒤로 젖혀진다. 꽃잎은 네 개이며 끝이 파여 있다. 수술은 여덟 개이고 암술대는 네 개로 갈라진다. 자방(子房)은 원추형(圓錐形)이며 털이 있다.

10월에 익는 씨앗은 삭과(蒴果)로서 네 개로 갈라져 나오는데 씨앗이 젖으면 점액이 생긴다.

관상용·약용으로 쓰인다.

가로변 등에 심어 관상하며 종자를 채취하여 기름을 짜는데 이를 월견초유(月見草油), 혹은 달맞이꽃기름이라 하여 민간 및 한방·현대 의학에서 고혈압·감기·신장염·인후염·해열 등에 다른 약재와 같이 처방하여 약으로 쓴다. 민간에서는 비만증을 치료하는 데도 쓰고 있다.

식질 양토면 어디서나 잘 자라며 번식법은 종자재배법·삽목법·분주법·종내잡종법 등이 있는데 주로 종자재배법에 의하여 번식된다.

달맞이꽃은 번식력과 생명력이 대단히 강한 식물로 전국 어디서나 볼 수 있는 꽃이다.

한 포기에서 수백만 개의 씨가 쏟아질 만큼 번식력이 대단한데 땅에 떨어진 씨가 모두 발아하는 것은 아니지만 그 중 상당수가 싹을 틔워 잎이 나기 시작하여 늦가을이 되면 풀포기는 제법 커지고 풀잎이 10센티미터 정도까지 자란다. 달맞이꽃은 여러 색깔의 옷감을 잘라서 방석을 만들어 놓은 것처럼 아름답다.

굵은 뿌리는 땅속 깊이 들어가 상당히 비대해지는데 이 상태로 죽지 않고 겨울을 난다.

불그레한 풀잎은 눈이 쌓이는 한겨울에도 끄덕하지 않고 땅바닥에 움츠린 채 겨울을 지난다. 이른 봄, 봄 기운이 퍼지면 풀잎이 자라기 시작한다.

이때부터 계속 자라 7월쯤이면 밝은 노란색 꽃이 밑에서부터 차례차례 피기 시작한다.

이 꽃은 낮에는 좀처럼 활짝 핀 모습을 보기 어렵고 간혹 비오는 날이나 구름이 낀 날에 활짝 핀 모습을 볼 수 있는데 밤새 꽃이 피었다가 아침에 햇살이 비치면 곧 오므라들어 월견초(月見草)란 이름이 붙여졌다 한다.

우리나라에 자라고 있는 달맞이속에는 몇 종류가 있다.

겹달맞이꽃은 관상용으로 재배하는 식물로 8~9월에 꽃이 핀다.

왕달맞이꽃은 높이 1.5미터 정도까지 자라는데 이 풀은 모두 미국 원산으로 우리나라의 강원 북부 지방 해변가나 전남 영광군 섬 지방, 그리고 경남 쪽 지리산에서도 확인되었다.

달맞이보다 꽃이 큰 편이며 6월부

큰달맞이꽃

큰달맞이꽃

터 꽃이 피기 시작하는데 관상용으로 매우 적합하다. 어린잎은 가축이 뜯어먹지만 잎이 성숙하면 가축도 먹지 않는다고 한다.

어떤 이야기가 숨어 있을까?

태양 신(神)을 숭배하며 살아가는 인디언 마을에 로즈라는 미모의 아가씨가 있었다.

이곳의 부족은 태양신을 숭배하여 주로 낮에 활동을 했는데 무척 강인한 사람들이었다. 그러나 로즈만은 낮보다 시원한 밤을 좋아했고, 태양보다는 달을 더 좋아했다.

이 마을에는 해마다 여름이면 축제가 열리고 밤이 되면 큰 행사가 벌어진다. 15세 된 처녀들이 곱게 단장을 하고 한 줄로 늘어서 있으면 총각이 한 사람씩 나와서 마음에 드는 처녀를 골라 결혼을 하는 행사였다.

여기에는 규율이 있다. 전쟁에서 적을 많이 죽였거나 평소에 많은 사냥을 해 오는 사람, 또는 부락에 공이 큰 총각부터 마음에 드는 처녀를 먼저 고를 수 있다는 것이다.

이제 막 14세가 된 로즈는 축제를 구경하고 집으로 돌아오는 길이었다. 내년에는 로즈도 시집을 가야 했다.

'나는 누구에게 시집을 가게 될까?'

이런 생각을 하며 걷고 있는데 갑자기 앞에서 인기척이 났다.

"나는 추장의 작은아들인데 멀리 떨어진 형제 부족의 추장집에서 5년 동안 교육을 받고 돌아오는 길입니다. 오늘의 축제에서 결혼하려고 이렇게 달려왔는데 한발 늦은 것이오."

밝게 웃는 청년을 바라본 순간 로즈는 그에게 마음이 쏠리기 시작했다.

이튿날 밤 달을 구경하고 있는 로즈에게 또다시 추장의 아들이 찾아왔다.

태양보다 달을 더 좋아하는 로즈의 눈에는 추장의 큰아들은 태양이요, 작은아들은 달로 여겨졌다.

달처럼 느껴지는 추장의 작은아들은 싸움도 사냥도 모두 뛰어났다. 그 후로 밤이 되어 달구경하는 로즈의 옆에는 추장의 작은아들이 그림자처럼 따라다녔다.

어느덧 해는 바뀌어 또다시 축제의 날이 되었다. 밤이 되자 로즈는 예쁘게 꾸미고 나갔다. 추장의 아들이 상냥하게 웃으며 다가와서 자기의 손을 살며시 잡아 주기를 기다렸으나 추장의 작은아들은 로즈 옆에 서 있는 다른 처녀를 데리고 가 버렸다.

로즈가 어쩔 줄을 몰라 하고 있을 때 다른 남자가 다가와서 로즈의 손을 잡았다.

"안돼. 나는 그럴 수 없어."

로즈는 절망감에 사로잡혀 밖으로 뛰쳐나갔다. 그러나 규율에 의하여 병사들에게 붙잡혀 다시 끌려 왔다.

추장과 마을 사람들은 신랑을 거절한 로즈를 즉시 귀신의 골짜기라고 일컬어지는 외진 곳으로 추방하고 말았다.

이곳에는 낮에는 뜨거운 햇볕, 밤에는 온갖 짐승들과 귀신이 들끓는 골짜기였다.

로즈는 밤이면 달을 쳐다보고 하염없이 울면서 사랑하는 추장의 작은아들이 찾아와 주기를 고대했지만 모두 허사였다.

해가 지면 달이 뜨고 달이 지면 다시 해가 떴다. 곱기만 하던 로즈의 얼굴은 차츰 여위기 시작했다.

그로부터 일 년이 흘렀을 때 추장의 작은아들은 문득 로즈를 생각했다.

"아, 나 때문에 귀신의 골짜기로 추방된 불쌍한 로즈여."

다시 축제가 벌어질 무렵 추장의 작은아들은 다른 사람의 눈을 피해 그곳을 찾아갔다.

높고 낮은 바위와 바람이 세차게 몰아치는 골짜기는 금방이라도 귀신이 튀어나올 것만 같았다.

추장의 아들은 큰 소리로 로즈를 불러 보았다. 그러나 아무런 대답이 없었다.

다만 추장의 아들은 희미한 달빛에 비친 한 송이 꽃을 보았을 뿐이었다.

열매

추장의 아들은 그 자리에 주저앉고 말았다. 로즈가 죽어서 한 송이 꽃이 된 것이었다.

로즈는 죽어서도 사랑하는 사람을 기다리는 듯 밤이면 달을 보고 피어났다.

이 꽃이 바로 달맞이꽃인데 로즈가 사랑을 시작한 지 2년 만에 죽었듯이 달맞이꽃도 2년을 살고 죽는다.

분포도

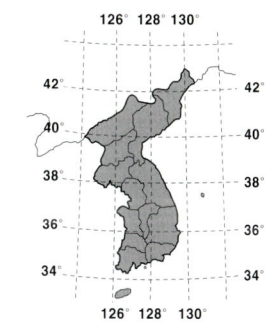

식물명	달맞이꽃(香待霄草)
과 명	바늘꽃과(Onagraceae)
학 명	*Oenothera biennis* L.
생약명	월견초유(月見草油)
속 명	금달맞이꽃 · 향대소초 · 야래향 · 월견초
분포지	전국
개화기	7~9월
결실기	9~10월
높 이	50~90센티미터
용 도	관상용 · 약용
생육상	두해살이풀(二年生草本)
꽃 말	기다림

맨드라미

우리나라 곳곳에서 흔히 화단에 관상용으로 심고 있으며 원예농가에서도 재배하고 있는 비름과의 한해살이 풀이다.

계두화(鷄頭花)·계관화(鷄冠花)·당속(唐粟)·홍계관화(紅鷄冠花)·백계관화(白鷄冠花)·계관해당(鷄冠海棠)·단기맨드라미·맨도람이·긴잎맨드라미·맨드라미꽃 등으로 불렸다.

문헌에 의하면 우리나라와 만주 지방 등에서, 특히 집 주변의 유휴지·공터에 채소밭을 만들어 흔히 심었다고 하며 때때로 심어서 분양하기도 했다.

높이 90센티미터 정도로 곧게 자라며 털이 없고 흔히 붉은빛을 띤다.

잎은 어긋나고 잎자루가 길며 계란형 또는 계란 모양 피침형이다. 잎 끝이 뾰족하고 길이는 5~10센티미터, 넓이는 1~3센티미터로서 밑부분이 침저이다.

7~9월에 꽃이 피는데 편평한 꽃줄기에 잔 꽃이 밀생한다. 꽃의 색은 붉은색·노란색·흰색 등 여러 가지이고, 꽃받침은 다섯 개로 갈라지며 열편은 짧고 넓은 피침형이다.

수술은 다섯 개로 꽃받침보다 길고 수술대 밑이 서로 붙어 있다. 암술은 한 개이고 긴 암술대가 있다.

9월에 씨가 익으며 열매는 계란형으로 꽃받침에 싸여 있다. 열매의 끝에는 암술대가 남아 있고, 열매가 옆으로 갈라져서 뚜껑처럼 열리면 세 개 내지 다섯 개의 검은 씨가 나온다.

화단에 관상초로 심기도 하며, 꽃은 염료(染料)로 쓰거나 꽃꽂이용으로 쓴다.

한방과 민간에서는 씨를 계관자(鷄冠子)라 하고 꽃을 계관화(鷄冠花)라 하며, 토혈·요혈(尿血)·모든 출혈·조경(調經)·하리(下痢)·구토·거담·설사·대하·자궁염·적백리(赤白痢) 등에 다른 약재와 같이 처방하여 쓴다.

양토라면 아무 데서나 잘 자라고, 번식은 종자재배법·생태육종법·종내육종법 등에 의하여 이루어지지만 대개는 종자재배법에 의하여 번식이 된다.

맨드라미 종류에는 덩굴맨드라미·줄맨드라미·삼색맨드라미·들맨드라미·통맨드라미·창맨드라미·버들맨드라미·국수맨드라미 등이 있으며 이들 대개는 재배 원예 식물로서 그중 들맨드라미는 야생종이다.

또한 잎맨드라미(색비름)가 있는데 풀잎이 무지개처럼 여러 가지색으로 되어 있어 아름답다. 예로부터 떡을 할 때 넣으면 고운 물이 들어 보기 좋아 애용하였고 문살 사이에 고운 잎새를 넣고 창호지를 바르면 항상 맨드라미의 아름다운 색깔을 볼 수 있었다.

어떤 이야기가 숨어 있을까?

옛날 어느 나라에 큰 힘을 가진 장군이 있었는데 그의 이름은 무룡이었다.

이 장군은 항상 충직하게 바른말을 잘 하는 충신이었다. 그러므로 왕을 둘러싸고 있던 간신들에게는 이 장군의 존재가 눈엣가시였다. 그래서 간신들은 음모를 꾸며 무룡 장군을 계속 싸움터에만 있게 하도록 왕을 설득하였다. 간신들의 음모를 알지 못하는 왕은 언제나 무룡 장군에게 싸움터에 머물 것을

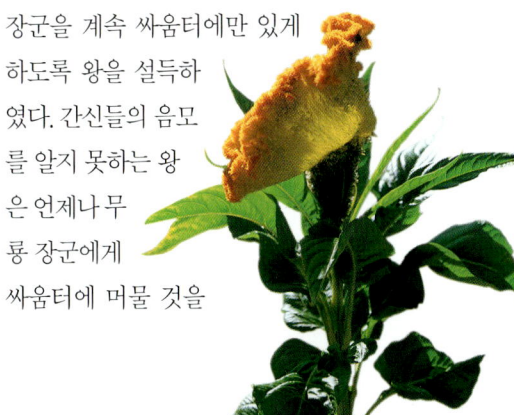

명령하였다.

그러나 장군은 조금도 왕을 원망하지 않았다. 오직 나라를 걱정하는 마음에서 경계를 철저히 하고 조금이라도 국경을 넘보는 적이 있으면 순식간에 나아가 적을 섬멸시켜 버리곤 하였다.

전쟁터에서만 10여 년간을 보낸 무룡 장군이 마침내 적장의 항복을 받고 고향으로 돌아왔다.

왕은 무룡 장군의 개선을 크게 환영해 주었다. 그러나 그것도 잠시뿐이었다. 장군의 개선을 못마땅하게 여긴 간신들이 또다시 왕에게 장군을 헐뜯기 시작하였다.

왕은 무룡 장군의 전공을 높이 인정하고 있던 터였으므로 이들의 의견을 모두 물리치고 장군을 변호해 주었다. 그러나 언제까지 장군을 변호해 줄 수는 없었다. 왕이 장군을 변호하면 할수록 간신들의 음모는 더욱 치밀해져 갔기 때문이다.

마침내 장군은 차라리 전쟁터가 편하다고 생각하기에까지 이르렀다.

"전하, 그동안 충분히 쉬었으니 이제 전쟁터로 나갈까 하옵니다. 허락하여 주시옵소서."

간신들은 이때가 무룡 장군을 제거할 수 있는 좋은 기회라 생각하고 왕에게 거짓으로 고하였다.

"전하! 무룡 장군은 자기가 왕이 되려는 생각을 품고 있사옵니다. 그래서 전쟁터로 나간다는 핑계를 대고 군사를 모으려는 것이옵니다."

이 말에 왕은 크게 놀라 명령하였다.

"무엇이라고! 이런 나쁜 놈이 있나. 여봐라! 어서 무룡 장군을 데려오너라."

왕의 부름을 받고 무룡 장군이 오자 삼십 명의 무사들이 무룡 장군을 둘러쌌다.

장군은 왕에게 자신의 결백을 주장하였으나 이미 소용없는 일이었다. 날랜 무사들이 순식간에 장군에게 달려들었다. 장군은 재빨리 그들을 물리치고 그곳을 빠져 나오려 했으나 그만 깊은 상처를 입고 그 자리에 쓰러지고 말았다.

이때, 간신들 중 우두머리가 앞으로 나서며 말하였다.

"전하! 전하께서 그렇게 믿으시던 무룡 장군도 겨우 삼십 명의 군사를 당하지 못하고 쓰러졌습니다. 이런 사람을 장군이라고 믿고 의지한 당신은 눈먼 장님입니다. 우리는 이 순간부터 당신을 왕으로 여기지 않을 것이오."

그제야 왕은 간신들에게 다른 음모가 있음을 알았다. 그러나 이미 소용없는 일이었다. 왕은 눈물을 흘리면서 자리에서 일어났다.

　그때였다. 상처를 입고 쓰러져 있던 무룡 장군이 마지막 힘을 다하여 일어섰다. 그리고 땅에 떨어진 칼을 주워 들고 소리쳤다.

　"전하! 어서 제 뒤로 피하시옵소서."

　무룡 장군은 계속해서 큰 소리로 외쳤다.

　"군사들은 들어라. 나는 무룡이다. 간신들이 전하를 몰아내려고 역모를 꾀하였다. 이곳 방에는 내가 있고 밖에는 너희들이 있으니 이들을 물리치자. 내가 이곳의 역적들을 처단할 것이니 너희들은 그곳에서 역적의 졸개들을 잡아 가두어라."

　뜻하지 못했던 사태에 간신들은 우왕좌왕하며 빠져나갈 길을 다투어 찾았다. 무룡 장군은 그들을 한 사람씩 처치하였다. 방 안과 밖에서 간신들의 무리가 모두 떼죽음 당했을 무렵이었다. 용감하게 칼을 휘두르던 무룡 장군이 그 자리에 쓰러지고 말았다.

　"무룡 장군, 무룡! 정신 좀 차리시오. 내가 잘못했소. 이제부터는 어진 임금이 되겠소. 어서 정신을 차리시오."

　왕이 달려가 쓰러진 무룡 장군을 붙들고 소리쳤으나 장군은 움직일 줄 몰랐다. 왕은 그제야 무룡 장군의 충성심에 탄복을 하고 자신의 잘못을 깨달았다. 왕은 무룡 장군의 장례식을 성대하게 치러 주었다.

　그런데 얼마 후 무룡 장군의 무덤에서 한 송이의 꽃이 피어났다. 마치 방패처럼 생긴 꽃이었다. 사람들은 이 꽃을 맨드라미라고 불렀다.

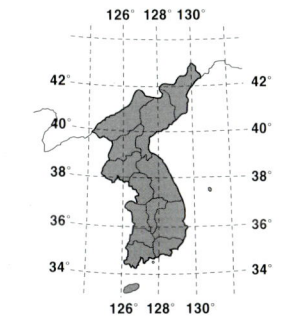

분포도

식물명	맨드라미(鷄冠花)
과　명	비름과(Amaranthaceae)
학　명	*Celosia cristata* L.
생약명	계관화(鷄冠花)·계관자(鷄冠子)
속　명	맨도람이·계두화
분포지	전국
개화기	7~9월
결실기	10월
높　이	90센티미터
용　도	관상용·약용·공업용
생육상	한해살이풀(一年生草本)
꽃　말	열정

채송화

남아메리카 브라질이 원산인 관상용 식물로 오래전에 우리 땅에 들어와 가정에서 흔히 심은 쇠비름과의 한해살이풀이다.

원래는 채송화(菜松花)·대화마치현(大花馬齒莧)·반지연(半支蓮)·양마치현(洋馬齒莧)·대명화·따꽃·때명화 등으로 불렀다.

높이는 20센티미터 정도까지 자라고 가지가 많이 갈라지며 붉은빛을 띠고 있다.

잎은 어긋나고 육질(肉質)이며 원주형(圓柱形)이다. 잎 끝이 둔하고 잎의 길이는 1~2센티미터쯤 된다. 잎 겨드랑이에 흰색의 털이 달려 있다. 7~10월에 붉은색·흰색·노란색 또는 자주색의 꽃이 피며 가지 끝에 한두 개 이상씩 달린다. 꽃의 지름은 3

센티미터 정도로서 꽃자루는 없고 밤에는 오므라든다.

꽃받침잎은 두 개로 넓은 계란형이고 막질(膜質)이며 꽃잎은 다섯 개로서 거꾸러진 계란형이다.

꽃잎의 끝은 약간 패어져 있다.

수술은 많고 암술대에는 다섯 내지 아홉 개의 암술머리가 있다.

9월에 익는 씨는 삭과(蒴果)로서 막질이며 중앙부가 수평으로 갈라지면서 많은 씨가 나온다.

화단에 관상초로 흔히 심으며, 이 풀 전체를 민간에서는 종창·지갈(止渴)·촌충·살충·이병(罹病)·혈리(血痢, 급성 이질)·각기 등에 다른 약재와 같이 처방하여 약으로 쓴다.

사질 양토라면 아무 데서나 잘 자란다. 번식은 종자재배법·삽목법·종간육종법·파종·코히친처리(四倍體形成) 등에 의하여 이루어지지만 대개는 종자번식에 의하여 번식된다.

공해가 심한 도시 등지에서도 잘 자라는 풀이다.

우리 땅에서 채송화는 오래전부터 맨드라미·분꽃·과꽃·봉선화 등과 함께 각 지방의 농가 및 도시의 정원 등지에 흔히 심어져 사람들의 사랑을 받아 왔다.

줄기를 끊어서 심어도 잘 살아나는, 생명력이 강한 화초이며 줄기와 풀잎이 모두 육질(肉質)이어서 가지가 계속 벋으면서 꽃이 피는데 그 기간이 대단히 긴 풀이기도 하다.

채송화꽃은 아침에 피어나며, 정오쯤에는 바람이 불지 않아도 꽃술이 스스로 움직인다. 한낮에 같은 꽃 안에서 수술과 암술이 서로 사랑을 나누는 것이다. 이때 많은 꽃술들이 한동안 서로 비벼대는데 채송화의 수정은 대부분 이렇게 이루어진다. 벌과 나비 등에 의하여 수정이 이루어지기도 한다.

요즘에 개량된 채송화는 꽃이 약간 크며 색깔도 한결 진하다.

화분에 심어 담 위나 창가에 놓아도 좋은 꽃이다.

우리나라에는 쇠비름과에 단 한 종이 있다. 이 풀은 야생 상태로 자라는 쇠비름·마치현(馬齒莧)·오행초(五行草)·장명채(長命菜) 등으로 불리는 한해살이풀이다.

풀잎 모양이 말(馬)의 앞 이빨과 같다 하여 마치현(馬齒莧)이란 이름이 붙었으며 이 풀로 나물을 만들어 먹으면 오래 산다고 하여 장명채(長命菜)라 부르기도 한다.

전국의 인가 부근이나 밭에 흔히 자라고 있으며 줄기와 잎은 채송화와 같이 모두 육

질(肉質)이다. 줄기의 색깔도 붉은빛을 띠고 있으며 가지가 많이 벋고 8~9월에 노란색의 작은 꽃을 피운다.

이 풀은 잡초로 취급되며 번식력이 대단히 강한 풀이다.

9월에 씨가 여물고 한방의 약명으로는 마치현(馬齒莧)이라 하여 임질과 각종 종창 등에 많이 쓰였다고 한다.

어떤 이야기가 숨어 있을까?

옛날 어느 나라에 보석을 유난히 좋아하는 여왕이 살고 있었다.

여왕은 보석을 어찌나 좋아했던지 국민들에게 모든 세금을 보석으로 바치라는 명령을 내렸다.

백성들의 한숨과 원망의 소리는 날로 높아만 갔다.

어느 날, 이 소문을 듣고 한 노인이 먼 동쪽 나라에서 찾아왔다.

노인은 코끼리 등에 커다란 열두 개의 상자를 싣고 왔는데, 그 속에는 아름다운 보석들이 가득 채워져 있었다. 노인은 여왕을 만나고 보석을 보여 주었다.

여왕은 오색찬란한 보석의 빛에 눈을 뜰 수가 없었다. 지금까지 보지 못했던 신비롭고 아름다운 보석들이 여왕의 눈을 황홀하게 하였다. 여왕은 말을 잃고 보석들을 바라보기만 하였다.

잠시 후 여왕이 입을 열었다.

"그래, 내가 무엇을 어떻게 해야 그 보석들을 나에게 주겠소?"

노인은 여왕의 질문에 간단히 대답하였다.

"예, 여왕마마! 제 보석 한 개에 대하여 여왕마마의 백성들 중 제가 지적하는 한 사람을 주십시오."

노인의 대답을 들은 여왕은 기쁘기 그지없었다. 보잘것없는 백성 대신 귀중한 보석을 얻게 되었다고 생각한 것이다.

여왕은 흐뭇한 표정이 되어 노인의 요구 조건을 받아들였다.

노인의 보석은 여왕의 백성들과 다 바꿀 수 있을 정도로 많았다. 여왕과 노인은 백성과 보석의 숫자를 헤아리기 시작하였다.

마지막 한 개의 보석이 남았으나 여왕에

겐 이제 더 이상 백성이 없었다.

그러자 노인이 웃으면서 말했다.

"이 보석은 제가 가지고 가겠습니다. 이제 여왕님께는 제 보석과 바꿀 백성이 없으니 말입니다."

그러나 여왕은 어떻게 해서든지 그 보석마저 갖고 싶었다. 그래서 노인에게 물었다.

"그 보석도 제가 갖고 싶은데 좋은 방법이 없는지요?"

"그렇다면 좋습니다. 이 보석을 여왕님과 바꾸면 어떻겠습니까? 나는 아직도 사람이 필요한 터이니 그리하시면 좋지 않겠습니까? 여왕님은 원하시는 대로 보석을 얻을 수 있고."

노인의 제안을 들은 여왕은 단번에 승낙해 버렸다. 그리고 손을 내밀어 노인에게 보석을 받으려 하였다.

여왕이 노인에게서 마지막 남은 한 개의 보석을 받아들였을 때였다. 갑자기 보석이 굉음과 함께 폭발해 버리고 말았다. 여왕은 너무나 놀란 나머지 그 자리에서 쓰러져 신음을 하다 숨을 거두고 말았다.

이때 보석이 폭발하면서 흩어졌던 보석 조각들이 사방에서 제각기 제 빛깔대로 꽃을 피우기 시작하였다.

이 꽃들을 그 후 사람들은 채송화라고 이름하였다고 한다.

겹채송화

분포도

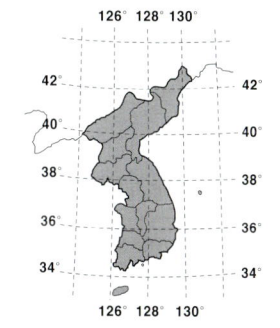

식물명	채송화(菜松花)
과 명	쇠비름과(Portulacaceae)
학 명	*Portulaca grandiflora* Hook.
생약명	마치현(馬齒莧)
속 명	대명화 · 따옷 · 양마치현
분포지	전국
개화기	7~10월
결실기	9~10월
높 이	20센티미터
용 도	관상용 · 약용
생육상	한해살이풀(一年生草本)
꽃 말	가련함 · 순진

왕대

중국 원산으로 우리나라 충청 이남과 강원 남부 이남 지역의 산과 들에 퍼져 자라는 화본과의 목본성(木本性) 식물이다.

원래는 황죽(篁竹)·왕죽(王竹)·왕대·대·고죽(苦竹) 등으로 불렀으며 고죽엽(苦竹葉)은 약명이다.

그 밖에 죽순(竹筍)·죽태(竹胎)·죽피(竹皮)·죽실(竹實)·석죽(石竹)·반죽(班竹)·전죽(箭竹)·강죽(剛竹)·진죽(眞竹) 등으로 불리기도 했다.

우리나라에는 여러 종의 죽속(竹屬)이 있다.

원래는 재배 식물이었으나 현재는 야생(野生) 상태로 자라고 있다.

전남 나주(羅州)·담양(潭陽)·영암(靈巖) 지방 등은 죽세공(竹細工)의 중심 시장이었으며 죽세공품의 원료로는 고죽(苦竹)이 인기가 높았는데 그 수효가 아주 많았다는 기록이 있다.

청죽(靑竹)은 부드럽게 열에 쪄서 나물로 먹었으며 즙을 만들어 고액(膏液)의 일종으로 소주나 곡주에 타서 먹었다고 한다.

또 죽력고(竹瀝膏), 즉 죽순(竹筍)에 석회를 탄 즙을 넣어 삶아서 먹었다는 기록도 있다.

『만선식물』에 의하면 죽실(竹實, 대나무의 열매)은 강장제로 쓰였는데, 열매는 아주 드물었다고 한다.

죽전(竹田)이나 대밭 등은 대나무가 많이 재배되는 곳을 칭하는 말로 대수풀 또는 대숫이라고도 칭하였다.

또 대나무의 숫자를 죽수(竹數)라고 했다.

죽기(竹器)와 죽물(竹物)은 대나무로 만든 그릇을 말하며 죽롱(竹籠)·죽담(竹簷) 등은 대나무로 만든 자리를 말하는 것이다. 대자리·대소쿠리·대바구니·죽조(竹笊, 대나무 조리)·죽상자(竹箱子)·죽렴(竹簾, 대발)·죽립(竹笠, 대나무로 만든 삿갓)·죽침(竹枕, 대나무 베개)·죽부인(竹夫人, 대등거리) 등은 대나무를 가늘게 쪼개어 만든 것이며 죽피방석(竹皮方席)은 대나무 껍질을 가늘게 쪼개어 원형으로 수나 그림 등의 무늬를 놓아 만든 것이다. 또 죽통(竹筒)은 대나무를 쪼개어 만든 통으로 술이나 간장·기름 등을 담았다 한다.

그 밖에도 대나무로 죽창(竹窓)·죽비(竹扉)·죽고(竹搢)·죽리(竹籬)·대울 등을 만들었다는 기록이 있다.

왕대는 대개는 따뜻한 지방에서 잘 자라는데 겨울에도 푸른 잎을 볼 수 있다.

땅속줄기는 길게 옆으로 뻗어나가며 6월에 죽순(竹筍)이 나오는데 죽순 껍질에는 자주색의 반점이 있다.

줄기의 높이는 10~30미터 정도 자라며 지름은 3~13센티미터 정도이다. 중공(中空), 즉 가운데 속이 뚫린 원통(圓筒)이고 표면은 미끄럽다. 색깔은 황록색이며 마디는 윤상(輪狀)으로 불룩하게 튀어나와 있다.

포엽(苞葉)은 일찍 떨어지며 털이 약간 있고 끝에 엽편(葉片)이 있다.

가지는 두세 개씩 나오며 잎은 세 개 내지 일곱 개이나 대개 다섯 내지 여섯 개씩 달리고 피침형이다. 길이는 10~20센티미터 정도로 털이 없고 잔 톱니가 나 있다.

잎 표면은 황록색이고 뒷면은 흰색을 띠고 있으며 간혹 꽃이 핀다.

꽃은 7~9월에 핀다. 꽃에는 노란색의 꽃밥이 달리며 원추형으로 길이는 4~10센티미터 정도의 이삭에 정생(頂生, 꼭대기에 남) 또는 액생(腋生, 잎겨드랑이에서 남)한다.

새순　　　　　　　　줄기

잎

오죽

10월에 열매가 익으며 식용·공업용·관상용·약용으로 쓰인다.

어린순을 죽순(竹筍)이라 하여 나물로 요리하여 먹는다.

줄기를 세공용 자재로 쓰고 관상용으로 집 주변에 심으며 한방 및 민간에서 고죽(苦竹)이라 하여 구토·소염·주독·유산·익기·각토혈·금창·보약·파상풍·발한·진통·중풍 등에 다른 약재와 같이 처방하여 약으로 쓴다.

왕대가 잘 자라는 토양은 화강암계·화강편마암계·편상화강암계·변성퇴적암계·경상계·반암계 등이며 번식법은 생태육종법·분주법·지경유도법·모죽식재법 등이 있다.

대나무는 아시아·아프리카·남북아메리카 등 따뜻한 지방에 널리 자라고 있으며 목본성(木本性) 식물로 총 12속 500여 종이 있다.

우리나라는 예로부터 대나무를 매(梅)·난(蘭)·국(菊)과 더불어 사군자의 하나로 꼽았으며 송(松)·죽(竹)·매(梅)는 상서로운 식물로 여겨 왔다. 대나무가 엄동설한에도 잘 견디고 강풍에도 잘 부러지지 않는 특성이 있어 고절청풍(高節淸風)에 견주어지기 때문이다. 이때문에 대나무는 많은 시인 묵객들로부터 사랑을 받아 왔다.

대나무는 정원에 심어 보고 즐기기에 좋은데 봄에는 봄대로 정취가 있고, 여름에는 여름대로 가을에는 가을대로 겨울에는 겨울대로 독특한 운치를 자아낸다.

꽃은 주기적으로 피는데 그 간격은 종류에 따라 다르다.

이대·조릿대 등은 수년마다 피고 왕대·솜대 등은 약60년을 주기로 핀다고 하나 100년 이상 된다고 하는 학설도 있다.

대개 꽃이 피면 모주(母株)는 말라 죽어 대밭이 망한다고 하지만 일부 남아 있는 포기에서 다시 재생(再生)하기도 한다.

죽간(竹杆)은 종류에 따라 크기와 모양이 다르다. 높이 1~2미터 이하에 지름도 0.2센티미터 정도인 것(조릿대)이 있는가 하면, 지름이 20센티미터 정도에 높이 10~30미터에 달하는 것(왕대)도 있다.

간(杆)의 단면은 원 또는 반원형이 보통이나 사각형인 것(方竹)도 있다.

간의 빛깔은 담청색이 보통이나 반문이 있는 것(班竹)과 흑갈색인 것(吳竹)도 있고 심지어는 귀갑문(龜甲紋)이 있는 것(龜甲竹)도 있다.

왕대 죽기

간(桿)은 건축용을 비롯하여 울타리·발·부채·지팡이·바구니 등 이용 가치가 대단히 높다.

어떤 이야기가 숨어 있을까?

일본의 양관화상(良寬和尙, 1759~1831)은 오합암(五合庵)이라는 작은 암자에 거처하고 있었다.

어느 봄날 양관화상이 명상에 잠겨 있을 때였다. 갑자기 마룻바닥이 들뜨고 떠오르는 것 같았다. 그는 무슨 일인가 하고 마룻바닥을 들여다보았다. 그것은 죽순이었다. 암자 뒤편에 있는 대밭의 죽순이 어느 사이 암자 마루 밑까지 뿌리를 뻗쳐 자랐던 것이다.

죽순은 흙을 뚫고, 사람도 들어올리기 힘겨운 마룻바닥을 굳센 힘으로 떠받고 있는 것이었다.

화상(和尙)은 이 광경을 보고 고개를 끄덕였다.

"죽순도 생명이 있는데……. 그렇다면 마룻바닥을 떼어 내야겠군."

양관화상은 곧 마루를 뜯어내 죽순이 잘 자랄 수 있도록 해주었다고 한다.

선(禪)에 도통한 스님으로 가인(歌人)이기도 한 양관화상은 명예와 물욕을 떠나 언제나 오합암(五合庵)에서 이 마을 아이들과 어울리며 살았다고 한다.

한번은 자기 방에 들어온 도적을 타일러 제자로 삼았다는 훌륭한 스님이다.

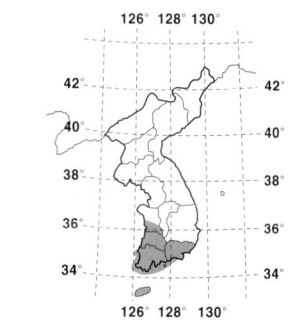
분포도

식물명	왕대(王竹)
과 명	벼과(Gramineae)
학 명	*Phyllostachys bambusoides* Siebold & Zucc.
생약명	고죽(苦竹)
속 명	참대·강죽·건죽
분포지	남부·중부 지방 일부
개화기	7~9월
결실기	9~10월
높 이	10~30미터
용 도	식용·관상용·공업용·약용
생육상	늘푸른 큰나무(常綠大本小生)

선인장

우리나라에서는 제주도에 많이 자라고 있으며 선인장과의 다육식물(多肉植物)로 여러해살이풀이다.

선인장(仙人掌)·패왕수(霸王樹)라고 불렀다.

우리나라 각 지방과 만주 지방 일부에서 심었다 하며 우리나라 사람과 지나인(支那人)들에게는 대단히 귀하게 여겨지는 식물이었다고 한다.

선인장의 종류에는 줄선인장·좁은곧선인장·투구선인장·마디선인장 등이 있다.

선인장은 높이 2미터 정도까지 자라며 편평한 육질(肉質)의 가지가 많이 갈라진다. 줄기마디(莖節)는 짙은 녹색이고 모양은 긴 타원형이다.

길이 1~3센티미터쯤인 가시가 두 개 내지 다섯 개씩 돋아 있는데 가시 바로 옆에는 털이 나 있다. 오래된 줄기는 나무처럼 굵고 둥근 원줄기 위에 편평한 가지가 사방으로 갈라진다. 잎은 작은 피침형이고 일찍 떨어진다.

6~7월에 마디(莖節) 위쪽 가장자리에서 큰 레몬 같은 노란색의 꽃이 피는데 많은 꽃받침잎과 꽃잎·수술이 있다. 암술은 한 개이며 자방(子房)은 하위(下位)이다.

9~10월에 서양 배와 같은 모양의 열매가 익으며 많은 씨가 들어 있다. 열매는 먹을 수도 있으나 열대 지방에서는 대개 새들이 먹는다.

흔히 관상용으로 화분에 심고, 민간에서는 부종과 화상 등에 다른 약재와 같이 처방하여 약으로 쓴다. 모래가 많은 양토에서 잘 자라며, 번식은 삽목법·분주법·접목법·종자재배법·생태육종법 등에 의하여 이루어지지만 대부분 삽목법에 의하여 번식된다.

요즘에는 그 종이 개량되어 많은 종이 재배되고 있으며 예로부터 재배되어 온 선인장도 여러 종이 있다. 줄선인장은 3월에 꽃이 피고 3미터쯤 자라며 5월에 열매가 익는다. 잎과 줄기는 이뇨·지사제·종기·화상 등에 약으로 쓴다.

또 그루손선인장은 13미터쯤 자라는데 7월에 꽃이 피며 9월에 씨가 익는다. 줄선인장과 같이 약으로 쓰인다. 신천지(新天地)라고 불리는 것은 30센티미터 정도까지 자라고 7월에 꽃이 피며 9월에 씨가 익는다. 이것 역시 줄선인장과 같은 약용으로 쓰인다. 앵봉옥(蘡鳳玉)은 30센티미터 정도 자라며 7월에 꽃이 피고 9월에 씨가 익는다.

열매

꽃

담장에 자라는 선인장

이것도 약용으로 쓰인다.

나사금(羅紗錦)·투구선인장·광산(光山) 등은 30센티미터쯤 자라는데 7월에 꽃이 피며 9월에 씨가 익는다. 죽선인장과 같은 약용으로 쓰인다.

성계선인장은 1.3미터 정도로 자라고 7월에 꽃이 피며 9월에 씨가 익는다.

좁은골선인장은 10센티미터 정도로 자라고 7월에 꽃이 피며 9월에 씨가 익는다. 이것도 약으로 쓰인다.

마디선인장은 70센티미터 정도로 자라고 2~3월에 꽃이 피며 5월에 씨가 익는다. 이것도 약으로 쓰인다.

금성(金星)·부채선인장·연지선인장 등은 1미터 정도로 자라고 7월에 꽃이 피며 9월에 씨가 익는다. 이 선인장들도 약으로 쓴다.

잎선인장은 2미터 정도로 자라고 7월에 꽃을 피운다. 9월에 씨가 익으며 약으로 쓰인다.

우리나라의 최남단인 마라도의 등대 뒤편 남쪽 바닷가에 있는 높이 80미터 정도의 바위에는, 누가 오래전에 심어 놓은 것인지 바닷물에 떠밀려온 것인지 확인할 수 없는 선인장이 자라고 있다.

이곳은 가끔 바다 바람이 강하게 불기는 하나, 겨울철에도 그다지 춥지 않은 양지바른 언덕이다. 겨울철에 이곳을 찾는 사람들은 나무 한 그루 없는 섬에서 우거진 억새풀과 우뚝 솟은 등대, 그리고 조그만 학교와 돌담 밑에 들어 앉은 몇 가구의 집들과 더불어 남쪽 바닷가에서 살아가는 이 선인장 무리를 발견할 수 있을 것이다.

이른 봄이면 자주색의 동그란 열매를 머리에 하나씩 이고 멋지게 자란다.

제주도에서 서쪽 방향 바닷가 마을인 월령(月鈴)에 들어서면 마치 선인장의 원산지에 온 느낌을 받는다.

이곳 길가에는 모두 선인장이 심어져 있고 마을의 담장은 온통 선인장이 덮고 있다.

선인장들은 대부분 오래된 것들이라 퍽 운치가 있으며 이때문에 이 마을을 선인장 마을이라 부르기도 한다.

언제 어떻게 하여 이곳에 선인장이 많이 자라게 되었는지는 기록이 없어 정확히 알 수는 없다.

그저 막연히 전해 오는 이야기에 의하면 선인장이 바닷물에 떠밀려 와서 자라기 시작하였다고 한다. 그러나 이 지방에서 자라고 있는 선인장을 잘 관찰해 보면 퍽 오래전부터 이곳에서 자라 왔음을 알 수 있다.

떠밀려 왔든지 누가 심었든지 어쨌든 이곳은 선인장이 잘 자랄 수 있는 여건을 갖추고 있다. 풍향·토양·온도 등 자연적인 여건이 우리나라에서는 가장 적합한 곳이라 여겨진다.

제주 지방에서는 선인장을 심어도 이렇게 잘 자라지는 못한다고 한다. 이때문에 이 지방 사람들은 이곳을 한국의 선인장 자생지(自生地)라고 말하고 있다.

이곳 월령마을의 선인장은 분명 이곳 명물이라 할 수 있다.

바닷가 모래사장이 이어지는 이곳 마을 돌담 위에는 오래 된 선인장들이 흡사 이끼처럼 담에 붙어 자라고 있다.

저마다 머리에 혹을 하나 올려놓은 듯이 자그마한 꽃봉오리를 달고 부채 모양의 넓적한 줄기들을 펼친 채 이색적인 정취를 풍기는 선인장 마을이다. 선인장은 줄기도 특이하지만 꽃이 매우 곱고 아름답다. 흰색·노란색·주홍색·붉은색 등으로 피는 갖가지 꽃의 색깔은 아름답기 그지없다.

바다 가운데 떠 있는 섬에서 보는 선인장을 신기하게 느끼는 독자들도 많으리라 생각한다.

분포도

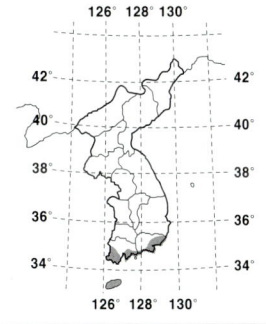

식물명	선인장(仙人掌)
과 명	선인장과(Cactaceae)
학 명	*Opuntia ficus-indica* Mill.
생약명	선인장(仙人掌)
속 명	패왕수
분포지	전국
개화기	6~7월
결실기	9~10월
높 이	6미터
용 도	식용·관상용·약용
생육상	여러해살이풀(多年生草本)

천남성

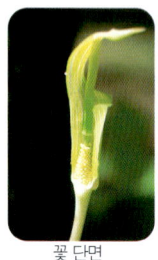
꽃 단면

전국의 산속 습기가 많은 곳에서 잘 자라며 가을이면 옥수수 자루 같은 열매가 열리는 천남성과의 여러해살이풀이다.

원래는 천남성(天南星)·남성(南星)·호장초(虎掌草)·토여미·토여미초·두여머조자기·사포과(蛇包果)·사저두(蛇芋頭)·반하정(半夏精)·사두근초(蛇頭根草)·일본천남성(日本天南星)·톱니아물천남성 등으로 불렀다.

천남성은 습기를 좋아하여 음습한 곳에서 높이 15~20센티미터 정도로 자란다.

땅속의 구경(球莖)은 편평한 구형(球形)으로 양파 모양을 하고 있으며 밤알만 하다. 지름은 2~4센티미터쯤이고 주위에 작은 구경이 두세 개 달리며 윗부분에서 수염 뿌리가 사방으로 퍼진다.

구경 위의 인편은 얇은 막질(膜質)로 되어 있고 원줄기의 겉은 녹색이나 때로는 자주색의 반점(斑點)을 띠는 경우도 있다. 인편에는 한 개의 잎이 달린다.

소엽(小葉)은 열한 개이며 계란 모양의 피침형, 또는 거꾸러진 계란 모양의 피침형이고 길이 10~20센티미터로서 가장자리에 톱니가 있다.

5~7월에 꽃이 피는데 꽃은 2가화(二家花)이다. 포(苞)는 통부(筒部)의 길이가 8센티미터 정도로서 녹색이고, 윗부분이 모자처럼 앞으로 꼬부라진 계란 모양의 긴 타원형이며 끝이 뾰족하다.

통부(筒部)에는 희미한 줄무늬가 나 있으며 통 안에 커다란 꽃술이 한 개 들어 있으나 좀처럼 밖으로 나오지 않는다.

10월에 씨가 익고 화서(花序)의 연장부는 곤봉형(棍棒刑)이며 이 끝에 열매 장과(漿果, 살과 물이 많고 씨가 있는 과일)가 달린다. 장과는 붉은색이고 모양은 옥수수와 닮았다.

남산천남성은 포(苞)가 자줏빛을 띤 보라색이고 세로로 흰 줄이 있으며 둥근잎천남성은 소엽(小葉)에 톱니가 없고 포가 녹색이다.

화분이나 화단에 심으면 특이한 꽃을 볼 수 있으며 가을에 붉은 열매를 감상할 수 있다. 한방에서는 이 풀의 구경(球莖)을 조제하여 천남성(天南星)이라는 생약명으로 부르며 진해·거담·상한(傷寒, 감기·급성 열병·폐렴 등)·파상풍·창종(瘡腫, 부스럼)·구토·간경·진경(鎭痙) 등에 다른 약재와 같이 처방하여 약으로 쓴다.

이 식물은 유독성 식물(有毒性植物)이기 때문에 함부로 먹거나 사용할 수 없다.

이 풀은 화강암계·반암계·화강편마암계·편상화강암계·변성퇴적암계·현무암계·경상계 등에서 잘 자란다.

번식은 계통분리법·생태육종법·종간잡종법·분주법 등에 의하여 이루어진다.

각 지방마다 조금씩 다른 여러 종의 천남성이 자라고 있다.

둥근잎천남성은 전국의 산속 습기가 많은 곳에서 15~30센티미터 정도로 자라고 5~7월에 꽃이 피며 10월에 열매가 익는다.

두루미천남성

늘메기천남성은 한국 특산 식물로서 섬을 제외한 각 지방 산의 그늘진 곳에서 40센티미터 정도로 자라고 5~7월에 꽃이 피며 10월에 씨가 익는다.

점박이천남성은 제주도 및 남부·중부 지방의 산속 그늘에서 40센티미터 정도로 자라며 5~6월에 꽃이 핀다.

얼룩천남성은 남부 지방과 거제도 및 지도(智島)의 숲 그늘에서 60센티미터 정도로 자라고 5~6월에 꽃이 피며 10월에 씨가 익는다.

자주천남성은 제주도와 섬을 제외한 전국의 숲에서 40센티미터쯤 자라며 5~6월에 꽃이 핀다.

양덕천남성은 한국 특산 식물이며 북부 지방 양덕(陽德)의 산속 음지에서 키가 40센티미터쯤 자라며 5~6월에 꽃이 핀다.

넓은잎천남성은 남부 지방의 거제도와 중부 지방에서 20센티미터 정도로 자라고 5~6월에 꽃이 핀다.

두루미천남성은 한국 특산 식물이며 제주도와 중부·북부 지방의 산과 들에서 자라는데 키는 50센티미터쯤 된다. 5~6월에 꽃이 핀다.

섬천남성 역시 한국 특산 식물이며 남부 지방의 거문도(巨文島) 산지에서 60센티미터 정도로 자라고 5~6월에 꽃이 핀다.

큰천남성은 제주도와 남부 지방의 다도해(多島海)와 해남(海南) 지방, 중부 지방 근해 섬 지방의 산 음지에서 15~30센티미터 정도로 자라고 5~7월에 꽃이 핀다.

천남성과의 식물들은 대개가 독 성분을 가지고 있다.

그 중 유일하게 독 성분을 제거하고 식용으로 쓰는 것이 있는데 바로 토란이다. 토란의 구경(球莖)으로 국을 끓여 먹는데, 농가에서 재배도 한다.

천남성과의 창포(菖蒲)·석창포(石菖蒲)·애기석창포 등은 방향성 식물(芳香性植物)로서 뿌리줄기는 방향제나 약재를 만드는 데 많이 쓰인다.

천남성과의 식물 중 특이한 특징을 나타내는 종이 또 하나 있다. 앉은부채 종류가 그것으로, 이 식물들은 이른 봄 얼음이 녹기

열매

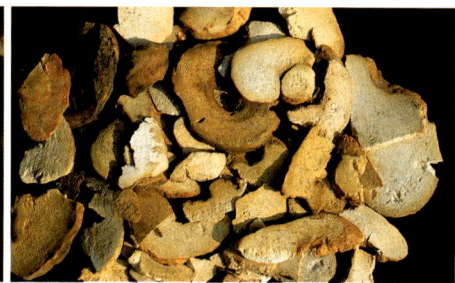
약재

도 전에 꽃대가 나오고 꽃을 피운다. 이들은 모두 유독성 식물이다.

산부채는 북부 지방의 부전고원(赴戰高原) 및 고산지(高山地)의 습한 곳에서 15센티미터쯤 자라며 5~7월에 꽃이 핀다.

앉은부채는 섬을 제외한 전국 산지의 습기가 많은 곳에서 자라는데 원줄기는 없다. 뿌리에서 나온 잎은 길이 30~40센티미터 정도가 되며 5~6월에 꽃이 핀다.

애기앉은부채는 강원 이북 지방의 고산 습지에서 자라며 잎의 길이는 10~20센티미터쯤 되고 4~6월에 꽃이 핀다. 이 풀은 설악산 등지에서 이른 봄에 눈과 얼음을 뚫고 나기 때문에 봄철에 곰이 눈을 헤치고 이 풀을 뜯어먹는다고 한다.

필자는 1987년 7월에 강원도 양구군 해안면 대암산에서 이 풀을 발견한 바 있다. 해발 1,308미터의 산 정상 부근에 있는 용늪이란 습지에서 였다.

다른 좋은 꽃이 먼저 피는 경우도 있지만 이 종은 잎이 모두 자란 다음에 꽃이 피기 때문에 꽃이 잎에 가려 찾기가 아주 어렵다.

꽃은 앉은부채꽃과 모양이 비슷하다.

이 앉은부채류는 우리가 산나물로 즐겨 먹는 풀과 매우 비슷하게 생겨서 착각하기 쉽다. 앉은부채류는 독성이어서 식용하면 매우 위험하다.

앉은부채와 비슷한 풀로는 비비추 계통·옥잠화 계통·박새 계통·은방울꽃 계통·산마늘 계통 등으로 대부분 백합과의 식물들이다. 이 중 박새는 유독성 식물이다. 그러나 명이라고도 불리는 산마늘은 산나물 중에서도 매우 귀한 나물로 인기가 높다.

산에는 유독 성분의 풀들이 대단히 많다. 꽃이 아름답고 생김새가 특이할수록 조심하여야 한다.

분포도

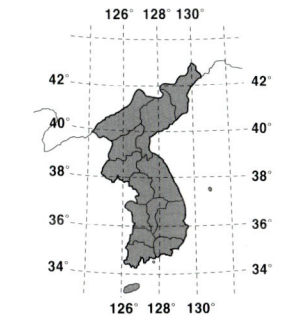

식물명	천남성(天南星)
과 명	천남성과(Araceae)
학 명	Arisaema amurense for. serratum kitag.
생약명	천남성(天南星)
속 명	천남생이·톱니아물천남성
분포지	전국 산의 습지
개화기	5~7월
결실기	8~9월
높 이	50센티미터
용 도	약용
생육상	여러해살이풀(多年生草本)

감나무

우리나라 중부 및 남부 지방, 즉 경기도와 강원도 이남 지역에서 흔히 과수(果樹)로 재배하는 감과의 낙엽 교목(갈잎 큰키나무)이다.

원래는 시목(柿木)·시(柿)·감나무·감·침시(沈柿)·곶감(串柿)·시대(柿帶)·시설(柿雪)·시상(柿霜)·시자수(柿子樹)·홍시·백시·오시·시체(감꼭지) 등으로 불렀다. 또 감나무의 열매를 비(椑) 또는 오비(烏椑)라 하기도 했다.

침시(沈柿)는 보통 감을 물에 담가 떫은맛을 뺀 것을 말하며 시대(柿帶)·시설(柿雪), 또는 시상(柿霜)은 생감을 깎은 껍질을 건조시켜 가루로 만든 것을 말하는데 약재(藥材)로 널리 쓰였다고 한다.

밤(栗)·대추(棗)와 함께 삼색 과실(三色果實)로 가정 의식, 특히 제사 때에 늘 쓰는 공물(供物)이다.

감의 명산지(名産地)는 경남(慶南) 진양(晉陽)인데 이곳에서 생산되는 감은 품질이 뛰어나다.

또 경북(慶北) 풍기(豊基)에서도 많이 생산되는데 주로 곶감을 많이 만들었다고 한다. 이를 풍준(豊蹲)이라고 했으며 각 지방으로 반출했다는 기록도 있다.

건시(乾柿)는 감을 깎아서 말린 것을 말하는데 이를 물에 넣고 탕(湯)을 만든 다음 봉밀(蜂蜜, 꿀)이나 사탕(砂糖)을 혼합한 데다 생강(生薑)·송실(松實, 잣) 등을 가미하여 수정과(水正果)를 만들어 먹기도 한다.

감나무의 목재는 건축·가구용 기재로 많이 사용했는데, 이것을 흑시(黑柿)·심목(心木), 속칭 오시목(烏柿木)·먹감나무라고 부르기도 했다.

문헌에 의하면 고종시(高宗柿)는 열매가 작은 반면 맛이 좋다고 하며 조홍(早紅)은 일찍 성숙하고 붉은색으로 익는 감이며 반시(盤柿)는 열매가 약간 모가 나는 둥근형이라고 기록되어 있다.

또 월화는 열매가 작으며 껍질이 얇고 일찍 여무는 감이며 홍시(紅柿)와 연시(軟柿)는 제대로 잘 익은 감을 말한다. 그리고 수시(水柿)는 수분(水分)이 많고 달아 맛이 좋다고 한다.

감나무의 높이는 9~15미터 정도이며 원줄기는 곧게 자라고 가지가 많이 난다.

잎은 새 가지에서 나고 어긋나게 붙으며 타원형으로 길이는 7~17센티미터 정도이다. 톱니가 없고 잎자루의 길이는 0.5~1.5센티미터 정도로서 털이 나있다.

감나무꽃은 6월에 핀다. 꽃은 양성(兩性)인데 단성(單性)으로 피는 경우도 있다. 색깔은 황록색이며 줄기와 잎의 겨드랑이에서 피는데 꽃받침과 화관(花冠) 겉면에 잔털이 밀생해 있다.

꽃은 길이가 1.8센티미터, 지름은 1.5센티미터 정도이며 꽃받침잎은 길이가 1센티미터 정도 된다.

수꽃은 길이 1센티미터 정도로서 열여섯 개의 수술이 있으나 양성화(陽性化)에는 네 개 내지 열여섯 개의 수술이 있다. 암꽃의 암술은 길이가 1.5~1.8센티미터이며 암술대에는 털이 있고 길게 갈라지며 자방(子房)은 8실이다.

암수 딴꽃이 피는 나무의 수꽃은 여러 개가 모여 피고 꽃이 작으며 암꽃은 대개 한 개가 피는데 꽃이 약간 크다. 또 대개 한 마디의 겨드랑이에서 한 송이의 꽃이 피어 열매를 맺게 된다.

열매

새잎, 단풍잎, 수피

10월에 열매가 익는데 계란 모양의 원형 또는 편구형(扁球形)이다. 지름은 4~8센티미터 정도이고 황홍색(黃紅色)이나 황적색(黃赤色)으로 익는다.

감나무가 잘 자라는 토질은 화강암계·현무암계·화강편마암계·경상계·편상화강암계·변성퇴적암계 등인데 따뜻한 지방이면 어디든 잘 자란다.

번식법에는 접목잡종법·취목법 등이 있다.

옛날부터 풋감으로는 감물을 만들어 방습 및 방부제로 썼으며 잘 익은 감을 따서 저장해 두면 맛이 연해지고 단맛도 더 좋아진다. 곶감을 만들어 오랫동안 저장하여 먹기도 했다.

어떤 이야기가 숨어 있을까?

옛날 남부 지방의 어느 깊은 산에 집채만한 호랑이가 한 마리 살고 있었다. 호랑이는 낮에는 종일 낮잠만 자다가 저녁때가 되면 부시시 일어나 산이 쩌렁쩌렁 울리도록 큰 울음소리를 내어 호기를 부리곤 했다.

하루는 호랑이가 먹을 것을 찾아 어슬렁 어슬렁 산기슭을 타고 내려갔다.

호랑이가 마을 어귀에 들어섰을 때 마침 외딴집이 한 채 있었다. 호랑이는 울타리 밑에 쪼그리고 앉아서 집안을 두리번거리며 살펴보았다.

아기를 안고 있는 젊은 어머니의 그림자가 방문에 어른거렸다. 그때 무슨 일인지 갑자기 아기가 요란스럽게 울었다. 어머니는 우는 아기를 달래느라고 진땀을 흘리고 있는 것 같이 보였다.

호랑이는 자기가 온 것을 알고 아기가 겁에 질려 우는 것인 줄 알고 속으로 으스대었다.

"애가 왜 이럴까? 어디 배가 아프냐?"

어머니는 젖꼭지를 애기 입에 물리고 배를 쓰다듬어 주었지만 아기는 더 큰 소리로 울 뿐이었다. 그러자 어머니가 "저것 봐! 귀신 할멈이 나온다." 하며 달랬으나 아기의 울음은 그치지 않았다.

이번에는 "저기 곰 나오겠다." 하였으나 아기는 여전히 울기만 했다. 어머니는 참다 못하여 이번에는 손으로 창문을 두드리면서 "바깥에 어비야 온다, 어비야." 하면서 아기의 몸을 흔들어 댔지만 그래도 아기는 울음을 그치지 않았다.

어머니는 마침내 방문을 활짝 열었다가 꽝 닫으면서 "저기 보아라. 울타리 밑에 송아지만 한 호랑이가 종발 같은 눈에 불을 켜고 앉아 있다. 우는 아이 잡아가려고 한다. 큰일 났다! 어서 뚝 그쳐." 하면서 "이놈! 우리 아기 울지 않는다. 썩 물러가라!"고 큰 소리를 치며 호랑이를 쫓는 시늉을 하며 얼러 댔으나 아기는 더 크게 울 뿐이었다.

호랑이는 아기의 어머니가 자기가 온 것을 알고 그러는 줄로 생각했다. 호랑이 귀를 바싹 기울였다.

어머니는 "허허, 참 큰일나겠다. 여기 곶감이 있다. 곶감, 곶감." 하면서 일어나더니 시렁에서 무엇인가를 내려서 아기의 손에 쥐어 주었다. 그제서야 울던 아기는 울음을 뚝 그쳤다. 이 모습을 본 호랑이는 겁이 잔뜩 났다.

'이상하다 저 아기가 귀신 할멈, 어비야도 무서워하지 않고 심지어는 산중의 왕인 나도 겁내지 않더니 곶감이라는 말에 겁을 덜컥 내고 울음을 그치니 도대체 그 곶감이란 놈이 얼마나 무서운 놈인지 모르겠다. 여기 잘못 얼씬대다가는 큰 변을 당하겠구나. 도망가서 몸을 안전하게 숨기고 이 집에는 다시는 오지 않는 게 상책이겠다.'

호랑이는 이렇게 생각하고 부리나케 달아났다.

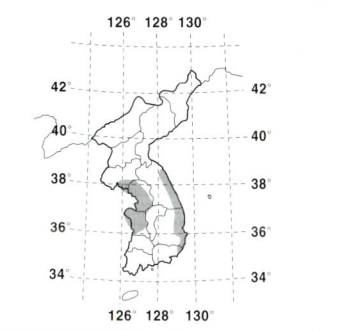

분포도

식물명	감나무(柿)
과 명	감나무과(Ebenaceae)
학 명	Diospyros kaki Thunb.
생약명	시(柿)
속 명	감 · 홍시 · 백지 · 침시 · 시상 · 시자수
분포지	남부 지방 및 중부 일부 지방
개화기	6월
결실기	10월
높 이	9~15미터
용 도	식용 · 관상용 · 공업용 · 약용
생육상	낙엽 교목(갈잎 큰키나무)
꽃 말	좋은 곳으로 보내다오

곶감

밤나무

우리나라 평안남도 및 함경남도 이남 지방의 산과 들에서 흔히 자라며 농가에서 재배도 하고 있는 밤나무과의 낙엽 교목(갈잎 큰키나무)이다. 원래는 율목(栗木)·밤나무·밤·밤눗(밤송이)·율방(栗房, 알밤)·밤송이·밤송아리·보통밤나무·조선밤나무·건률(약이름) 등으로 불렸다.

문헌에 의하면 우리나라와 만주 지방의 산과 들에서 모여 자라며, 각 지방의 야산지 등에 재배도 하였다 한다.

한 학설에 의하면 밤나무는 조선종(朝鮮種)과 지나종(支那種)으로 나눌 수 있는데 조선종은 재래종(在來種)이며 지나종은 조선종을 지나 본토에 이식(移植)하여 재배한 것이라 한다.

만주(滿洲) 지방은 요양(遼陽)·천산(千山) 부근에서 많이 나고, 우리나라는 양주(楊洲)·가평(加平)·수원(水原)·시흥(始興)·광주(廣州) 등에서 많이 난다.

그리고 개성(開城) 부근에서 대동(大同)·강서(江西)·강동(江東)·용강(龍岡)·성천(成川)·순안(順安)·평북(平北)·선천(宣川)·의주(義州) 등의 산과 영남(嶺南)·밀양(密陽)·청도(淸道) 부근 등에서도 많이 자라고 있는 것으로 알려졌다.

밤나무가 많은 곳을 율원(栗園)이라고 하였는데 평양률(平壤栗)을 제일로 꼽았으며 함종률(咸從栗)·의주율(義州栗)·개성률(開城栗)·양주율(楊洲栗)·밀양률(密陽栗) 등도 그 품질을 인정해 주었다. 품종(品種)은 대율(大栗), 굵밤(굵은 밤)·화율(火栗, 불밤)·약률(藥栗, 약밤)·승률(僧栗, 숭밤) 등으로 구별하였으며, 작은 밤을 단피율(丹皮栗)이라 했다. 내륙 지방에서 나는 밤은 떫고 껍질이 잘 떨어지는 것이 특징이다.

큰 나무는 건축·기구·교량·침목 등의 용재(用材)로 쓰였으며, 과실(果實)은 우리나라에서는 대추와 더불어 의식(儀式)이나 제(祭)에 공물(供物)로 쓰였다.

소위 삼색과(三色果) 중 하나이며 대개 날로 먹기도 하고 불에 굽거나 쪄서도 먹는다. 밤떡을 만드는 데는 황밤(黃栗)을 저장해 두었다가 꺼내서 사용했다. 『산림경제(山林經濟)』, 『임원십육지(林園十六志)』 등에도 밤에 대한 식법(食法)이 소개되어 있다.

『만선식물』에 의하면 만주 지방에서는 겨울철에 길거리에서 밤을 불에 구워서 팔았으며 세사(細砂)나 흑사탕(黑砂糖)을 혼합하여 불에 여러 번 구워서 먹었다고 한다.

우리나라에서는 평안북도와 함경북도를 제외한 나머지 지방의 산과 평지에서 많이 자라는 나무이며, 높이는 15미터 정도까지 자란다.

나무의 지름은 1미터 정도이고 껍질은 세로로 갈라진다. 작은 가지는 자줏빛이 나는 적갈색의 짧은 털이 있으나 곧 없어진다.

나뭇잎은 어긋나고 곁가지에서 두 줄로 배열되며 타원형이나 긴 타원형 또는 타원상 피침형이다. 잎의 길이는 10~20센티미터 정도이고 물결 모양의 톱니가 나 있다. 측맥(側脈)은 17~25쌍이며 끝이 뾰족하다. 털은 표면에 있거나 맥 위에 있으며 선으로 된 점이 많이 나 있고 약간의 윤기가 돈다.

잎자루는 길이 1~1.5센티미터이며 털이

암꽃

수꽃

있고 탁엽이 있다.

6월에 일가화(一家花)인 흰색 꽃이 피며 새로 난 가지 밑부분의 잎 겨드랑이에서 곧게 나오는 꼬리화서(花序)에 많이 달린다.

암꽃은 웅화서(雄花序) 밑부분에서 보통 세 개씩 한 군데에 모여 나고 포(苞)로 싸이며, 9~10월에 열매가 익는다. 곡두(穀斗)의 포침(苞針)은 길이 3센티미터 정도로서 털이 거의 없거나 잔털이 있다.

견과(堅果)는 세 개 또는 한 개씩 들어 있는데 지름이 2.5~4센티미터 정도로 좌(座)가 밑부분을 전부 차지하고 윗부분에 흰색 털이 있으며 다갈색(茶褐色)으로 익는다.

과주(果柱)가 짧고 속껍질은 잘 벗겨지지 않는다.

식용·공업용·약용·밀원용으로 쓰이며, 재목은 건축 및 용기구의 재료로 쓰인다. 과실의 과육을 말려서 건율(乾栗)이라 하고 한방과 민간에서 염료·건위·주름살·하혈·종독·강장 등에 다른 약재와 같이 처방하여 약으로 쓴다.

꽃이 피면 꿀이 많아서 양봉 농가에 도움을 주기도 하는 식물이다.

근래에 이르러서는 야산지에 많이 심고 있다.

화강암계·화강편마암계·반암계·변성퇴적암계·경상계·편상화강암계 등에서 잘 자라며, 대개는 아무 데서나 잘 자라는 편이나 비옥한 땅에서 더 빨리 자란다.

번식은 접목법·생리육종법·유근역리접목법 등에 의하여 이루어진다.

우리나라에는 많은 종류의 밤나무가 자라고 있다.

구실잣밤은 중부 평야와 다도해(多島海)의 산과 평지에서 자라며, 모밀잣밤은 제주도와 중부 평야, 다도해 등지의 산과 평지에서 자란다.

넓은잎모밀잣밤은 남부 지방의 평지에서 자라고, 약밤은 중부 지방과 북부 지방의

열매

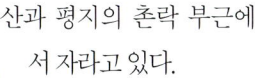
열매

산과 평지의 촌락 부근에서 자라고 있다.

뾰족약밤과 넓죽약밤·중국약밤(中和栗)·중국밤 등은 산지 농가에서 야산지(野山地)나 평지에 심고 있다.

쌍두밤도 재배종이며, 산밤은 중부 지방의 산지와 평야지에서 자란다.

농가에서 심고 있는 밤나무 종으로는 콩밤·굵은밤(大栗)·늦밤·어궁밤(御宮栗)·올밤(早栗)·팥밤(小豆栗)·병밤(甁栗)·불밤(火栗)·서리밤(霜栗)·술밤(酒栗)·털밤(毛栗) 등이 있다.

특히 중부 지방의 야산지(野山地)에서는 최근 들어 잡목을 제거하고 많은 밤나무를 재배하여 대단히 많은 수확을 올리고 있다.

밤은 전통 의식이나 제례 때 쓰이는 외에도 요즈음에는 떡 등을 만드는 데도 사용되고 있다. 이처럼 다양한 용도 때문에 그 수요가 아주 많다.

겨울철이 되면 길거리에는 군밤 장수가 어김없이 등장한다. 구수한 냄새와 더불어 사람들에게 포근한 고향 생각을 불러일으키게 한다.

들녘에 황금빛 물결이 일렁이기 시작할 무렵이면 고향의 산과 고갯마루 길가에는 보기 좋게 영근 알갱이를 자랑하며 버티고 선 밤나무의 모습이 퍽이나 풍요롭게 느껴진다.

분포도

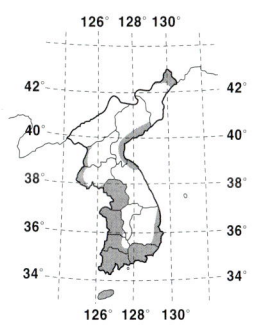

식물명	밤나무(栗木)
과 명	참나무과(Fagaceae)
학 명	Castanea crenata Siebold & Zucc.
생약명	건율(乾栗)
속 명	알밤·밤·밤송이·밤송아리
분포지	전국의 산
개화기	6월
결실기	9~10월
높 이	15미터
용 도	식용·공업용·밀원용·약용
생육상	낙엽 교목(갈잎 큰키나무)

붉나무

　전국의 산과 들에서 흔히 볼 수 있는 나무이며 한방의 약재로 많이 쓰이는 옻나무과의 낙엽 관목(갈잎 좀나무)이다.
　원래는 염부목(鹽膚木)·북나무·염부자(鹽麩子)·오배자(五倍子)·오배자수(五倍子樹)·염상백(鹽霜白)·양풍(羊風)·각배(角倍)·목오배자(木五倍子)·배수(倍樹)·배자수(倍子樹)·산오동(山梧桐)·호칠(昊漆)·토춘수(土椿樹)·오배자목(五倍子木), 경상도 지방에서는 북나무·오배자나무·오배자 굴나무, 강원지방에서는 뿔나무, 전라남도 지방에서는 불나무 등으로 불렀으며, 이웃 나라에서는 염부목(鹽膚木)·염부자(鹽麩子)·오배자(五倍子) 등으로 불렀다.
　문헌에 의하면 우리나라 전국의 산지(山地)에서 많이 자라며, 만주 지방까지 분포되어 있다고 한다.

붉나무는 가을철에 나뭇잎이 노란색으로 아름답게 물들어 보기가 좋으며, 우리나라에서는 봄에 새순을 나물로 먹기도 했다고 한다.

눈아(嫩芽)는 눈엽병(嫩葉柄)의 일종, 즉 잎자루의 어린 싹이다.

벌레가 나뭇잎에 산란(産卵)하는 주머니를 만들어 놓은 것을 오배자(五倍子)라 했고 약용(藥用)·염료(染料) 등으로 쓰였다고 한다.

『만선식물』의 기록에 따르면 오배자(五倍子)는 속칭(俗稱) 백충창(百蟲倉) 또는 문합(文蛤)이라 불리었으며 과실(果實)의 백분(百粉)과 껍질은 염부자(鹽麩子)라고 하여 어린아이들의 약으로 쓰였다고 한다.

자웅(雌雄)의 나무가 따로 있으며 높이 3~7미터 정도까지 자라는 나무이다. 굵은 가지가 드문드문 나오며 어린 가지에는 노란색의 털이 나 있다.

잎은 길이 40센티미터 정도의 기수 우상복엽(奇數羽狀複葉)이며 어긋나고 엽축(葉軸)에 날개가 있다. 작은잎(小葉)은 세 쌍 내지 여섯 쌍이며 타원형이고 길이는 5~361센티미터, 넓이는 2.5~6센티미터 정도이다. 표면에 짧은 털이 있고 뒷면에는 갈색의 털이 있으며 가장자리에 톱니가 드문드문 있다. 잎의 끝은 뾰족하다.

8~9월에 황백색 꽃이 피며 정생(頂生)하는 원추 화서(圓錐花序)이다. 화서(花序)의 길이는 15~30센티미터 정도이며 밀모(密毛)가 있다.

꽃받침잎·꽃잎 및 수술은 각각 다섯 개씩이며, 암꽃은 퇴화(退化)한 다섯 개의 수술과 세 개의 암술대가 달린 1실(一室)의 자방(子房)이 있다.

가지 끝에서 복총상화서(複總狀花序)로 백록색 빛을 띤 작은 꽃들이 많이 모여 피며 10월에 열매가 익는다.

핵과(核果)는 가을에 편구형(扁球形)의 녹두(綠豆)알만 한 열매를 맺는데 황적색이며 황갈색의 잔털에 덮여 있다. 열매가 익으면 시고 짠맛이 도는 흰색 껍질에 덮인다.

어린순 눈엽(嫩葉)에 벌레 아충(蛾蟲)이 기생(寄生)함으로써 생기는 주머니 같은 벌레 집 충영(蟲癭)을 오배자(五倍子)라고 한다. 이것을 한방과 민간에서는 오배자라는 생약명으로 부르며 약으로 쓴다.

이 오배자의 성분(成分) 중에서는 타닌산(鞣酸)이 50~70퍼센트를 차지하므로 타닌산을 제조하는 데 아주 좋은 원료로 많이 사용해 왔다.

정원 등지에 관상수로 심은 것을 종종 볼 수 있으며 염료·유피·어망·잉크 등을 제조하는 데에도 많이 쓰인다.

한방 및 민간에서는 설사·출혈·충혈·수렴제·

잎

해독·설사 등에 약으로 많이 쓰이고 있다.

이 나무는 화강암계·화강편마암계·변성퇴적암계 등에서 잘 자라며, 번식은 종자재배법·삽목법·분주법 등에 의해서 이루어진다.

이 나무는 약용으로 재배할 수 있으나 독이 있어서 함부로 먹을 수 없다.

기후나 모든 여건상 우리나라 전국의 산과 들에 심을 수 있으나 특히 중부나 남부지방의 산지(山地)가 가장 알맞다.

한 학설에 의하면 북서풍이 불어오는 산골짜기 바람맞이에 오배자(五倍子)가 많이 생긴다고도 한다.

번식은 포기 옆에서 나오는 곁순을 떼어서 심는 분주법(分株法)이 있으나, 처음 재배할 때는 파종법에 의하여 번식시키는 것이 좋다.

가을에 씨를 따서 건조하지 않게 보관해 두었다가 이른 봄 일찍 심는 것이 좋다. 그런데 열매 껍질에는 파라핀 성분이 있으므로 그대로 심으면 수분의 흡수가 잘 이루어지지 않아 싹이 트지 않는 경우가 많다. 그러므로 심기 전에 이 성분을 제거해 주는 것이 바람직하다. 이 성분을 제거하기 위해서는 섭씨 70도 내외의 물에 나무를 태운 재를 적당히 넣어서 녹인 다음 씨를 넣고 저어 주면 이 성분이 없어지는데 그런 다음 다시 씨를 물 속에 며칠 동안 담가 두었다가 심는다. 이렇게 하면 싹이 잘 튼다.

오배자(五倍子)의 수요가 많기 때문에 인공증식법(人工增殖法)이 개발되기도 했는데 오배자의 인공증식을 하기 위해서는 먼저 오배자 이끼가 밀생한 음습지(陰濕地)에 붉나무를 심어서 원종림(原種林)을 만들고 추분(秋分)을 전후하여 벌어지지 않은 오배자를 따서 그 속에 있는 유충(幼蟲)을 모은다. 유충이 모두 모아졌으면 그것을 유리 접시에 담고 셀로판지로 덮어서 며칠 둔다. 그러면 유충이 셀로판지 속에서 새끼를 낳는데, 이 새끼벌레를 거두어 원종림의 오배자 이끼에 심는다.

이듬해 4월 하순경이 되면 날개가 있는 암벌레가 붉나무로 옮겨간다. 이것을 다시 상자에 모아서 틈을 봉하고 저장한다.

이 암벌레는 약 25일 후에 날개가 없는 암벌레를 낳는데 이때 상자를 열고 오배자(五倍子)가 생기려고 하는 붉나무에 매달아 둔다. 그러면 벌레는 나무를 타고 올라가 잎에 가서 오배자를 생기게 한다.

이처럼 오배자는 오배자 벌레가 붉나무의 어린순(稚芽)에 기생하여 일어나는 자극(刺戟)에 의하여 잎 위에 또는 가지 위에 생기는 주머니 모양의 벌레집으로, 그 크기는 모두 같지 않다. 겉은 붉은색이 도는 회갈색(灰褐色)이고 회백색(灰白色)의 가는

충남

단풍잎

털이 밀생해 있으며 내부는 빈 공간이나 때때로 죽은 벌레가 들어 있는 경우도 있다.

잎에 기생하는 오배자벌레(五倍子蟲)는 가지에 기생하는 것과 그 종이 약간 다르다.

잎에 기생하는 벌레는 9월 하순경에 구멍을 뚫고 나가 오배자 이끼에 새끼벌레(유충)를 낳는다. 유충(幼蟲)은 오배자 이끼의 물을 빨아먹으면서 흰 양초 성질의 고치를 만들고 그 속에서 겨울을 난다. 이듬해 봄, 번데기가 된 유충은 4월 하순경에 날개가 달린 성충(成蟲)이 되며, 붉나무에 자웅의 날개 없는 새끼벌레를 낳는다.

이 암벌레는 교미(交尾) 후 새끼벌레를 낳고 죽으며, 새로 태어난 날개 없는 단성(單性)의 암벌레는 어린순으로 옮아가 기생하며 차차 벌레집을 만든다.

여기에서 암벌레는 계속 단성 생식(單性生殖)을 하여 10월 상순경에 이르러서는 벌레집 한 개에 평균 4천 마리의 새끼를 낳는다. 따라서 벌레집도 점점 커지며, 나중에는 다시 날개 있는 암벌레가 되어 벌레집을 뚫고 나가 중간 기생 식물(中間寄生植物)에 새끼벌레를 낳는다.

이 오배자는 국내 수요도 많지만 외국에서도 수요가 대단히 많다.

아침 저녁으로 서늘한 바람이 불어 오기 시작하는 가을 무렵, 맨 먼저 산에서 아름다운 빛깔로 물드는 나무가 붉나무이다. 처음에는 노란색을 띠다가 며칠이 지나면 화려하고 아름다운 붉은색으로 된다.

붉나무가 많이 자라는 지역의 산은 가을이 되면 마치 불이 타오르는 듯한 모습이 된다.

분포도

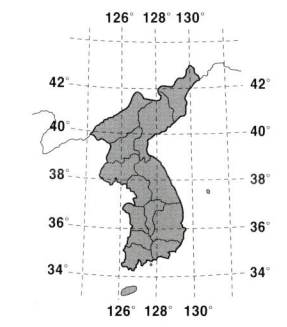

식물명	붉나무(五倍子木)
과 명	옻나무과(Anacardiaceae)
학 명	*Rhus javanica* L.
생약명	오배자(五倍子)
속 명	염부자 · 굴나무 · 불나무
분포지	전국의 산과 들
개화기	8~9월
결실기	10월
높 이	3~7미터
용 도	관상용 · 공업용 · 약용
생육상	낙엽 관목 (갈잎 좀나무)

가을에 피는 꽃

1. 국화
2. 구절초
3. 과꽃
4. 쑥부쟁이
5. 참취
6. 갈대
7. 용담
8. 마타리
9. 상사화
10. 은행
11. 단풍

국화

동양의 관상용 식물 중 가장 오래된 종으로 알려지고 있으며 전국에서 원예 식물로 재배하고 있는 국화과의 여러해살이풀이다.

원래는 국(菊)이라 했으며 국화(菊花)·구화 등으로 부른다.

높이는 1미터 정도까지 자라고 풀잎은 어긋나며 잎자루가 있다. 풀잎은 둥근 모양으로 날개 같은 형태로 갈라진다. 불규칙한 결각(缺刻)과 톱니가 있으며 밑부분은 심장의 밑부분처럼 생겼다.

9월에 원줄기 윗부분의 가지 끝에 머리 모양의 두화(頭花)가 생기고 두화 주변에 설상화(舌狀花)가 생긴다. 꽃 가운데에 양성(兩性)의 통꽃처럼 된 꽃이 많이 모여 핀다.

오랫동안 재배해 오는 동안 많은 변종(變種)이 개발되었으며 꽃의 지름에 따라 18센티미터 이상인 것을 대륜(大輪), 9센티미터 이상인 것을 중륜(中輪), 그 이하인 것을 소륜(小輪)으로 구별한다. 또 꽃잎의 모양에 따라 후물(厚物)·관물(管物)·광물(廣物)로 크게 나누고 여기서 다시 잘게 나누기도 한다.

잡종성 기원(雜種性起源)으로서 구절초·감국 등이 이 종과 관계가 있다고 보는 학설도 있다.

우리 선조들은 국화를 난(蘭)·죽(竹)·매(梅)와 더불어 사군자(四君子)라 일컬었으며, 만주 지방 등에서는 연(蓮)·모란(牡丹) 등과 함께 사랑받던 꽃이다.

정원이나 채소밭에서 재배하였는데 부유층의 정원이나 사찰 등지에서 많이 볼 수 있었다 한다.

『경도잡지(京都雜誌)』에는 대표적인 국화 색깔로 붉은색, 흰색, 노란색 국화를 들고 있는데 백운타(白雲朶, 白色大瓣)·황국(黃菊)·황화(黃花)·대소설백(大小雪白) 등이 그것이다.

국화는 식용·관상용·약용 등에 두루 쓰인다. 꽃으로 술을 담근 국화주(菊花酒)는 그 향이 매우 그윽하여 호평을 받고 있으며 화분 및 길가에 관상용으로 많이 심는다. 또 민간과 한방에서는 전초(全草)를 건위·보익·강장·정혈·보온·식욕촉진의 약재로 쓰고 신경통·부인병·중풍 등의 치료제로 다른 약재와 같이 처방하여 쓴다.

번식법은 계통분리법·종간잡종법·생태육종법·삽목법·분주법 등이 있는데 주로 삽목법이나 분주법에 의하여 번식된다. 좋은 토질에서는 어디서든 잘 자란다.

중국에서는 이미 주대(周代, 기원전 1066~256)에 배양하여 재배하였다고 한다. 이때는 연명 장수(延命長壽)의 영초(靈草)로 사랑을 받았다 한다.

꽃은 대개 가을에 피는데 봄에 피는 것을 춘국(春菊), 여름에 피는 것을 하국(夏菊), 겨울철에 피는 것을 한국(寒菊)·사계국(四季菊)이라 한다.

꽃의 색깔은 흰색·노란색·붉은색·자주색 등 여러 가지가 있으나 우리나라에서는 예로부터 황국(黃菊)을 으뜸으로 여기고 아껴 왔다.

노오란 국화하면 항상 가을을 연상하게 된다. 맑고 푸른 하늘과 더불어 우리나라의 가을을 더욱 돋보이게 하는 꽃이다.

국화는 화단에 심는 것보다는 화분에 심어 가꾸는 경우가 더 많은데 여기에는 일경작(一莖作)과 삼경작(三莖作)이 있으며

개량종

개량종

현애작(懸崖作, 줄기가 가지와 뿌리보다 아래로 처지게 가꾸는 것)·총생(叢生, 더 부룩하게 무더기로 나는 것) 등으로 일시에 많은 꽃을 피게 하는 경우도 있다.

꽃을 말린 것을 베갯속에 넣으면 두통에 효험이 있고, 이불솜에 넣으면 잠자리에서 그윽한 국화 향기를 즐길 수 있다고 한다.

국화는 동양 각국에서 오랫동안 널리 재배해 왔으므로 이에 대한 전설도 많다.

어떤 이야기가 숨어 있을까?

옛날 중국에 주목(周穆)이라는 사람이 있었다. 그는 인도에 가서 법화(法華)의 비문(秘文)을 전수(傳受)하여 이것을 자동(慈童)이란 사람에게 전하였다.

자동은 수백 년이 지나도록 늙지 않았으며 얼굴도 소년과 같았다. 그는 800살까지 장생(長生)하였다 하는데 위 문제(魏文帝, 535~550) 때에 이름을 팽조(彭祖)라 고치고 문제에게도 이 비법을 전하였다. 문제 역시 이 비법을 받아 장생(長生)했는데 이 비법은 바로 국화로 술을 담근 연명주(延命酒)를 마시는 것이었다고 한다.

800살이라고 말하는 것은 어느 정도 과장된 이야기겠지만 어쨌든 중국 열전에 팽조의 성은 전(錢), 이름은 감(鑑)인데 800세가 되어서도 쇠로(衰老)하지 않았고 왕이 불러 태부(太夫)를 삼으려 해도 병을 핑계로 나가지 않다가, 후에 유사(流沙)의 서(西)에 갔다고 기록되어 있는 것으로 보아 실제의 인물이 아닌가 싶다.

중국에서는 9월 9일 중양절에 중양연(重陽宴)을 여는데 그 내력을 살펴보자.

옛날에 장방(長房)이라는 현자(賢者)가 있었다. 어느 날 그는 항경(恒景)이라는 사람에게 한 가지 예언을 하였다.

"금년 9월 9일 자네의 집에는 반드시 재앙이 있을 것이네. 이 재앙을 막으려면 집안 사람 각자가 주머니를 만들어 주머니 속에 산수유(山茱萸)를 넣어서 팔에 걸고 높은 곳에 올라가 국화술을 마시면 화를 면하게 될 것이네."

개량종

항경은 장방의 말에 따라 그날 집을 비우고 가족들과 함께 뒷산으로 올라갔다. 그러고는 장방이 말한 대로 국화술을 마셨다.

집에 돌아와 보니 닭이며 개·소·양·돼지 등이 모두 죽어 있었다.

장방은 이 소문을 듣고 고개를 끄덕이며 말했다.

"그 짐승들은 사람 대신 죽은 것이었다네. 국화술이 아니었다면 자네 식구들은 모두 죽었을 거야."

9월 9일 중양절에 높은 곳에 올라가 국화술을 마시거나 부인들이 산수유 주머니를 차는 것은 여기에서 유래된 것이라고 한다.

국화는 예로부터 시(詩)나 그림의 소재로 많이 등장하기도 했다.

분포도

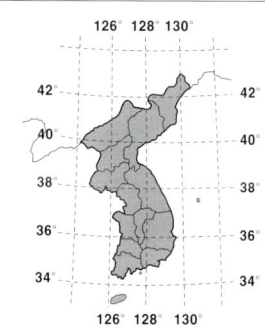

식물명	국화(菊, 菊花)
과 명	국화과(Compositae)
학 명	*Chrysanthemum morifolium* Ramat.
속 명	황국(黃菊)
분포지	전국
개화기	9월
결실기	10월
높 이	1미터
용 도	식용·관상용·약용
생육상	여러해살이풀(多年生草本)
꽃 말	밝음·고상함

구절초

전국 각 지방의 산에 흔히 자라는 풀로 약재로도 쓰이는데 흔히 들국화라고 불리는 국화과의 여러해살이풀이다.

원래는 고뿡(苦蓬)·구절초(九節草)·창다구이·선모초(仙母草) 등으로 불렀다.

원래 우리나라 각 지방과 만주 지방 산지의 넓은 평야에서 군데군데 모여 자랐다고 『만선식물』에는 기록되어 있다.

특히 우리나라에는 몇 가지 비슷한 종이 있는데 모두 구절초(九節草)라 부르고 있으나 원래 구절초는 단 일종(一種)이라 한다. 그 가지와 경엽(莖葉)을 끓여서 약재로 썼다 하며 이것을 구절초고(九節草膏)라 불렀다 한다. 이 끓여 만든 구절초고는 보혈강장제(補血强壯劑)라 여겨지곤 했다.

이 풀은 높이 50센티미터 정도까지 자라고 땅속의 뿌리가 옆으로 길게 벋으면서 번식한다. 번식력이 대단히 강하고 산구절초와 모양이 비슷하다.

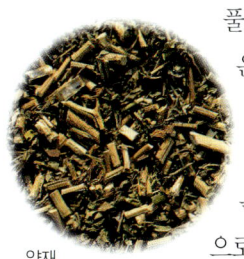
약재

풀잎이 계란형, 또는 넓은 계란형으로 심장의 밑부분과 모양이 비슷하며 윗부분의 것은 가장자리가 날개형으로 갈라진다.

측열편(側裂片)은 흔히 네 개로 긴 타원형이며 끝이 뾰족하고 가장자리가 약간 갈라져 있거나 톱니처럼 되어 있다.

7~9월에 꽃이 피며, 두화(頭花)는 큰 편으로 지름이 8센티미터 정도 된다.

대개는 높은 산간 지대의 능선(稜線) 부근에서 군락(群落)을 형성하여 자라지만 들에서도 가끔 몇 포기씩 모여서 자란다.

꽃은 흰색이지만 약간 붉은빛이 도는 것도 있으며, 중앙 부분은 붉은빛이 도는 노란색이다. 10월에 씨앗이 여물며 식용·관상용·약용 등으로 쓰인다.

꽃을 술에 담가 먹기도 하며, 화단에 관상초로 심거나 꽃꽂이에 쓰기도 한다.

한방 및 민간에서는 선모초(仙母草)라 하여 건위·보익·신경통·정혈·식욕 촉진·중풍·강장·부인병·보온 등에 다른 약재와 같이 처방하여 쓰며 예로부터 부인병과 보온에 구절초를 달여서 먹기도 했다.

이 풀이 잘 자라는 토질은 화강암계·현무암계·화강편마암계·편상화강암계·경상계·반암계 등이며, 번식은 계통분리법·종간잡종법·생태육종법·삽목법·분주법 등에 의하여 이루어진다. 그러나 대개는 분주법에 의하여 많이 번식되며, 번식력과 생명력이 대단히 강한 식물이다.

전국의 깊은 산에서 자라는 산구절초(山九節草)는 선모초(仙母草)라고 더 잘 알려져 있으며 근경(根莖)이 옆으로 벋으면서 높이는 10~60센티미터 정도까지 자란다.

뿌리에서 나온 잎은 꽃이 필 때 대부분 없어지기도 하지만 조금 남아 있는 경우도 있다. 풀잎의 길이는 2~4.5센티미터 정도이며 잎자루가 있고 넓은 계란형이며 날개같이 갈라진다.

꽃은 9월에 원줄기 끝이나 가지 끝에 한 개씩 피는데, 지름이 3~6센티미터 정도의 큰 꽃으로, 중앙부의 꽃술 부위는 노란색이지만 꽃잎은 흰색이다.

꽃과 잎

어린잎

꽃

바위구절초는 한국 특산 식물로서 중부 지방 및 북부 지방의 깊은 산 능선에서 주로 자라는데 높이 20센티미터 정도까지 자라며 땅속의 뿌리는 옆으로 번는다. 산구절초와 거의 비슷하지만 키가 작고 원줄기와 잎이 흰색의 털로 덮여 있으며 꽃대가 짧으며 꽃은 대단히 크다.

밑부분의 풀잎은 잎자루가 있으나 위로 올라가면서 잎자루가 없어지고 날개같이 갈라진다.

풀잎의 열편이 산구절초와 같이 피침형(披針形)으로 가늘어지며, 꽃은 9~10월에 피고 색은 연한 홍색 또는 흰색으로 원줄기 끝에 한 송이씩 피어나고 지름은 2~4센티미터 정도이다. 포천 지방의 한탄강 냇가 부근에 자라는 포천구절초는 높이 50센티미터까지 자라며 9~10월에 꽃을 피운다. 꽃은 약간 분홍색을 띠며 원줄기 끝에 한 송이씩 핀다.

황해도의 서흥 근처 숲에서 자라는 서흥구절초는 높이 55센티미터 정도까지 자라며 구절초와 약간 비슷하지만, 설상화관(舌狀花冠)이 넓고 붉은빛이 돌며 털이 없는 게 다르다. 설상화관 전체는 자홍색(紫紅色)이며 화관 끝에 두 개 또는 다섯 개의 톱니가 있다.

이 외에도 원예용으로 재배되는 꽃구절초와 낙동구절초 등이 있는데 성분(成分)이 구절초와 거의 같아서 이것들 역시 약재로 쓰인다.

이 구절초 계통의 꽃들은 늦가을이 되어 아침 저녁으로 찬서리가 내릴 즈음이면 국화·감국·개미취·쑥부쟁이·벌개미취 등과 더불어 우리의 산야(山野)에서 많은 꽃을 피운다.

개미취나 쑥부쟁이 등은 가지가 많이 벌어지고 꽃을 많이 피우지만 이들 구절초(九節草) 계통의 꽃들은 대개 줄기 끝에 한 개의 꽃을 피운다. 꽃은 대부분 청아한 빛을 띠고 있으며 또한 크게 핀다. 사람들은 흔히 이들을 모두 들국화라고 부른다.

최근에는 도시에서도 가을이 되면 꽃이

활짝 핀 구절초를 다발로 엮어 팔고 있는 모습을 종종 볼 수 있다.

국화과의 식물 중에 쑥과 더불어 약으로 민간에서 많이 쓰이는 풀 중의 하나이며, 집안의 화단 한쪽에 심어 놓으면 늦가을에 진한 들국화의 향기를 즐길 수 있다.

분포도

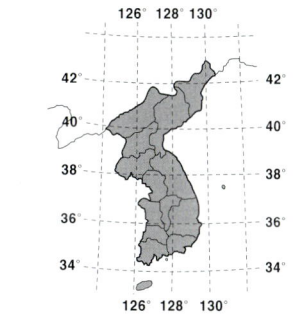

식물명	구절초(九節草)
과 명	국화과(Compositae)
학 명	*Dendranthema zawadskii* var. *latilobum* Kitam.
생약명	선모초(仙母草)
속 명	들국화 · 창다구이 · 고뽕
분포지	전국의 산과 들
개화기	9~10월
결실기	10월
높 이	50센티미터
용 도	식용 · 관상용 · 약용
생육상	여러해살이풀(多年生草本)

과꽃

우리나라 북부 지방의 산에서 많이 자라고 있으며 예로부터 관상용으로 많이 심고 있는 국화과의 여러해살이풀이다.

원래는 취국(翠菊)·취국화(翠菊花)·추모란(翠牡丹)·당국화(唐菊花)·당구화·오월국(五月菊)·칠월국(七月菊)·남국(藍菊)·취국 등으로 불렀다.

옛날부터 만주 지방과 우리나라의 각 지방에서 정원 등에 야채밭을 만들고 재배하여 관상용으로 즐겼으며, 꽃의 색깔에는 붉은색·흰색·자주색 등이 있다고 『만선식물』에 기록되어 전해지고 있다.

이 풀은 북부 지방의 부전고원(赴戰高原)에서부터 만주 지방과 중국 북부 지방에 걸쳐 자라는 풀로서 야생(野生) 상태로 산에서 자랄 때는 여러해살이풀이었으나 관상용으로 개량하여 심는 것은 한해살이풀로 꽃이 피고 종자가 익으면 말라 죽는다.

높이 30~60센티미터 정도까지 자라며, 온몸이 흰색의 작은 솜털로 뒤덮여 자줏빛을 띠고, 자라면서 가지가 많이 갈라진다.

아랫부분의 잎은 꽃이 필 때 없어지며, 가운뎃부분의 풀잎은 계란형이나 약간 각(角)이 진 둥근 형태이다. 끝은 뾰족하고 길이 5~6센티미터 정도이며 불규칙한 톱니가 나 있다. 잎자루는 길이 7~8.5센티미터 정도이고 좁은 날개가 있으며 잎과 더불어 털이 있다.

7~9월에 꽃이 피며, 꽃은 남자색(藍紫色) 등 여러 색깔로 개량되었다. 꽃의 지름은 6.5~7.5센티미터 정도이며 기다란 꽃대 끝에 한 송이씩 핀다.

꽃받침 잎은 긴 타원 모양의 피침형이며 끝이 둔하고 기다란 녹모(綠毛)가 있다.

10월에 종자가 여물고 줄이 나 있는 긴 타원형의 윗부분에는 털이 있다.

식용·관상용 등으로 쓰이며 절화용으로도 많이 쓰인다.

이 풀이 잘 자라는 토질은 화강편마암계·대동계·섬록암계·변성퇴적암계·반암계 등이다.

번식은 분주법·실생법·생태육종법 등에 의하여 이루어지지만 대개는 실생법으로 번식된다.

옛날에는 이 과꽃을 대개 맨드라미와 더불어 뜰에 심었으며, 그 외에도 여름부터 가을까지 피어나는 여러 가지 꽃을 같이 심었다.

꽃

울타리 밑에는 봉선화·옥잠화, 장독 옆에는 참나리·분꽃·비비추, 앞뜰엔 늦가을까지 볼 수 있는 국화류를 과꽃과 더불어 많이 심었다.

최근에 꽃의 색깔이 여러 가지로 개량되었으며, 가을이 되면 아름다운 꽃을 도처에서 쉽게 볼 수 있다.

어떤 이야기가 숨어 있을까?

먼 옛날 백두산(白頭山)의 깊은 산골짜기에 추금이라는 한 과부가 어린 아들과 함께 살고 있었다.

그 집 앞뜰에는 여름부터 가을까지 흰색의 아름다운 자태를 뽐내는 꽃들이 가득 있어서 꽃향기가 언제나 집안 가득하였다.

추금은 많은 정성을 들여 그 꽃을 가꾸었다. 죽은 남편이 해마다 정성들여 가꾸어 오던 꽃이기 때문이었다. 꽃이 필 때마다 먼저 저 세상으로 가 버린 남편을 그리워하며 슬픔에 젖곤 하였다.

그러던 어느 날 마을의 매파(중매쟁이)가 추금에게 재혼을 권했다. 끊임없는 매파의 설득에 이 젊은 과부의 마음도 조금씩 흔들리기 시작하였다.

그런데 뜰에 핀 하얀 꽃들이 하나둘씩 갑자기 분홍색으로 변해 가기 시작했다. 이상

꽃

하게 생각한 추금은 꽃을 살펴보기 위해 꽃밭으로 나갔다. 뜻밖에 꽃밭에는 죽은 남편이 나타나서 미소를 짓고 서 있었다.

"부인! 내가 다시 돌아왔소."

부인은 생각지도 못했던 기쁨에 눈물을 흘리며 남편의 따뜻한 품에 안겼다. 이후, 이들 부부는 아들과 함께 행복한 하루하루를 보냈다.

그러던 어느 해 극심한 가뭄이 들었다. 농사를 지을 수 없게 된 사람들은 저마다 살길을 찾아 고향을 떠났다.

"여보, 넓은 만주땅으로 갑시다. 그곳은 가뭄이 들지 않았다고 하니 그곳으로 가서 농사를 지읍시다."

부인은 남편의 뜻에 따라 이삿짐을 쌌다. 흰색과 분홍색 꽃도 한 그루씩 캐어 소중히 싸 들고 길을 나섰다.

이들 부부가 만주땅에 정착한 지도 어언 10년이 지났을 때였다. 뒷산으로 나무를 하러 간 아들이 갑자기 독사에게 물려 죽고 말았다. 이들 부부의 슬픔은 이루 말할 수 없이 컸다.

"여보, 여기서 살면 죽은 아들 생각이 더욱 간절할테니까 다시 고향으로 돌아갑시다."

부인은 남편의 뜻에 따라 아들의 시신을 뜰의 꽃밭에 묻어 주고 다시 고향으로 돌아갔다.

옛집으로 돌아온 부부는 열심히 농사를 지으며 살았다. 그들은 이미 늙어 다시 자식을 낳을 수는 없었지만 세월이 흐를수록 금실이 더욱 좋아졌다.

어느 날, 부인은 나무를 하러 가는 남편을 따라 길을 나섰다. 절벽 위에 아름답게 피어 있는 꽃 한 송이가 부인의 눈에 띄었다. 부인은 그 꽃이 몹시 갖고 싶었다. 그러자 남편이 아내를 위해 그 꽃을 꺾어 오려고 절벽을 기어올라갔다. 그러나 남편은 발을 헛디디는 바람에 그만 절벽 아래로 떨어지고 말았다.

"앗!"

부인은 외마디 비명을 지르며 정신을 잃고 그 자리에 쓰러지고 말았다.

얼마쯤 시간이 지났을 무렵이었다.

"엄마! 엄마!"

부인은 자신을 부르는 아들의 목소리를 듣고 소스라치게 놀라 깨어났다. 산속에 있어야 할 자신이 뜻밖에도 자신의 방안에 앉아 있었다. 부인은 그제야 자신이 꿈을 꾸었다는 것을 알아차렸다.

부인은 더욱 허전했다. 곧 뜰로 나가 꽃을 살펴보았다. 밤 사이에 하얀 꽃이 분홍색으로 더 많이 변해 있었다.

"흔들리는 내 마음을 바로잡아 주기 위해 죽은 남편이 꿈에서나마 일생을 같이하여 죽었구나."

부인은 그동안 매파로 인해 흔들렸던 자신을 반성하고 마음을 더욱 굳게 하였다.

그 후 훌륭하게 성장한 아들은 무과 시험을 보기 위해 한양으로 떠났다. 그런데 이때 만주 지방의 오랑캐들이 쳐들어와 추금 부인을 납치해 가 버리고 말았다. 부인은 비록 나이는 들었지만 여전히 아름다웠기에 오랑캐 두목은 그녀를 아내로 삼으려고 하였다. 그러나 부인은 끝내 거절하였다.

그런데 기이한 것은 두목의 집이 그 옛날 부인이 꿈속에서 남편과 함께 살던 만주의 바로 그 집이라는 사실이다.

두목은 완강히 거절하는 추금 부인을 방에 가두어 놓고 매일 찾아와 열쇠를 주며 아내가 되어 달라고 졸라댔다. 그러나 추금 부인은 끝까지 거절하며 열쇠 뭉치를 밖으로 내던져 버리고 말았다.

무과에 급제한 아들은 어머니를 구출하기 위해 병사들을 이끌고 만주 땅으로 숨어 들어가 밤에 급습하여 무사히 어머니를 구출해 냈다.

부인은 아들에게 말하였다.

"이 집은 너의 아버지께서 끝까지 나를 지켜 주신 집이다."

부인은 그동안에 있었던 일들을 아들에게 소상히 들려 주었다. 그러고 뜰로 나갔는데 또 한번 깜짝 놀랐다.

지난날 꿈속에서 죽은 아들을 묻었던 곳과 열쇠를 내던졌던 곳에 보랏빛의 꽃이 피어 있는 것이다.

부인은 그 꽃들을 캐어 품에 안고 다시 고향으로 돌아와 아들과 더불어 행복하게 살았다 한다.

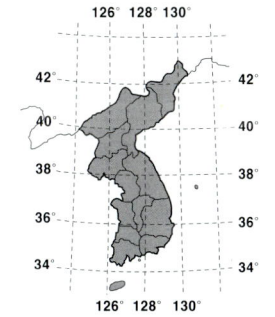

분포도	
식물명	과꽃(翠菊)
과 명	국화과(Compositae)
학 명	*Callistephus chinensis* Nees
속 명	당국화 · 취국화 · 추모란
분포지	북부 지방 · 전국(원예종으로 개발한 것)
개화기	7~9월
결실기	10월
높 이	30~60센티미터
용 도	관상용 · 식용
생육상	여러해살이풀(多年生草本)

쑥부쟁이

전국의 산과 들에 흔히 자라며 비슷한 종이 대단히 많은 국화과의 여러해살이풀이다.

원래는 자채(紫菜)·홍관약(紅管藥)·쑥부장이·권연초·가새쑥부장이·가새쑥부쟁이·마란(馬蘭) 등으로 불렀으며 이와 비슷한 풀로 쑥부쟁이라 불리는 것이 우리나라에는 15종 정도나 자라고 있다.

이 풀은 대개 습기가 다소 있는 곳에서 자라며 높이 30~100센티미터 정도까지 자란다.

뿌리줄기는 옆으로 길게 자라고, 맨처음 새싹이 땅 위로 솟아 나올 때는 붉은빛을 띠지만 차차 자라면서 녹색 바탕에 자줏빛을 띤다.

잎은 어긋난 형태로 나고 피침형이며 굵은 톱니가 나 있다. 그리고 밑부분의 잎에는 세 개의 맥이 있다.

7~10월에 연한 자주색의 꽃이 피는데 통꽃이 모여 있는 가운뎃부분은 노란색이다.

꽃은 원줄기 끝과 가지 끝에 각각 한 개씩 피며, 두화(頭花)의 지름은 2.5센티미터 정도이다.

10월에 씨가 여무는데 씨앗 끝에는 작은 관모(冠毛)가 나 있다.

학설에 의하면 쑥부쟁이는 세포학적(細胞學的)으로는 가새쑥부쟁이와 남원쑥부쟁이 사이에서 생겨난 잡종(雜種)이라고 한다.

식용·관상용·약용으로 쓰이며 어린순은 나물로도 먹는다. 화단에 관상용으로 심기도 한다.

민간에서는 보익·해소·이뇨 등에 다른 약재와 같이 처방하여 약으로 쓴다.

섬을 제외한 내륙 지방의 산과 들에는 산쑥부쟁이가 자라며, 높이는 1미터까지 자라고 9월에 꽃을 피운다.

전국의 산과 들에는 까실쑥부쟁이가 많이 자라고 있으며 일명 마란(馬蘭)이라고 한다. 마란은 8~10월에 걸쳐 꽃을 많이 피우는 흔한 종으로 들이나 야산에서 흔히 볼 수 있다.

진색쑥부쟁이는 원예종으로 흔히 화초로 심으며 6~7월에 꽃을 피운다.

북녘쑥부쟁이는 우리나라 북부 지방의 산과 들에서 자라며, 9월에 꽃이 피고 10월에 씨앗이 여문다. 섬쑥부쟁이는 울릉도의 산에서 자라며 높이가 1미터 정도로 7~8월에 꽃이 핀다.

개쑥부쟁이는 두해살이풀로 높이 40~60센티미터 정도까지 자라고 전국의 들에서 흔히 볼 수 있으며 7월에 꽃이 핀다.

흰개쑥부쟁이도 두해살이풀로 개쑥부쟁이와 같이 40~60센티미터까지 자라며 섬을 제외한 내륙의 산과 들에서 자생한다. 9월에 꽃이 피고 10월에 씨앗이 여문다.

참쑥부쟁이는 남부 지방의 산과 들에서 자라는 여러해살이풀로 30~50센티미터까

개쑥부쟁이

지 자라며 9월에 꽃이 핀다.

　갯쑥부쟁이는 전국의 산과 들에 자라는 두해살이풀로 30~60센티미터까지 자라고 8~9월에 꽃을 피운다.

　거문도쑥부쟁이는 한국 특산 식물로서 남부 지방의 거문도(巨文島)에서 자란다. 여러해살이풀이며 40~70센티미터까지 자라는데 6~10월에 꽃이 피고 씨는 11월에 여문다.

　또 다른 산쑥부쟁이도 있다.

　이 풀은 30~60센티미터 정도까지 자라며 여러해살이풀로 제주도와 남부 지방 및 중부 지방의 산과 들에서 자란다. 6~10월에 꽃이 피고 11월에 씨앗이 여문다.

　큰갯쑥부쟁이는 한국의 특산 식물로서 남부 지방의 거문도(巨文島)에서 자라는데 30~80센티미터까지 자라고 8~9월에 꽃을 피운다.

　가는잎쑥부쟁이는 중부 지방 및 북부 지방의 들에서 자라며 60센티미터까지 자라고 8~9월에 꽃을 피운다.

　왜쑥부쟁이는 제주도와 남부 지방의 산과 들에서 자생하고 있으며 1미터까지 자라고 9~10월에 꽃을 피운다. 씨앗은 11월에 여문다.

　단양쑥부쟁이는 두해살이풀로서 단양 지방의 냇가 근처 모래땅에서 자라는데 50센티미터 정도까지 자라고 8~9월에 꽃을 피운다.

　우리나라 각 지방의 산과 들에는 이렇듯 많은 종의 쑥부쟁이가 섞여서 자라고 있으며 거의 비슷한 색깔의 꽃을 피운다.

　높이와 잎, 줄기의 털 등에서 약간씩 다른 점을 찾아볼 수 있으나 일반인은 구별하기 어려울 정도이다. 초원에서 많이 자라는 이 풀들은 대개는 6월부터 10월 하순까지 계

가는잎쑥부쟁이

속 꽃을 피운다.

  꽃은 가느다란 줄기 끝에 무더기로 피어나는데 줄기는 그 무게를 견디지 못하고 대개는 옆으로 비스듬히 누워 있는 경우가 많다. 가지가 많이 벋고 번식력이 대단히 강해서 여름부터 가을까지 우리나라의 어느 지방을 가든지 이 꽃을 볼 수 있다.

어떤 이야기가 숨어 있을까?

옛날 어느 마을에 아주 가난한 대장장이가 살고 있었는데 그에게는 11남매나 되는 자녀들이 있었다. 이때문에 그는 매우 열심히 일을 했지만 항상 먹고살기도 어려운 처지였다.

  이 대장장이의 큰딸은 쑥나물을 좋아하는 동생들을 위해 항상 들이나 산을 돌아다니며 쑥나물을 열심히 캐 왔다.

  이 때문에 동네 사람들은 그녀를 '쑥을 캐러 다니는 불쟁이네 딸'이라는 뜻의 쑥부쟁이라 불렀다.

  그러던 어느 날 쑥부쟁이는 산에 올라갔다가, 몸에 상처를 입고 쫓기던 노루 한 마리를 숨겨 주고 상처까지 치료해 주었다.

  노루는 고마워하며 언젠가 은혜를 반드시 갚겠다는 말을 남기고 산속으로 사라졌다.

  그날 쑥부쟁이가 산 중턱쯤 내려왔을 때였다.

  한 사냥꾼이 멧돼지를 잡는 함정에 빠져 허우적거리고 있었다. 쑥부쟁이가 치료해 준 노루를 쫓던 사냥꾼이었다.

  쑥부쟁이는 재빨리 칡덩굴을 잘라서 사냥꾼을 구해 주었다.

  쑥부쟁이가 목숨을 구해 준 사냥꾼은 자신이 서울 박재상의 아들이라고 말한 뒤, 이 다음 가을에 꼭 다시 찾아오겠다는 약속을 남기고 떠났다.

쑥부쟁이는 그 사냥꾼의 씩씩한 기상에 호감을 갖고 다시 그를 만날 수 있다는 생각에 가슴이 부풀었다. 가을이 어서 오기만을 기다리며 열심히 일하였다.

드디어 기다리던 가을이 돌아왔다.

쑥부쟁이는 사냥꾼과 만났던 산을 하루도 거르지 않고 매일 올라갔다. 그러나 사냥꾼은 나타나지 않았다. 쑥부쟁이는 더욱 가슴이 탔다.

애타는 기다림 속에 가을이 몇 번이나 지나갔다. 그러나 끝내 사냥꾼은 나타나지 않았다. 쑥부쟁이의 그리움은 갈수록 더해 갔다.

그동안 쑥부쟁이에게는 두 명의 동생이 더 생겼다. 게다가 어머니는 병을 얻어 자리에 눕게 되었다. 쑥부쟁이의 근심과 그리움은 나날이 쌓여만 갔다.

어느 날, 쑥부쟁이는 몸을 곱게 단장하고 산으로 올라갔다. 그리고 흐르는 깨끗한 물 한 그릇을 정성스레 떠 놓고 산신령님께 기도를 드렸다.

그러자 갑자기 몇 년 전에 목숨을 구해 준 노루가 나타났다. 노루는 쑥부쟁이에게 노란 구슬 세 개가 담긴 보라빛 주머니 하나를 건네 주며 말했다.

"이 구슬을 입에 물고 소원을 말하면 이루어질 것입니다."

말을 마친 노루는 곧 숲 속으로 사라졌다.

쑥부쟁이는 우선 구슬 한 개를 입에 물고 소원을 말하였다.

"우리 어머니의 병을 낫게 해주십시오."

그러자 신기하게도 어머니의 병이 순식간에 완쾌되었다.

그해 가을, 쑥부쟁이는 다시 산에 올라 사냥꾼을 기다렸다. 그러나 사냥꾼은 역시 오지 않았다. 기다림에 지친 쑥부쟁이는 노루가 준 주머니를 생각하고, 그 속에 있던 구슬 중 하나를 꺼내 입에 물고 소원을 빌었다. 그러자 바로 사냥꾼이 나타났다. 그러나 그 사냥꾼은 이미 결혼을 하여 자식을 둘이나 둔 처지였다.

사냥꾼은 자신의 잘못을 빌며 쑥부쟁이에게 같이 살자고 했다. 그러나 쑥부쟁이는 마음속으로 다짐했다.

'저이에게는 착한 아내와 귀여운 아들이 있으니 그를 다시 돌려보내야겠다.'

쑥부쟁이는 마지막 하나 남은 구슬을 입에 물고 가슴 아픈 소원을 말하였다.

그 후에도 쑥부쟁이는 그 청년을 잊지 못하였다. 세월은 자꾸 지나갔으나 쑥부쟁이는 결혼을 할 수 없었다. 다만 동생들을 보살피며 항상 산에 올라가 청년을 생각하면서 나물을 캤다.

그러던 어느 날 쑥부쟁이는 산에서 발을 헛디뎌 그만 절벽 아래로 떨어져 죽고 말았다.

쑥부쟁이가 죽은 뒤, 그 산의 등성이에는 더욱 많은 나물들이 무성하게 자라났다. 동네 사람들은 쑥부쟁이가 죽어서까지 동생들의 주린 배를 걱정하여 많은 나물이 돋아나게 한 것이라 믿었다.

연한 보라빛 꽃잎과 노란 꽃술은 쑥부쟁이가 살아서 지니고 다녔던 주머니 속의 구슬과 같은 색이며 꽃대의 긴 목 같은 부분은 아직은 옛 청년을 사랑하고 기다리는 쑥부쟁이의 기다림의 표시라고 전해진다.

이때부터 사람들은 이 꽃을 쑥부쟁이나물이라 불렀다.

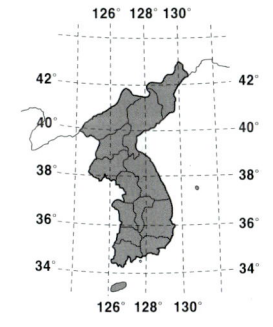

분포도

식물명	쑥부쟁이(紫菜)
과 명	국화과(Compositae)
학 명	*Kalimeris yomena* kitam.
속	쑥부쟁이 · 마란 · 가새쑥부쟁이
분포지	전국
개화기	7~10월
결실기	10월
높 이	30~100미터
용 도	식용 · 관상용 · 약용 · 밀원용
생육상	여러해살이풀(多年生草本)

참취

전국의 산과 들에 많이 자라는 풀이며, 취나물 중 우리가 제일 많이 먹는 국화과의 여러해살이풀이다.

원래는 백운초(白雲草)·백산국(白山菊)·동풍(東風)·동풍채(東風菜)·나물채·암취 등으로 부르기도 했다.

산에서 자라는 풀로서 그 높이가 1~1.5미터 정도 된다.

뿌리줄기가 굵고 짧으며 가지가 사방으로 갈라진다. 뿌리에서 나온 잎(根生葉)은 꽃이 필 때쯤 되면 없어진다. 줄기에서 나오는 잎은 어긋난 형태로 나며, 아랫부분의 잎은 날개가 달린 기다란 잎자루가 있다. 그리고 길이는 9~24센티미터 정도로 심장 모양이다. 잎 표면이 거칠고 양면에 털이 나 있으며 잎 가장자리에 이빨 같은 톱니가 나 있다.

중앙부의 잎은 날개가 달린 짧은 잎자루와 더불어 둥근 삼각형(三角形)이며, 풀잎의 끝이 뾰족하고 밑부분이 심장의 아래 부분과 닮았다.

꽃이 피는 꽃줄기에 달린 잎은 길이 3~5센티미터 정도이며 흰색인데 가지 끝과 원줄기 끝에 사방으로 흩어져 나며 꽃자루의 길이는 1~3센티미터 정도이다.

총포(總苞)는 반구형(半求形)이고 세 줄로 배열되었으며, 외포(外苞)는 긴 타원형으로 길이 1.5밀리미터 정도이다. 11월에 씨가 여무는데 씨앗은 긴 타원 모양의 피침형이고 관모(冠毛)는 흑백색(黑白色)으로 짧게 나 있다. 식용·관상용·약용으로 쓰이며 어린순은 나물로 먹으며 흔히 취나물이라 한다. 나무 전체에서 향긋한 향기가 나며 우리가 많이 먹는 나물 중의 하나이다.

화단에 관상용으로 심으면 가을에 흰 꽃을 볼 수 있으며, 민간에서는 전초(全草)를 해소·방광염·두통·현기증 등에 다른 약재와 같이 처방하여 쓰고 이뇨·보익에도 좋다고 한다.

참취가 잘 자라는 토질은 화강암계·현무암계·화강편마암계·편상화강암계·변성퇴적암계·경상계 등이다.

참취나물

실생법·종간잡종법·생태육종법·분주법 등에 의하여 번식하지만 대개는 분주에 의하여 번식한다.

이 식물은 무성(無性) 번식 식물로서 종자로 번식을 하는 경우는 거의 없다. 봄에 근생엽(根生葉) 표면에서 어린순이 돋아나서 여름동안 같이 자란다.

가을이 되어 꽃이 떨어지고 잎도 땅에 떨어지고 나면 이내 근생엽 표면에서 나온 어린 새끼 포기들은 땅속에 뿌리를 내리고 자리를 잡기 시작하여 여러 포기의 참취가 나게 된다.

국화과의 식물 중에 유일하게 무성 번식을 하는 희귀한 식물이다.

강원 산간 지방에서는 이 참취를 암취나물이라 하는데 산나물 중 가장 많이 캐는 풀 중의 하나다. 요즘에는 겨울철에 온실(비닐하우스)에서 재배하여 사계절 내내 향긋하고 싱싱한 취나물을 먹을 수 있다.

취나물의 종류는 대단히 많다.

개미취·벌개미취·좀개미취·들개미취·애기자원·갯자원·왕곰취·어린곰취·세뿔곰취·화살곰취·왕가시곰취·긴잎곰취·곰취·갯곰취·추분취·버들분취·서덜취·진남포분취·나래취·담배취·금강분취·긴잎금강분취·떡잎분취·솜분취·참서덜취·너울취·각시서덜취·두메취·큰각시취·홀각시취·개분취·톱분취·묘향분취·당분취·왕분취·섬취·

은분취·각시취·눈분취·낭림분취·비단분취·큰비단분취·분취·산골취·쇠분취·키다리분취·섬갯분취·뿔분취·세모분취·그늘취·골짝분취·들분취·참수리취·누른참수리취·미역취·산미역취·나래미역취·큰미역취·미국미역취·다후리아수리취·큰수리취·가새수리취·국화수리취·수리취·왕수리취·단풍취·좀단풍취·좀딱취 등 70여 종이 우리나라 산과 들에 자라고 있으며, 이들 취나물들은 대부분 나물로 먹는다. 취나물 중에 곰취나물의 어린순을 곰달래나물이라 하는데 우리 식탁에 자주 오른다.

곰취나물은 깊은 산 습지에서 흔히 자라며 높이도 1~2미터까지 자란다. 7~9월에 노란색의 아름다운 꽃을 많이 피우며, 풀잎은 둥근 모양으로 대단히 큰 편이다.

곰취와 비슷한 풀로 곤달비가 있다. 1미터 정도까지 자라며 풀잎의 모양도 곰취나물과 거의 비슷하다.

꽃은 8~9월에 노란색으로 핀다.

이 풀의 어린순을 삶아서 나물로 먹으며 뿌리는 부인병 등에 약으로 쓴다.

분취나물은 낮은 지역의 산에서도 흔히 볼 수 있다. 온몸에 분을 바른 듯이 흰빛이 돌며 높이는 20~80센티미터까지 자란다.

7~8월에 꽃이 피는데 옅은 자줏빛을 띤다. 어린 것은 나물로 먹는다.

가을이면 낮은 산이나 높은 산 숲 속이나 초원에서 시커멓게 우뚝 솟은 가시가 모인 듯한 꽃들을 많이 볼 수 있는데 이 꽃이 수리취나물꽃이다. 큰수리취도 꽃 모양과 색깔이 똑같다.

이 풀은 건조하고 양지바른 산에서 자라며 높이는 1~2미터까지 자란다. 줄기는 자줏빛이 돌며 거미줄 같은 털이 있다. 뿌리에서 나온 풀잎은 꽃이 필 때 시들고, 잎자루는 길다.

잎의 길이는 10~21센티미터 정도이고 표면은 녹색이며, 뒷면은 흰색의 선모가 많이 나 있으며 흰빛이 돌고 가장자리가 불규칙하게 갈라졌으며 뾰족한 톱니가 있다.

9~10월에 꽃이 피는데 꽃의 지름은 4~5센티미터 정도이고 가지 끝과 원줄기 끝에서 땅을 향하여 고개를 숙이고 핀다.

꽃잎은 엉겅퀴처럼 실오라기 모양을 하고 있으며 색깔은 흑자색(黑紫色)인데 꽃이 핀 것인지 시든 것인지 구별하기가 어렵다.

수리취나물의 말라 버린 꽃과 종자 꽃대가 겨울에 눈이 올 때까지 우뚝 서 있는 모습을 종종 발견할 수 있다. 이 풀의 어린잎은 떡을 만드는 데 많이 쓰며, 다 자란 풀잎은 섬유질이 많아서 비벼서 불쏘시개를 만

들었다 한다.

 금강분취는 금강산에서 자란다하여 금강분취라고 불렀으며, 지금은 설악산 등지에서 볼 수 있다.

 높이는 30~80센티미터까지 자라고, 풀잎의 모양은 심장 모양으로 매우 가지런하다.

 풀잎의 길이는 8~15센티미터 정도이며, 어릴 때는 잎 양면이 흰색 털로 덮여 있고 가장자리에 잔 톱니가 나 있으며, 잎자루의 길이는 5~10센티미터 정도이다.

 9월에 꽃이 피며 꽃의 색깔은 자주색이다. 금강분취 외에도 긴잎금강분취 등이 있으며 어린순을 나물로 먹는다.

 개미취는 일명 '자원'이라고 부른다. 깊은 산 습지에서 높이 1~1.5미터까지 자라며 윗부분에서 가지가 갈라진다.

 7~10월에 꽃이 피고, 꽃의 지름은 2.5~3.3센티미터 정도로 가지 끝과 원줄기 끝에서 사방으로 달린다.

 꽃은 하늘색을 띠고 있으며 자줏빛을 띠는 것도 있다. 어린순을 나물로 먹으며 뿌리와 전초(全草)는 한방 및 민간에서 자원(紫苑)이라 하여 진해·거담·거풍·이뇨·해소·후두·경풍·인후종 등에 다른 약재와 같이 처방하여 약으로 쓴다.

 이토록 우리 주변의 산과 들에는 우리가 유익하게 사용할 수 있는 갖가지 풀들이 자라고 있으며 이들은 아름다운 꽃과 향기는 물론이고 식용·약용할 수 있어서 우리에게 많은 도움을 준다.

분포도

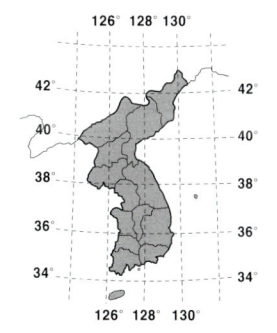

식물명	참취(東風菜)
과 명	국화과(Compositae)
학 명	*Aster scaber* Thunb.
속 명	나물채·암취·백운초·백신초
분포지	전국의 산과 들
개화기	7~10월
결실기	11월
높 이	1~1.5미터
용 도	식용·관상용·약용
생육상	여러해살이풀(多年生草本)

갈대

전국의 습지 및 냇가나 강가 개펄 등지에서 흔히 자라는 화본과의 여러해살이풀이다.

원래는 겸(蒹)·가(葭)·겸가(蒹葭)·노초(蘆草)·노(蘆)·위초(葦草)·노위(蘆葦)·갈때·달이라 불렀다.

노순(蘆筍)이란 갈대의 새순을 말하는 것이며 갈대꽃은 노화(蘆花), 갈꽃을 말하는 것이고, 가부(葭莩)는 얇은 껍질(탁엽)을 말하는 것이다.

문헌에 의하면 우리나라와 만주 지방에서 자라고 대개는 해변이나 강변과 같은 물이 있는 습한 곳에서 많이 난다고 한다.

새싹은 식용하였는데 특히 지나인(支那人)들이 요리에 많이 이용했다 한다. 갈대가 처음 두세 마디 자랄 무렵에는 가축의 사료로 썼으며 좀더 자란 것은 소나 말에게 먹였다 한다.

갈은 잘게 쪼개어 대롱·돗자리·시렁·삿갓·붓·통 등을 만드는 데 썼으며 그 외에 땔감으로도 썼다 한다. 잎은 종이의 원료로 쓰이는 외에도 여러 가지로 다양하게 쓰였다.

땅속에 묻힌 뿌리를 초탄화(梢炭化) 또는 토탄(土炭)·토매(土煤)라 하였고 연탄과 같은 연료로 쓰이기도 했다.

노위(蘆葦)는 실생활에 많이 이용되었으며 만주의 강반(江畔) 근처에는 노전(蘆田)이 많아 노세과(蘆稅課)가 지방 관청에 신설되고 개개인이 생산하는 것을 관리하였다고 한다.

토탄(土炭)은 갈뿌리가 땅속에서 썩은 것이며 노겸(蘆蒹)은 갈대를 엮어서 만든 발이다. 노담(蘆簟)은 갈대를 가늘게 쪼개 삿자리를 엮은 것이며 갈립(蘆笠)은 갈대를 쪼개어 만든 삿갓이다.

우리나라 아이들이 갈잎을 입에 말아서 물고 소리를 냈는데 이것을 초적(草笛) 또는 초금(草琴), 속칭 호득이라고 하였고 충청 지방에서는 호떼기라고 불렀다 한다.

갈대는 북반구의 온대에서부터 아한대에 이르기까지 널리 분포되어 자라고 있는 여러해살이풀이며, 높이는 1~3미터쯤 되고 보통 군락을 이루어 자란다.

뿌리줄기는 땅속에서 옆으로 길게 벋어 나가고 마디가 있으며 마디에서는 수염뿌리가 난다. 뿌리줄기는 크고 비대하며 흰색이다.

원줄기는 속이 비어 있고 마디에 털이 있는 것도 있으며 곧게 서고 단단하다. 잎은 어긋나게 붙고 폭이 넓으며 길이 60센티미터 내외이다. 기부는 칼집 모양으로 줄기를 둘러싸고 있으며 윗부분은 밑으로 처져 있다.

9월에 꽃이 피는데 원추화서이며 작은 이삭을 많이 달고 있다. 꽃밥은 자주색이다.

10월에 씨가 익으며 색깔이 담자백색으로 변하여 열매를 맺는다.

이삭의 길이는 30~50센티미터쯤 되는데 가을에 갈꽃과 더불어 가을의 운치를 더해 준다.

이 이삭을 꽃이 피기 전에 채집하여 건조시켜 빗자루를 만드는 데 쓰기도 하며 익은 후에는 이삭에 붙은 털을 채집하여 솜 대용으로 이불과 옷 등에 사용했다고도 한다.

어린순은 나물로 먹으며 뿌리는 날로 먹는다.

성숙한 원줄기는 각종 가정 세공용품을 만들거나 건축용으로 많이 쓰이며, 뿌리는 한방 및 민간에서 노(蘆) 혹은 노근(蘆根)

꽃

이라 하여 자양·홍역 등에 다른 약재와 같이 처방하여 약으로 쓴다.

물이 있는 연못이나 강변에서 잘 자라며 번식은 종내육종법·계통분리법·분주법·삽목법·생태육종법 등에 의하여 이루어진다.

갈대는 번식력이 매우 강해 대개 군락을 이뤄 자란다.

여름이나 가을에 냇가나 강변, 갯벌 등 습기가 많은 곳에서 잘 자란다.

지난날에는 무성했던 갈대밭이 지금은 개간되어 없어진 경우도 더러 있다.

목포(木浦) 시가지에도 커다란 갈대밭이 있으며, 각 지방에서 흔히 볼 수 있다.

여름이면 무성하게 자라 높이 2미터 이상이 되므로 한번 갈대밭에 들어가면 사방을 분간하기가 어렵다.

갈대밭에는 큰 새들도 많이 살고 있다. 이들은 갈댓잎을 서로 붙들어 잡아매 놓고 거기에 둥지를 틀고 알을 낳는다.

또한 갈대밭 땅 위에는 각종 어류와 곤충류들이 많이 자란다.

한여름 장마에 언덕이 잘려 나가고 나면 흰색의 커다란 뿌리가 밖으로 드러난다. 이 뿌리를 씹어 보면 단맛이 난다.

갈대발

지금은 볼 수 없지만 1960년대만 하더라도 초가집을 지을 때에는 갈대가 많이 쓰였다. 벽을 만드는 데 새우발 친다 하여 발을 엮어 고정시키고 이 위에 흙을 발랐으며, 또한 갈줄기를 가늘게 쪼개어 방에 까는 자리를 만들었다.

이 자리를 삿자리라고 하였으며 여름철에는 시원하고 겨울에는 따뜻하여 지방에서는 대개 이 자리를 깔고 살았다.

우리가 늘 쓰고 있는 방의 빗자루는 지금도 대부분 갈대의 이삭으로 만든다.

어떤 이야기가 숨어 있을까?

옛날 중국에 민자건(閔子騫)이라는 사람이 살고 있었다. 그는 어릴 때 어머니를 여의고 계모 밑에서 자라게 되었다.

꽃

히게 되었다. 24효(孝)라 함은 원나라 곽거업(郭居業)이 선정한 효자 스물네 사람을 말하는 것인데, 맹종(孟宗)과 왕상(王祥)도 24효의 한 사람이었다.

계모는 건의 집에 들어온 뒤 두 아이를 낳아서 건에게는 두 명의 동생이 생겼다.

그런데 계모는 자기가 난 아이들만을 귀여워하고 전실 소생인 건은 천대하였다. 추운 겨울에 건의 동생들에게 두툼한 솜옷을 입히면서 건에게는 갈대의 이삭에 붙은 털을 넣어 만든 옷을 입혔다. 얇고 보잘것없는 옷을 입은 건은 추위에 오들오들 떨며 겨울을 지내야 했다. 그러나 마음씨 착한 건은 불평 한마디 하지 않고 묵묵히 견디었다.

어느 날, 건의 아버지가 이 사실을 알고 크게 노하며 계모를 쫓아내려 하였다. 그러자 건이 나서서 아버지를 극구 만류하였다. 어머니는 결코 나쁜 사람이 아니며 그동안 자신을 매우 따뜻하게 돌보아 주었다고 계모를 변호해 주었다.

건의 말을 들은 아버지는 건의 착한 마음씨에 탄복하여 계모를 용서하였다. 계모도 건의 착하고 깊은 생각에 감동하여 자신의 잘못을 빌고 그 후부터는 동생들과 다름없이 건을 사랑하였다.

건은 중국의 24효(孝) 중의 한 사람에 꼽

분포도

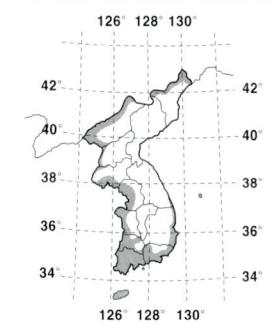

식물명	갈대(蘆葦)
과 명	벼과(Gramineae)
학 명	*Phragmites communis* Trin.
생약명	노(蘆) · 노근(蘆根)
속 명	갈 · 노초 · 노위 · 갈때 · 달
분포지	전국의 연못이나 강변
개화기	9월
결실기	10월
높 이	1~3미터
용 도	식용 · 공업용 · 약용
생육상	여러해살이풀(多年生草本)

용담

우리나라 제주도 및 전국의 산에서 흔히 자라며 늦가을까지 꽃을 피우고 약용으로 쓰이기도 하는 용담과의 여러해살이풀이다.

원래는 용담초(龍膽草)·초룡담(草龍膽)·과남풀·거친과남풀·용담·초룡담·가는과남풀 등으로 불렸다.

만주 지방의 산과 들에서도 자라며 어린싹과 잎의 부드러운 부분은 식용(食用)한다. 뿌리는 약용(藥用)하는데 풍한·각기·수종 등을 치료하는 데 효과가 있다고 한다.

생명력이 강한 이 풀은 뿌리의 맛이 아주 쓰다 하여 용담이란 이름이 붙여졌다고 한다.

『만선식물』에 의하면 일본 약방(藥房)에서는 다른 약재의 대용(代用)으로도 썼다고 한다.

낮은 산에서부터 고산(高山)에 이르기까지 널리 분포하며, 높이 20~60센티미터 정도까지 자라고, 줄기에는 네 개의 가는 줄이 나 있다. 뿌리줄기(根莖)에는 짧고 굵은 수염뿌리가 있다.

풀잎은 마주 나고 잎자루(葉柄)가 없으며 피침형이다. 길이는 4~8센티미터 정도로 세 개의 맥을 갖고 있으며, 표면은 녹색이고, 뒷면은 연한 녹색이다. 잎의 가장자리는 밋밋하지만 물결 모양을 이룬다.

8~10월에 길이 4.5~6센티미터 정도의 자주색·보라색 꽃을 피우며 꽃은 꽃자루(花梗) 없이 윗부분의 줄기와 잎 사이의 겨드랑이에 달린다. 포(苞)는 좁은 피침형이다.

꽃받침통은 길이 1.2~1.8센티미터이고, 열편이 고르지 않으며 선상 피침형으로서 통부(筒部)보다 길거나 짧다. 꽃부리(花冠)는 종 모양으로 가장자리가 다섯 개로 갈라지고 열편 사이에 부편(副片)이 있다. 수술은 다섯 개로서 화관통(花冠筒)에 붙어 있고 한 개의 암술이 있다.

11월에 씨가 여물고 씨는 삭과(蒴果)로서 벌어져 떨어지는데 시든 꽃잎과 꽃받침잎이 달려 있고 대가 있다. 씨는 넓은 피침형으로 양끝에 날개가 있다.

뿌리는 한방에서 용담(龍膽)이라고 하여 약재로 쓴다. 관상용·약용으로 쓰이며, 최근에는 다량으로 재배하여 관상용 생화로 많이 이용하기도 하며 관상용으로 심기도 한다.

한방과 민간에서는 뿌리를 건위·설사·창종·간질·경풍(驚風, 경련을 일으키는 병)·회충·심장염·습진 등에 다른 약재와 같이 처방하여 약으로 쓴다.

이 풀은 현무암계 등에서 잘 자라며, 번식은 실생법·종내육종법·분주법·생태육종법 등에 의하여 이루어지지만 대개는 실생법에 의하여 번식이 된다.

우리나라에서 자라는 용담의 종류로는 여러 종이 있으며, 모양이 작지만 용담과 비슷한 구슬봉이란 식물도 있다.

당약용담은 북부 지방의 고산지(高山地)와 남부 지방의 지리산(智異山), 중부 북부 지방의 고산(高山)에서 자라는 한국 특산 식물로 90센티미터 정도까지 자라고 8~9월에 꽃을 피운다. 11월에 씨가 익으며 용담과 같이 약용한다.

또한 같은 지역의 고산 등지에서는 한국 특산 식물인 큰용담이 높이 1미터 정도로 자라고 8~9월에 꽃을 피운다. 11월에 씨가 익으며 용담과 같은 약으로 쓰인다.

잎과 줄기

흰구슬봉이 역시 한국 특산 식물로 제주도의 한라산에서 자라는데 흰그늘용담이라고도 한다. 높이 5센티미터 정도까지 자라며 4~5월에 꽃이 피고 7월에 씨가 익는다.

이들 당약용담과 큰용담, 흰구슬봉이는 우리 고유의 식물로 희귀 식물이다.

수염용담은 북부 지방의 산에서 20센티미터 정도까지 자라며 9월에 꽃이 피고 11월에 씨가 익는다.

비로용담은 북부 지방과 중부 지방의 고산(高山) 정상 부근에서 4~12센티미터 정도로 자라고 7~9월에 꽃이 피며 11월에 씨가 익는다. 이 풀은 희귀 고산 식물(高山植物)로서 우리나라 북부의 백두산과 포태산 및 휴전선 지역의 대암산 등지에서 발견된 바 있다. 또한 흰비로용담도 백두산 등의 고산 지역에서 50센티미터 정도로 자라고 7~9월에 꽃이 피는데 11월에 씨가 익는 희귀 식물이다. 이것 역시 용담과 같이 약재로 쓰인다.

산용담은 중부 지방 및 북부 지방의 고산 정상 부근에서 8~15센티미터 정도로 자라며 8~9월에 꽃이 핀다. 11월에 씨가 익으며 용담과 같이 약재로 쓰인다.

왜용담은 섬을 제외한 우리나라 전국의 산에서 60센티미터 정도로 자라며 8~10월에 꽃이 핀다. 11월에 씨가 익으며 용담과 같은 약재로 쓰인다.

칼잎용담은 중부 지방과 북부 지방의 산에서 1미터 정도로 자라고 8~9월에 꽃이 핀다. 10월에 씨가 여물고 이 역시 용담과 같은 약재로 쓰인다.

큰덩굴용담과 덩굴용담은 제주도와 울릉도에서 30~60센티미터 정도로 자라며 9~10월에 꽃이 핀다. 11월에 씨가 익으며 전초(全草)를 산기·태독·구충·고미(苦味)·건위(健胃)·식욕촉진·소화불량·발모·강심·심장염·습풍·경풍 등에 다른 약재와 같이 처방하여 약으로 쓴다.

재배 원예 식물인 도라지용담은 북미가 원산으로 원예 농가에서 재배되어 꽃꽂이용으로 쓴다. 7~8월에 꽃이 피고 높이는 60센티미터 정도까지 자라며 9월에 씨가 여문다.

구슬봉이와 좀구슬봉이는 전국의 산과 낮은 야지(野地)의 양지편에서 3~8센티미터 정도로 자라며 5~8월에 꽃이 피고 9월에 씨가 익는다. 뿌리는 용담과 같은 약재로 쓰인다.

봄구슬봉이(石龍膽)는 전국의 산 낮은 지역 양지에서 30~60센티미터 정도로 자라고 3~5월에 꽃이 핀다. 7월에 씨가 익으며 전초(全草)는 고미·건위·양모·강심

제·종기·경풍 등에 약재로 쓰인다. 이 풀들의 꽃은 비교적 이른 봄부터 핀다.

큰구슬봉이는 전국의 산과 들의 숲이 우거진 곳에서 6~9센티미터 정도로 자라고 5~6월에 꽃이 핀다. 8월에 씨가 익으며 봄구슬봉이와 같은 약재로 쓴다.

유럽 원산인 재배 원예종 겐티아나는 1미터 정도로 자라고 5~8월에 꽃이 핀다. 10월에 씨가 익으며 뿌리는 겐티아나근(根)이라 하여 건위·설사·창종·간질·경풍·회충·심장염·습진 등에 다른 약재와 같이 처방하여 약으로 쓴다.

구슬봉이 종류는 이른 봄부터 여름까지, 용담은 여름부터 가을까지 전국의 산에서 청아한 하늘색 또는 보라색의 꽃을 피운다. 이 풀은 작게는 몇 센티미터부터 크게는 1미터까지 다양하며 꽃은 크기가 일정하지 않으나 모양이 거의 비슷하다. 비로용담은 꽃술 있는 부분만 다르다.

흰색으로 피는 꽃과 보라색으로 피는 꽃, 자줏빛이 도는 꽃, 하늘색이 나는 꽃 등 꽃의 색상이 다양하며 꽃망울이 맺힐 때부터도 모양이 아름답다. 그러나 꽃이 상당히 크게 여러 송이 피는 데 비해 줄기가 아주 가늘어 용담 종류는 대부분 옆으로 비스듬히 기대어 다른 풀 위에서 꽃이 핀다.

중부 지방에서는 늦게는 11월 중순까지도 꽃을 볼 수 있다. 이 무렵에는 아침에 찬 서리가 하얗게 내리는 경우가 많은데 이때쯤 대관령 부근의 고산(高山)에서 핀 용담은 보라색의 꽃에 하얀 서리가 내려 꽃잎이 더욱 아름답게 보인다.

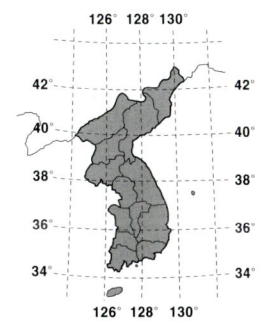

분포도

식물명	용담(龍膽)
과 명	용담과(Gentianaceae)
학 명	*Gentiana scabra* Bunge for. *scabra*
생약명	초용담(草龍膽)
속 명	용담초·과남풀·거친과남풀
분포지	제주도를 비롯한 전국 산지
개화기	8~10월
결실기	11월
높 이	60센티미터
용 도	관상용·식용·약용
생육상	여러해살이풀(多年生草本)
꽃 말	당신이 슬플 때 나는 사랑한다.

마타리

전국의 산과 들의 양지바른 곳에서 흔히 자라며 줄기와 꽃의 색깔이 거의 비슷한 마타리과의 여러해살이풀이다.

원래는 패장초(敗醬草)·패장(敗醬)·황화용아(黃化龍牙)·야황화(野黃花)·여랑화(女娘花)·마초(馬草)·토룡초(土龍草)·고마자(苦蔴子)·강양취·가얌취·가양취·미역취·마타리뿌리 등으로 불렀다.

우리나라와 만주 지방의 산과 들에서 무리지어 자라며, 뿌리는 두부(豆腐)·묵은 콩 썩은 냄새가 난다 하여 패장(敗醬)이라고 부르기도 했다.

우리나라에서는 어린 순과 잎을 나물로 먹었으며 쌈을 싸서 먹기도 하였다고 한다.

마타리는 두세 종의 변종(變種)이 있으며 뿌리를 약재(藥材)로 사용하였는데 등창과 부인혈(婦人血)을 통하게 하는 데 효과가 있다고 한다.

양지바른 곳에서 높이 1~1.5미터 정도로 자라며 뿌리줄기는 매우 굵고 옆으로 벋는다. 원줄기는 곧게 자라고 윗부분에서 가지가 갈라지는데 털은 밑부분에 약간 있다. 밑에서 새싹이 갈라져서 번식된다.

잎은 마주 나고 날개 모양으로 갈라지며 양면에 복모(伏毛)가 있다. 밑부분의 잎은 잎자루를 가지고 있으나 위로 올라가면서 없어진다.

8~10월에 노란 꽃이 피는데, 가지의 끝과 원줄기의 끝에 산방상(繖房狀)으로 달린다. 꽃차례가 갈라지는 한쪽에 돌기 같은 흰색의 털이 있다.

화관(花冠)은 노란색이고 아주 작으며 다섯 개로 갈라지는데 통부(筒部)는 짧다. 네 개의 수술과 한 개의 암술이 있으며 자방(子房)은 하위(下位)이고 3실(室)인데 그중 1실(室)만 열매를 맺는다.

11월경에 여무는 건과(乾果)는 타원형이며 길이가 짧다. 열매는 평평하고 복면에 맥이 있으며 뒷면에 능선이 있다.

어린순과 연한 부분을 나물로 먹으며, 화단에 심으면 보기 좋은 관상초가 된다. 한방 및 민간에서는 풀 전체와 뿌리를 안질·화상·단독(丹毒)·청혈·부종·종창·소염·대하증 등에 다른 약재와 같이 처방하여 약으로 쓴다.

꿀이 있어 양봉 농가에 도움을 주는 꽃이기도 하다.

화강암계·현무암계·화강편마암계·편상화강암계·반암계·경상계·변성퇴적암계 등에 잘 자라나 아무 데서나 잘 자라는 편이다. 번식은 종내잡종법·분주법·실생법·생태육종법·삽목법 등에 의하여 이루어진다.

마타리는 늦여름부터 가을까지 꽃이 계속 핀다. 대개는 산의 길가나 초원지(草原地)에서 다른 풀과 같이 어울려 자라지만 꽃이 필 때면 꽃대가 높이 자라기 때문에 다른 풀보다 돋보이고 꽃대도 노란색을 띠고 있어 노란 꽃과 더불어 더욱 눈에 잘 띈다.

꽃은 노란색의 가느다란 줄기 끝, 가지가 약간 갈라진 곳에 여러 개가 모여서 피는데, 꽃이 핀 것인지 피려고 하는 것인지 분간할 수 없을 정도로 조그만 꽃이다.

꽃

특히 마타리 꽃이 피면 온갖 벌과 나비들이 모여들 만큼 꿀이 많다.

넓은 평야에서는 벼가 황금색으로 익어 가고 산에서는 나뭇잎이 하나 둘 아름답게 물들기 시작할 무렵, 밤송이도 갈색으로 익어간다. 감이 붉은 황색으로 익어 가고, 울타리 위에서는 호박이 노란빛을 더해 간다.

아침 저녁으로 찬서리가 내릴 때면 마타리 꽃이 한창 피어난다. 길가에는 코스모스가 푸른 가을 하늘을 머리에 이고 불어 오는 가을 바람에 한들한들거리고 산에서는 유난히도 노란 마타리꽃이 실바람에도 살랑거리며 가을이 저무는 것을 아쉬워한다.

이처럼 마타리는 코스모스·국화·구절초·쑥부쟁이·곰취·개미취 등과 더불어 가을을 장식하는 야생화(野生花)이다.

우리나라에는 몇 가지 종류의 마타리가 자라고 있다. 이들 모두는 꽃의 모양이나 크기가 비슷하다.

가는잎마타리는 1미터 정도로 자라며 9~10월에 꽃이 피고 11월에 씨가 익는다. 씨의 쓰임새는 마타리와 같으며 우리나라 북부 지방의 산과 들에서 자란다.

금마타리(地花菜)는 30센티미터쯤 자라며 6~7월에 노란색 꽃이 핀다. 열매가 10월에 익는다. 한국 특산 식물로서 우리나라 섬 지방을 제외한 전국 산지의 습기가 많은 바위틈에서 흔히 자란다. 특히 설악산·향로봉·건봉산 등지에서 많이 자라고 있으며 손바닥 같은 잎이 마주 나고 털이 있다. 뿌리에서 나는 잎은 크고 잎자루가 길며 다소 둥근 모양인데 다섯 내지 일곱 개로 손바닥처럼 갈라진다.

줄기에 난 잎은 잎자루가 아주 짧다. 이외에는 거의 비슷한 모양이며 높이가 낮아서 관상용으로 적합하고 생명력이 강한 풀이다. 용도는 마타리와 같이 쓰이며 토양이나 번식도 비슷하다. 마타리 중에서 모양이 뛰어난 종으로 알려져 있다.

돌마타리는 20~60센티미터 정도로 자라고 9~10월에 꽃이 피며 11월에 씨가 익는다. 용도는 마타리와 같고, 우리나라 중부 지방·북부 지방 등의 높은 산이나 계곡의 습한 곳에서 자란다.

흰마타리는 우리나라 남부 지방의 대흑산도(大黑山島) 산지에서 자라며 1미터 정도로 자란다. 7~8월에 흰색의 꽃이 피며 10월에 씨가 익는다.

이 풀의 뿌리는 진경(鎭痙)·진정(鎭靜)·히스테리·부종·풍절·산전 산후·종

약재

창·화상·치질·신경과민 등에 한방 및 민간에서 약재로 다른 약재와 같이 처방하여 쓴다.

마타리과에는 마타리와 비슷하지만 흰색의 꽃을 피우는 뚝깔(뚝갈)이 있는데 백화패장(白花敗醬)·연지마(胭麻)·석남(石南)·석남엽(石南葉) 등으로 불리며 거의 마타리와 같은 용도로 쓰인다.

높이는 1.5미터쯤 되고 8~10월에 흰색 꽃이 피며 11월에 씨가 익는다. 전국의 산과 들 양지에서 자란다.

마타리과에 쥐오줌풀이란 식물이 있다. 마타리와 약간 다른 종이지만 꽃은 붉은빛이 도는 흰색이고 풀잎의 모양이 비슷하다. 은대가리로도 불린다.

좀쥐오줌풀은 한국 특산 식물로 제주 및 남부 지방의 산 양지에서 30센티미터 정도로 자라고 9~10월에 꽃을 피운다.

섬쥐오줌풀은 울릉도의 산에서 꽃을 피운다.

긴잎쥐오줌풀은 한국 특산 식물로 울릉도의 산에서 50센티미터 정도로 자라며 9~10월에 꽃이 핀다. 쥐오줌풀은 전국의 산 습지에서 1미터쯤 자라며 5~6월에 꽃이 피고 7월에 씨가 익는다.

털쥐오줌풀은 중부 지방 및 북부 지방의 산에서 50센티미터 정도로 자라고 7월에 꽃이 핀다.

넓은잎쥐오줌풀은 울릉도 및 북부 지방의 산 음지에서 70센티미터 정도로 자라며 5~6월에 꽃이 피고 7월에 씨가 익는다.

마타리과는 작은 꽃이 모여 피는데 봄부터 가을까지 계속 꽃이 핀다.

분포도

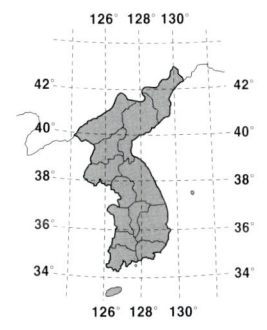

식물명	마타리(敗醬)
과 명	마타리과(Valerianaceae)
학 명	Patrinia scabiosaefolia Fisch. ex Trevir.
생약명	패장(敗醬)
속 명	가암취·강양취·미역취
분포지	전국의 산과 들 양지바른 곳
개화기	8~10월
결실기	11월
높 이	1~1.5미터
용 도	식용·관상용·약용
생육상	여러해살이풀(多年生草本)

상사화

흔히 관상용으로 심고 있으며 그 종류에는 몇 가지가 있는데 그 중 개상사화는 야생 상태로도 자라는 수선과의 여러해살이풀이다.

원래는 녹총(鹿葱)·상사화(相思花)·개난초·이별초 등으로 불리었다. 일부 지방에서는 꽃무릇·개꽃무릇이라고도 부르고 있지만 모두 상사화와는 다른 식물이다.

땅속의 비늘줄기, 인경(鱗莖)은 지름이 4~5센티미터 정도 되며 겉은 흑갈색이다.

풀잎은 봄철에 나오며 연한 녹색이고 6~7월에 갑자기 시들어 버린다. 풀잎이 없어진 8월경에 꽃대가 땅속에서 올라오는데 높이 60센티미터 정도까지 자라고 그 끝에 네 송이 내지 여덟 송이의 꽃이 핀다.

꽃은 길이 9~10센티미터 정도의 통꽃으로, 통 부분의 길이는 2.5센티미터 정도이며 연한 홍자색을 띤다.

꽃잎은 여섯 개로 갈라지며, 옆을 향하여 비스듬히 퍼진 모습으로 핀다. 수술은 여섯 개이며 꽃 밖으로 나오지 않는다.

이 풀은 꽃을 피우지만 열매는 맺지 못하며, 풀잎이 말라 죽은 뒤에 꽃대가 나와서 꽃이 피므로 풀잎은 꽃을 보지 못하고 꽃은 풀잎을 보지 못한다. 이처럼 꽃과 잎이 서로 만나지 못해 안타까워해서 상사화(想思花)라 불리게 되었다는 유래도 있다.

관상용·약용으로 쓰이는데 화단에 심어 여름에 탐스런 꽃을 감상하고 인경은 한방과 민간에서 거담·구토·창종·적리(赤痢, 이질의 한 종류)·급만성기관지염·폐결핵·백일해·각혈·해열 등에 다른 약재와 같이 처방하여 약으로 쓴다.

이 풀이 잘 자라는 토질은 사질 양토이며, 종간잡종법·생태육종법·종자연구법·종묘분주법 등에 의하여 번식되지만 대개는 분주에 의하여 번식이 된다.

우리나라 남쪽 지방 및 섬 등지의 음습한 곳에는 개상사화가 대단히 많이 자라고 있는데 상사화와 같이 땅속뿌리의 색깔이 흑갈색이다.

봄철에 뿌리에서 나오는 풀잎은 회청색 빛이 돌며 8월에 꽃대가 나와 꽃이 핀다.

꽃잎 가장자리에는 주름이 지는데 이 점이 상사화와 다르며, 수술이 여섯 개로 꽃 밖으로 약간 나오는데 이것 역시 열매를 맺지 못한다. 석산이라는 식물과 비슷한 점이 있다.

제주도의 해안 지방에는 흰상사화라는 풀이 자란다. 흰꽃무릇이라고도 하는 이 풀은 인경이 조금 작으며 풀잎이 가을에 나오는데 황록색이다. 봄철에 풀잎은 말라 죽는다. 꽃대는 10월에 50센티미터 높이로 자라며 속이 비어 있다.

꽃은 흰색 바탕에 노란색이나 붉은 색깔도 섞여 있다. 꽃잎은 뒤로 약간 젖혀지며 가장자리에 약간의 주름이 있다.

여섯 개의 수술은 꽃 밖으로 길게 나오며 열매는 맺지 못하는데 석산과 개상사화 사이에서 생긴 잡종인 듯하다.

남부 지방의 백양사 부근에는 백양꽃이라고도 하고 타래꽃무릇이라고도 하는 풀이 많이 자라고 있다. 꽃대가 9월에 26센티

잎

노랑상사화   흰상사화

미터 정도 자라고 꽃은 붉은색을 띤다. 이 풀은 백양사 및 선운사, 내장산 등지에 많이 자라고 있다.

인경은 독(毒)을 제거하고 먹기도 한다. 상사화 종류는 모두 유독성 식물(有毒性植物)로 함부로 먹을 수 없다.

우리나라 남부 지방의 사찰 경내 및 경기·강화 지방의 사찰 경내에서 자라는 노랑개상사화(꽃무릇)라 불리는 풀은 60센티미터 정도의 꽃대를 갖는다.

이 풀도 풀잎이 봄에 나오나 초여름 6월경에 말라 죽고, 7월에 꽃대가 올라온 뒤 꽃이 핀다.

이 풀은 인경이 작은 편이며 꽃은 노란색인데 옆을 향하여 피고 꽃술이 꽃 밖으로 나와 약간 위로 휘어진다.

노랑개상사화라고 하면 아무도 아는 사람이 없지만 이별초 혹은 개난초라 하면 바로 아는 경우가 많다.

필자도 어느 해, 강화도 산간에서 여름에 커다란 난초 꽃이 핀다고 누가 전해 주기에 그것을 찾아 여러 곳을 헤맨 적이 있었다. 그러나 난초의 풀잎을 찾을 수가 없었다. 도무지 난초가 자랐다는 흔적조차 없었다. 사실상 난초가 이런 형태로 자란다는 것에 대해 들은 적도 문헌을 읽은 적도 없었다. 그런데 얼마 정도 지난 후에 다시 그곳에 가 본 필자는 깜짝 놀라고 말았다. 일대가 노란색 벌판이 되어 있었기 때문이다.

그때 비로소 그 난초가 개상사화임을 확인할 수 있었지만, 그곳 사람들은 그것이 난초가 아니고 꽃무릇의 일종이라는 것을 믿으려 들지 않았다. 이 지방의 자랑거리인 희귀한 난초를 일개 꽃무릇이라 하니 못마땅하게 여겼던 것이다.

그 이듬해 필자는 이 꽃의 사진과 더불어 학명·분포지 등을 상세히 기록하여 책자 및 신문 등에 실었고 책자를 그 지방 사람들에게 보내 주기도 하였다.

이 풀은 비록 씨를 맺지는 못하지만 쪽파

꽃

처럼 옆에서 자꾸 여러 개의 인경이 생겨나서 번식하며 군락을 이루며 자란다.

    남쪽 지방의 섬에서 자라는 풀 중에는 겨울을 푸른 풀잎 상태로 지내는 경우가 있다. 호남 지방의 서해안 쪽에서 자라는 것들 중에도 이러한 특이한 성장 과정을 보이는 것이 있으며, 이른 봄 다른 풀보다 잎이 상당히 일찍 나오는 경우도 있다.

분포도

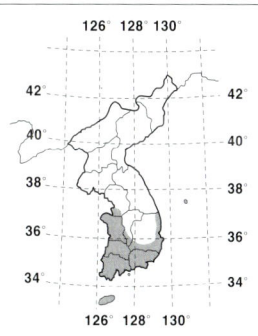

식물명	상사화 (想思花)
과 명	수선화과 (Amaryllidaceae)
학 명	*Lycoris squamigera* Maxim.
속 명	개난초 · 이별초 · 꽃무릇
분포지	중부 지방 · 남부 지방 · 제주도
개화기	8~9월
결실기	열매를 맺지 못함
높 이	60센티미터
용 도	관상용 · 약용
생육상	여러해살이풀 (多年生草本)

은행

 전국 어디서나 잘 자라는 은행나무과의 낙엽 교목(갈잎 큰키나무)으로 원산지는 남지나(南支那)이다.
 원래는 공손수(公孫樹)·압각수(鴨脚樹)·은행(銀杏)·은행나무(銀杏木)·백과목(白果木)·은응나무·백과수(白果樹)·행자목(杏子木) 등으로 불리었으며, 중국 등지에서는 공손수(公孫樹)·압각수(鴨脚樹)·은행목(銀杏木)·백과목(白果木) 등으로 불렀다.
 옛 문헌에 의하면 우리나라는 물론 만주 지방의 민가에서도 많이 심었는데 기침을 멈추게 하는 진해제로 썼다고 하며 일본에서도 널리 심었다 한다. 은행나무 중에는 높이가 30~60미터 정도 되고 줄기의 지름이 4미터에 수령이 1,000년을 넘는 것도 있다.
 잎은 어긋나고 한군데서 여러 개가 나는데 부채꼴 모양이며 맥이 갈라진다. 긴 가지의 잎은 깊이 갈라지고 짧은 가지의 잎은 가장자리가 밋밋한 것이 많다. 가을에 노란색으로 물들면 단풍나무와 함께 환상적인 정취를 자아내는 나무이다. 4~5월 잎과 함께 연한 녹색의 꽃이 핀다. 꽃은 짧은 가지에 피는데 암나무와 수나무가 다른 것이 특징이다.

수나무는 열매가 열리지 않으며 색깔이 약간 연한 녹색이고 암나무는 잎의 색깔이 더 짙다.

어쨌든 은행나무는 암수 두 그루가 서로 가까이 있어야 열매가 열린다. 즉 은행나무는 암꽃과 수꽃이 한 나무에 있는 자웅 동주(雌雄同株)와 달라 암나무와 수나무의 거리가 멀면 멀수록 열매를 맺기가 힘들다는 것이다. 또 암나무끼리 모여 있거나 수나무끼리 모여 있으면 열매는 열리지 않는다.

은행나무의 또 다른 특징은 꽃가루가 바람에 날리어 암술에 붙어도(가루받이) 정받이는 9월에 된다는 점이다.

암꽃이 피는 시간도 대단히 짧다. 다른 꽃에 비해 금세 피었다 금세 오므라드는 것도 특징이라고 할 수 있다.

수꽃은 한 개에서 다섯 개까지 꼬리 같은 화서(花序)에 달려 있는데 화서의 길이는 3~4센티미터 정도이다. 암꽃은 한 가지에 여섯 내지 일곱 개씩 달리고, 길이 2센티미터 정도의 꽃자루에 각각 두 개씩의 배주(胚珠)가 달리는데 그 중 한 개만이 10월에 익는다.

10월에 익는 열매는 노란색이며 매화나무나 살구나무의 과실과 같은 핵과(核果)이다. 또 익으면 외종피(外種皮, 열매껍질)는 고약한 냄새를 풍긴다.

이 껍질은 빨리 썩어 뭉개지는데 그 속에 든 흰색의 내종피(內種皮, 종자)는 단단한 목질이다.

이것을 은행(銀杏)이라 하는데 달걀처럼 둥근 형이고 두세 개의 선이 있다. 길이는 1.5~2.5센티미터 정도이며 색깔이 희기 때문에 백과(白果)란 이름이 붙여졌다.

내종피의 속은 황록색인데 껍질을 벗겨 식용한다.

공손수(公孫樹)라고도 했던 것은 공원이나 도로변, 또는 사원(寺院) 등지에 많이 심었기 때문일 것이다. 공원수(公園樹)라 칭하기도 한다.

가을에 나뭇잎도 노랗게 물들지만 열매의 모양이 노란색 살구와 비슷하기 때문에 은행나무(銀杏木)라는 이름이 붙여진 것이 아닌가 한다.

은행나무는 식용·약용·관상용·공업용 등으로 쓴다.

씨앗은 식용하는데 예로부터 관혼상제 때는 물론 고급 요리에 꼭 들어 갔다고 한다.

재목은 단단하고 질이 좋아 각종 기구 및 조각용으로 인기가 높았으며, 특히 밥상을 만드는 데 많이 썼다고 한다. 씨앗은 은행(銀杏)이라 하여 한방 및 민간에서 진해·

열매(은행)

강장·보익·종기·폐결핵 등에 약으로 썼으며, 잎은 고혈압·파킨슨병·당뇨병 치료에는 물론 충약·수렴약 등으로 다른 약재와 더불어 처방하여 쓴다.

은행나무는 유독성 식물(有毒性植物)이기도 하다. 나무의 껍질이나 열매의 껍질 등에 유독 성분이 있어 잘못 만지면 독이 오르는 경우도 있다.

은행의 종류에는 능수은행·얼룩은행·가새잎은행·피라밋은행·엽실은행·황색은행 등이 있는데 식질 양토면 어디든 잘 자란다. 번식법에는 종자육묘번식법·삽목법·접목법·취목법 등이 있는데 주로 삽목법에 의하여 번식된다.

은행나무는 재생력이 강하고 화재에도 잘 견디는 성질이 있어 전국 각처에 수령이 400~800년 정도 되는 노거수(老巨樹)가 많다. 이 나무들은 거의 천연기념물이나 문화재 등으로 보호를 받고 있다.

은행나무의 꽃은 별로 돋보이지 않지만 부채꼴 모양의 나뭇잎과 피라밋 형태로 보기 좋게 벋는 나뭇가지는 보는 이의 마음을 시원하게 해준다. 재목과 열매, 잎 등 그 어느 것 하나 버릴 데 없이 이용되는 나무이다.

수령이 오래되다 보니 은행나무에 얽힌 사연이나 전설, 유래도 많다.

어떤 이야기가 숨어 있을까?

경기도 양평군 용문면 용문사 경내의 은행나무는 추정 수령이 1,100년이나 된다고 한다.

옛날에 어떤 사람이 이 나무를 자르기 위해 톱을 대었을 때 이변이 일어났다고 한다. 톱을 댄 자리에서 피가 쏟아지고 화창했던 하늘이 갑자기 흐려지면서 천둥이 치기 시작했던 것이다. 그 후로 아무도 은행나무를 벨 엄두를 못 냈다고 한다.

또 정미의병(丁未義兵, 한일신협약) 때에는 일본 군대가 쳐들어와 절을 불태워 버렸는데 그때도 이 은행나무만은 아무런 피해가 없었다 한다.

그리고 나라에 큰일이 있을 때에는 나무에서 소리가 난다고 한다. 고종 황제가 승하하였을 때에는 큰 가지 한 개가 부러져 소리가 났고 8·15광복, 6·25전쟁, 4·19혁명, 5·16군사정변 때에도 이 나무에서 이상한

잎

수피

좋은 가지를 탐내어 잘라 갔던 사람들이 며칠이 지나 잘못을 뉘우치고 이 나무를 찾아와 제사를 지내는 예가 많았다고 한다.

이들 모든 전설이나 유래, 관습 등은 언제 누가 만든 것인지는 알 수 없다. 그것이 우리의 전통 문화로 발전될 수 있다면 바람직한 일일 것이다.

소리가 났다고 한다.

강원도 영월군 영월면에도 추정 수령이 1,000년이나 되는 은행나무가 있다. 이 나무 속에는 영사(靈蛇)가 살고 있기 때문에 개미가 얼씬도 못하고 닭이나 개도 접근조차 하지 못한다고 하며, 어린아이들이 나무에 오르다가 떨어져도 상처를 입지 않는다고 한다.

이 나무는 자식을 얻기 위하여 부인들이 치성을 드리는 신목(神木)이기도 하다.

충남 금산군 추부면의 추정 수령이 1,000년 정도 되는 은행나무 역시 그렇다. 마을 사람들은 이 나무에 치성을 드리면 아들을 낳을 수 있다고 믿고 있으며 잎을 삶아서 먹으면 노인들의 해소병이 없어진다고 한다.

경북 선산군 옥성면에 있는 은행나무는 그 마을을 지키는 당산목으로 신성시되고 있으며 마을 사람들은 이 나무 앞에서 동제(洞祭)를 지내고 있다. 옛날에는 새들도 이 나뭇가지에 함부로 앉지 않았다 하며, 보기

분포도

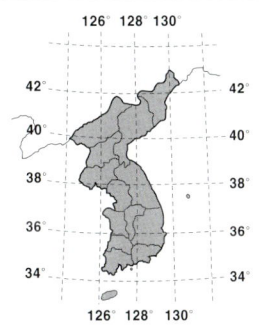

식물명	은행나무(公孫樹)
과 명	은행나무과(Ginkgoaceae)
학 명	*Ginkgo biloba* L.
생약명	은행(銀杏)
속 명	압각수(鴨脚樹)・행자목(杏子木)・은행・백과수(白果樹)
분포지	전국
개화기	4~5월
결실기	9~10월
높 이	30~60미터
용 도	식용・약용・공업용・관상용
생육상	낙엽 교목(갈잎 큰키나무)

단풍

우리나라 중부 지방 및 남부 지방의 산에 자라며 관상용으로 흔히 심고 있는 단풍나무과의 낙엽 교목(갈잎 큰키나무)이다.

원래 축수(槭樹)·홍엽축(紅葉槭)·축풍(槭楓)·조선축풍(朝鮮槭楓)·조선단풍(朝鮮丹楓)·참단풍나무 등으로 불렸다.

높이는 10미터 정도쯤 자라며 작은 가지는 털이 없고 적갈색이다. 잎은 마주 나고 원형에 가깝지만 손바닥처럼 여섯 내지 일곱 갈래로 깊이 갈라진다.

열편은 꼬리 모양으로 뾰족한 긴 타원형이고 길이는 5~6센티미터 정도이며 뒷면에 털이 있으나 곧 없어진다. 잎자루는 길이 3~5센티미터 정도이고 잎 가장자리에는 톱니가 있다.

산방 화서(繖房花序)에는 털이 없으며 5~6월에 잡성(雜性) 또는 일가화(一家花)로 꽃이 핀다.

암꽃은 꽃잎이 없거나 두 개 또는 다섯 개의 흔적을 갖고 있지만 수꽃은 없고 수술은 여덟 개, 꽃받침 잎은 다섯 개이다.

10월에 익는 열매는 시과(翅果)로 길이는 1센티미터쯤 되고 털이 없으며 날개는 긴 타원형이다.

단풍나무는 크게 내장단풍과 털단풍, 아기단풍으로 구별하는데, 내장단풍은 잎이 아홉 개 혹은 일곱 개로 갈라지고 잎 뒷면의 맥 위에 갈색 털이 나 있으며 시과(翅果)가 수평으로 벌어지는 특징을 갖고 있다.

털단풍은 잎이 일곱 내지 아홉 개로 갈라지고 잎자루와 잎 뒷면의 중절 화경과 작은 가지에 흰색 털이 밀생하며 열매의 날개는 도란형이다.

아기단풍은 잎 표면에는 털이 있으나 뒷면에는 없고 길이가 3.2~6.5센티미터이며 꽃자루에 털이 있고 열매가 좁은 단풍의 반 정도로 크다.

정원 등지에 관상수로 흔히 심고 있으며, 재목은 단단하여 각종 기구 재료로 많이 쓴다.

단풍나무는 화강편마암계·경상계·화강암계 등에 잘 자라며, 번식은 종자번식법·삽목법·종간잡종법·생리적육종법 등에 의하여 이루어지지만 대개는 실생법에 의하여 번식이 된다.

우리나라에서 자라는 단풍나무는 30여 종인데, 그 잎 모양에 따라 가늘고 깊게 찢어진 것, 얕게 찢어진 것(고로쇠 나무·산축수), 삼출(三出) 복엽으로 된 것(복장나무) 등으로 나눈다.

풀이나 나무의 잎이 푸른빛을 띠는 것은 풀이나 나뭇잎의 세포 안에 엽록소(葉綠素)라는 푸른 색소를 가지고 있기 때문이고

열매

꽃이나 열매가 붉고 노랗게 보이는 것은 이들 세포(細胞) 속에 화청소(花靑素)나 화황소(花黃素) 등의 잡색체가 들어 있기 때문이다.

가을에 점차 단풍이 드는 것은 날씨가 추워지면서 잎에 있던 엽록소(葉綠素)가 분해돼서 화청소가 생기기 때문이고, 노랗게 되는 것은 화청소가 분해돼서 엽황소가 되기 때문이다.

그런데 이러한 분해 작용은 반드시 햇빛을 필요로 하는데 우리나라와 같이 가을 하늘이 맑은 곳에서는 그 분해 작용이 더욱 활발하여 불꽃처럼 아름답게 단풍이 진다.

푸른 가을 하늘을 배경으로 온 산야를 물들인 단풍의 모습은 어느 누가 보더라도 경탄을 자아낼 만한 장관이다.

이때문에 만상홍엽(晩霜紅葉)이 2월화(二月花)보다 더 붉다는 이야기가 전해지는 것이다.

가을에 지는 낙엽수들 중 대부분이 단풍 현상을 나타내기는 하나 그 중 단풍나무의 모습이 가장 아름답고 나뭇잎의 모양도 예쁘다.

우리나라에서 가을 단풍이 아름답게 지는 곳으로는 설악산·오대산·치악산·덕유산·가야산·지리산·내장산·금강산 등을 꼽을 수 있으며 이러한 곳들은 가을 단풍의 명소(名所)로서 세계적으로도 자랑할 만한 곳이다. 특히 그 중에서도 설악산 및 내장산의 단풍은 단연 으뜸이라 할 수 있다.

우리나라에서 자라는 단풍나무속에는 여러 가지가 있는데, 청시닥나무가 남부·중부·북부 지방의 각 산에서 10미터 정도까지 자라고 있으며, 같은 지역의 산에서 개시닥나무가 자라고 있다.

중국단풍은 재배하는 나무이며, 중부·남부 지방의 산에서는 세잎단풍이 자란다.

붉신나무는 전국의 산지 계곡에서 자라고, 괭이신나무는 중부 지방과 북부 지방의 산에서 자란다.

괭이신나무는 중부·북부 지방의 산에서 자란다.

수리딸단풍은 제주도의 산지에서 자라고, 참단풍은 남부 지방과 중부 지방의 산지에서 자라고 있다.

노인단풍은 남부 지방의 산 계곡에서 자라고 있으며, 남부 지방 및 북부 지방의 산지에서는 만주고로쇠나무가 자란다.

새싹

털만주고로쇠나무는 남부 지방의 산에서 자라며, 해변고로쇠나무는 중부 지방과 북부 지방의 산에서 자란다.

복장단풍은 전국의 산에서 자라며, 애기단풍은 중부 지방과 북부 지방의 산에서 자란다.

고로쇠나무는 전국의 산에서 자라고 있으며, 꼬리고로쇠나무는 재배하는 식물이다.

산고로쇠나무는 북부 지방의 산에서 자라고, 털고로쇠나무는 섬 지방을 제외한 우리나라의 전국 산에서 자란다.

왕고로쇠나무 역시 전국의 산지에서 자라며, 개고로쇠나무는 북부 지방의 산에서 자란다.

네군도단풍나무는 미국이 원산으로 재배하는 식물이며, 색단풍나무는 중부 지방과 남부 지방의 산에서 자란다.

곱슬단풍나무는 재배하는 식물이며, 당단풍나무는 섬을 제외한 전국의 산에서 자란다.

산단풍나무는 북부 지방의 산에서 자라고 부채단풍나무는 전국의 산지에서, 그리고 섬을 제외한 전국의 산에서는 털단풍나무가 자란다.

왕단풍나무 역시 털단풍나무와 같은 지역에 분포되어 자라고 있으며, 서울단풍나무는 중부 지방 중에서도 북부 지역에서 자란다.

미국이 원산인 은단풍나무(사탕단풍)는

잎

수피

줄기

재배하는 식물이다.

섬단풍과 일본이 원산(原産)인 꽃단풍은 울릉도 및 남부 지방의 산에서 자라며 시닥나무는 섬을 제외한 우리나라 전국의 산지에서 자란다.

이들 단풍나무는 모두 높이가 10미터쯤 자라며, 대개는 관상용·공업용으로 쓰이고 약용으로 쓰이는 나무도 있다.

가을이 되어 단풍처럼 나뭇잎을 곱게 물들이는 단풍 계열의 나무로는 신나무가 있다. 이 나무는 원래 풍수(楓樹)·단풍(丹楓)·단풍나무 등으로 불렸다.

신나무는 단풍나무속에 포함되는 나무로서 나뭇잎이 붉게 물든다. 흔히 이 나무를 조선단풍(朝鮮丹楓)이라 했으며 만주에서는 색목(色木)이라고 했다. 나무는 교목(喬木)으로서 가지가 있으며, 잎을 염료(染料)로 특히 많이 썼다고 한다. 만주에서는 감색(紺色) 옷감을 만드는 데 많이 사용하였다 한다.

『만선식물』에 의하면 평북(平北) 의주(義州)·창성(昌盛)·삭주(朔州)·위원(渭原)·초산(楚山)·강계(江界)·자성(慈城)·강남(江南) 등에서 생산되는 것은 모두 안동(安東)에 수출하였다 한다. 단풍이 든 잎도 유용하지만 특히 이 나무의 재질이 견고하여 양주(梁株)·담봉(檐棒) 등의 타기구(他器具)를 제작하는 데에 쓰였다고 한다.

신나무는 높이 8미터 정도까지 자라는데 낙엽 소교목(갈잎 작은 큰키나무)이라고도 한다.

작은 가지에는 털이 없으며, 잎은 마주 나는데 난상 타원형으로 길이가 4~8센티미터 정도이다. 잎의 표면에는 윤기가 나고 뒷면은 털이 없거나 약간 있는 경우도 있다. 잎의 밑부분이 세 개로 얕게 갈라지며 가장자리에 불규칙한 결각과 더불어 복거치가 있다. 잎자루는 길이 1~4센티미터로서 연한 홍색이다.

5~6월에 꽃이 피는데 산방 화서로 가지 끝에 피고 길이는 7센티미터쯤 된다. 꽃은 잡성(雜性)으로서 황백색(黃白色)으로 피고 향기(香氣)가 있다.

수꽃은 다섯 개의 꽃받침잎과 꽃잎 및 여덟 개의 수술로 되어 있으며, 꽃받침잎은 긴

잎

난형이고 꽃잎은 타원형이며 수술대는 흰색이다.

양성화(兩性花)는 다섯 개의 꽃받침잎과 꽃잎, 여덟 개 또는 아홉 개의 수술로 되어 있으며, 암술은 한 개이고 흰색 털이 밀생한다.

9월에 길이 3.5센티미터 정도의 열매가 익으며 날개는 거의 평행하거나 서로 합쳐진다. 시과(翅果)가 붉은 것을 붉선나무, 시과가 벌어지는 것을 괭이신나무라고 구별한다.

분포도

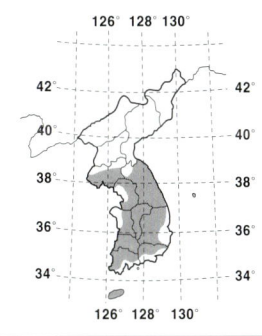

식물명	단풍나무
과 명	단풍나무과(Aceraceae)
학 명	*Acer palmatum* Thunb. ex Murray
속 명	축수 · 참단풍나무 · 단풍(丹楓)
분포지	중부지방 · 남부지방
개화기	5~6월
결실기	10월
높 이	10미터
용 도	관상용 · 공업용
생육상	낙엽 교목(갈잎 큰키나무)

겨울에 피는 꽃

1. 동백
2. 차나무
3. 팔손이
4. 수선화

동백

우리나라 남부 지방 및 제주 지방 등지의 따뜻한 지방 해변 산지에서 잘 자라는 차과의 늘푸른나무이다.

동백나무는 각 지방에 따라 여러 가지 다른 이름으로 불리고 있다.

처음에는 산다목(山茶木)이라 불렸으며 그 다음에는 동백나무(冬柏木), 그리고 다시 산다화(山茶花)라 불렸다.

지방에 따라 동백(冬柏)·산다(山茶)·춘(春)이라 표기하였으며 중국에서는 산다수(山茶樹)·산다화(山茶花)·남산다(南山茶)·다화(茶花)·포주화(包珠花)·동백(棟柏)·산다목(山茶木)·동백목(冬栢木)·춘학단(椿鶴丹) 등으로 부르며 일본에서는 춘(椿)이라고 한다.

약명(藥名)으로는 동백산마유·동백나무기름·춘유(椿油) 등으로 부른다.

우리나라에서 맨처음 동백나무가 자라기 시작한 곳은 전라남도 해남군 산지, 두륜산 대흥사 부근의 숲이나 다도해의 산지, 제주도 지방이라고 『만선식물(滿鮮植物)』에 기록되어 있다.

예로부터 동백나무는 봄철의 대표적인 꽃나무로 꼽혀 많은 사랑을 받았다.

큰 것은 나무의 줄기가 높이 10~20미터 정도까지 자라며 나뭇잎은 매우 두터운 편이며 앞면은 사계절 내내 윤기가 흐른다. 잎의 뒷면은 연한 녹색으로 광택이 나지 않으며 줄기는 매끈하고 회갈색을 띤다.

꽃은 2월부터 남쪽에서부터 피기 시작하여 점차 북상하며 4월쯤에는 중부 지방에도 꽃이 피기 시작한다.

꽃은 통꽃으로 매우 크고 아름다우며 꽃잎은 대개 다섯 장씩이지만 더러 일곱 장인 것도 있다.

꽃잎은 밑뿌리 부분에서 합쳐지는데 꽃의 색깔은 짙은 붉은색이며 수술이 아주 많은데 끝에는 노란색의 꽃밥이 많이 달려 있다.

꽃이 질 때에는 화려한 색깔 그대로 꽃잎과 꽃술이 시들지 않고 함께 가볍게 떨어진다.

꽃의 꿀주머니 속에는 꿀이 많이 들어 있다. 그러나 남쪽 지방에서 일찍 피는 꽃들은 아직 벌과 나비가 나오지 않은 이른 봄이기 때문에 곤충들이 꽃가루를 날라 줄 수가 없게 된다. 그러나 동백꽃에는 동백꽃의 꿀을 빨아 먹고 사는 동박새가 있어 꿀을 빨아 먹으며 꽃가루를 이 꽃 저 꽃에 옮겨 준다.

그래서 동백꽃은 조매화(鳥媒花)라고도 한다. 새들에 의하여 수정되는 대표적인 꽃이다. 원래 야생종(野生種)의 꽃 색깔은 붉은색이지만 이 외의 원예종으로 개발된 종으로는 헤아릴 수 없을 만큼 많다.

색깔은 흰색, 담홍색(淡紅色), 얼룩무늬 등 여러 색이 섞여 있는 것도 있다.

꽃잎은 홑꽃·겹꽃·중겹꽃·대륜(大輪) 등 꽃 모양이 대단히 큰 것과 소륜(小輪) 모양의 아주 작은 꽃 등 매우 다양하다.

옛날부터 동백나무의 아름다움은 희고 매끄러운 줄기와 더불어 윤기 흐르는 푸른 잎 사이에 붉은색 꽃이 피는 것

흰동백

이라고 했다.

이른 봄에 다른 꽃보다 앞서서 푸른 잎에 둘러싸여 빨간 꽃이 활짝 피었다가 채 시들지도 않은 꽃들이 떨어져 내리는 모습은 여간 아름다운 것이 아니다.

향기로운 이 꽃이 지고 나면 열매가 자라기 시작하여 그 해 10월쯤 되면 밤알 크기만 한 열매가 익는다. 다 익은 열매는 벌어져 땅에 떨어지는데 이 동백 씨앗의 기름을 짜서 식용, 공업용, 약용 등에 쓴다.

기름을 동백유(冬柏油)라 하는데 머릿기름, 등유(燈油), 화장품 등에 널리 쓰이고 올리브유 대용으로 식용유(食用油)로도 쓰이며 공업용으로도 쓰인다.

재목(材木)은 그 질이 매우 견고하고 단단하기 때문에 악기(樂器), 농기구, 가내 세공용품의 재료로 사용된다.

현재 동백나무가 자라고 있는 곳으로는 남쪽 지방의 제주도 전 지역, 전남 해안 섬 지방, 경남 해안 섬 지방, 경북의 울릉도 해안, 전북의 해안 지방 및 섬 각지 특히 고창군의 선운사 경내 등엔 동백 숲이 울창하다. 충남 해안 섬 각지의 산지 및 서천군 마량리의 동백정이 유명한 동백꽃 단지이며 경기도 옹진군 각 섬의 산지 및 대청도 해안 산지에도 자라고 있다.

동백나무의 북방 한계는 대청도에서 끝이 난다. 대청도의 동백나무 숲은 동백의 자생지로서 가장 북쪽에 있는 것이므로 그것을 기리기 위하여 천연기념물로 지정했다.

이 나무가 잘 자라는 토질은 현무암계, 분암계, 반암계 등이다.

번식은 실생법·분주법·종간잡종법·생태육종법 등으로 번식되며 대개는 실생법이나 삽목법(꺾꽂이)에 의하여 번식된다.

지금도 전라남도 해남 및 완도 등지의 산지에서 자라는 나무들은 그 수령이 수백 년씩 되어 줄기 둘레가 1미터가 넘는 거목들이 상당히 많으며 마치 산 속의 정자나무처럼 온 산을 뒤덮고 있다.

열매

나뭇잎에서 광택이 나기 때문에 봄의 햇빛이 반사되어 반짝이는 풍경은 멀리서 봐도 매우 아름답다. 대흥사 주변의 두륜산 일대에는 동백나무가 아주 많이 자라고 있다.

우리나라에서 심는 동백류에는 흰동백이 있으며 울릉도의 해변 산지에서 자라는 긴잎동백, 제주도 및 울릉도 해변 산지에서 자라는 색동백, 울릉도 및 제주도 해변 산지에서 자라는 뜰동백과 중국에서 들어온 당동백, 일본에서 들어온 산다화 등으로 크게 나눌 수 있다.

이 동백나무는 묵객(墨客)의 묵화(墨花)에도 자주 소재로 등장하고 있으며 때로는 시(詩)에도 등장하고, 섬 지방을 상징하는 노래로도 불려진다.

동백은 일본에서도 많이 자라고 있으며 약 300여 종으로 개량되었다고 한다. 따라서 일본에는 이 꽃에 얽힌 전설도 많이 있다.

어떤 이야기가 숨어 있을까?

일본 아오모리(青森)현(縣) 쓰가루(津輕)에 있는 동백산(椿山)의 전설이다. 옛날 남국의 청년 한 사람이 두메산골에 머물고 있었는데 그 마을의 한 소녀를 알게 되었다. 그들은 서로 사랑을 나누고 장래를 약속하기에 이르렀다.

하지만 이들에게는 얼마 가지 않아서 슬픈 운명이 닥쳐온다. 이 청년이 그 고을을 멀리 떠나야 했기 때문이다. 두 사람은 달 밝은 봄날 저녁, 가까이 있는 동산에 올라가서 눈물을 흘리며 가슴이 미어지는 이별의 슬픔을 나누었다.

소녀는 청년의 옷깃을 잡고 슬픔을 억누르면서 속삭였다.

"당신에게 부탁이 하나 있습니다. 당신의 고향은 남쪽 나라 따뜻한 곳이라고 알고 있는데 이 다음에 오실 때는 동백나무의 열매를 꼭 갖다 주세요. 그 나무의 열매 기름으로 나는 머리를 예쁘게 치장하여 당신에게 보여드리고 싶습니다."

그러자 청년이 소녀의 손을 꼭 잡으며 대답했다.

"그것은 과히 어려운 일이 아니오. 많이 가져다가 당신에게 드리겠소." 하고 굳은 약속을 남긴 청년은 무거운 발걸음을 옮겼다.

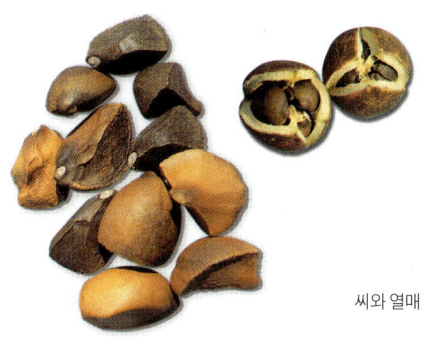
씨와 열매

그는 몇 번이나 뒤를 돌아보면서 그곳을 떠나 바다 건너 멀리 남쪽 나라로 떠나 버렸다.

날이 가고 달이 가고 가을 바람이 일고 기러기가 날기 시작했다. 소녀는 혹시나 청년에게 소식이 있을까 하여 매일 문 앞에서 먼 바다 쪽만 바라볼 뿐이었다.

소녀는 한숨과 눈물로 세월을 보냈다. 손을 꼽아 헤아려 보니 떠난 지 어느 새 만 1년이 지나 있었다. 봄날의 달빛은 헤어지던 그 날과 다름없이 비쳐오건만 한 번 떠나간 임은 소식조차 없는 것이었다. 소녀는 지나간 날들의 회포를 가슴 속에 보듬어 그 동산을 헤매면서 돌아오지 않는 청년을 그리워하다가 마침내 숨을 거두고 말았다.

얼마 지나지 않아 소녀가 죽은 줄도 모르고 청년은 그리움에 부푼 가슴을 안고 이 산골로 소녀를 찾아왔다. 그러나 청년의 부푼 가슴은 산산이 조각나고 말았다.

소녀의 죽음을 알게 된 청년은 미친 듯이 소녀의 무덤 앞으로 달려가 땅을 치고 통곡을 했다. 그러나 한번 간 소녀는 대답이 없었다. 청년은 인생의 무상함을 절감하면서 소녀를 위해 갖고 온 동백나무 열매를 무덤 주위에 뿌리고 다시 멀리 떠나 버렸다.

그 이후 청년에 의하여 뿌려진 동백나무 열매는 싹이 트고 줄기가 나서 마침내 꽃이

줄기 　　　　　　수피

피고 열매를 맺었다. 얼마 가지 않아서 동산 전체가 동백꽃으로 불타는 듯이 빨갛게 덮였다.

　죽은 소녀의 넋이 한이 되어 그 한이라도 풀려는 듯이 봄이면 동백꽃으로 동산을 붉게 물들인 것이었다.

분포도

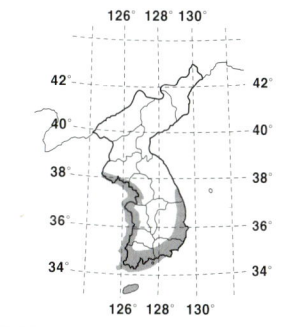

식물명	동백나무(冬柏)
과 명	차나무과(Theaceae)
학 명	*Camellia japonica* L.
생약명	동백유(冬柏油)
속 명	동백 · 산다목무 · 산다화무 · 산다수무 · 춘
분포지	제주도 · 울릉도 · 남부 해안섬 · 중부 해안섬
개화기	2~4월
결실기	10월
높 이	10~20미터
용 도	식용 · 관상용 · 공업용 · 약용
생육상	상록교목(늘푸른 큰키나무)
꽃 말	신중(愼重) · 허세부리지 않음

차나무

중국 원산인 나무로 전라남도와 경상남도 지방에서 대량으로 재배되고 있는 차과의 상록 활엽 관목(늘푸른 넓은잎 좀나무)이다.

원래는 다수(茶樹)·다엽수(茶葉樹)·가다(家茶)·원다(元茶)·고다(苦茶)·작설(雀舌)·다나무 등으로 불렀다.

『만선식물』에 의하면 광주 무등산(無等山), 구례 화엄사(華嚴寺), 장성 백양사(白羊寺) 등지에서 재배되는 차나무의 질은 무척 좋았고 그 외에 산골에서 나는 것은 잎을 건조시켜 약(藥)으로 썼다고 한다.

차나무는 가지가 많이 갈라지는데 1년 된 가지는 갈색이 돌며 잔톨이 있고 2년 된 가지는 회갈색으로 털이 없다.

현재 우리나라에는 전라남도 광주의 무등산에서 가장 많이 재배되고 있으며, 제주도·남해 금산·울산·학성 등지와 양산 통도사 경내, 지리산 화엄사 부근에서 야생 상태로 자라고 있다.

잎은 두껍고 긴 타원형이며 어긋난다. 잎 표면은 짙은 녹색으로 광택이 있고 뒷면은 담록색이다. 잎 끝은 둔한 톱니가 나 있으며 잎자루는 짧다.

10~11월에 흰 꽃이 피는데 꽃의 지름은 3~5센티미터 정도이다. 향기가 있고 한 개 내지 세 개가 같이 피거나 가지 끝에 달린다.

꽃받침잎은 다섯 개로 녹색이며 둥글다. 꽃잎은 여섯이나 여덟 개이고 넓은 도란형으로 길이는 1센티미터 정도 된다.

수술은 많고 밑부분이 합쳐져서 통같이 되어 있으며 수술대는 흰색이고 꽃밥은 노란색이다.

열매는 모가 난 둥근형이며 지름이 2센티미터 정도로서 서너 개의 둔한 능각이 있고 다음해 10월에 다갈색으로 익는다. 씨앗은 둥글며 껍질이 단단하다.

식용·관상용·공업용·약용 등으로 쓰인다. 어린 잎은 차의 원료로 쓰고 씨앗은 기름을 짜서 공업용 및 동백 기름 대용으로 쓴다. 한방 및 민간에서는 이뇨·부종·강심·심장병·수종 등에 다른 약재와 같이 처방하여 쓴다.

차나무가 잘 자라는 토질은 화강암계·화강편마암계·변성퇴적암계 등이며 번식법은 생리육종법·삽목법·분주법·접목법·실생법 등이 있다.

끽차(喫茶)의 내력에 대해 알아보자.

중국에서는 기원전 6000~5000년에 차(茶)를 마셨다는 기록이 있으며 4세기에는 차와 전차(煎茶)에 대한 기록이 있는 것으로 보아 아주 오래전부터 마셔온 듯하다.

일본에서는 성무천황(聖武天皇, 724~748) 대에 처음 약으로 썼으며, 후조우천황(後鳥羽天皇, 1186~1198) 대에 송나라에서 차 만드는 법을 배워 와 애용하기 시작했다고 한다. 또 이때부터 다도(茶道)를 중심으로 한 차문화가 발달하기 시작했다고 한다.

유럽은 16세기경 중국으로부터 들여왔으며 17세기에는 프랑스·영국, 18세기에는 러시아에까지 끽차(喫茶)가 전래되었다.

현재 차(茶)가 가장 많이 생산되는 나라는 중국·인도이고 세이론·자바·일본이 그 다음이다.

차는 온난 다습한 기후에서 잘 자라기 때문에 우리나라에서는 일부 남부 지방에서만 재배할 수 있다. 광주와 전주 지방에서 재배했던 차는 조선 시대 때 조공으로 바친 바가 있고, 민가에서 재배토록 하여 수납하였다는 기록이 있다.

잎은 연 4회 따는 것이 보통이다. 그러나 대만 등지에서는 연 15회, 인도와 세이론 등지에서는 연 30회나 딴다고 한다.

차는 그 제조 방법에 따라 녹차와 홍차로 크게 나눌 수 있다.

홍차는 발효 가공한 것이고 녹차는 발효하지 않은 것, 오룡차(烏龍茶)는 두 가지의 중간을 취한 것이다.

녹차를 만들려면 잎을 찜틀에 넣고 30~40초 동안 찐 다음 선풍기 등을 사용하여 빨리 식힌다. 그 다음에는 배로(焙爐) 위의 가열된 시루에 담고 손으로 비벼 가면서 완전히 말린다. 이때 제조 기술에 따라 제품의 등급에 차이가 생기고, 향기와 맛에 우열이 생긴다.

홍차의 제조 과정은 위조(萎凋, 수분을 없애 말림)·유념(揉捻, 부드럽게 비빔)·발효(醱酵)·건조의 4단계를 거친다.

생엽(生葉)을 바람이 잘 통하는 위조실에서 18시간 동안 말린 다음 이것을 유념기에 넣고 2시간 동안 비빈 후 발효실에 넣어 발효시킨다. 이 동안에 생엽 자체 내의 효소에 의해 화학 변화가 일어나서 빛깔과 성분에 변화가 생기고 맛과 향기가 달라진다.

발효가 끝나면 건조실로 옮겨서 80~100도의 열풍으로 발효 작용을 정지시키고 다음에는 65도 전후의 온도에서 서서히 건조시킨다. 건조가 끝나면 통에 넣어 저장한다.

오룡차(烏龍茶)·포종차(包種茶)도 발효차의 일종으로 오룡차는 발효의 정도가 홍차보다 약한 것이고 포종차는 향미를 가한 것이다.

전차(磚茶)는 홍차와 녹차의 찌꺼기를 압축해서 벽돌 모양으로 만든 것이다. 차의 주성분은 아스파라긴·크산틴·아데닌·구아닌·카페인·데오피린·아르기신·타닌 등 여러 가지가 있는데, 이들 중 흥분성이 있어서 피로 회복과 이뇨(利尿)에 효과가 있는 것은 카페인과 데오피린이고 차의 독특한 맛은 아르기닌, 떫은 맛은 타닌에 의한 것이다.

녹차의 성분 중에 비타민 C가 중요한 부분을 차지하고 있으며 홍차는 녹차에 비해서 비타민 C가 거의 없고 타닌도 적다.

어떤 이야기가 숨어 있을까?

유비는 소년 시절에 강남 지방을 여행하던 중 좋은 차를 팔고 있는 차 장수를 만났다. 유비는 문득 자기 어머니가 차를 매우 좋아하는 것을 생각하고 차를 사기로 마음먹었다. 하지만 찻값이 엄청나게 비싸서 유비는 도저히 그 차를 살 형편이 못 되었다. 그러나 효성이 지극했던 소년 유비는 어머니를 즐겁게 해드리겠다는 마음에서 아버지로부터 물려

보성 차밭

꽃과 열매

받은 보도(寶刀)를 허리에서 풀어 주고 사정사정하여 한 종발의 차와 바꾸었다.

이윽고 여행을 마치고 유비가 고향에 돌아오니 어머니는 반갑게 아들을 맞아 주며 기뻐하였다.

유비가 어렵게 구한 차를 내놓으며 어머니를 위해 산 것이라고 말하자 어머니는 이리저리 살펴보더니 정말 좋은 차를 구해왔다며 기뻐하였다.

이튿날 새벽, 어머니는 하인에게 강 건너 마을 샘터에 가서 좋은 물을 길어 오게 하는 한편 숯불을 피워 찻물을 끓일 채비를 서둘렀다. 그런데 차 항아리를 유심히 바라보던 어머니가 문득 유비에게 물었다.

"애야, 내가 노자도 넉넉히 주지 못했는데 어떻게 이런 값진 차를 구해 왔느냐?"

어머니는 의아한 얼굴로 유비를 다그쳤다.

유비는 더 이상 숨길 수 없음을 깨닫고 자초지종을 어머니에게 말씀드렸다. 그러자 어머니는 정색하고 말하였다.

"네 성의는 고맙다만 그 칼은 우리 집의 소중한 가보이다. 더구나 그 칼은 네 아버님이 세상을 떠나실 때 네가 이 칼로써 검술을 익혀 대성하라고 신신당부한 유촉이었느니라. 그런데 어찌하여 그 유촉을 저버리고 그러한 경솔한 짓을 하였느냐!"

어머니는 유비의 경솔한 행동을 꾸짖으며 유비에게 명하였다.

"나는 이 차를 마시지 않을 것이니, 이 길로 당장 강남으로 가서 상인에게 사정을 이야기하고 그 칼을 돌려받아 오너라!"

유비는 자신의 잘못을 깊이 뉘우치고 곧 강남으로 가서 어렵게 상인을 수소문하여 보도를 되돌려 받았다고 한다.

분포도

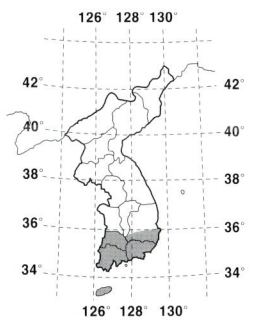

식물명	차나무(茶)
과 명	차나무과(Theaceae)
학 명	*Camellia sinensis* L.
속 명	작설 · 고다 · 원다
분포지	전라남도 · 경상남도
개화기	10~11월
결실기	10월
높 이	70~100센티미터
용 도	식용 · 관상용 · 공업용 · 약용
생육상	상록관목(늘푸른 좀나무)

팔손이

우리나라 남부 지방의 거제도(巨濟島) 해변 산간이 원산지(原産地)인 오갈피과의 상록 관목(늘푸른좀나무)이다.

원래는 팔각금반(八角金盤)·팔각금성(八角金星)·팔금반(八金盤)·팔손이나무 등으로 불렀다.

이 나무는 흔히 관상용으로 각 가정에서 많이 심고 있는데 현재 우리나라에는 남해 섬 지방에서 나오는 것과 일본 등지에서 건너 온 것이 있다.

늘푸른나무로 관상용 식물이며 어릴 때 잎 뒷면과 화서(花序, 꽃차례)에 다갈색(茶褐色) 털이 나 있다.

그러나 잎에 난 것은 곧 없어지고 어린 가지는 굵게 나며 털이 없다.

잎은 어긋나고 일곱 내지 아홉 개로 갈라져서 손바닥 모양으로 되며 기부(基部)는 지름이 20~40센티미터 정도로 심장형이고 열편은 둥근 피침형이다.

잎 표면은 짙은 녹색이고 윤기가 나며 잎 뒷면은 황록색이고 가장자리는 톱니 모양이다.

잎자루는 둥글고 길이는 30센티미터가 넘으나 털은 나 있지 않다.

줄기의 높이는 2.5미터 정도이다.

산형 화서(傘形花序)는 가지 끝에 모여서 원추 화서(圓錐花序)로 피며 길이는 20~40센티미터 정도로 아주 작은 꽃이 많이 모여 핀다. 꽃은 여름에 햇볕을 많이 받고 난 후 늦가을이나 초겨울(10~11월)에 원줄기 끝이나 가지 끝에 흰색으로 핀다.

소화경(小花梗)은 흰색으로 5수(五數)이고 화반(花盤)은 도드라지며 열매가 달리기 시작할 때에는 꽃받침 열편이 뚜렷하지 않다.

암술대는 다섯 개로서 짧게 달린다.

다음해 4~5월에 둥근 열매가 익는다. 열매는 포도송이처럼 많이 달리는데 지금은 0.5센티미터 정도로 검은색으로 익는다.

관상용으로 화분에 많이 심으며 뿌리의 껍질은 거담 등에 다른 약재와 같이 처방하여 약으로 쓰고 있다. 그러나 이 나무는 독이 있으므로 함부로 다루어서는 안 된다.

팔손이가 잘 자라는 토질은 분암계·반암계·화강암계 등이며 번식법에는 종자재배법·삽목법·육수법·계통분리법·생태육종법·분주법 등이 있는데 대개는 분주법이나 삽목법으로 많이 번식된다. 팔손이는 난대성 식물이므로 남쪽 지방에서는 정원 등지나 길가에서도 겨울을 나지만 북쪽으로 올라갈수록 겨울에는 방이나 온실에서 가꾸어야 죽지 않는다.

우리나라 경상남도 통영군 한산면 비진리에 팔손이의 원자생지(原自生地)가 있다. 이곳은 천연기념물 제63호로 지정되어 보호를 받고 있다.

충무항에서 뱃길로 2시간 이상 걸리는 이곳은 현재 관광객들의 무절제한 채취로 말미암아 팔손이가 많이 자라고 있지는 못한 실정이다.

오직 천연기념물 비석만이 쓸쓸하게 서 있을 뿐 귀하게 보호되어야 할 팔손이가 제대로 보호되지 못하고 있다. 이런 추세로 나간다면 머지 않아 멸종될 위기마저 닥칠 것이다.

열매

참으로 안타까운 일이라 아니할 수 없다. 이를 보존하고 널리 번식시키는 일에 힘을 기울여야 할 것이다.

멕시코 원산으로 원예 농가에서 재배하는 식물이다.

분포도

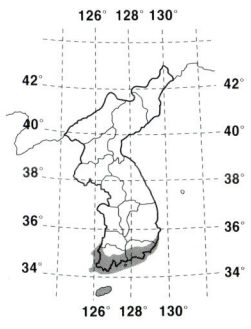

식물명	팔손이(八角金盤)
과 명	두릅나무과(Araliaceae)
학 명	*Fatsia japonica* Decne. & Planch.
속 명	팔각금반 · 팔손이나무 · 야츠데 · 팔각금성
분포지	남부 지방
개화기	10~11월
결실기	4~5월
높 이	250센티미터
용 도	관상용 · 약용
생육상	상록 관목(늘푸른 좀나무)
꽃 말	비밀

수선화

중국에서 들여온 관상용 재배 식물로 수선화과의 여러해살이풀이다.

중국에서 들여왔다고는 하나, 『만선식물』에는 원래부터 조선 사람과 만주 사람들이 즐겨 재배하였다는 기록이 있으며, 오래전부터 수선화가 제주도 전역에 걸쳐 자랐다는 문헌이 있음을 볼 때 중국에서 들여온 게 아니라 우리나라에서도 자라고 있었던 듯하다.

원래는 수선창(水仙菖)이라 불렸으며 후에 수선화(水仙花)로 부르게 되었는데, 아시아 지역에서는 지금도 수선창(水仙菖)이라고 부르는 곳도 있다고 한다.

지역에 따라 수선(水仙)·금잔은합(金盞銀合)·견산(雅蒜)·설중화(雪中花)·지선(地仙)·제주수선 등으로 달리 부르기도 한다.

수선이란 이름이 붙여진 것은 이 식물이 자라기 위해서는 다른 식물보다 물이 많이 필요하기 때문이다. 하지만 물 속에서 자라는 것은 아니고 어느 정도의 습기만 있으면 잘 자란다. 하늘에 사는 신선을 천선, 땅에 사는 신선을 지선이라고 하듯이 물에 사는 신선이라는 의미에서 수선이라 했다는 얘기도 있다.

뿌리줄기는 양파 모양이고 비늘 줄기가 길고 둥글며, 바깥 껍질은 검은색이 돌고 밑에 흰색의 수염뿌리가 많이 난다.

풀잎은 가늘고 길며 난초잎같이 날렵하고, 뿌리줄기에서 모여서 난다.

1~2월에 잎 사이에서 20~30센티미터 정도의 꽃대가 나오며 그 끝에 꽃이 핀다.

수선화의 부화관은 금빛 술잔같이 생겼으며 밑에 여섯 개의 바깥 꽃잎이 있는데 순백색이다. 그래서 이것을 금잔은대(金盞銀臺)라고 부르기도 한다. 또한 부화관의 크기·형태·빛깔 등은 가지 각색인데 이에 따라 이름이 달라진다. 꽃잎 안쪽의 중앙 꽃술이 있는 부분은 노란색이며 꽃은 옆을 향해 핀다.

꽃이 필 때면 아름답고 청초한 모양과 그윽한 향기가 일품이어서 예로부터 선비들의 귀여움을 독차지해 온 꽃이기도 하다.

수선화와 같은 속에는 장수화가 있다. 이는 남아메리카 원산으로 생김새가 수선화와 거의 비슷하여 전문가 아니면 식별이 어려울 정도이다. 따라서 수선화와 장수화의 교접으로 변종이 나올 수도 있을 것이다.

지금도 제주 지방에는 1월부터 4월까지 수선화가 가득 핀다. 옛날에는 밭에 수선이

꽃

꽃

하도 많아서 이것을 캐어 내는 게 농부들의 일과이기도 했다. 또 이것을 베어 가축의 사료로 썼다는 기록도 있다.

그런데 언제부터인가 이곳에 서양에서 들여온 수선(예를 들면 장수화)이 함께 뒤섞여 자라게 되었다.

민간에서는 수선화의 생즙을 부스럼 자리에 발랐으며 악창을 치료하는 데도 썼다. 또 꽃은 향유를 만들어 몸에 발라 풍을 제거하는 데 썼으며 부인들의 발열을 치료하는 데도 썼다. 그 밖에도 백일해·천식·거담·구토 등에 다른 약재와 함께 썼다.

옛 선비들은, 눈이 내리는 이른 봄에 추위도 아랑곳하지 않고 눈밭 속에서 꽃을 피우는 이 수선화를 보고 글을 짓고 묵향에 젖었다고 한다.

이른 봄, 동절기에 우리나라에서 꽃을 볼 수 있는 풀은 오직 수선화이며 나무로는 동백을 꼽을 수 있다.

어떤 이야기가 숨어 있을까?

옛날 중국의 장리교(長離橋)라는 마을에 문필이 뛰어난 요모(姚姥)라는 여자가 있었다.

어느 동짓날(음력 11월) 추운 밤중에 요모는 하늘의 별이 땅에 떨어져 한 무더기의 수선화로 피어나는 꿈을 꾸었다.

꿈속에서 그 꽃이 어찌나 향기롭고 아름답던지 요모는 꽃을 따서 먹었다. 그런지 얼마 안되어 요모는 딸을 낳게 되었다.

요모의 딸은 예쁘고 복스러웠으며 글재주도 뛰어났다.

이때 요모는 꿈에 따라 딸의 이름을 관성여사(觀星女史)라고 지었다. 그리고 꿈에 따 먹은 수선화를 딸의 이름을 따서 여사화(女史花)라 했다. 그래서 여사화 하면 곧 수선화를 가리키는 말이 된 것이다.

  서양에서 들어온 노랑수선화에 대한 신화도 있다.

  우리가 잘 알고 있는 그리스 신화에 나오는 나르시스에 관한 것이 그것이다. 미소년 나르시스는 에코의 사랑에 응하지 않은 벌로 호수에 비친 제 모습에 반하여 바라보다가 결국 호수에 빠져 죽어서 수선화가 되었다는 이야기다.

  이와 비슷한 신화 중에 다음과 같은 것도 있다. 나르시스에게는 밑으로 쌍둥이 누이동생이 있었는데, 이 두 사람은 매우 의좋게 지냈다. 그러다가 병으로 누이동생이 갑자기 세상을 떠나게 되었다. 나르시스는 죽은 누이동생을 그리워하며 정처 없이 돌아다녔다.

  어느 날 연못가를 거닐고 있던 나르시스는 연못 속에서 뜻밖에도 죽은 누이동생을 보았다. 나르시스는 너무 반가워 물 속에 손을 집어넣었으나 그 순간 누이동생의 모습은 씻은 듯이 사라져 버렸다.

  이상하게 생각한 나르시스가 손을 빼내니 다시 누이동생의 모습이 나타났다. 이것은 죽은 누이동생을 그리워한 나머지 자기의 모습을 누이동생으로 착각했던 것이다. 이것도 모르고 나르시스는 매일같이 연못에 나와 물 밑을 들여다보며 누이동생을 그리워했다.

  결국 신(神)도 나르시스를 가엾게 여겨 언제까지나 누이동생의 그림자를 볼 수 있도록 나르시스를 물가에 피는 꽃으로 태어나게 하였다.

  이 꽃이 바로 물가에서 수심을 가득 머금고 연못을 바라보듯이 피어 있는 노랑수선화였다.

분포도

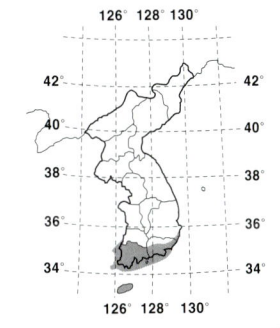

식물명	수선화(水仙花)
과 명	수선화과(Amaryllidaceae)
학 명	*Narcissus tazetta* var. *chinensis* Roem.
속 명	수선(水仙) · 수선창(水仙菖)
분포지	제주도
개화기	1~4월
결실기	5월
높 이	20~30센티미터
용 도	관상용 · 약용
생육상	여러해살이풀(多年生草本)
꽃 말	자존

가나다순 꽃이름

갈대 388
감나무 352
개나리 100
과꽃 374
구절초 370
국화 366
금낭화 120
금붓꽃 96
까치박달 152
꽈리 324
꿀풀 288
나팔꽃 240
노루귀 64
노인장대 276
능금 48
능소화 296
단풍 408
달맞이꽃 328
닭의장풀 320
도라지 312
동백 416
동자꽃 200
등 136
마타리 396
매화 20
맨드라미 332

며느리밥풀꽃 204
모란 72
목련 80
목화 236
무궁화 232
미선나무 104
민들레 12
바위취 284
밤나무 356
보춘화 76
복숭아 40
봉선화 260
부들 256
분꽃 280
붉나무 360
붓꽃 92
사위질빵 192
산괴불주머니 132
산수유 148
살구 36
삼지구엽초 144
상사화 400
서향 166
석류 244
선인장 344
소나무 162

솔체꽃 264
솜다리 180
솜양지꽃 56
수련 212
수박 252
수선화 430
수양버들 140
쑥부쟁이 378
씀바귀 16
약모밀 272
엉겅퀴 176
연 208
오동 88
옥잠화 228
왕대 340
왕벚꽃 28
용담 392
은방울꽃 124
은행 404
익모초 292
인동 308
인삼 156
자귀 220
자두 32
작약 68
잔대 316

장미 184
제비꽃 106
조팝나무 52
진달래 110
질경이 304
차나무 422
참깨 300
참나리 224
참배 44
참오동 84
참외 248
참취 384
채송화 336
처녀치마 114
천남성 348
치자 268
칡 216
팔손이 426
패랭이꽃 196
할미꽃 60
해당화 188
해바라기 172
현호색 128
황매화 24

참고문헌

김태정, 『약이 되는 야생초』, 대원사, 1989.
김태정, 『한국야생화도감』, 교학사, 1988.
송주택, 『한국자원식물도감』, 거북출판, 1983.
안학수·이춘영, 『한국식물명감』, 범학사, 1963.
양린석, 『최신백화전서』, 송원문화사, 1983.
이시진, 『본초강목』, 1578.
이영노, 『한국동식물도감』, 문교부, 1976.
이영노·주상우, 『한국식물도감』, 대동당, 1956.
이창복, 『대한식물도감』, 향문사, 1979.
정태현, 『약용식물재배법』, 약사시보사, 1958.
정태현, 『한국식물도감』, 신지사, 1956.
『동의보감』, 삼성당, 1987.

牧野富太郎, 『牧野新日本植物圖鑑』, 北隆館(일본), 1989.
牧野富太郎, 『日本植物志』, 保育社(일본), 1919.
村田懋磨, 『滿鮮植物』, 成光館書店(일본), 1930.
張宏文, 『韓中植物名稱事典』, 錦學出版社(중국), 1978.
『中草藥學』, 商務印書館(중국), 1975.